（Access 2019版）

数据库应用

韩培友　编著

·杭州·

图书在版编目(CIP)数据

数据库应用 : Access 2019 版 / 韩培友编著. — 杭州 : 浙江工商大学出版社, 2023.1

ISBN 978-7-5178-5340-4

Ⅰ. ①数… Ⅱ. ①韩… Ⅲ. ①关系数据库系统 Ⅳ. ①TP311.132.3

中国版本图书馆 CIP 数据核字(2022)第 248384 号

数据库应用(Access 2019 版)

SHUJUKU YINGYONG(Access 2019 BAN)

韩培友 编著

责任编辑 谭娟娟

责任校对 都青青　韩新严

封面设计 云水文化

责任印制 包建辉

出版发行 浙江工商大学出版社

(杭州市教工路 198 号　邮政编码 310012)

(E-mail:zjgsupress@163.com)

(网址:http://www.zjgsupress.com)

电话:0571-88904980,88831806(传真)

排　　版 杭州朝曦图文设计有限公司

印　　刷 杭州宏雅印刷有限公司

开　　本 787mm×1092mm　1/16

印　　张 20.25

字　　数 432 千

版 印 次 2023 年 1 月第 1 版　2023 年 1 月第 1 次印刷

书　　号 ISBN 978-7-5178-5340-4

定　　价 59.00 元

版权所有　翻印必究　印装差错　负责调换

浙江工商大学出版社营销部邮购电话　0571-88904970

前　言

随着数据管理技术的迅速普及，数据库技术作为信息科学的主要组成部分，已经发展成为信息管理与信息系统的基础和核心，同时也是数据处理和数据分析的最有效手段。

本书是面向高等学校非计算机专业的学生学习数据库技术的教材，其特点是内容全面，既包括数据库技术的理论和方法，又包括具体的应用技术。

Access 2019 是微软推出的非常流行和实用的面向中小型数据库的专业级数据库管理软件。该软件运行安全稳定，数据管理功能完善，它通过简单的操作就可以非常安全稳定地进行数据库管理，因此它拥有很高的市场占有率。

本书以数据库系统的研发过程为主线，以 Access 2019 为 DBMS 介绍数据库技术的实现技术，以“学籍管理”为实例，详细介绍数据库应用系统的设计与实现技术，从而使读者系统地、全面地学习数据库技术的基本理论和应用技术。

全书由 9 章组成，第 1 章介绍数据库技术的基本概念、基本理论、数据库系统设计及其研发工具等。第 2 章介绍 Access 基本操作和环境设置、数据库的基本操作、加密与解密、压缩与修复、备份与还原和数据库的编译。第 3 章介绍表结构和记录的编辑，表间关系的编辑，表的查找、替换、排序、索引、筛选和修饰，表的改名、复制、隐藏、删除、导入和导出等操作。第 4 章介绍查询的基本操作、查询条件、选择查询、参数查询、交叉表查询和操作查询等。第 5 章介绍窗体的基本操作，窗体的设计、编辑和运行；向导创建窗体和设计视图创建窗体。第 6 章介绍报表的设计、编辑和打印等。第 7 章详细介绍多种宏的编辑和调用等。第 8 章介绍 Access SQL 的数据定义语言、数据操作语言和数据查询语言，以及其利用 Access SQL 创建表结构、编辑表记录和数据查询等。第 9 章详细介绍“学籍管理”系统的设计与实现方法。

为了便于读者使用本书，作者为本书制作了电子课件，需要者可以登录浙江工商大学出版社网站（http://www.zjgsupress.com）下载。

本书是作者多年从事数据库技术教学和科研的经验和总结。本书由浙江工商大学计算机科学与技术学院的韩培友编著。有关单位的同人给予了大力支持，在此一并向他们表示诚挚的感谢！

鉴于作者水平有限，错误与不妥之处在所难免，敬请专家和读者提出宝贵建议。

韩培友

2022 年 8 月于杭州

内 容 简 介

本书在精述数据库技术的基本原理和基本技术的基础上，详细介绍了 Access 2019 的使用方法和应用技术。主要内容包括：数据库的创建和维护、表结构及其记录数据的编辑、数据查询、窗体设计、报表制作、宏的创建和调用等。本书以 Access 2019 为开发工具，以应用系统的研发过程为主线，以“学籍管理”为实例，详细介绍了应用系统的设计方法与实现技术，并提供详细操作和完整系统。

本书内容丰富、深入浅出、通俗易懂、注重实用，并提供大量实用的例题和习题，便于读者巩固所学知识。

本书既可以作为高等学校非计算机专业数据库技术及其应用课程的教材，也可以作为从事数据库应用的工程技术人员的参考书。

目　　录

1 数据库技术

数据库技术作为数据管理的最有效手段,已经发展成为信息技术的重要组成部分,并促进了计算机技术的快速发展。数据库技术是通过研究数据管理的基本理论和实现方法,实现对数据进行处理、分析和理解的技术。即通过对数据的统一组织,建立相应的数据库,设计具有添加、修改、删除、查询、运算和报表等功能的应用系统,从而实现对数据的处理和分析。目前,数据库技术已经广泛应用到生活的多个领域。

1.1 数据管理

数据管理是通过传输、收集、存储、加工和输出等步骤,实现对数据的收集、整理、描述和分析的过程。

1.1.1 信息与数据库系统

对于原始数据,首先需要将其存入数据库,然后利用数据库管理系统对数据库中的数据进行加工处理,最后通过数据库系统获取信息。

1.1.1.1 数据

数据是标识事物本质特征和物理状态的物理符号。

表示年龄、工资等数值的数据称为数值型数据;表示人名、地名等名称的数据称为短文本数据;表示生日、入党日期等日期的数据称为日期型数据;表示是否结婚、是否党员等逻辑判断的数据称为逻辑型数据;表示语音、声效等声音的数据称为音频数据;表示线段、椭圆等图形的数据称为图形数据;表示风景照片、遥感图像等图像的数据称为图像数据;表示电影剪辑的数据称为视频数据;表示计算机动画的数据称为动画数据。

通常把文本、声音、图形、图像、视频和动画等数据的集合称为多媒体数据。

1.1.1.2 数据库

数据库(DataBase,DB)是储存在计算机内,有组织的、统一的、可共享的数据集合,即通用化的综合性的数据集合,是存放数据的电子仓库。

数据库独立于程序而存在,并提供给不同的用户共享。其特点是数据结构化、冗余度低,数据共享、独立性高和易扩展性等。

数据经过结构化处理,按照统一管理方式和存储格式,存入数据库,供用户共享。

通常把支持多媒体数据的数据库,称为多媒体数据库(Multimedia DataBase,MDB)。

1.1.1.3 数据处理

数据处理是对数据进行收集、整理、存储、分类、排序、检索、计算、统计和传输等一系列加工处理的过程。处理技术主要经历了人工管理、文件管理、数据库系统、数据仓库和数据挖掘等阶段。

(1)人工管理:数据处理的初级阶段。程序员利用低性能计算机,采用手工方式进行数据处理,速度慢且准确性差(见图 1.1)。特点:数据没有进行统一结构化管理;数据不易保存;数据不能共享;存在冗余数据;数据和程序不能相互独立;无扩展接口。

(2)文件管理:数据以文件方式存储,使用文件管理系统对数据文件进行统一组织、存储和管理,速度加快且准确性较高(见图 1.2)。特点:数据使用记录格式处理,没有实现数据的整体结构化存储;数据可以永久保存;提供文件管理系统,实现程序和数据之间的存取;数据之间不能共享;存在冗余数据;数据和程序不具有相互独立性;不易扩展。

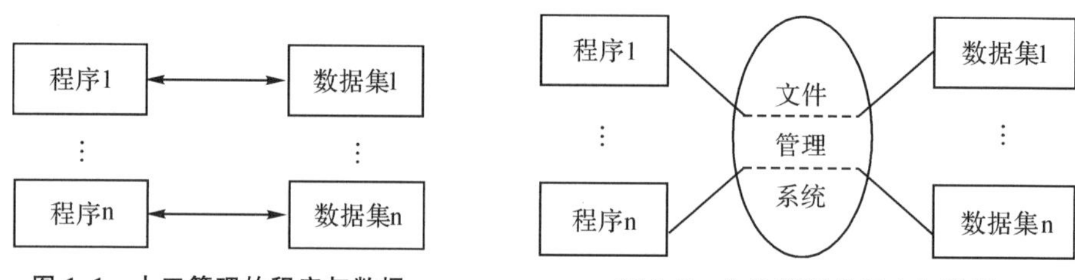

图 1.1 人工管理的程序与数据　　**图 1.2 文件管理的程序与数据**

(3)数据库系统(DataBase System,DBS):将所有数据按照统一的结构,进行有组织的存储和综合管理,速度更快且准确性更高,尤其是利用高性能计算机处理海量数据时,更体现出了数据库系统的快捷、准确、简单、方便等优点(见图 1.3)。特点:数据进行了统一结构化处理,按照统一结构化存储模式进行存储;功能完善的快速存储设备,可以永久保存海量数据;提供功能完善的数据库管理系统对数据进行统一管理和控制;提供数据安全性、数据完整性、并发控制和数据恢复等保护机制;程序和数据之间具有较高的独立性;数据可以共享;数据冗余度低,节省存储空间;容易扩展。

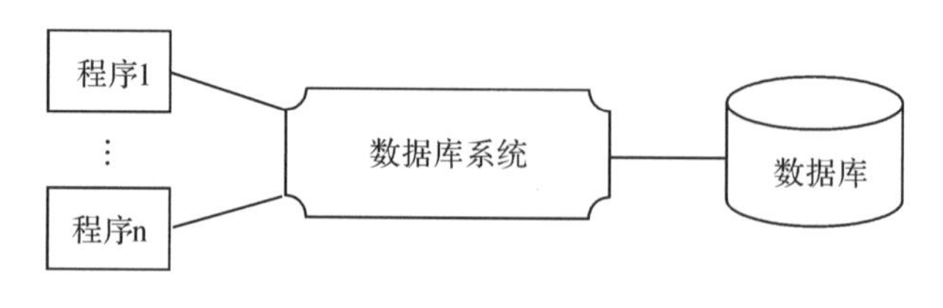

图 1.3 数据库系统的程序与数据

(4)数据仓库(Data Warehouse,DW):面向主题的、集成的、稳定的、随时间变化的数据集合,用以支持经营管理中的决策制定过程。数据仓库的思想是利用联机事务处理(On-Line Transaction Processing,OLTP)系统和多维数据模型,对数据库的数据进行抽取、转换和加载(Extract,Transform and Load,ETL),并将不同的数据进行清理、转换和整合,得出一致性的数据,然后加载到数据仓库中,最终构成庞大的数据仓库,并对所有的数据进行有组织的统一管理，利用联机分析处理（On-Line Analytical Processing，OLAP）系统，对数据仓库中的多维数据进行分析，为领导者提供决策信息。即数据经过统一的ETL，建立相应的多维数据模型。数据仓库是数据的最高存储层次。

（5）数据挖掘（Data Mining，DM）：从大量的、不完全的、有噪声的、模糊的、随机的数据中，提取隐含在其中的、未知的、但又是潜在有用的信息和知识的过程。数据挖掘的思想是利用统计学、关联规则、神经网络、遗传算法、模糊集、粗糙集和人工智能等数据挖掘理论，对数据仓库中的数据进行挖掘分析，最终给出知识表示。即使用决策树、Naive Bayes、关联规则、时序、神经网络、逻辑回归、线性回归、顺序分析和聚类分析等算法对数据仓库的数据进行挖掘分析（见图 1.4）。

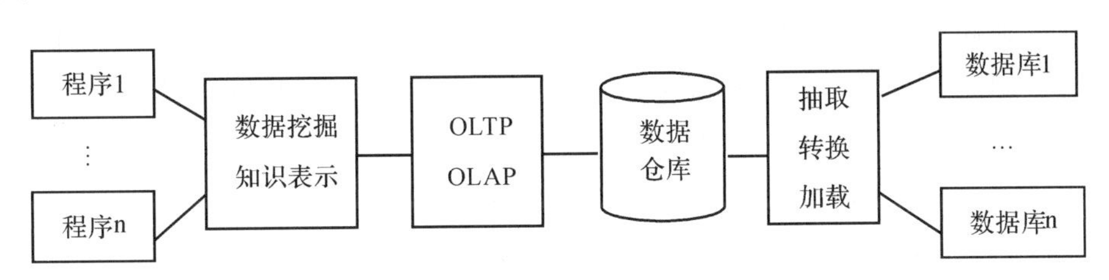

图 1.4　数据仓库和数据挖掘的程序与数据

1.1.1.4　数据库管理系统

数据库管理系统（DataBase Management System，DBMS）是提供给用户，并帮助用户建立、使用和管理数据库的软件系统。其职能是维护数据库、接受和完成用户提出的访问数据库中数据的各种请求。用户建立数据库的目的是使用数据库，并对数据库中的数据进行加工处理、分析和理解，数据库管理系统是帮助用户达到这一目的的工具和手段。

DBMS 是数据库系统的核心。DBMS 是建立在操作系统之上，位于操作系统与用户之间的数据管理系统，负责对数据库进行统一的管理和控制。DBMS 保证了数据的安全性和完整性，提供了数据的并发控制和数据恢复机制，从而实现科学地组织和存储数据、高效地获取和维护数据。其主要功能包括以下几点：

（1）数据定义：提供数据定义语言（Data Definition Language，DDL），可以方便地定义数据库的数据对象及其关系。

（2）数据操纵：提供数据操纵语言（Data Manipulation Language，DML），可以灵活地对数据库进行插入、修改、删除、查询和打印等操作。

（3）数据组织、存储和管理：通过对数据的统一组织、存储和管理，确定数据库文件的存储结构和访问方式，减少数据冗余，提高数据库的利用率。

（4）数据库的事务管理和运行管理：提供对数据库的安全、完整、并发和恢复等进行保护的数据控制语言（Data Control Language，DCL），保证数据的安全、正确、完整和有效。其中，运行管理是 DBMS 的核心内容，包括数据定义、数据操纵、数据控制和数据存储的具体实现。对数据库的所有访问都必须在 DBMS 的统一运行管理之下进行。

（5）数据库的建立和维护：提供数据接口，实现不同软件系统之间的数据传输；提供数据库的创建、备份、重组、性能的监视与分析等维护功能。

1.1.1.5 信息

信息是指对原始数据进行数据处理后所得到的有价值的数据。没有经过加工的数据,通常没有什么价值,只有经过数据处理,才能成为信息。因此,信息来源于数据,数据是信息的载体,信息的价值在于它为决策提供了重要依据。

1.1.1.6 数据库系统

数据库系统是在计算机系统中引入数据库后,由数据库、DBMS、数据库应用系统、数据库设计员和程序员、数据库管理员(DataBase Administrator,DBA)和用户等构成的完整的计算机系统。

用户从数据库中获取信息,需要使用由数据库设计员、数据库程序员和数据库管理员等专业人士利用 DBMS 和数据库开发语言等数据库开发工具研发的数据库应用系统,对数据库中的数据进行加工处理。

数据库系统一般由硬件、软件和人员三大部分组成。

(1)硬件:计算机的硬件环境和专用于数据库管理的硬件设备。

(2)软件:操作系统、数据库开发工具(DBMS、主语言和专用工具)和数据库应用系统。

(3)人员:数据库设计员、分析员、管理员、程序员和用户等。

数据库管理员是利用数据库管理系统对数据库进行建立、修改、使用和维护等工作的专门管理人员。他们的职责主要包括:决定数据库的信息内容和结构;决定数据库的存储结构和存取策略;定义数据的安全性要求和完整性约束条件;监控数据库的使用和运行;改进、重组和重构数据库。

1.1.2 数据模型

数据模型是具体问题的模拟和抽象。即针对实际问题,研究数据及其关系,利用概念或公式给出解决问题的方法和步骤。数据模型能够真实地模拟实际问题,抽象出其本质特征,容易理解,易于计算机实现。

数据模型的组成要素:数据结构、数据操作和数据完整性约束等。

(1)数据结构:对数据本质特性及其关系的静态描述。

(2)数据操作:对数据具体内容的动态描述及对数据所执行的操作。

(3)数据完整性约束:为了保证数据的正确性和一致性而约定的一系列约束规则,具体包括实体完整性、参照完整性和用户定义完整性等。

根据数据的特征及其描述方法,数据模型分为概念模型、逻辑模型和物理模型。

(1)概念模型:利用具有较强语义表达能力,且能够方便地、直接地表达应用中的各种语义的专用描述工具[如实体—联系(Entity-Relationship,E-R)方法],按照统一的语法格式和描述方法,对实际问题进行抽象后,而建立的简单、整洁、清晰、易于理解的独立于 DBMS 的模型。

实体—联系模型是使用实体—联系方法建立的用于描述概念模型中实体及其关系的

图形表示,即 E-R 图。

(2)逻辑模型:为了用 DBMS 实现用户需求,将其概念结构转化为适用于 DBMS 表示和实现的模型,即概念模型的 DBMS 表示。

常用的逻辑模型包括层次模型、网状模型、关系模型和面向对象模型等。

第一,层次模型:若干数据集合中仅有一个根节点,且非根节点仅有一个双亲节点的树状结构模型(见图 1.5)。

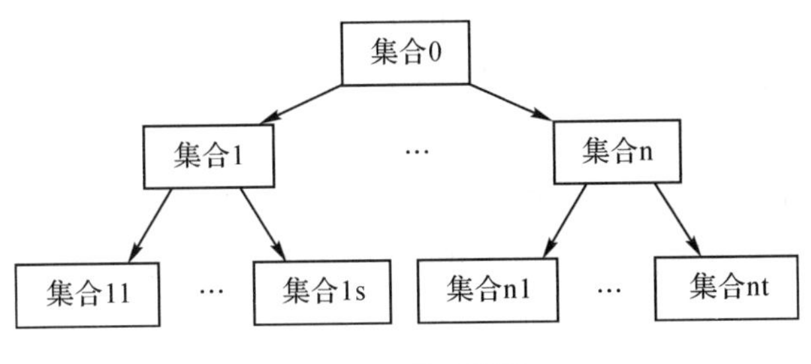

图 1.5　层次模型

第二,网状模型:若干数据集合中有多个根节点,且非根节点有多个双亲节点的网状结构模型(见图 1.6)。

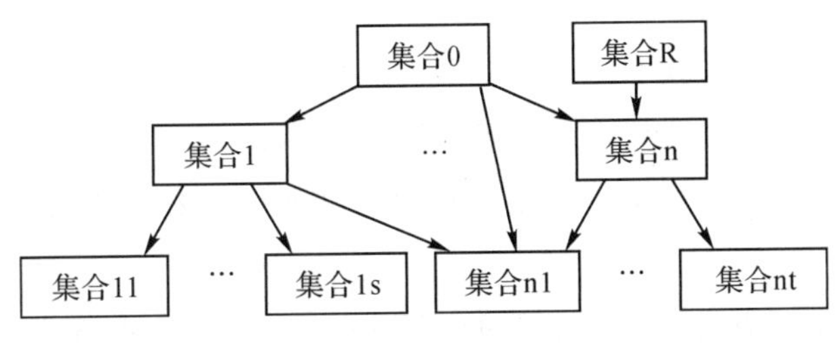

图 1.6　网状模型

第三,关系模型:若干数据集合及其关系均能表示成二维表格的形式。特征如下:

①每一列数据具有同一类型;

②不同的列不能重名;

③不同的行不能重复;

④每一列不可再细分,即满足第一范式(1NF);

⑤行的次序可以交换,列的次序可以交换。

具体如表 1.1 和表 1.2 所示。

表 1.1　学生

学号	姓名	性别
S001	李明	男
S002	张伟	男
S003	王英	女
…	…	…

表 1.2　成绩

学号	课程号	成绩
S001	C001	99
S002	C002	98
S003	C003	96
…	…	…

关系模型作为最流行的数据模型，其组成层次包括字段、记录、关系和关系数据库等。

属性(字段)：关系模型的每一列，由属性名和属性值组成，描述一组数据的共同属性，是组成关系模型的最小数据单位。

元组(记录)：关系模型的每一行，由若干个属性值组成，描述一个个体的整体数据，是组成关系模型的基本数据单位。

关系：具有相同性质的元组的集合，由若干元组组成。

关系数据库：支持关系模型的数据库，即所有关系的集合。

关系数据库管理系统(Relational DBMS，RDBMS)：支持关系数据库的 DBMS。常用的 RDBMS 产品包括以下几个：

①Microsoft SQL Server：微软的功能完善、运行安全稳定的专业级 DBMS。主要特点：综合统一；高度非过程化；面向集合操作；一语两用(自含式语言＋嵌入式语言)；语法简单，易学易用等。

②Oracle：Oracle 公司的基于客户/服务器(C/S)体系结构的大型 DBMS。

③Sybase SQL Server：Sybase 公司的多库 DBMS。

④Informix：Informix 公司的关系型 DBMS。

⑤DB2：IBM 公司的关系型 DBMS。

⑥Microsoft Access：微软 Office 套装中的数据库管理组件，尽管功能稍弱，但因操作简单、价格便宜，拥有一定的市场。最新版本是 Microsoft Access 2022。

第四，面向对象模型：把面向对象的程序设计技术引入数据库技术之后形成的数据模型。

(3)物理模型：用于描述数据在计算机内部的存储结构和存取方法的结构模型。

数据库技术的研究内容主要包括数据库理论研究、数据库设计、DBMS 的研发和数据库应用系统(Management Info System，MIS)的开发等领域。具体如图 1.7 所示。

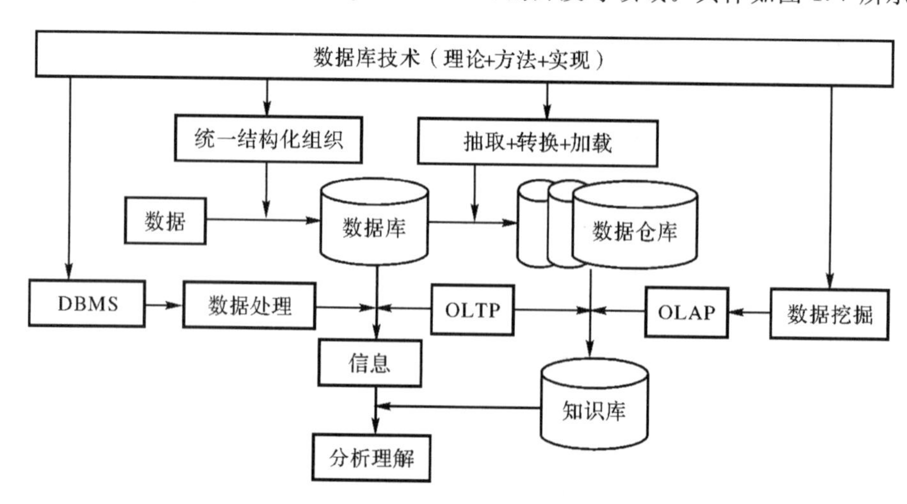

图 1.7　数据库技术示意图

1.1.3 数据库系统的模式结构

数据库系统的模式结构是由外模式、模式和内模式三级模式及外模式/模式和模式/内模式二级映象构成。具体如图 1.8 所示。

1.1.3.1 三级模式

(1)外模式(用户模式):面向用户的数据库局部结构和特征的描述,即用户的数据视图。一个数据库可以有多个外模式,不同外模式对应不同应用需求。

(2)模式(逻辑模式):数据库整体结构和特征的描述,即用户的公共数据视图。模式以数据模型为基础,统一综合所有用户的需求,并形成逻辑整体。一个数据库只能有一个模式。

(3)内模式(物理模式):对数据库物理结构和存储方式的描述,是数据在数据库内部的组织存储方式。一个数据库只能有一个内模式。

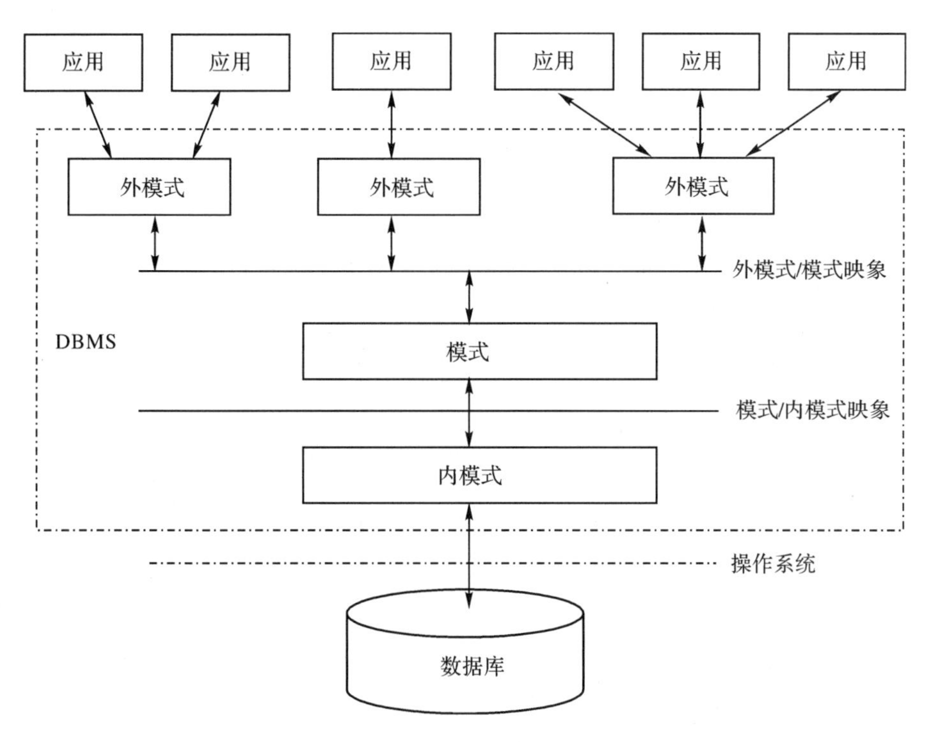

图 1.8 数据库系统的模式结构

1.1.3.2 二级映象

三级模式是对数据的 3 种抽象,内模式是数据的物理存储,而模式和外模式则是数据的逻辑表示,使用户不必关心数据的具体表示与存储方式。为了实现三级模式之间的转换,数据库系统提供了二级映象:外模式/模式映象和模式/内模式映象。

(1)外模式/模式映象:实现用户层数据库和逻辑层数据库之间的转换,确保数据的逻辑独立性。即当模式发生改变时,数据库管理员仅需修改外模式/模式映象,以使外模式保持不变。通常应用程序是根据外模式编写的,所以模式发生改变时应用程序基本不受影响。

(2)模式/内模式映象:实现逻辑层数据库和物理层数据库之间的转换,确保数据的物理独立性。即当存储结构发生改变时,数据库管理员仅需修改模式/内模式映象,便使模式保持不变。

模式是内模式的逻辑表示,内模式是模式的物理实现,外模式则是模式的部分抽象。

(3)数据独立性:程序和数据之间相互独立,互不影响,具体包括数据的物理独立性和数据的逻辑独立性。三级模式和二级映象结构确保了数据独立性。

1.1.4 关系代数

关系代数是一种抽象的查询语言。基于关系代数的关系运算是关系数据操纵语言的一种传统表达方式,数据库系统的每个查询均可以表示为关系运算表达式。

主要关系运算包括广义笛卡儿积、并集、差集、交集、选择、投影、连接、除等。

常用运算符包括加(+),减[(差),−],乘[(笛卡儿积),×],除(÷),等于(=),不等于(≠),小于等于(≤),小于(<),大于等于(≥),大于(>),并(∪),交(∩),选择(σ),投影(τ),连接(⋈),与(∧),或(∨),非¬(等)。

1.1.4.1 广义笛卡儿积

广义笛卡儿积:关系 R 中的每个元组和关系 S 中的每个元组依次对接后所生成的所有元组的集合,即 R×S。

【例 1.1】关系 R 和 S 及其广义笛卡儿积 R×S 如图 1.9 所示。

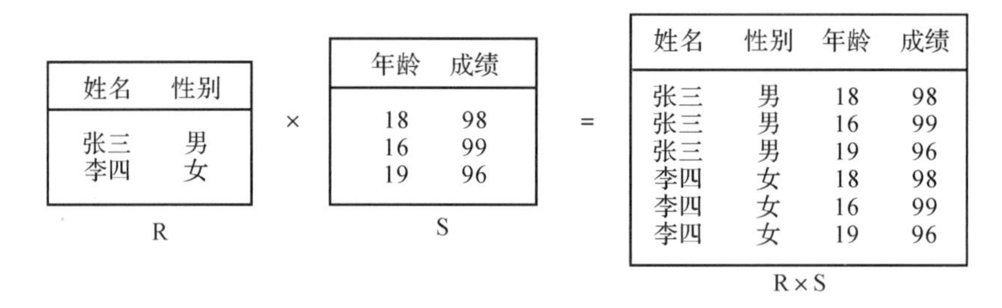

R

姓名	性别
张三	男
李四	女

×

S

年龄	成绩
18	98
16	99
19	96

=

R×S

姓名	性别	年龄	成绩
张三	男	18	98
张三	男	16	99
张三	男	19	96
李四	女	18	98
李四	女	16	99
李四	女	19	96

图 1.9 广义笛卡儿积

1.1.4.2 并集

并集:具有相同属性的关系 R 和 S 中的所有元组的集合,即 R∪S。

【例 1.2】已知关系 R 和 S 及其并集 R∪S 如图 1.10 所示。

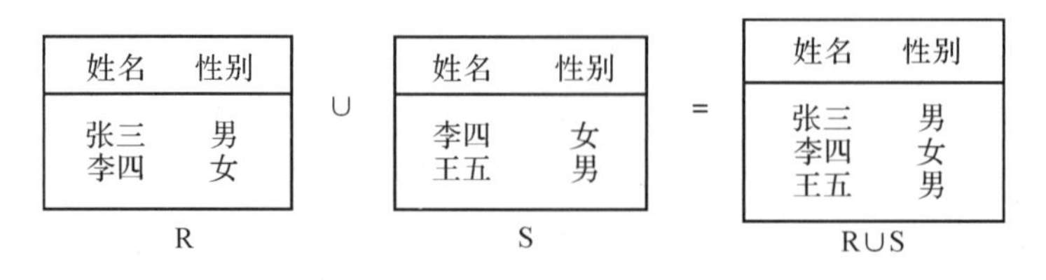

R

姓名	性别
张三	男
李四	女

∪

S

姓名	性别
李四	女
王五	男

=

R∪S

姓名	性别
张三	男
李四	女
王五	男

图 1.10 并集

1.1.4.3 差集

差集:具有相同属性的关系 R 和 S 中属于 R 但不属于 S 的元组的集合,即 R−S。

【例 1.3】关系 R 和 S 及差集 R−S 如图 1.11 所示。

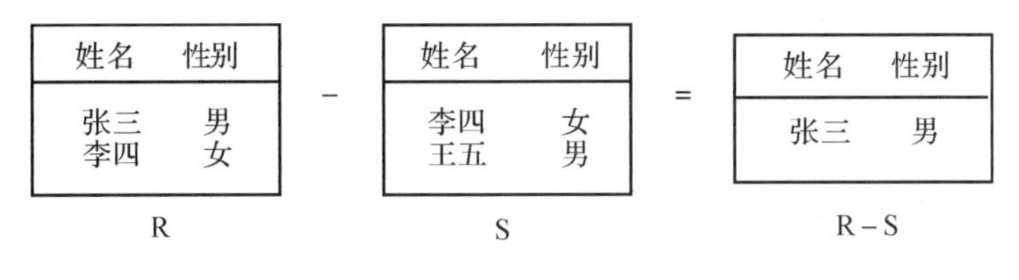

R:

姓名	性别
张三	男
李四	女

S:

姓名	性别
李四	女
王五	男

R−S:

姓名	性别
张三	男

图 1.11 差集

1.1.4.4 交集

交集:具有相同属性的关系 R 和 S 中相同元组的集合,即 R∩S=R−(R−S)。

【例 1.4】关系 R 和 S 及其交集 R∩S 如图 1.12 所示。

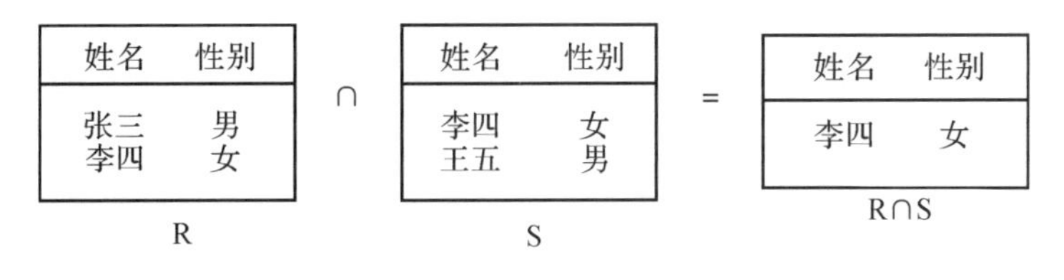

R:

姓名	性别
张三	男
李四	女

S:

姓名	性别
李四	女
王五	男

R∩S:

姓名	性别
李四	女

图 1.12 交集

1.1.4.5 选择

选择:从关系 R 中选择出满足给定条件 F 的元组的集合,即 $\sigma_F(R)$。

【例 1.5】从关系 R 中,查询"90 分以上"的"女"生。如图 1.13 所示。

R:

姓名	性别	年龄	成绩
张三	男	18	98
李四	男	16	99
王五	女	19	96
孙六	女	18	98

$\sigma_{成绩>90 \wedge 性别=“女”}(R)$:

姓名	性别	年龄	成绩
王五	女	19	96
孙六	女	18	98

图 1.13 选择

1.1.4.6 投影

投影:从关系 R 中选出若干属性列组成的集合,即 $\pi(R)$。

【例 1.6】从关系 R 中,查询所有人的姓名和性别,如图 1.14 所示。

R:

姓名	性别	年龄	成绩
张三	男	18	98
李四	男	16	99
王五	女	19	96
孙六	女	18	98

$\pi_{姓名,性别}(R)$:

姓名	性别
张三	男
李四	男
王五	女
孙六	女

图 1.14 投影

【例 1.7】从关系 R 中,查询所有“90 分以上”的“女”生的姓名和性别,如图 1.15 所示。

姓名	性别	年龄	成绩
张三	男	18	98
李四	男	16	99
王五	女	19	96
孙六	女	18	98

R

姓名	性别
王五	女
孙六	女

$\pi_{姓名,性别}(\sigma_{成绩>90 \wedge 性别="女"}(R))$

图 1.15 选择和投影

1.1.4.7 连接

连接:把两个关系按照连接条件连接起来生成一个新关系的过程。即根据指定的连接条件,依次检测关系 R 和 S 中的每个元组,如果 R 中的某个元组与 S 中的某个元组满足了连接条件,则把这两个元组对接起来,而所有对接后的元组的集合即 R 和 S 的连接。两个常用的连接为等值连接和自然连接。

(1)等值连接:R 和 S 的连接条件是 R. A 和 S. B 相等的连接运算。即从关系 R 和 S 的笛卡儿积中选取 A 和 B 等值的元组的集合。

(2)自然连接:R 和 S 的连接条件是 R. A 和 S. A 相等(A 为 R 和 S 的公共属性),且去掉重复列的等值连接运算。即从 R 和 S 的笛卡儿积中选取公共属性等值的元组的集合,然后去掉重复的属性列。

等值连接和自然连接均要求属性间按等值连接,而且自然连接进一步要求两个关系中等值的属性必须是相同的属性组,且自然连接要在结果中去掉重复的属性列。

R 和 S 的连接、等值连接和自然连接表示形式如下:

$R \underset{R.A\theta S.B}{\bowtie} S$; $R \underset{R.A=S.B}{\bowtie} S$;$R \bowtie S$

其中,R. A 和 S. B 分别为 R 和 S 上可以比较的属性组,θ 是比较运算符。

显然,R 和 S 的连接可以表示为:$\sigma_{R.A\theta S.B}(R\times S)$,即连接运算可以由广义笛卡儿积和选择运算导出。

【例 1.8】关系 R 和 S 的连接、等值连接和自然连接如图 1.16 所示。

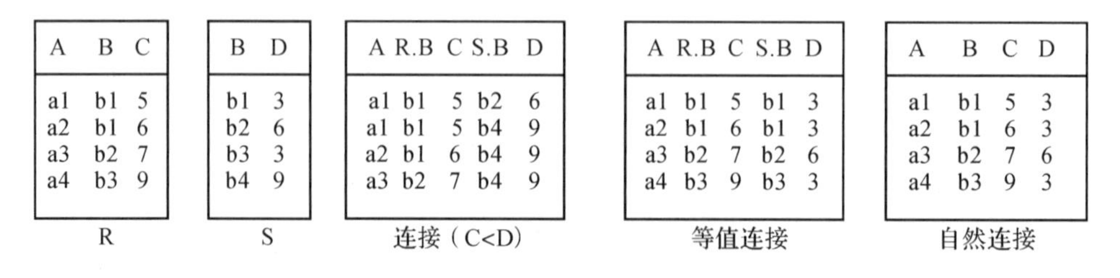

R

A	B	C
a1	b1	5
a2	b1	6
a3	b2	7
a4	b3	9

S

B	D
b1	3
b2	6
b3	3
b4	9

连接(C<D)

A	R.B	C	S.B	D
a1	b1	5	b2	6
a1	b1	5	b4	9
a2	b1	6	b4	9
a3	b2	7	b4	9

等值连接

A	R.B	C	S.B	D
a1	b1	5	b1	3
a2	b1	6	b1	3
a3	b2	7	b2	6
a4	b3	9	b3	3

自然连接

A	B	C	D
a1	b1	5	3
a2	b1	6	3
a3	b2	7	6
a4	b3	9	3

图 1.16 连接

1.1.4.8 除

已知关系 R(X,Y)和 S(Y,Z),R÷S 是一个属性组为 X 的关系 P(X),并且满足:对于 P(X)中的元组 p,R 中在 X 上的投影值等于 p 的元组,在 Y 上的投影包含 S 在 Y 上的

投影。即

$$R \div S = \{ t[X] \mid t \in R \land t[Y] \supseteq \pi_Y(S) \land t[X] = p, p \in P \}。$$

其中,X,Y,Z为属性组,R中的Y与S中的Y可以不同名,但是必须同域,则不难证明:Z与R÷S无关。P×S⊆R,若Y=∅,则R÷S=R。

等价描述:R÷S就是在R中选择满足S中条件的元组在X上的投影。即

$$R \div S = \pi_{X-(X\cap Y)}(R) - \pi_{X-(X\cap Y)}((\pi_{X-(X\cap Y)}(R) \times \pi_{X\cap Y}(S)) - R)$$

【例1.9】关系R和S的除运算R÷S如图1.17所示。

R

A	B
α	1
α	2
α	3
β	1
γ	1
δ	1
δ	3
δ	4
β	2

S

B
1
2

R÷S

A
α
β

图1.17 R÷S

【例1.10】已知学生成绩表Sg和选择条件表Sc,在Sg中选择满足条件Sc的学生。即在Sg中选择“高等数学”和“数据结构”的成绩均为“A”的学生信息Ss(Ss=Sg÷Sc),如图1.18所示。

Sg

SName	SSex	CName	SDept	Grade
李思	男	高等数学	计算机	A
刘英	女	高等数学	数学	B
吴康	男	高等数学	计算机	A
王晶	女	数据结构	数学	A
吴康	男	英语	计算机	B
王晶	女	高等数学	数学	A
刘英	女	数据结构	数学	A
李思	男	数据结构	计算机	A
李思	男	英语	计算机	B

Sc

CName	Grade
高等数学	A
数据结构	A

Ss

SName	SSex	SDept
李思	男	计算机
王晶	女	数学

图1.18 Sg÷Sc

▲思考:在关系运算中,删除元组可以采用差运算实现;插入元组可以采用并运算实现;修改元组可以采用差和并运算实现。

综上所述不难看出,选择、投影和连接是核心运算,广义笛卡儿积、并集、差集、选择和投影是基本运算,交集、连接和除等均是导出运算。

1.1.5 数据库系统设计

数据库系统设计是针对具体应用、设计合理的概念结构、规范的逻辑模式和优化的物理结构,实现具有完整性、并发性和恢复性等控制机制的,运行安全稳定的数据库应用系统,进

而有效地管理数据,满足用户的应用需求。其特点是循环往复、循序渐进、精益求精。

数据库系统设计的步骤:需求分析—概念结构设计—逻辑结构设计—物理结构设计—保护设计—实施与测试—运行与维护等(见图 1.19)。

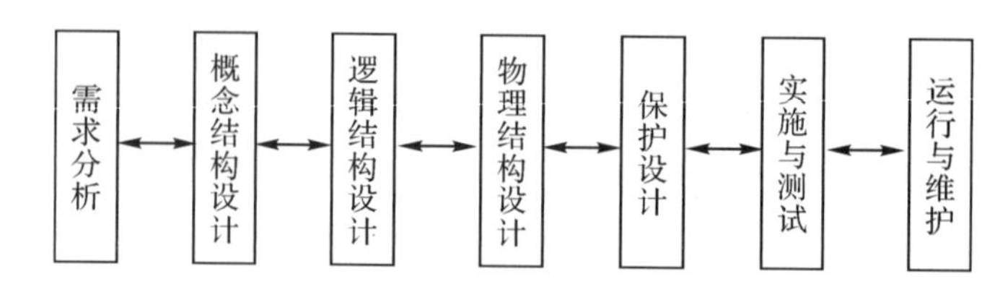

图 1.19 数据库系统设计步骤

(1)需求分析:分析和确定用户的应用需求,分析结果是数据字典和数据流图。

(2)概念结构设计:通过对用户需求的综合、归纳和抽象,形成独立于具体 DBMS 的概念模型,设计结果是 E-R 图。

(3)逻辑结构设计:把概念结构转换为 DBMS 支持的数据模型,设计结果是逻辑结构。

(4)物理结构设计:给逻辑结构选择最佳存储结构和存取方法的物理环境,设计结果是存储结构,设计内容是存储结构和存取方法。

(5)保护设计:通过完善的数据保护机制,确保数据库的安全可靠和正确有效,具体内容有安全性、完整性、并发性和恢复性等。

(6)实施与测试:利用 DBMS 和主语言等,根据逻辑结构和物理结构的设计结果建立数据库,设计应用程序,组织数据入库,并进行测试和试运行。

(7)运行与维护:将数据库应用系统投入运行,并对其进行评价和维护。

不难看出,需求分析是基础,概念结构设计和逻辑结构设计是核心。

1.2 需求分析

通过调查分析数据库系统的数据对象,明确用户的具体需求,确定系统的功能和性能指标,并与用户达成共识。

1.2.1 需求分析方法

需求分析任务:认真调查分析用户对数据库系统的信息要求、数据库系统对数据的处理要求和对数据的保护要求。即通过对用户需求的认真调查和分析研究,对需求信息进行归纳、抽象和总结,提取本质数据,从而确定用户的真正需求,绘制数据流图,建立数据字典,撰写需求分析文档。

需求分析方法:跟班;座谈会;专人介绍;询问;填写调查表;查阅工作日志等。

需求分析步骤:调查组织机构情况—了解部门的业务活动情况—协助用户明确系统

要求—分析和表达用户需求—绘制数据流图—建立数据字典—撰写需求分析文档。

1.2.2 数据流图和数据字典

数据流图(Data Flow Diagram,DFD):描绘数据在系统中流动和处理过程的功能模型图,用于表达数据流向和处理过程的关系。

数据字典:用来定义数据流图中的各个成分的具体含义,并以一种准确的、无二义性的说明方式为系统的分析、设计及维护提供有关对象的一致定义和详细描述。

数据字典是对数据流图中的图形元素加以定义,使得每个图形元素都有确切的解释。

数据字典通过对数据项和数据结构的定义来描述数据流和数据存储的逻辑内容,内容包括数据项、数据结构、数据流、数据存储和处理过程等。其中,数据项(属性)是数据的最小组成单位,多个数据项可以组成一个数据结构。记录方式是表格和卡片等。

综上所述,需求分析的主要结果是数据流图和数据字典。数据流图表达系统的数据流向及其处理关系,数据字典则是系统中数据的具体描述的集合。

【例 1.11】开发学籍管理系统,要求能够实现学生、课程和选课信息的添加、修改、删除、查询和报表等功能。分析该系统的数据字典。

分析:学籍管理所涉及的属性通常包含学号、姓名、性别、年龄、学院、课程号、课程名、学分和成绩等。具体数据类型、宽度和约束条件如下:

学号 SNo:短文本;10 位(年 4 位+学院 2 位+班级 2 位+序号 2 位);不同的学生,学号不能相同,不能为空。

姓名 SName:短文本;20 位;不能为空。

性别 SSex:短文本;2 位;只能是男或女。

年龄 SAge:字节型;固定为 1 个字节(0—255);年龄必须大于 6 岁,小于 100 岁。

学院 Coll:短文本;40 位;不能为空。

课程号 CNo:短文本;6 位(学院 2 位+专业 2 位+序号 2 位);不同的课程,课程号不能相同,不能为空。

课程名 CName:短文本;40 位;不能为空。

学分 Credit:字节型;固定为 1 个字节(0—255)。

成绩 Grade:单精度实数;固定为 4 个字节;必须大于等于 0 分,小于等于 100 分。

数据项之间的依赖关系如下:

学生选修的课程必须是课程表中开设的课程,选课的学生必须是学生表中的学生。

1.3 概念结构设计

利用数据流图和数据字典,对用户需求进行综合、归纳和抽象,再使用概念结构设计工具(E-R 方法),设计出适合系统的概念模型(E-R 图)。

1.3.1 实体、属性与联系

1.3.1.1 实体

实体:客观存在的且能够相互区别的事物,可以是人、事、物或者某种抽象概念。数据字典中描述用户需求的具体事物均可以抽象为实体。

例如:(2012010101,张三,男,18,数学学院)表示张三实体,即一个元组。

实体集:同类实体组成的实体集合。在不引起混淆时,简称为实体。

例如:4 个学生实体组成的一个学生实体集,即学生信息表。

{(2008010101,张三,男,20,数学学院)

(2008010102,李四,女,19,数学学院)

(2008020103,王五,男,16,信息学院)

(2008020104,孙六,女,18,信息学院)}

1.3.1.2 属性

属性:同类实体所具有的特性。不难看出,一个实体集通常由多个属性来描述。例如:学生实体集的属性为学生(学号,姓名,性别,年龄,学院);课程实体集的属性为课程(课程号,课程名,学分)。

属性的取值范围称为属性的域。例如:性别的域为“男”或“女”。

候选键(Candidate Key,CK):能够区分实体集中每一个实体的最小属性集。不难看出,CK 可以由一个或者多个属性组成,CK 的属性称为主属性,不含在任何 CK 中的属性称为非主属性。例如:学生实体集的 CK 为学号;课程实体集的 CK 为课程号。

主键(Primary Key,PK):被选中使用的 CK。

1.3.1.3 联系

联系:实体之间或者实体内部的关联关系。实体与实体之间或者实体内部通常存在一定的关联关系。例如学生和课程之间存在学生选修课程的联系。

实体集之间的联系包括以下 3 种:

(1)一对一联系(1∶1)。对于实体集 A 中的每一个实体,实体集 B 中有且只能有一个实体与之联系,反之亦然。例如:班级与班长之间的联系;学校与校长之间的联系等。

(2)一对多联系(1∶n)。对于实体集 A 中的每一个实体,实体集 B 中有 n(n≥2)个实体与之联系;反之,对于实体集 B 中的每一个实体,实体集 A 中有且只能有一个实体与之联系。例如:学院与班级之间的联系;班级与学生之间的联系等。

(3)多对多联系(m∶n)。对于实体集 A 中的每一个实体,实体集 B 中有 n(n≥2)个实体与之联系;反之,对于实体集 B 中的每一个实体,实体集 A 中有 n(n≥2)个实体与之联系。例如:学生与课程之间的联系;1 门课可供 n 个学生选修;1 个学生可选修 n 门课。

联系可以拥有属性,联系及其属性构成了联系的完整信息。例如:选课联系的一个属性——成绩。

1.3.2 概念结构的设计方法

概念结构设计通常需要涉及如下内容：

(1)对用户需求(数据流图+数据字典)进行综合、归纳和抽象。

(2)确定实体，组成实体的属性和实体之间的联系。

(3)选择概念模式描述工具。例如实体—联系方法(E-R 方法)。

(4)描述概念模型，形成概念结构。例如实体—联系模型(E-R 图)。

不难看出，属性、实体和联系构成了概念结构设计的三要素。

1.3.2.1 概念结构的表示方法

实体—联系方法(Entity-Relationship Approach，E-R 方法)：使用抽象后的属性、实体及实体之间的联系表示数据库系统结构的方法。使用 E-R 方法约定的图形符号和连接方法绘制的图形称为 E-R 图。

E-R 图的基本图形和连接方法如图 1.20 所示：

(1)属性：用椭圆表示，椭圆内为属性名，主键使用下划线标识。

(2)实体：用矩形表示，矩形内为实体名。

(3)联系：用菱形表示，菱形内为联系名。

(4)连线：表示实体与属性、联系与属性的隶属关系。

(5)标注：用 1 或者 n 在连线的上方标注实体之间的联系。

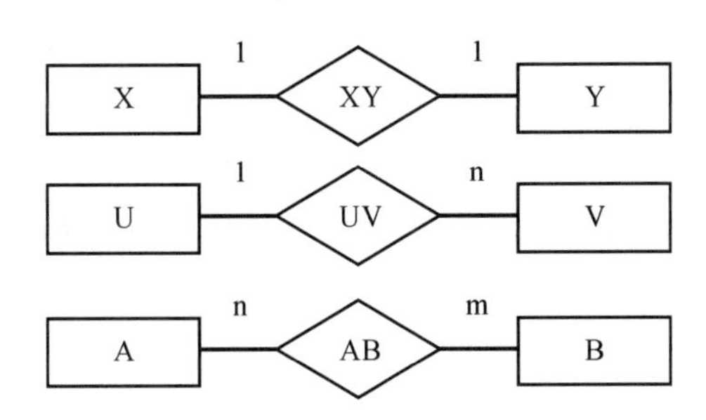

图 1.20 E-R 图表示方法

1.3.2.2 概念结构的设计方法

概念结构的设计方法如下：

(1)自顶向下：根据系统的全局需求，按照主要功能对应的局部需求设计局部概念结构，然后再对局部概念结构进行逐步细化，直至得到容易实现的局部概念结构。

(2)自底向上：根据系统底层容易实现的局部需求设计局部概念结构，然后再依次对局部概念结构进行逐层综合集成和优化，最终得到系统的全局概念结构。

(3)逐步扩张：根据系统内部的核心需求，设计主要的核心概念结构，然后按照系统功能模块的重要程度依次设计相应的局部概念结构，并与核心概念结构进行综合集成，最终逐步扩充到全局概念结构。

(4)混合策略：在设计全局概念结构的框架和每一层的局部概念结构及按照全局概念

结构框架设计的要求进行集成的各个重要步骤和环节上,均可以局部使用上述 3 种不同的方法或者相互融合 3 种方法,最终实现全局概念结构的设计。

常用设计策略:需求分析采用自顶向下,概念结构采用自底向上。

概念结构的设计步骤:概念结构的抽象—局部 E-R 图设计—全局 E-R 图设计—概念结构的优化。其中,全局 E-R 图的集成方法包括逐步集成法和整体集成法。

【例 1.12】已知班级实体的属性包括班号(PK)、班名和人数,即班级(班号、班名,人数);班长实体的属性包括学号(PK)、姓名、年龄和性别,即班长(学号,姓名,年龄,性别)。规定 1 个班级只能有 1 个班长,且需要给出任职期限,绘制其 E-R 图。

分析:E-R 图包含两个实体——班级和班长,联系是一对一,且任职联系生成一个属性——任职期限。E-R 图如图 1.21 所示。

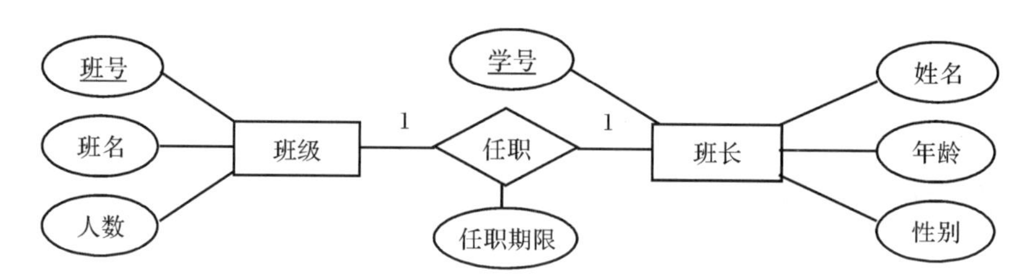

图 1.21 班级班长 E-R 图

【例 1.13】已知学院实体的属性包括院号(PK)、院名、院址、电话,即学院(院号,院名,院址,电话);教师实体的属性包括工号(PK)、姓名和性别,即教师(工号,姓名,性别)。规定 1 个学院可以聘任多名教师,1 个教师只能属于 1 个学院,并给出 E-mail,绘制其 E-R 图。

分析:E-R 图包含两个实体——学院和教师,联系是一对多,且聘用联系产生一个属性——E-mail。E-R 图如图 1.22 所示。

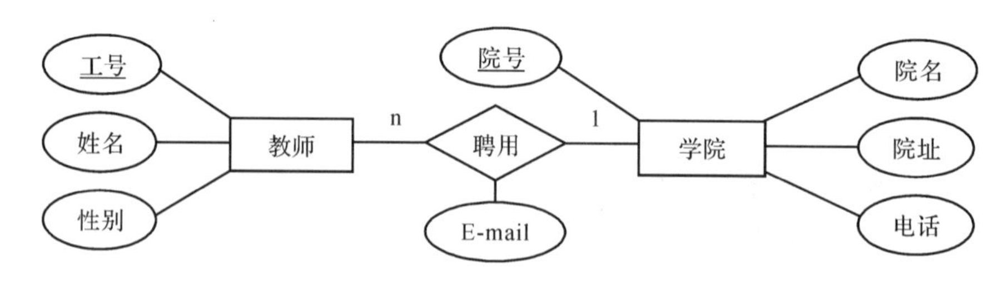

图 1.22 学院老师 E-R 图

【例 1.14】已知学生实体的属性包括学号(PK)、姓名、年龄和性别,即学生(学号,姓名,年龄,性别);课程实体的属性包括课程号(PK)、课程名、学分和教师名,即课程(课程号,课程名,学分,教师名)。规定一个学生可以选修多门课程,一门课程可以被多名学生选修,学生选课后,需要产生一个成绩属性,绘制其 E-R 图。

分析:E-R 图包含两个实体——学生和课程,联系是多对多,且选课联系产生一个属性——成绩。如图 1.23 所示。

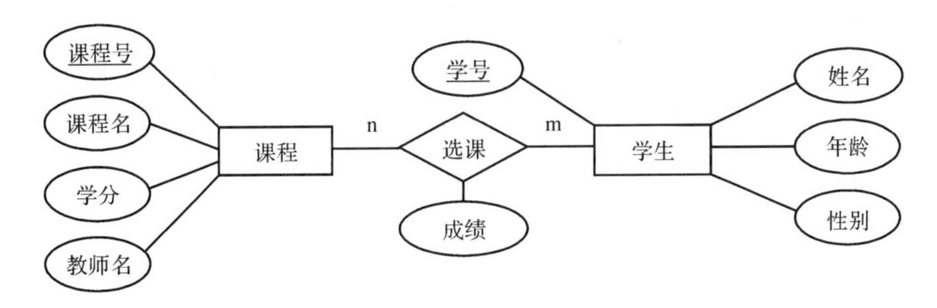

图 1.23 学生选课 E-R 图

【例 1.15】已知物流管理的实体为仓库、零件和职工，其属性分别为库号(PK)、面积、电话；零件号(PK)、零件名、规格、单价；工号(PK)、姓名、年龄、职称。实体之间的联系为1个仓库可以存放多种零件，1种零件只能存放在1个仓库中，并登记库存量；1个仓库有多个职工，1个职工只能在1个仓库工作，同时签约合同期。绘制其物流管理 E-R 图。

分析：E-R 图包含3个实体——仓库、零件和职工，仓库和零件、仓库和职工的联系均为一对多，且库存联系产生一个属性——库存量，工作联系产生一个属性——合同期。如图 1.24 所示。

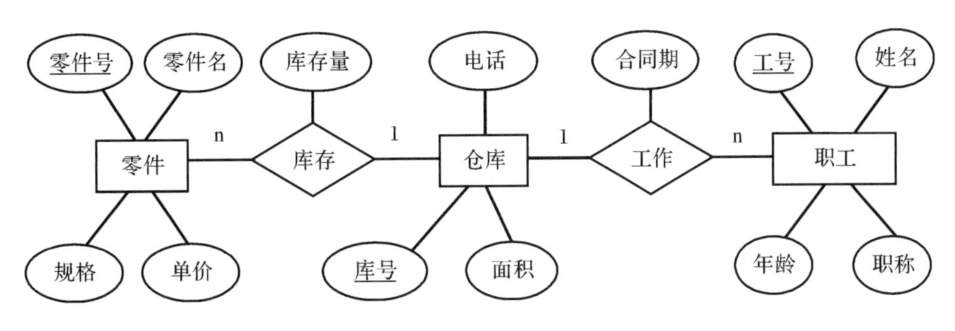

图 1.24 物流管理 E-R 图

1.4 逻辑结构设计

概念结构(E-R 图)需要转换成为选定 DBMS 支持的数据模型，并对其进行优化，从而生成数据库系统的逻辑结构(模式)，进而设计用户模式(外模式)。

1.4.1 关系与关系模式

集合 $A_1,\cdots,A_n$ 的笛卡儿积为：

$$A_1\times\cdots\times A_n=\{(a_1,\cdots,a_n)\mid a_i\in A_i, i=1,\cdots,n\}$$

其中，$(a_1,\cdots,a_n)$叫元组(Tuple)，用 t 表示；a_i 叫分量，用 $t[A_i]$表示。

关系 R：笛卡儿积的子集。关系由关系模式和关系的值组成。

关系模式 $R(A_1,\cdots,A_n)$：组成关系的所有属性名的集合。例如职工(姓名，性别)。

关系的值是所有元组的集合。例如:{("张三","女"),("李四","男")}。

【例 1.16】已知姓名和性别的域分别为{"张三","李四"}和{"男","女"},则姓名和性别的笛卡儿积与关系(设为职工)如图 1.25 所示。

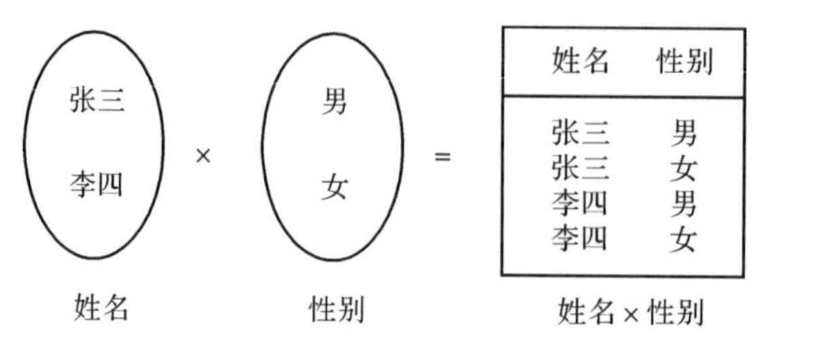

图 1.25 笛卡儿积与关系

▲思考:在"例 1.16"中,添加年龄及其域:{"16,18,19"},则姓名×性别×年龄=?姓名×性别×年龄的元组有多少个?请构造一个有意义的关系。

1.4.2 E-R 图向关系模型的转换

E-R 图转换为关系模式的规则如下:

一个实体转换为一个关系模式,实体名就是关系模式名;实体的属性就是关系模式的属性;实体的 PK 就是关系模式的 PK。

3 种联系(一对一、一对多和多对多)的转换规则不尽相同。

(1)多对多联系转换。

一个多对多联系转换为一个独立的关系模式。联系名就是关系模式名,关系模式的属性是由与联系相关联的实体的 PK 以及联系本身的属性组成,关系模式的 PK 是与联系相关联的实体的 PK 的组合。

【例 1.17】把"例 1.14"的 E-R 图转换为关系模式,并用下划线标注 PK。

分析:学生和课程分别转换为一个关系模式,转换后 PK 不变;选课是多对多联系,转换为一个关系模式,转换后的 PK 是(学号,课程号)。即:

学生(学号,姓名,性别,年龄)

课程(课程号,课程名,学分)

选课(学号,课程号,成绩)

(2)一对多联系转换。

一对多联系不再转换为一个独立的关系模式,而是与多端的实体进行归并。多端的实体转换后的关系模式的属性是由多端实体的属性、一端实体的 PK 及联系本身的属性共同组成,关系模式的 PK 同多端实体。

【例 1.18】把"例 1.13"的 E-R 图转换为关系模式,并用下划线标注 PK。

分析:学院和教师分别转换为一个关系模式,转换后 PK 不变;聘用是一对多联系,所以与教师进行合并,转换后的 PK 同教师。即:

学院(院号,院名,院址,电话)

教师(工号,院号,姓名,性别,E-mail)

(3)一对一联系转换。

一对一联系不再转换为一个独立的关系模式,而是与任意一端的实体进行归并。归并端的实体转换后的关系模式的属性是由本一端实体的属性、另一端实体的键及联系本身的属性共同组成,关系模式的 PK 同归并端实体。

【例 1.19】把"例 1.12"的 E-R 图转换为关系模式,并用下划线标注 PK。

分析:班级和班长分别转换为一个关系模式,转换后 PK 不变;任职是一对一联系,所以与任意一端实体(班级或者班长)进行归并,转换后的 PK 同选定一端实体。即:

班级(班号,学号,班名,人数,任职期限)

班长(学号,姓名,年龄,性别)

或者:

班级(班号,班名,人数)

班长(学号,班号,姓名,年龄,性别,任职期限)

【例 1.20】把"例 1.15"的 E-R 图转换为关系模式,并用下划线标注 PK。

分析:零件、仓库和职工分别转换为一个关系模式,转换后的 PK 不变。库存和工作均是一对多联系,分别向零件和职工归并。即:

仓库(库号,面积,电话)

零件(零件号,库号,零件名,规格,单价,库存量)

职工(工号,库号,姓名,年龄,职称,合同期)

综上所述,利用转换规则,可以方便地把 E-R 图转换为关系模式的集合,即逻辑结构。

1.4.3 数据完整性

1.4.3.1 数据完整性规则

数据完整性是指数据的正确性、一致性和相容性。具体包括实体完整性、参照完整性和用户定义完整性。数据完整性规则就是为了确保数据完整性而设立的一系列约束。

(1)实体完整性:如果属性(属性组)A 是主属性,则 A 的取值不能为空。

例如:对于学生(学号,姓名,性别,年龄),主属性学号的取值非空且唯一。

(2)参照完整性:如果 X 是关系 R 的外键,且 X 是关系 S 的主键,则关系 R 中 X 的取值要么为空值,要么为 S 的主键的值。

外键:如果 X 不是关系 R 的主键,是关系 S 的主键,则称 X 是 R 的外键(Foreign Key,FK)。其中,R 是外键表,S 是主键表。

例如:对于学生(学号,姓名,性别,年龄)、课程(课程号,课程名,学分)和选课(学号,课程号,成绩),则学号是选课的 FK,是学生的 PK,即选课中学号的取值必须是学生中的学号的值。课程号是选课的 FK,是课程的 PK,即选课中课程号的取值必须是课程中的课程号的值。

(3)用户定义完整性:根据数据库系统的应用需求,用户自己规定的一系列约束。

例如:对于学生(学号,姓名,性别,年龄)和选课(学号,课程号,成绩),性别只能是男或女,年龄的取值为 6 到 96 岁,成绩的取值为 0 到 100 分等。

1.4.3.2 数据完整性控制机制

完整性控制机制应该具备定义、检查和违约处理等功能。

(1)定义:提供定义数据库完整性约束的功能及其接口。

(2)检查:提供检查插入、修改和删除等操作是否违背了完整性约束的功能。

(3)违约处理:对于破坏完整性的违约操作,提供相应的违约处理功能。

常用的违约处理如下(违约处理针对插入、修改和删除等操作):

①置空:对于违约操作所涉及的数据,把数据置为空值。

例如:对于学生(学号,姓名,性别,年龄,专业号)和专业(专业号,专业名,类别,简介),如果在专业中需要删除专业号为 Z0101 的专业,但是在学生中存在该专业的学生,则需要在学生中把该专业的学生的专业号置空,表示未定专业。

②拒绝更新:对操作仅提供违约信息,并拒绝执行操作。

例如:对于学生(学号,姓名,性别,年龄)和选课(学号,课程号,成绩),如果要删除学生中学号为 S2012010101 的学生,而选课中存在该生的选课,因此拒绝操作。

③受限更新:对操作不是直接拒绝,而是根据实际情况决定是否接受操作。

例如:对于学生(学号,姓名,性别,年龄)和选课(学号,课程号,成绩),如果要删除学生中学号为 S2012020202 的学生,而选课中该生无选课,因此接受操作。

④级联更新:对操作不是直接接受,而是变违约为非违约,并接受操作。

例如:对于学生(学号,姓名,性别,年龄)和选课(学号,课程号,成绩),如果要删除学生中学号为 S2012010101 的学生,而选课中存在该生的选课,因此在学生中删除学号为 S2012010101 的学生的同时,级联删除选课中该生的所有选课。

▲思考 1:知道学生、课程和选课关系,并已经建立了相应的实体、参照和用户定义约束,如果需要删除学生中的一个元组,请给出比较完整的处理策略。

▲思考 2:知道学生、课程和选课关系,并已经建立了相应的实体、参照和用户定义约束,如果在选课关系中插入一个新元组,请给出比较完整的处理策略。

▲思考 3:理解拒绝更新、受限更新和级联更新的优缺点、区别与联系。

目前,比较流行的 RDBMS 均提供了完整性控制机制,用于保证数据库的完整性。

1.4.4 关系模式规范化

对于关系数据库,由于数据之间通常存在一定的联系,从而导致属性之间存在一定的依赖和约束关系,因此需要通过规范化消除依赖。例如:关系模式 SInfo(学号,课程号,姓名,性别,课程名,成绩)中,姓名依赖于学号,成绩依赖于学号和课程号等。

1.4.4.1 函数依赖

已知关系模式 R(U),X 和 Y 是 U 的子集,对于 R(U)的任意关系 R,R 中的任意元组 t_1, t_2,若 $t_1[X]=t_2[X]$,则 $t_1[Y]=t_2[Y]$,表明 X 确定 Y 或 Y 依赖于 X。记作:$X \rightarrow Y$。

如果 X 不确定 Y，则记作：$X \nrightarrow Y$。

等价描述：R(U)的任意关系 R 的任意元组 t_1，t_2，若 $t_1[Y] \neq t_2[Y]$，则 $t_1[X] \neq t_2[X]$。

例如：根据关系模式 SInfo(学号，课程号，性别，生日，课程名，成绩)，则学号→姓名；(学号，课程号)→成绩；SName→生日。

如果 X→Y，且 Y⊆X，则称 X→Y 是平凡依赖，即集合的任意子集均平凡依赖于自身。平凡依赖必然成立。函数依赖的集合称为函数依赖集(记作 F)。

常用的函数依赖包括完全依赖、部分依赖和传递依赖。

(1)对于关系模式 R(U,F)，如果 X→Y，并且对于 X 的任何一个真子集 X'，都满足 $X' \nrightarrow Y$(即 Y 不依赖于 X 的任意真子集)，则称 Y 完全依赖于 X，记作 $X \xrightarrow{F} Y$；否则，Y 部分依赖于 X，记作 $X \xrightarrow{P} Y$。

例如：对于关系模式 SC(学号，课程号，成绩)，则(学号，课程号) $\xrightarrow{F}$ 成绩。对于 R(A,B,C,D,E)，如果 F={A→C,AB→D,AB→E,C→E}，则 $AB \xrightarrow{P} C$；$AB \xrightarrow{F} D$；$AB \xrightarrow{P} E$。

CK 的等价定义：设 X 是关系模式 R(U,F)的属性组，如果 $X \xrightarrow{F} U$，则 X 是 CK。

例如：上例中，(学号，课程号)是 SC 的 CK，AB 是 R(A,B,C,D,E)的 CK。

(2)对于关系模式 R(U,F)，如果 X→Y，Y→Z，并且 $Y \nrightarrow X$，则称 Z 传递依赖于 X，记作 $X \xrightarrow{T} Z$。

例如：在关系模式 SInfo(学号，姓名，院号，院名，院长)中，学号 $\xrightarrow{T}$ 院长。

1.4.4.2 关系模式规范化

关系模式规范化是利用关系规范化理论，对关系模式进行分解和优化，从而消除冗余数据和数据之间的依赖关系，使系统达到规范要求，并在一定程度上解决插入异常、修改异常、删除异常和数据冗余等问题。

范式是满足系统规范要求的关系模式的集合，即范式是规范化的关系模式。

常用范式：第一范式(First Normal Form，1NF)、第二范式(2NF)、第三范式(3NF)、BC 范式(Boyce Codd Normal Form，BCNF)、第四范式(4NF)和第五范式(5NF)等。其中，1NF、2NF 和 3NF 是关系规范化理论的核心。若 R 满足第 n 范式，则记作 R∈nNF。

常用范式之间的联系如图 1.26 所示。

$$1NF \supset 2NF \supset 3NF \supset BCNF \supset 4NF \supset 5NF$$

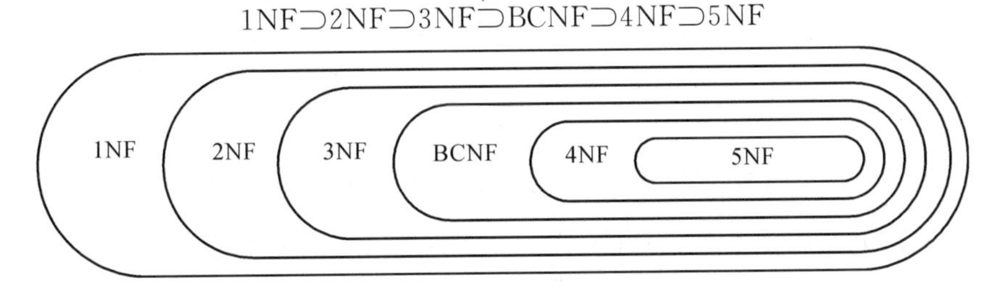

图 1.26 范式关系图

(1)1NF:关系模式 R 的属性都是不可分的属性。

(2)2NF:如果 R∈1NF,且 R 的每个非主属性都完全依赖于 R 的 CK。

等价描述:对于 R∈1NF,如果存在非主属性部分依赖于 R 的 CK,则 R∉2NF。

(3)3NF:R∈2NF,且 R 的每个非主属性都不传递依赖于 R 的 CK。

【例 1.21】已知学生信息 SInfo(U,F)。

U={SNo,SName,SSex,SBirth,SAge,DNo,DName,DHead,CNo,CName,Credit,Grade},其中 SNo 表示学号,SName 表示姓名,SSex 表示性别,SBirth 表示生日,SAge 表示年龄,DNo 表示系号,DName 表示系名,DHead 表示系主任,CNo 表示课程号,CName 表示课程名,Credit 表示学分,Grade 表示成绩。

F 满足:1 个学生只能属于 1 个系;1 个系只能有 1 个系主任;1 个学生可选多门课程,1 门课程可被多个学生选。

(1)请判断 SInfo 是否满足 2NF? 若不是,则分解关系模式,使之满足 2NF。

(2)请判断 SInfo 是否满足 3NF? 若不是,则分解关系模式,使之满足 3NF。

分析:

①1NF 判断:不难看出,SBirth→SAge,因此 SAge 冗余,得出:

SInfo(SNo,SName,SSex,SBirth,DNo,DName,DHead,CNo,CName,Credit,Grade)

又因每个属性均为不可分的属性,所以 SInfo 满足 1NF。

② 2NF 判断:由 F 可知,SInfo 的依赖关系如图 1.27 所示。

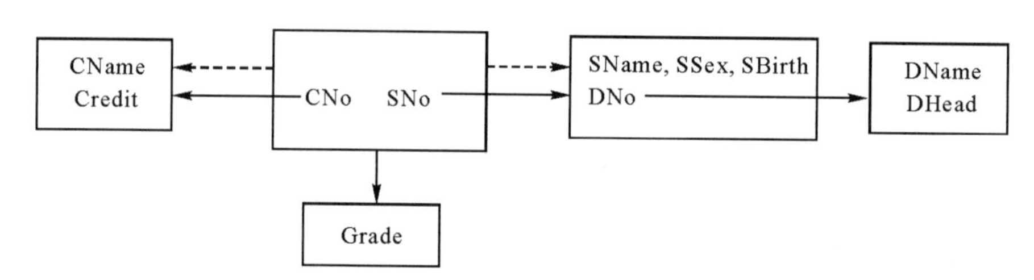

图 1.27 SInfo 的数据依赖关系

其中,实箭头(→)表示完全依赖,虚箭头(⇢)表示部分依赖。即:

F={SNo→SName,SNo→SSex,SNo→SBirth,SNo→DNo,DNo→DName,DNo→DHead,(SNo,CNo)→Grade,CNo→CName,CNo→Credit}

所以,SInfo 的 PK 为(SNo,CNo),SNo 和 CNo 为主属性,其余属性为非主属性。

由于 SNo→(SName, SSex, SBirth, DNo, DName, DHead),则存在部分依赖:

(SNo,CNo) $\xrightarrow{P}$ (SName, SSex, SBirth, DNo, DName, DHead)。

由于 CNo→(CName, Credit),则存在部分依赖:(SNo,CNo) $\xrightarrow{P}$ (CName, Credit)。

关系模式的完全依赖为:(SNo,CNo) $\xrightarrow{F}$ Grade,即 SInfo 不满足 2NF。所以,分解 SInfo=SD∪SC∪C。具体如图 1.28 所示。

SD(U_{sd},F_{sd}):U_{sd}={SNo,SName,SSex,SBirth,DNo,DName,DHead}

F_{sd}＝{SNo→(SName，SSex，SBirth，DNo，DName，DHead)，DNo→(DName，DHead)}

SC(U_{sc},F_{sc})：U_{sc}＝{CNo,CName,Credit}；F_{sc}＝{CNo→(CName，Credit)}

C(U_c,F_c)：U_c＝{SNo,CNo,Grade}；F_c＝{(SNo,CNo)→Grade}

③ 3NF判断：SC和C显然满足3NF，而SD不满足。

由于F_{sd}存在：SNo→DNo和DNo→(DName，DHead)，因此非主属性DName和DHead均传递依赖于(SNo,CNo)，即SD不满足3NF。所以，分解SD＝S∪D。具体如图1.28所示。

S(U_s,F_s)：U_s＝{SNo,SName,SSex,SBirth,DNo}；F_s＝{SNo→(SName，SSex，SBirth，DNo)}

D(U_d,F_d)：U_d＝{DNo，DName，DHead}；F_d＝{DNo→(DName，DHead)}

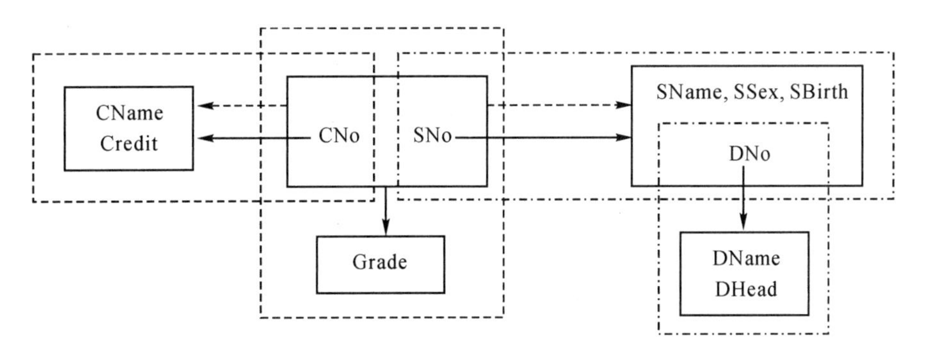

图 1.28 SInfo 的 2NF＋3NF 分解

习　题

1. 名词解释

(1)数据模型	(2)数据库	(3)DBMS	(4)数据库系统
(5)数据字典	(6)属性	(7)实体	(8)联系
(9)E-R图	(10)候选键	(11)主键	(12)外键
(13)ODBC	(14)主属性	(15)笛卡儿积	(16)范式

2. 简答题

(1)数据管理技术的发展阶段。

(2)DBMS的功能。

(3)数据库系统的组成和特点。

(4)常用的数据模型和数据模型的3个组成要素。

(5)数据库的组成层次。

(6)DBA的职责。

(7)数据库系统的模式结构。

(8)数据库系统设计的特点和步骤。

(9)数据独立性及其两类独立性。

(10)数据字典的内容。

(11)概念结构设计的方法和三要素。

(12)数据完整性的内容和约束规则。

(13)关系代数的 8 种运算。

(14)实体之间的 3 种基本联系。

(15)常用范式及其包含关系。

3.填空题

(1)数据库管理系统是位于(　　　)之间的数据管理软件。

(2)若属性 F 是关系 R 的外键,且 F 是关系 S 的主键,则 R 中每个元组在 F 上的取值必须为(　　　)或(　　　)。

(3)若属性 A 是关系 R 的主属性,则 A 的取值均(　　　)。

(4)DBMS 的语言系统通常提供数据定义语言 DDL、(　　　)和(　　　)等子语言系统。

(5)实体—联系方法所建立的 E-R 图是描述(　　　)结构的主要工具。

(6)数据模型的三要素是(　　　)、(　　　)和(　　　)。

(7)关系模型的完整性约束包括(　　　)、(　　　)和(　　　)等。

(8)3NF 相对于 2NF 来说,消除了(　　　)。

(9)三级模式二级映象保证了数据库系统中的数据具有较高的(　　　)和(　　　)。

(10)概念模型描述的是(　　　)之间的联系。

(11)主键是从(　　　)键中选择的一个,能够唯一地标识元组。

(12)数据库是通用化的综合性数据集合,可以提供给用户(　　　),具有较小的(　　　)及数据和程序的(　　　)。

(13)数据库系统的核心是(　　　),它是用户与数据库的接口。

(14)数据独立性主要包括(　　　)独立性和(　　　)独立性等。

(15)常用的数据模型是(　　　)模型、(　　　)模型、(　　　)模型和面向对象模型等。

(16)数据库系统在三级模式中提供了(　　　)和(　　　)二级映象。

(17)设计概念结构的常用方法是(　　　)、(　　　)、逐步扩张和混合策略等。

(18)非主属性是不包含在任何一个(　　　)中的属性。

(19)数据库保护主要包括数据安全性控制、(　　　)、(　　　)和数据恢复等控制机制。

(20)E-R 图是数据库设计的(　　　)阶段的主要方法。

(21)已知学生 S(学号,姓名,班级)和选课 SC(学号,课程号,成绩),为了确保数据的完整性,S 与 SC 之间应满足(　　　)完整性约束。

(22)关系 R 和 S 的交集 R∩S 可以由差运算导出，则其差运算的等价表达式为(　　)。

(23)表与表之间的联系是通过它们的(　　)来实现的。

(24)数据流图的设计属于(　　)阶段的任务。

(25)在层次模型和网状模型中，记录之间的联系是使用(　　)实现的。

(26)参照完整性规则是对(　　)键的约束。

(27)多个用户同时对同一数据进行的操作称为(　　)操作。

(28)已知关系 R(A,B,C,D)和 F={A→CD,C→B}，则 R 属于第(　　)范式。

(29)已知关系 R(A,B,C,D)和 F={AB→D,D→C}，则 R 属于第(　　)范式。

(30)如果两个关系没有公共属性，则其自然连接与(　　)操作等价。

(31)已知关系 R(A,B,C,D)和 F={AB→C,D→B}，则 R 的候选键为(　　)。

(32)在数据库设计过程中，设计存储结构和存取方法属于(　　)设计。

(33)数据库系统模式结构的三级模式是指(　　)、模式和(　　)。

(34)在 E-R 图中，菱形框表示(　　)。

(35)物理结构设计是设计数据库的物理结构，具体包括数据库的(　　)和存取方法等。

(36)数据模型的规范化，主要是解决(　　)、修改异常、(　　)和(　　)等问题。

(37)如果数据库系统的逻辑模式发生改变，(　　)映象需要做相应的改变，以保证外模式不变。

(38)E-R 方法的三要素是(　　)、属性和(　　)。

(39)数据字典的内容包括数据项、(　　)、数据存储、(　　)和处理过程等。

(40)在数据库中，数据的基本单位是(　　)，数据的最小单位是(　　)。

(41)在关系代数中，连接运算是由(　　)运算与(　　)运算导出。

(42)在关系模型中，表的行称为(　　)，列称为属性。

(43)关系中能够唯一标识元组的属性或者属性组称为(　　)。

(44)(　　)映象为数据库系统供了数据的物理独立性。

(45)用树型结构表示实体类型及实体间联系的数据模型称为(　　)。

(46)在数据库的模式结构中，数据是按(　　)模式在存储介质中存储数据，按(　　)模式为用户提供用户共享数据。

(47)对于函数依赖 X→Y，如果 Y 是 X 的子集，则 X→Y 称为(　　)依赖。

(48)已知供应商 S 和零件 P 如表 1-1 和表 1-2 所示，其主键分别是供应商号和零件号，供应商号是 P 的外键，颜色只能取红、白或者蓝。假设 DBMS 无级联功能。

表 1-1　供应商 S

供应商号	供应商名	城市
B01	红星	北京
S10	宇宙	上海
T20	黎明	天津
Z01	立新	重庆

表 1-2　零件 P

零件号	颜色	供应商号
010	红	B01
011	蓝	B01
201	蓝	T20
312	白	S10

① 如果向 P 插入新元组(“201”,“白”,“S10”)(“301”,“红”,“T11”)和(“301”,“绿”,“B01”),则不能插入的元组是(　　　)。

② 如果删除 S 的元组(“S10”,“宇宙”,“上海”)和(“Z01”,“立新”,“重庆”),则可以删除的是(　　　)。

③ 如果把 S 中供应商号的值“Z01”改为“Z30”,或者把 P 中供应商号的值“T20”改为“T10”,则可以执行的操作是(　　　)。

④ S×P 的元组个数是(　　　),S 与 P 自然连接后的元组个数是(　　　)。

(49)已知 SInfo(学号,系名,主任,课程名,成绩),且一个系有多个学生,一个学生只属于一个系;一个系只有一名主任;一个学生可以选修多门课程,每门课程允许多个学生选修;每个学生选修的每门课程都有一个成绩。

① SInfo 的主键是(　　　);SInfo 属于第(　　　)范式。

② 把 SInfo 分解为 S(学号,系名,主任)和 G(学号,课程名,成绩),则 S 的主键是(　　　),G 的主键是(　　　)。

③ S(学号,系名,主任)属于第(　　　)范式,原因是 S 存在(　　　)依赖。

(50)已知雇员和部门如表 1-3 和表 1-4 所示。

表 1-3　雇员

雇员号	雇员名	部门号	工资
001	张三	02	2000
010	王宏	01	1200
056	马林	02	1000
101	张三	04	1500

表 1-4　部门

部门号	部门名	电话	地址
01	业务部	000	A 楼
02	销售部	001	B 楼
03	服务部	002	C 楼
04	财务部	003	D 楼

① 雇员的 PK 是(　　　),雇员的 FK 是(　　　)。

② 雇员名是雇员的 CK,该结论是对还是错。(　　　)

③如果部门中,财务部的部门号需要调整为 06,则雇员的级联操作是(　　　)。

4. 设计题

设计连锁营销公司的商品销售管理系统的 E-R 图,把 E-R 图转换为关系模式,并判断是否满足 3NF。要求体现职工、商店、商品和用户等方面的进货、购买信息及联系。即：

(1)职工信息包括工号、姓名、性别、生日、职称、住址和电话等，商店信息包括店号、店名、店址和电话等，商品信息包括品号、品名、厂商和单价等，用户信息包括用户编号、姓名、性别、生日、住址和电话等。

(2)1个职工仅在1个商店工作，1个商店有多个职工，聘用后签署期限合同。

(3)1个商店可销售多种商品，1种商品可在多个商店销售，进货后登记进货量。

(4)1个用户可买多种商品，1种商品可卖给多个用户，购买后给出购买数量。

2 数据库

Access 是 Microsoft 公司推出的一个界面友好、操作简单、功能全面、方便灵活的关系型 DBMS。Access 作为 Office 办公系列软件的一个主要组成部分,使得用于数据管理的投资成本很低,特别适合非专业的普通用户开发自己的个性数据库应用系统。Access 因高效完成中小型数据库管理任务,而广泛应用于财务、金融、经济、教育、行政、统计和审计等领域。

2.1 Access 基本操作

Access 作为微软发布的成功产品,使其具有文件格式单一、操作界面友好、易学易用、兼容多种数据格式、Web 发布、集成开发环境强大、支持开放数据库互连(Open DataBase Connectivity,ODBC)的国际接口标准、完善的安全控制、丰富的向导和详尽的帮助信息等特点。

2.1.1 Access 的启动和退出

在 Windows 10 环境下,可以使用多种方式启动和退出 Access。

2.1.1.1 启动 Access

使用如下方法启动 Access 后的 Backstage 视图如图 2.1 所示。

(1)"开始"菜单启动:单击 Windows 10 桌面任务栏的"开始"按钮,在程序列表中找到"Access",然后单击。

(2)快捷方式启动:直接双击 Windows 10 桌面上的 Access 的快捷方式图标。

(3)任务栏启动:直接单击 Windows 10 桌面任务栏上的 Access 的快捷方式图标。

2.1.1.2 退出 Access

可以使用如下方法退出 Access:

(1)单击窗口右上角的"关闭"按钮;

(2)单击"文件"菜单,单击"退出";

(3)双击窗口左上角的控制按钮,或者单击窗口左上角的控制按钮,单击"关闭"。

(4)按组合键"Alt+F4"。

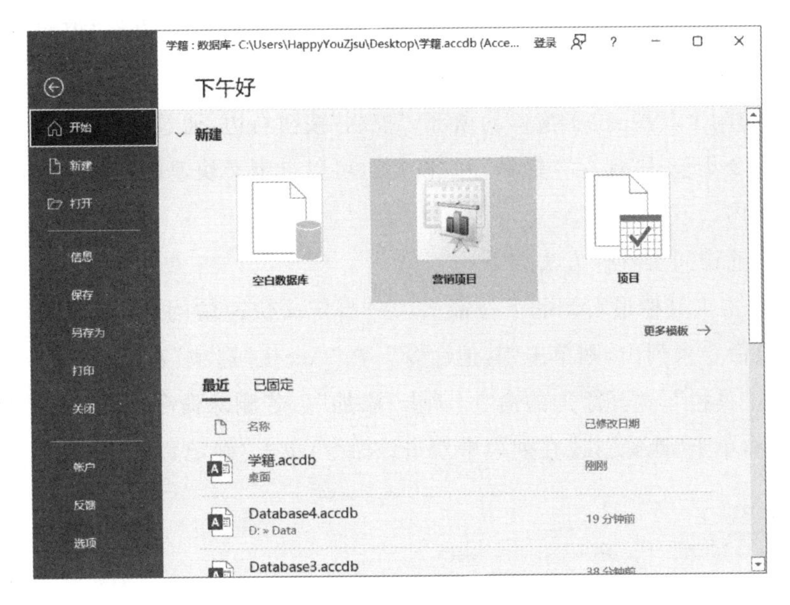

图 2.1 Access 的启动界面

2.1.2 Access 的工作环境

Access 的界面可以分为:文件视图(见图 2.1)和数据库窗口(见图 2.2)两大类。

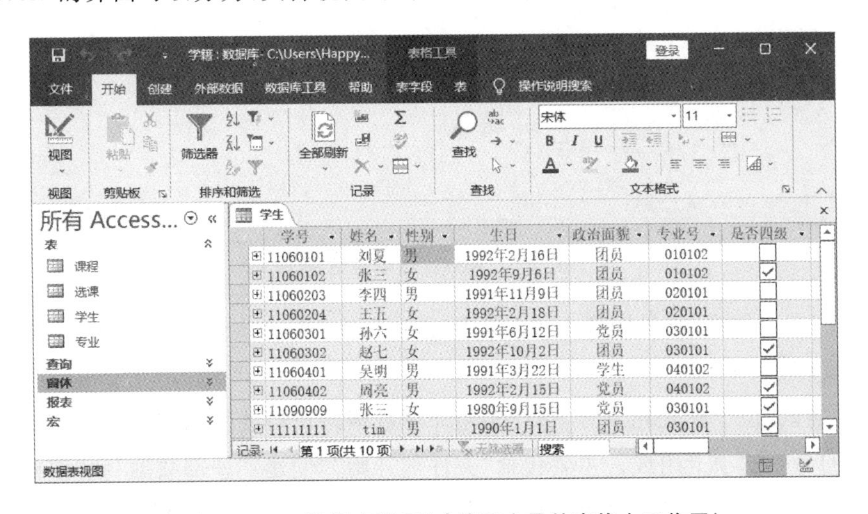

图 2.2 Access 数据库窗口(功能区+导航窗格+工作区)

2.1.2.1 文件视图

文件视图是功能区的"文件"选项卡上显示的命令集合。在文件视图中,可以进行开始、新建、打开、信息、保存、另存为、打印、关闭、账户、反馈和选项等文件管理和数据库维护任务。

2.1.2.2 Access 的数据库窗口

Access 的数据库窗口包括标题栏、快捷访问工具栏、功能区(命令选项卡+上下文命令选项卡)、导航窗格、工作区和状态栏等。

(1)标题栏:位于窗口的顶部,用于显示当前窗口的标题。左边是“控制”按钮和快捷访问工具栏,右边是“最大化”“最小化”和“关闭”按钮。

(2)快捷访问工具栏:位于窗口的顶部,“控制”按钮右边,通过一次单击实现快速执行命令。默认命令集包括“保存”“撤销”和“恢复”,可以自定义快速访问工具栏,将常用的其他命令包含在内。

自定义快速访问工具栏方法如下:

方法 1:单击工具栏最右侧的下拉箭头,在“自定义快速访问工具栏”下,单击要添加的命令。如果命令未列出,则单击“其他命令”,在“Access 选项”对话框(见图 2.3)中,单击“快速访问工具栏”,选择添加的命令,单击“添加”。若删除命令,请在右侧的列表中突出显示该命令,单击“删除”;或在列表中双击该命令,单击“确定”。

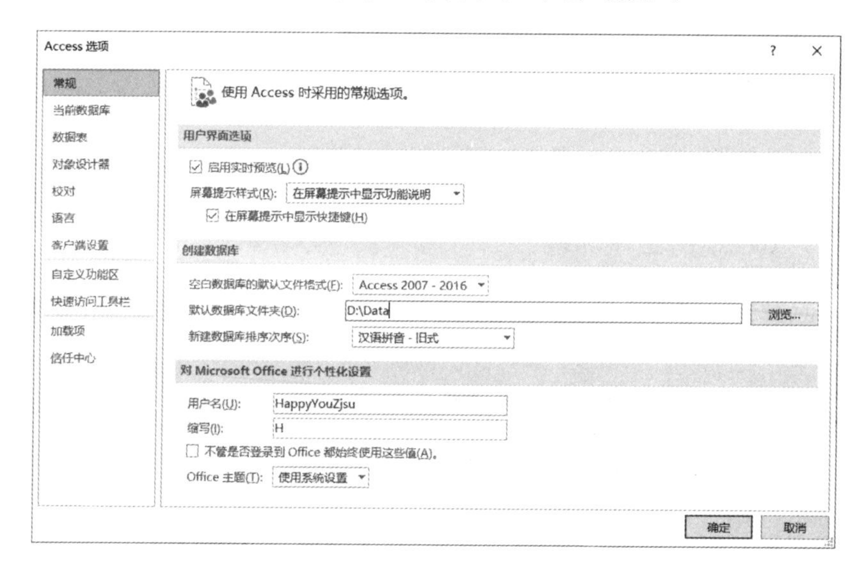

图 2.3　Access 选项对话框

方法 2:在文件视图(见图 2.1)中,单击“选项”,在“Access 选项”对话框中重复方法 1 中相关的操作。

(3)功能区:位于标题栏下方,包含多组命令且横跨窗口的带状选项卡区域,由一系列包含命令的命令选项卡组成。主要包括“文件”“开始”“创建”“外部数据”和“数据库工具”及其“上下文命令选项卡”。每个选项卡都包含多组相关命令,并提供相应的图形用户接口(Graphical User Interface,GUI)。

“文件”:激活文件视图(见图 2.1)和切换数据库窗口(见图 2.2)。

“开始”:复制和粘贴;设置字体属性;记录的新建、保存、删除、查询、汇总、排序和筛选等。

“创建”:创建表、查询、窗体、报表、宏和模块等。

“外部数据”:导入、导出和链接外部数据等。

“数据库工具”:编辑器和运行宏、编辑表关系、编辑模块。

上下文命令选项卡:根据操作对象及其操作(即上下文)的不同,在命令选项卡的旁边出现的一个或多个相应的命令选项卡,即在特定上下文中需要使用的命令和功能。例如,打开1个表时,则上下文命令选项卡中包含使用表时的相关命令(见图2.2)。

自定义功能区:在图2.3中,单击“自定义功能区”,下同“自定义快速访问工具栏”。

隐藏功能区:为了给工作区提供更多的空间,则可以折叠功能区。隐藏功能区,双击活动的命令选项卡;显示功能区,再次双击活动的命令选项卡。或右击选项卡,然后单击折叠功能区。

(4)导航窗格:位于窗口左侧,用于管理和使用数据库对象。数据库对象包括表、查询、窗体、报表、宏和模块等。显示和隐藏导航窗格,可以单击“百叶窗开/关”按钮。

(5)工作区:位于导航窗格右边,用于编辑表、查询、窗体、报表和宏的多文档编辑区。可以使用选项卡式文档方式(默认)或者重叠窗口方式来显示数据库对象。

显示隐藏文档选项卡:单击“文件”选项卡,单击“选项”,在图2.3的左侧窗格中,单击“当前数据库”,再在“应用程序选项”部分的“文档窗口选项”下,选择“选项卡式文档”,选中或清除“显示文档选项卡”复选框,单击“确定”。

▲提示:“显示文档选项卡”设置针对单个数据库,每个数据库需单独设置且重新启动。

(6)状态栏:位于窗口底部,用于显示状态消息、属性提示、进度指示等。

显示或者隐藏状态栏:单击“文件”选项卡,然后单击“选项”,在“Access选项”对话框的左侧窗格中,单击“当前数据库”。在“应用程序选项”下,选中或者清除“显示状态栏”复选框。

2.1.2.3 设置Access的工作环境

在文件视图(见图2.1)中,单击“选项”;在“Access选项”对话框(见图2.3)的左侧窗格中,单击“常规”,在“默认数据库文件夹(D)”的右侧文本框中,输入管理数据库的默认文件夹(如D:MyAccess)。或者单击文本框右侧的“浏览...”按钮,选择默认的文件夹,然后依次设置其他环境参数,最后单击“确定”。

2.1.2.4 Access的帮助系统

在Access系统中,提供了联机帮助和在线帮助两个帮助系统。对于使用Access遇到的问题,使用帮助系统基本上均可以得到解决。所以善于使用内容详细的帮助系统是解决问题的好方法和好习惯。

获取帮助的常用方法:

(1)直接按快捷键F1。

(2)单击文件视图或者Access数据库窗口中的“帮助”按钮。

2.2 建立数据库

Access数据库是所有表、查询、窗体、报表、宏和模块等对象的集合。表是数据库的基础,记录数据库中的全部数据;而查询、窗体、报表、宏和模块等对象,则是管理和使用数据库的工具。

2.2.1 Access 数据库的设计

根据数据库设计的基本理论,Access 数据库设计的基本步骤如下:

(1)确定数据库的用途:通过需求分析,确定数据库的用途、使用方式、使用群体、具体需求和系统功能等。

(2)确定数据库的表:根据概念结构设计和逻辑结构设计,确定数据库的表。

(3)确定表的字段:确定每个表的具体字段及其相关细节信息。

(4)确定表之间的关系:确定表与表之间的一对一、一对多或者多对多关系。

(5)改进优化设计:利用规范化理论,对数据库进行规范和优化,使其达到 3NF。

(6)实施:利用 Access 实现数据库及其相关对象。

【例 2.1】设计学籍数据库,用于学生和课程及其选课后的成绩登记与统计。即:

(1)明确数据库的用途:用于记录学生的学号、姓名、性别、年龄、专业和学院等基本信息;课程的课程号、课程名、学时和学分等信息;选课后的平时、期中和期末的成绩等。

(2)确定表:学生表、课程表和选课表分别存储学生、课程和选课信息。即:

学生(学号,姓名,性别,年龄)

课程(课程号,课程名,学分)

选课(学号,课程号,成绩)

(3)确定字段信息:确定字段的名称、类型、宽度和主键及其约束。

例如:学号为 6 位数字组成的短文本数据,唯一且非空,是学生表的 PK、选课表的 FK。课程号为 4 位数字组成的短文本数据,唯一且非空,是课程表的 PK、选课表的 FK 等。

(4)确定表间关系:学生与选课是一对多关系,课程与选课是一对多关系。

(5)改进优化设计:满足 3NF,不需要优化。

(6)实施:利用 Access 2019 建立学籍数据库(学生+课程+选课),实现相应功能的查询、窗体、报表、宏和模块等(参考学籍管理.accdb)。

2.2.2 建立数据库

Access 数据库可以直接创建空数据库,或者使用模板创建数据库,同时提供数据库的建立机制。数据库的扩展名为 accdb。

2.2.2.1 利用模板创建数据库

为了方便建立数据库,Access 数据库不但提供了多个数据库模板,而且可以联机搜索更多模板下载使用。创建数据库最有效的方法是使用与设计要求相近的模板创建数据库,然后对其进行编辑,使其满足要求。

【例 2.2】利用 Access 样本模板建立“例 2.2 项目”数据库。操作如下:

(1)单击“文件”选项卡，在文件视图(见图 2.1)中，单击“新建”，单击“项目”，在如图 2.4 所示的新建项目数据库界面中，选择文件目录，输入文件名“例 2.2 项目.accdb”，单击“创建”按钮后，显示界面如图 2.5 所示。

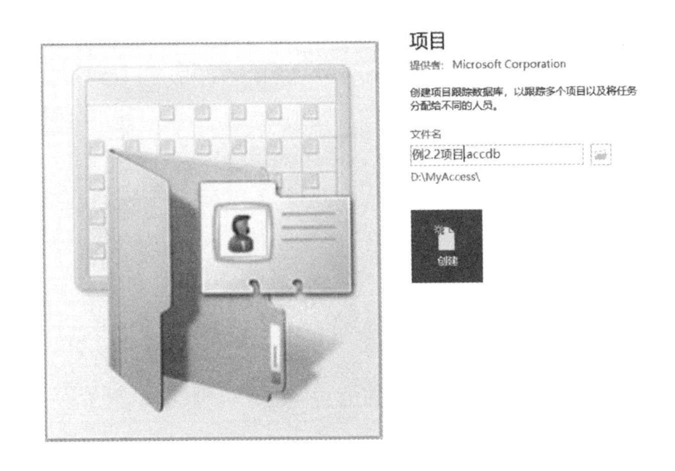

图 2.4　新建项目

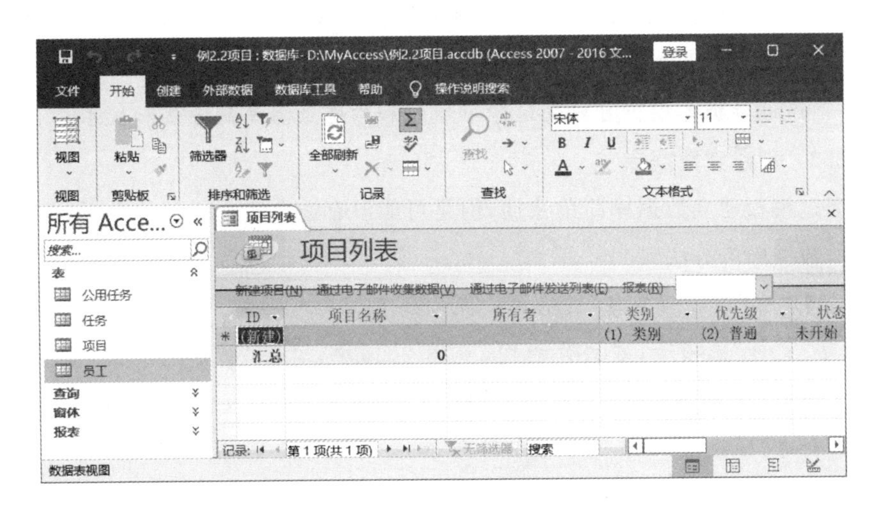

图 2.5　项目数据库

(2)在图 2.5 中，单击“新建”，在如图 2.6 所示的项目详细信息界面中，输入相关信息，然后关闭。

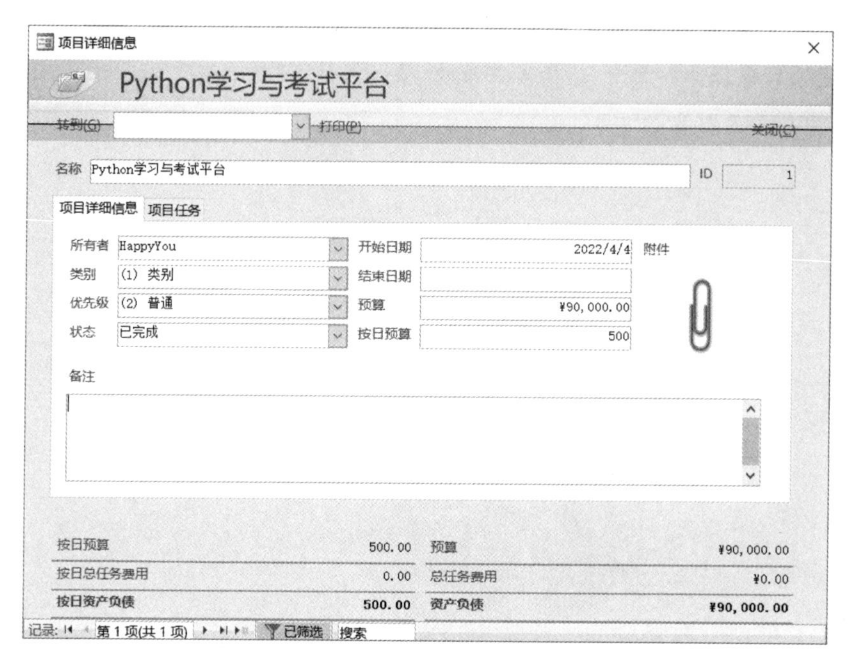

图 2.6　项目信息

(3)单击“百叶窗开/关”按钮,可以看到表、查询、窗体、报表和宏等数据库对象。然后,通过导航窗格中的员工、任务、公用任务和项目表,使用和管理相关信息。

▲技巧:通过数据库模板可以快速学习组织和构造数据库的方法和技术。

2.2.2.2　创建空数据库

尽管通过模板建立数据库简单快捷,但是可能没有适合实际需要的模板,此时则可以使用建立空数据库的方法。

【例 2.3】建立“例 2.3 学籍”数据库。操作如下:

(1)单击“文件”选项卡,在文件视图(见图 2.1)中,单击“新建”,单击“空白数据库”(见图 2.7),利用“浏览”按钮选择文件目录,在“文件名”下输入文件名“例 2.3 学籍.accdb”,单击“创建”按钮,显示界面如图 2.8 所示。

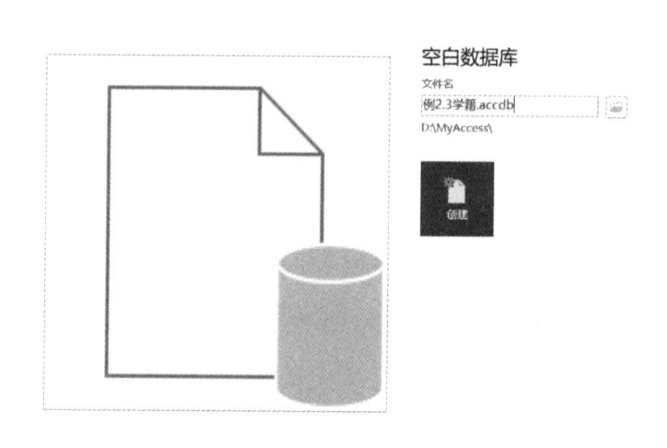

图 2.7　空白数据库

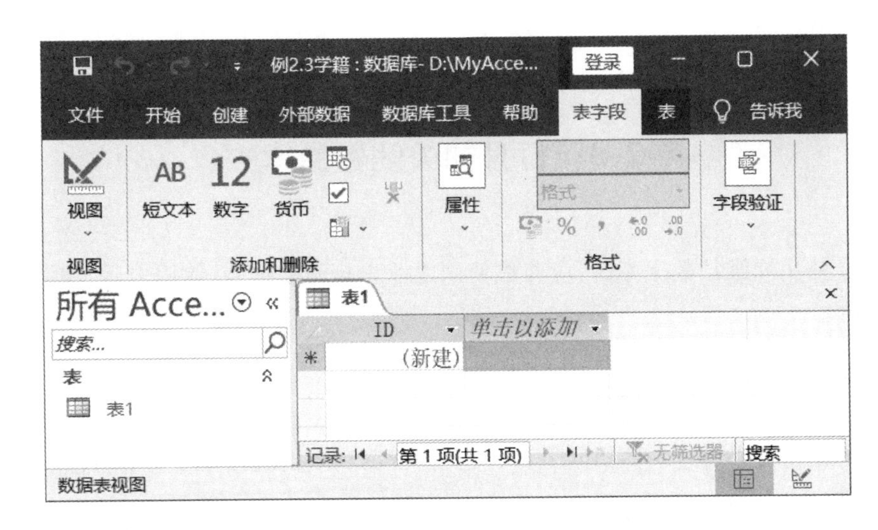

图 2.8　学籍数据库

(2)在完成的学籍数据库中,可以看到默认建立的第一个表“表 1”。如果此时关闭数据库,则“表 1”不会被保存,而且该数据库是一个没有任何数据库对象的空数据库;如果此时单击快捷访问工具栏中的“保存”按钮,则保存“表 1”。

2.2.3　Access 数据库对象

Access 提供的对象均放在同一个数据库文件(. accdb)中,数据库的默认对象包括表、查询、窗体、报表、宏和模块等。

(1)表:用来存储实际数据的对象。每个表由表结构和若干记录组成,每条记录对应一个实体,同一个表中的所有记录都具有相同的字段,每个字段存储对应于实体的不同属性的数据。不难看出,表是数据库的基本对象,是其他数据库对象的基础。

(2)查询:建立数据库的目的是存储数据和提取信息。利用查询不但可以向表中输入数据,而且可以从数据库中获取信息。查询是数据库的核心操作。

(3)窗体:通过交互式的图形界面,进行数据的输入、显示、打印及应用程序的执行控制。而且在窗体中可以运行宏和模块等,以实现更加复杂的功能。

(4)报表:用于对表中的数据进行格式化显示和打印。

(5)宏:若干操作的集合,用来简化经常性的操作。用户可以设计一个宏来控制一系列的操作,当运行宏时,就会按这个宏的定义依次执行相应的操作。宏可以用来打开、编辑或者运行表、查询、窗体、报表、宏和模块等。即宏是最简单的程序。

(6)模块:用 Access 2019 所提供的 VBA(Visual Basic for Application)语言编写的程序段。VBA 是 VB 的一个子集。模块可以与查询、窗体、报表和宏等配合使用,以建立更加复杂的应用程序。

▲提示:如果需要浏览不同类型的数据库对象,则可以通过“导航窗格”顶部的下拉菜单来选择需要浏览的类别及其筛选条件。如果需要管理和添加新的类别与组,则可以通过右击“导航窗格”后的快捷菜单实现。利用快捷菜单下的“导航选项”可以添加和删除新

的类别与组。

2.3 打开和关闭数据库

用户在使用和维护数据库时,应养成使用之前先打开数据库,使用之后及时关闭数据库的好习惯。

2.3.1 打开 Access 数据库

打开数据库可以通过快捷访问工具栏、文件视图和双击数据库文件等方法。

(1)利用快捷访问工具栏:单击快捷访问工具栏中的"打开"按钮,在如图 2.9 所示的打开数据库窗口中单击"浏览",选择需要打开的数据库文件和文件类型,单击"打开(O)"以默认共享方式打开指定数据库;或者单击"打开(O)"按钮右侧的下拉按钮,选择数据库的打开方式(共享、只读或者独占等),然后单击。

(2)利用文件视图:单击"文件"选项卡,在文件视图的右侧列表中单击"打开",下同方法(1)。

(3)双击数据库文件:在 Windows 10 的"计算机"或者"资源管理器"中找到需要打开的数据库文件(*.accdb 或者 *.mdb),然后双击该文件。即在启动 Access 的同时打开相应的数据库。

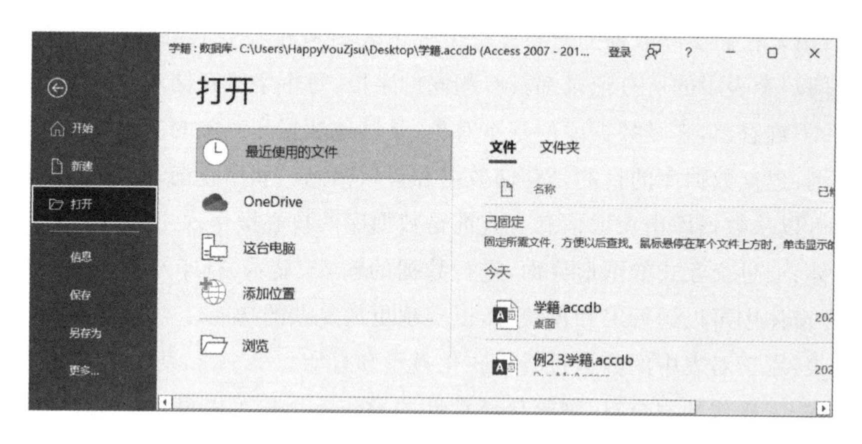

图 2.9 打开数据库

▲提示:应根据打开数据库的目的,来确定打开数据库的方式。

2.3.2 关闭 Access 数据库

关闭数据库可以通过文件视图、退出 Access 和快捷访问工具栏等方法。

(1)文件视图:单击"文件"选项卡,在文件视图的右侧列表中单击"关闭"。

(2)退出 Access:在退出 Access 系统时,会自动关闭相应的数据库。

(3)快捷访问工具栏：利用快捷访问工具栏中添加的“关闭数据库”按钮关闭相应的数据库。

2.4 保护数据库

对于建立完成的数据库，为了确保数据库的运行安全，Access 2019 提供了加密和备份等一系列安全保护机制。

2.4.1 加密和解密 Access 2019 数据库

保护数据库的最基本方法是给数据库加密，使得数据库的用户只有知道密码，才可以打开和使用数据库，从而保护数据库拥有者的合法权益，防止非法用户使用。

【例 2.4】为“例 2.3 学籍”数据库设置密码(密码:happy666)。操作如下：

(1)在独占模式下打开“例 2.3 学籍”数据库：在“文件”选项卡上，单击“打开”；通过浏览找到要打开的文件，然后选择文件；单击“打开”旁边的箭头，然后单击“以独占方式打开”。

(2)在“文件”选项卡上，单击“信息”。

(3)在如图 2.10 所示的加密数据库界面中，单击“用密码进行加密”，随即出现“设置数据库密码”对话框。

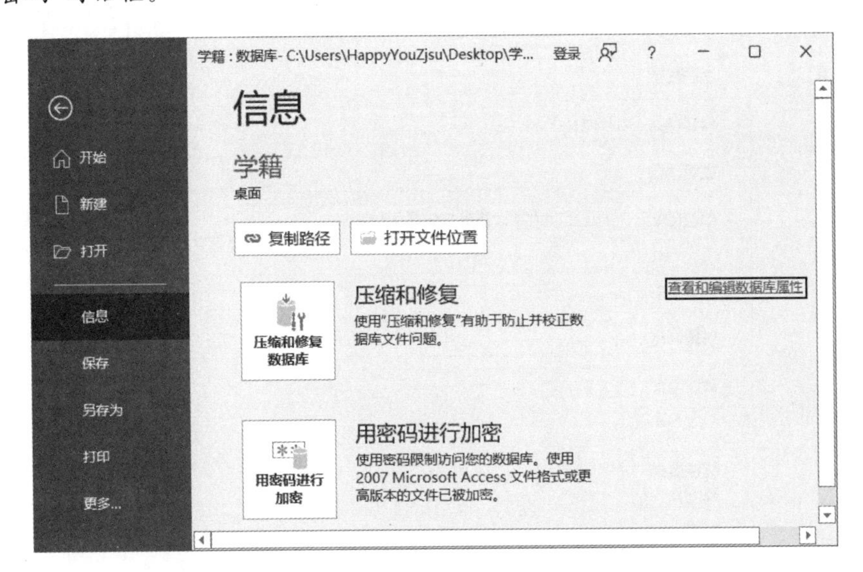

图 2.10 加密数据库

(4)在“密码”框中键入密码 happy666，然后在“验证”字段中再次键入该密码，单击“确定”。

如果需要使用加密数据库，方法是在以任何方式打开数据库时，会随即出现“要求输入密码”对话框，这时只需在“输入数据库密码”框中键入密码，然后单击“确定”。

如果需要去掉数据库密码，去除方法是以独占方式打开数据库，在“文件”选项卡上，单击“信息”,再单击“解密数据库”,在出现的“撤销数据库密码”对话框的“密码”框中键入密码,然后单击“确定”。

2.4.2 压缩与修复数据库

频繁使用数据库可能产生大量的垃圾数据,从而使数据库变得异常庞大,进而影响数据库的性能,比较好的解决方法是使用 Access 的“压缩和修复”命令。

压缩与修复数据库可以使用“文件视图”和“数据库工具”选项卡。

【例 2.5】使用文件视图对“例 2.3 学籍”数据库进行压缩和修复。操作如下:

(1)打开“例 2.3 学籍”数据库:在“文件”选项卡上,单击“打开”;在“打开”对话框中,通过浏览找到要打开的文件,然后选择文件;单击“打开”按钮。

(2)在文件视图中,单击“信息”。

(3)单击“压缩和修复数据库”(见图 2.10)。

如果需要查看和编辑数据库的基本属性,则单击右侧的“查看和编辑数据库属性”(见图 2.10),在弹出的数据库属性界面中,查看和编辑数据库的“常规”“摘要”“统计”“内容”和“自定义”等分类属性。“例 2.3 学籍”数据库的属性如图 2.11 所示。

图 2.11 数据库属性

压缩与修复数据库的更快捷的方法是使用“数据库工具”选项卡。即:

对于已打开的数据库：单击“数据库工具”选项卡，单击“工具”组的“压缩和修复数据库”按钮。

对于未打开的数据库：单击“数据库工具”选项卡，单击“工具”组的“压缩和修复数据库”按钮；在弹出的“压缩数据库来源”窗口中，选择需要压缩的数据库，单击“压缩”；在弹出的“将数据库压缩为”窗口中，选择存放压缩数据库的文件夹和文件类型，输入压缩后数据库的名称，单击“保存”。

2.4.3 备份和还原 Access 数据库

在使用数据库的过程中，难免会出现事务故障、系统故障、介质故障和病毒故障等，从而破坏数据库，为此需要使用 Access 的备份与恢复机制。

2.4.3.1 备份数据库

备份数据库可以通过文件视图的“另存为”和 Windows 的“复制”与“粘贴”键等方法。

【例 2.6】利用文件视图的“另存为”功能，为“例 2.3 学籍”数据库建立备份数据库“例 2.3 学籍备份”。操作如下：

(1)打开“例 2.3 学籍”数据库：在“文件”选项卡上，单击“打开”；在“打开”对话框中，通过浏览找到要打开的文件，然后选择文件；单击“打开”按钮。

(2)在文件视图中，单击“另存为”。

(3)在弹出的“另存为”界面中，先选择“备份数据库”，单击“另存为”按钮，然后选择文件夹和文件类型，输入文件名(例 2.3 学籍备份.accdb)，单击“保存”。

▲提示：如果需要建立默认备份数据库，则在输入文件名时，使用默认文件名即可。默认备份文件名为原文件名和当前计算机日期的串连接，并使用下划线连接。计算机日期使用年 4 位、月 2 位、日 2 位，中间由短横线(-)连接。

使用 Windows 10 备份数据库的方法：在“此电脑”或者“资源管理器”中，找到需要备份的数据库文件，然后使用“复制”“粘贴”和“重命名”进行备份。

2.4.3.2 还原数据库

因为 Access 没有直接提供还原数据库的接口，所以还原数据库的方法是使用 Windows 10 的“复制”“粘贴”和“重命名”进行。即：首先利用 Windows 10 的“此电脑”或者“资源管理器”，找到备份数据库文件和问题数据库文件，然后直接使用“复制”和“粘贴”，利用“备份数据库文件”去覆盖“问题数据库文件”，然后利用“重命名”对数据库的名称进行修改。

2.4.4 编译 Access 数据库

如果在完成数据库及其所有对象的研发之后，就直接投入使用，则数据库系统的设计技术和实现方法可能会被盗用。为了确保数据库系统设计的成果，需要把设计完成的数据库(*.accdb)编译成为“只能使用，不能修改”的机器代码(*.accde)。

【例 2.7】利用文件视图的“另存为”功能，对“例 2.3 学籍”数据库进行编译，生成可执行的同名编译数据库。操作如下：

(1)打开"例 2.3 学籍"数据库:在"文件"选项卡上,单击"打开";在"打开"对话框中,通过浏览找到要打开的文件,然后选择文件;单击"打开"按钮。

(2)在文件视图中,单击"另存为"。

(3)在弹出的"另存为"界面中,选择"生成 ACCDE",单击"另存为"按钮,然后选择文件夹和文件类型,输入文件名(例 2.3 学籍.accde),单击"保存"。

2.5 数据库实验

通过理解数据库及其相关概念,在 Access 环境下,熟练掌握 Access 数据库的建立和使用方法,同时熟练掌握保护数据库的技术和方法。

实验 2.1 Access 环境设置

(1)启动和退出 Access。

(2)设置默认文件夹:在 D 盘建立"学号＋姓名"的文件夹(例如:123456 张三),并把该文件夹设置为管理数据库的默认文件夹。

(3)自定义快捷访问工具栏:在快捷访问工具栏中保留"新建""保存""撤销""恢复""打开"和"关闭数据库"按钮。

(4)自定义功能区:在功能区的"主选项卡"中,保留"开始""创建"和"数据库工具"选项卡;在"工具选项卡"中,隐藏"存储过程工具""SQL 语句工具"和"图示工具"等工具;按照默认名称导出自定义功能设置。

(5)恢复系统的默认环境。

实验 2.2 建立和保护数据库

(1)利用 Access 模板建立"联系人"数据库,并观察和分析相关对象。

(2)建立名称为"海贝超市.accdb"的空白数据库。

(3)打开数据库"海贝超市.accdb",设置密码为"sale666";使用"Backstage 视图"对该数据库进行压缩和修复;把属性修改为:标题是"商品销售管理系统",主题是"商品销售",作者是自己的姓名,单位是"西京大学信息学院"。

(4)利用文件视图的"另存为"功能,为"海贝超市.accdb"数据库建立默认备份数据库;最后对该数据库进行编译,生成可执行的同名编译数据库。

习　题

1. 简答题

(1)简述 Access 的常用文件类型。

(2)简述创建数据库的常用方法。

(3)简述 Access 功能区的组成。

(4)简述 Access 数据库的常用编译方法。

(5)简述 Access 保护数据库的常用措施。

(6)简述利用 Access 的模板建立数据库的方法。

2. 填空题

(1)Access 是(　　　)型数据库。

(2)Access 数据库文件的默认扩展名是(　　　)。

(3)在 Access 数据库操作界面中,默认的选项卡是(　　　)、(　　　)、(　　　)、(　　　)和(　　　)。

(4)在 Access 数据库操作界面中,"快捷访问工具栏"的默认按钮是(　　　)、(　　　)和(　　　)。

(5)Access 数据库中的默认对象包括表、(　　　)、(　　　)、(　　　)、(　　　)和(　　　)。

(6)对于 Access 数据库,数据存储在数据库的(　　　)对象中。

(7)对于 Access 数据库,若需要查询数据,则需要的数据库对象可以是(　　　)或者(　　　)等。

(8)对于 Access 数据库,若需要打印输出数据,则需要的数据库对象可以是(　　　)。

(9)对于 Access 数据库,若需要批量执行一系列数据库操作命令,则需要的数据库对象可以是(　　　)或者(　　　)等。

3 表

表是 Access 数据库中用来存储数据的对象,是数据库的基础。表是查询、窗体和报表等数据库对象的数据来源。通常一个数据库是多张表的集合。

3.1 表的组成

表由表结构和表内容组成,如表 3.1 所示。表通常把数据组织成列(字段)和行(记录)的二维表形式;表结构是字段名的集合,表内容是由字段的值构成的所有记录的集合。

表 3.1 职工

工号	姓名	性别	年龄	职称	婚否	工资
A00001	李明明	男	26	副教授	是	1500
A00002	吴伟	男	28	教授	是	2100
A00003	王小英	女	26	讲师	是	1000
A00004	欧阳庆	女	25	讲师	否	1000

3.1.1 表结构

表结构由多个字段的字段名构成。对于每一个字段,需要确定字段的名称、类型、说明及其相关属性等。例如:职工(工号,姓名,性别,年龄,职称,婚否,工资)。

3.1.1.1 表名和字段名

表名是数据库中为每一张表命名的名称,同一数据库中的表不能同名。表的命名规则同字段名的命名规则。表名尽量直观、简单,表名不能使用圆点(.)。

字段是由字段名和字段值两部分构成。字段名是表中一列数据的标识,同一表中的字段名不能相同。相关的字段值构成记录。字段的命名规则如下:

(1)最长可达 64 个字符,不区分大小写。

(2)可用字符包括汉字、字母、数字、下划线、空格及除圆点(.)、感叹号(!)、重音符号(`)和方括号([])之外的所有特殊符号。

(3)不能以空格开头,不能包含控制字符(ASCII 值是 0 到 31 的不可打印字符)。

3.1.1.2 字段类型

在 Access 2019 中，字段可以使用短文本、长文本、数字、日期/时间、货币、自动编号、是/否、OLE 对象、超链接、附件、计算和查阅向导等数据类型。

(1)短文本：保存字符串的数据，最大允许 255 个字符或数字，默认 50 个字符，系统只保存输入到字段中的字符，不保存文本字段中未用位置上的空字符。可以设置“字段大小”属性，控制可以输入的最大字符长度。

▲提示：一个汉字按照一个字符处理，一个英文半角字符按照一个字符处理。

(2)长文本：保存长度较长的短文本数据，允许存储长达 64000 个字符的内容。Access 不能对长文本字段进行排序或索引，可以对文本字段进行排序和索引。

(3)数字：存储进行算术计算的数字数据，可以设置“字段大小”属性，定义一个特定的数字类型，数字类型可以设置成“字节”(1 个字节，0—255)、“整数”(2 个字节，－32768—32767)、“长整数”(4 个字节，－2147483648—2147483647)、“单精度数”(4 个字节，－3.4E38—3.4E38)、“双精度数”(8 个字节，－1.797E308—1.797E308)、“同步复制 ID”(16 个字节，同步复制所需的全局唯一标识符)、“小数”(12 个字节，－9.999E27—9.999E27)7 种类型。系统默认为“双精度数”。

(4)日期/时间：存储日期、时间或日期时间数据。系统默认为 8 个字节。

(5)货币：数字类型中的特殊类型，等价于双精度的数字类型。输入数据时，不必键入人民币符号和千位处的逗号，Access 自动显示人民币符号和逗号，并添加两位小数到货币字段。当小数部分多于两位时，Access 自动四舍五入。精确度为小数点左方 15 位数及右方 4 位数。系统默认为 8 个字节。

(6)自动编号：系统自动递增生成或者随机生成的数字类型数据。即每次向表格添加新记录时，Access 自动插入唯一顺序或者随机编号(自动编号唯一)。自动编号一旦指定，会永久地与记录连接。如果删除表格中含有自动编号字段的一个记录，Access 并不会为表格自动编号字段重新编号。添加某一记录时，Access 不再使用已被删除的自动编号字段的数值，而是按递增的规律重新赋值。系统默认为 4 个字节。

(7)是/否：针对字段只包含两个不同可选值而设立的逻辑型数据，可以选择是/否、真/假或者开/关。系统默认为 1 个字节。

(8)OLE 对象：允许单独地“链接”或“嵌入”OLE 对象。OLE 对象是指在其他使用 OLE 协议程序创建的对象(例如：Word 文档、Excel 电子表格、图像、声音或其他二进制数据)。字段最大可为 1GB。

(9)超链接：保存超链接，即作为超链接地址的文本或以文本形式存储的字符与数字的组合。单击一个超链接时，Web 浏览器或 Access 将根据超链接地址到达指定的目标。超链接最多可以包含 3 部分：在字段或控件中显示的文本；到文件或页面的路径；在文件或页面中的地址。其可达 64000 字节。

(10)附件：向 Access 数据库附加外部文件的特殊字段。压缩附件最大可为 2GB，未压缩附件约为 700KB。

(11)计算:存放在同一表中其他字段计算而来的数据。系统默认为 8 个字节。

(12)查阅向导:提供一个建立字段内容的列表,可以在列表中选择所列内容作为添入字段的内容。系统默认为 4 个字节。

对于具体数据,可以选定使用的数据类型有多种(例如:电话可以使用数字型,也可使用短文本),通常需要考虑的因素包括以下几点:

① 数据可以使用的类型;

② 数据的存储空间大小;

③ 是否需要进行计算(数字/短文本/长文本等);

④ 是否需要进行排序或索引(长文本、超链接及 OLE 对象型字段不能排序和索引);

⑤ 是否需要在查询或报表中对记录进行分组(长文本、超链接及 OLE 对象不能分组)。

3.1.1.3 字段说明

字段说明是为了帮助用户了解字段的含义和用途及其使用目的,具体内容可有可无。

3.1.1.4 字段属性

字段属性是字段本身具有的标题、输入掩码、默认值和有效性规则等属性参数。对于属性的取值有的可有可无(默认空值 NULL),而有的则必须输入具体的值。

3.1.2 表内容

对于表,表结构通常是静态的,而表内容则是动态的。表内容是表在表结构下的动态表现,即表在确定了结构之后,表内容必须按照表结构的要求进行填写。

例如:在表 3.1 中,职工表的结构是(工号,姓名,性别,年龄,职称,婚否,工资),而字段值(A00002,吴伟,男,28,教授,是,2100)构成职工表的一个记录,所有记录的集合构成表内容。在表中可以添加新职工信息,也可以删除老职工信息。

不难看出,表结构一旦确定,不再轻易改变,而表内容可随时改变。因此,创建表的过程是先建立表结构,再编辑表内容。

3.1.3 学籍数据库实例

在“例 2.3 学籍”数据库中,根据学生学籍管理的需要设计学生、课程、选课和专业 4 张表,4 张表的实例如表 3.2 至表 3.5 所示。

(1)学生表的结构(学号,姓名,性别,生日,政治面貌,专业号,是否四级,高考成绩,家庭住址,照片,简历)。

学号:短文本,宽度 8,主键,非空;

姓名:短文本,宽度 4,非空;

性别:短文本(查阅向导型),宽度 1,只能是男或女;

生日:日期/时间型;

政治面貌:短文本(查阅向导型),宽度 2,非空,只能是党员、团员或学生;

专业号:短文本,宽度 6,外键(主键表是专业,参照主键是专业号);

是否四级:是/否型;

高考成绩:整型,只能为 0 到 800;

家庭住址:短文本,宽度 30;

照片:OLE 对象型;

简历:长文本。

表 3.2 学生

学号	姓名	性别	生日	政治面貌	专业号	是否四级	高考成绩	家庭住址	照片	简历
11060101	刘夏	男	1992/2/16	团员	010102	是	636	浙江杭州亲亲家园 6-1-601	图像	自定
11060102	张三	女	1992/9/6	团员	010102	是	612	河南郑州荷塘夜色 1-1-201	图像	自定
11060203	李四	男	1991/11/9	团员	020101	否	606	湖南长沙湖墅新村 9-2-501	图像	自定
11060204	王五	女	1992/2/18	团员	020101	否	595	湖北武汉新星社区 2-6-602	图像	自定
11060301	孙六	女	1991/6/12	党员	030101	否	588	四川成都湖畔花园 2-2-201	图像	自定
11060302	赵七	女	1992/10/2	团员	030101	是	609	广东广州小河家园 9-3-502	图像	自定
11060401	吴明	男	1991/3/22	学生	040102	否	586	江西南昌府苑新村 5-2-302	图像	自定
11060402	周亮	男	1992/2/15	党员	040102	是	621	福建福州山水人家 3-5-202	图像	自定

(2)课程表的结构(课程号,课程名,学时,学分,类别,简介)。

课程号:短文本,宽度 4,主键,非空;

课程名:短文本,宽度 10,非空;

学时:整型,只能为 0 到 90;

学分:整型,只能为 0 到 8;

类别:短文本,宽度 4;

简介:长文本。

表 3.3 课程

课程号	课程名	学时	学分	类别	简介
0101	高等数学	60	5	A	理工科院校的重要基础学科。作为一门基础学科,高等数学有其固有的特点,就是高度的抽象性、严密的逻辑性和广泛的应用性
0202	英语	56	4	A	英语是世界上使用最广泛的第二语言,是欧盟和许多国际组织与英联邦国家的官方语言之一,也是联合国的工作语言之一
0301	软件工程	48	2	B	一门研究用工程化方法构建和维护有效的、实用的和高质量的软件的学科
0302	图像处理	48	3	B	通过计算机对图像进行去噪、增强、复原、分割、提取特征等处理的方法和技术

(3)选课表的结构(学号,课程号,平时,期中,期末)。

学号:短文本,宽度 8,主键,非空,只能是“学生”中的学号;

课程号:短文本,宽度 4,主键,非空,只能是“课程”中的课程号;

平时:单精度型,1 位小数,只能是 0 到 100;

期中:单精度型,1 位小数,只能是 0 到 100;

期末:单精度型,1 位小数,只能是 0 到 100;

组合主键:(学号,课程号);

外键:学号,主键表是学生,参照主键是学号;

外键:课程号,主键表是课程,参照主键是课程号。

表 3.4 选课

学号	课程号	平时	期中	期末
11060101	0101	96	97	95
11060101	0202	86	86	82
11060101	0301	86	92	87
11060101	0302	76	70	72
11060203	0101	73	71	70
11060203	0202	76	70	70
11060203	0301	86	82	88
11060203	0302	86	82	80
11060204	0101	76	78	73
11060204	0202	65	57	53
11060204	0301	86	83	81
11060204	0302	76	72	79

续 表

学号	课程号	平时	期中	期末
11060301	0101	76	66	68
11060301	0202	65	50	52
11060301	0301	86	84	80
11060302	0101	86	90	86
11060302	0301	95	93	92
11060401	0101	65	52	51
11060401	0202	65	70	63
11060401	0301	95	89	92
11060402	0101	86	80	84
11060402	0202	95	93	91
11060402	0301	76	69	79
11060402	0302	86	87	85

(4)专业表的结构(专业号,专业名,隶属学院,简介)。

专业号:短文本,宽度 6,主键,非空;

专业名:短文本,宽度 10,非空;

隶属学院:短文本,宽度 20;

简介:长文本。

表 3.5 专业

专业号	专业名	隶属学院	简介
010102	统计	数学学院	学习统计学的理论和技术,培养统计科技人员
020101	工商	工商学院	学习工商管理的理论和方法,培养工商管理人员
030101	英语	外语学院	学习英语的听说读写能力,培养英语类外交人员
040102	软件	信息学院	学习软件工程的理论和技术,培养软件系统工程师

3.2 建立表结构

利用 Access 管理表,可以使用 3 种视图。数据表视图,用于浏览、编辑和修改表内容;设计视图,用于创建和修改表结构;SharePoint 列表,可以按照联系人、任务、问题、事件和自定义等方式创建。前两种视图是建立表的最基本、最常用的视图。

3.2.1 利用数据表视图创建表

在打开数据库后,利用数据表视图创建表是一种简单方便的方法。在数据表视图下,可以快速构建一个比较简单的表。

【例 3.1】在“例 2.3 学籍”数据库中，建立“教师通信”表，字段分别为姓名（短文本，4)、性别(短文本,1)、生日(日期/时间)、住址(短文本,16)、电话(短文本,11)和 E-mail(短文本,20)。操作如下：

(1)打开“例 2.3 学籍”数据库，如图 3.1 所示。

(2)单击“创建”选项卡，再单击“表格”组的“表”按钮(见图 3.1)，则系统自动创建一个默认名称为“表 1”的新表，并以数据表视图打开“表 1”。

(3)单击“单击以添加”下拉菜单，如图 3.2 所示。选择“短文本”，则添加一个短文本的默认字段“字段 1”，如图 3.3 所示。

(4)修改“字段 1”为“姓名”，如图 3.4 所示。

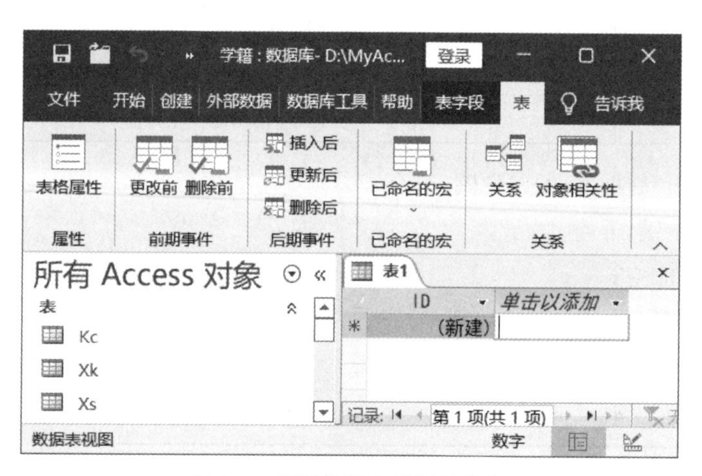

图 3.1 利用数据表视图创建表

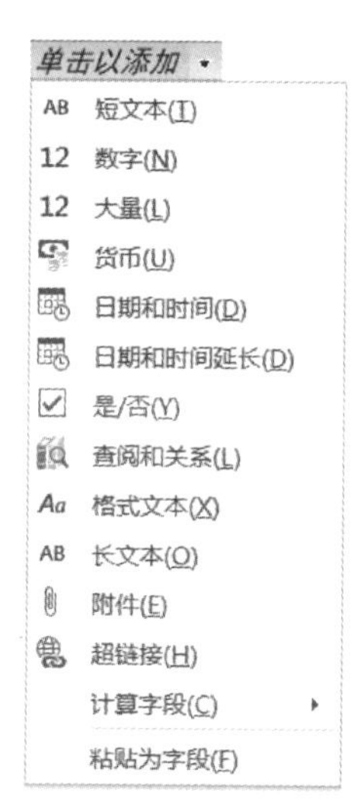

图 3.2 数据类型

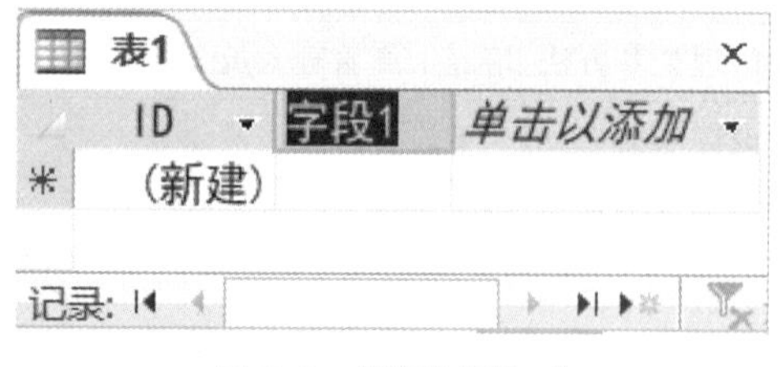

图 3.3 默认“字段 1”

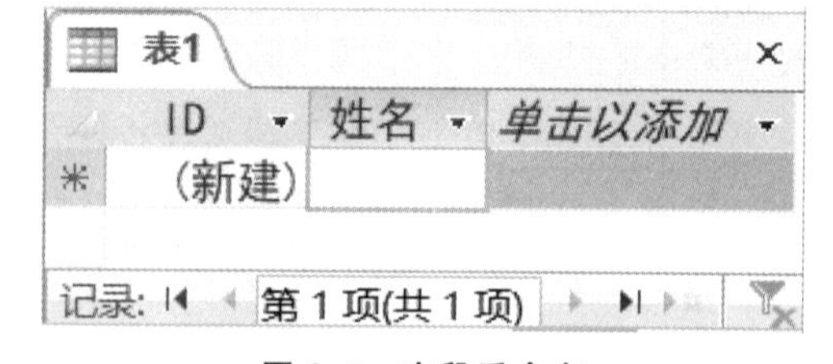

图 3.4 字段重命名

(5)重复(3)与(4)依次添加性别、生日、住址、电话和 E-mail。表结构确定之后的数据表视图如图 3.5 所示。

(6)单击“快捷访问工具栏”的“保存”按钮，在弹出的“另存为”窗口中输入“教师通信”，单击“确定”按钮，完成表结构的保存，然后就可以输入记录数据了，输入一条记录数据后的“教师通信”表如图 3.6 所示。

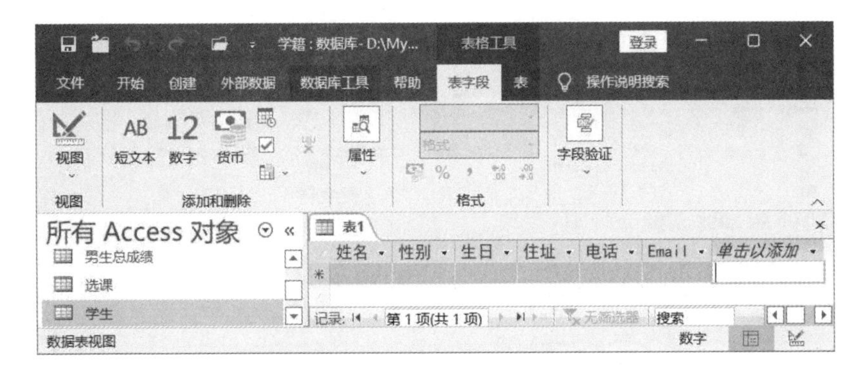

图 3.5 “表 1”数据表视图

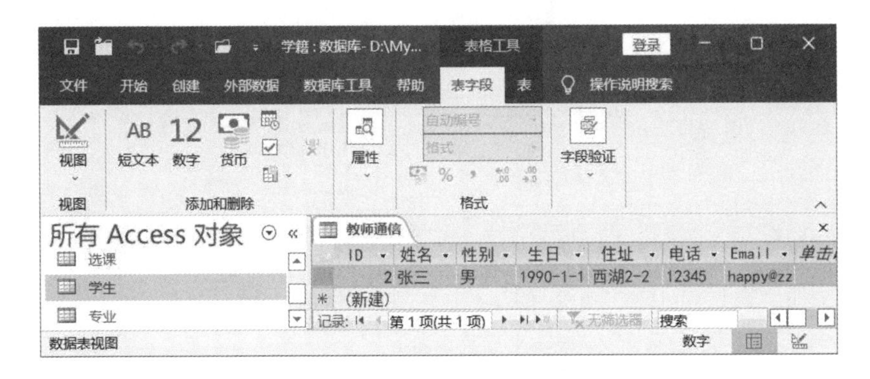

图 3.6 “教师通信”数据表视图

▲提示：如果需要改变字段的类型和属性，可以单击属性列，单击“表格工具”中的“字段”上下文命令选项卡，然后在“属性”“格式”或“字段验证”等组中选择或设置相应的参数；在“添加和删除”组中添加或删除字段。

3.2.2 利用设计视图创建表

尽管在数据表视图下可以直观地创建表，但是对于结构复杂的表，还是需要使用功能强大的设计视图来创建。

打开表“设计视图”的方法：在数据库窗口中，单击“创建”选项卡，再单击“表格”组的“表设计”按钮，如图 3.7 所示。系统自动创建一个默认名称为“表 1”的新表，并以设计视图打开“表 1”的空结构。

设计视图由 3 部分组成：上部分是字段输入区，用于输入字段的名称、数据类型和对该字段的说明信息；下部分左侧是字段的参数区，用于设置字段的属性参数；下部分右侧是帮助信息区，用于显示当前操作的相关帮助信息。

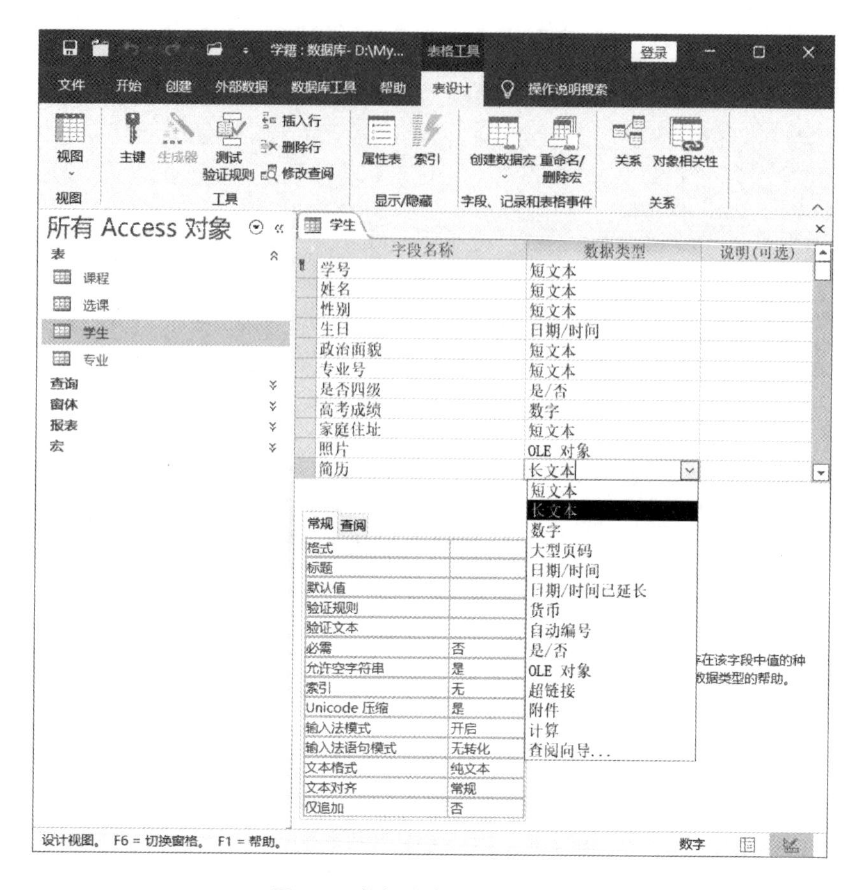

图 3.7　数据库窗口的设计视图

【例 3.2】在“例 2.3 学籍”数据库中，建立“学生”表，表结构参考学籍数据库实例(3.1.3 小节)。操作如下：

(1)打开“例 2.3 学籍”数据库。

(2)单击“创建”选项卡，单击“表格”组的“表设计”按钮(见图 3.7)，系统自动创建一个默认名称为“表 1”的新表，并以设计视图打开“表 1”的空结构。

(3)在“字段名称”下方的第一行输入“学号”；在“数据类型”的下拉菜单中选择“短文本”；在“常规”中的“字段大小”右侧输入“8”。

(4)在“字段名称”下方的第二行输入“姓名”，以下操作与“学号”字段相同。

(5)在“字段名称”下方的第三行输入“性别”；在“数据类型”的下拉菜单中选择“查阅向导”，在如图 3.8 所示的查询向导界面中选择“自行键入所需的值”，单击“下一步”按钮；在如图 3.9 所示的查询向导界面的“列数”的右侧输入“1”，在“第 1 列”的下方依次输入“男”和“女”，单击“下一步”按钮；在如图 3.10 所示的查询向导界面的“请为查阅字段指定标签”的下方输入“性别”，单击“完成”按钮。

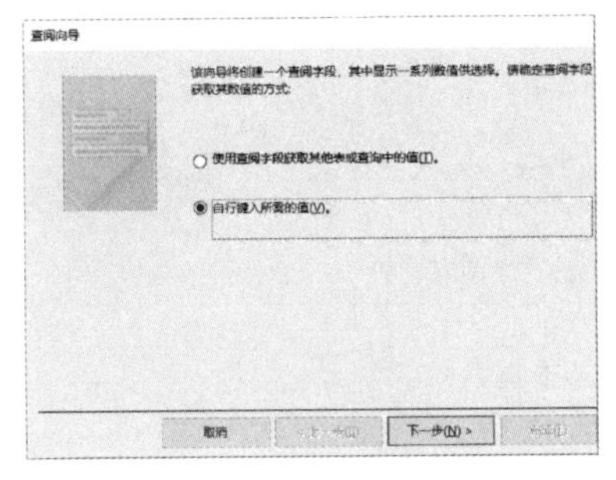

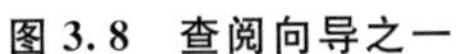
图 3.8 查阅向导之一

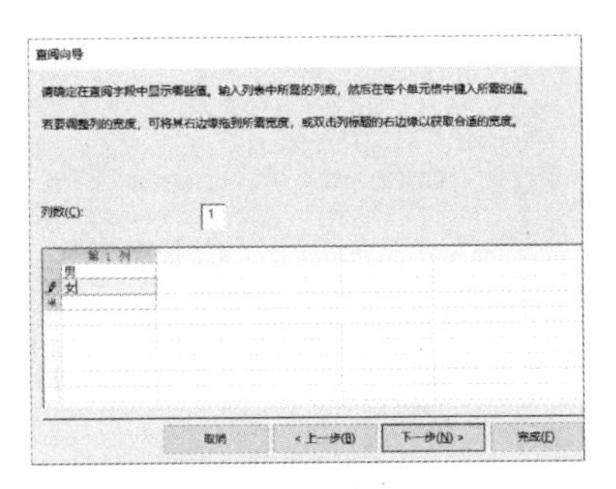

图 3.9 查阅向导之二

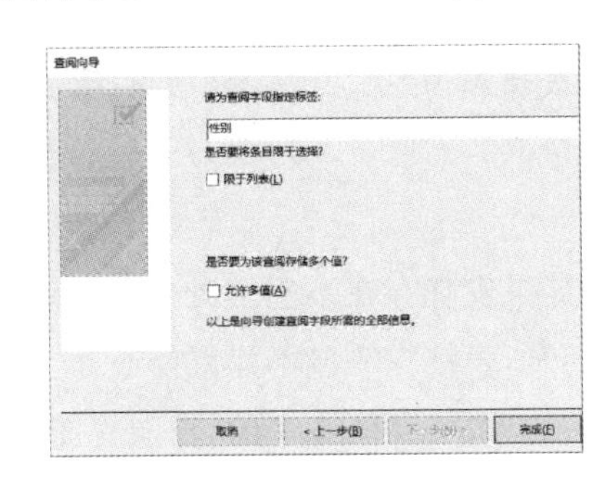

图 3.10 查阅向导之三

(6)在“字段名称”下方的第四行输入“生日”;在“数据类型”的下拉菜单中选择“日期/时间”;在“常规”中的“格式”右侧的下拉菜单中选择“长日期”。

(7)在“字段名称”下方的第五行输入“政治面貌”;在“数据类型”的下拉菜单中选择“查阅向导”,以下操作与“性别”字段相同。

(8)在“字段名称”下方的第六行输入“专业号”,以下操作与“学号”字段相同。

(9)在“字段名称”下方的第七行输入“是否四级”;在“数据类型”的下拉菜单中选择“是/否”;在“常规”中的“格式”右侧的下拉菜单中选择“是/否”。

(10)在“字段名称”下方的第八行输入“高考成绩”;在“数据类型”的下拉菜单中选择“数字”;在“常规”中的“字段大小”右侧的下拉菜单中选择“整数”。

(11)在“字段名称”下方的第九行输入“家庭住址”,以下操作与“学号”字段相同。

(12)在“字段名称”下方的第十行输入“照片”;在“数据类型”的下拉菜单中选择“OLE 对象”。

(13)在“字段名称”下方的第十一行输入“简历”;在“数据类型”的下拉菜单中选择“长文本”。

(14)单击“快捷访问工具栏”的“保存”按钮,在弹出的“另存为”窗口中输入“学生”,单击“确定”按钮;在图 3.11 所示的定义主键界面中选择“否”,完成表结构的保存。如果选择“是”,则系统自动添加一个字段名是“ID”的“自动编号”类型的字段。

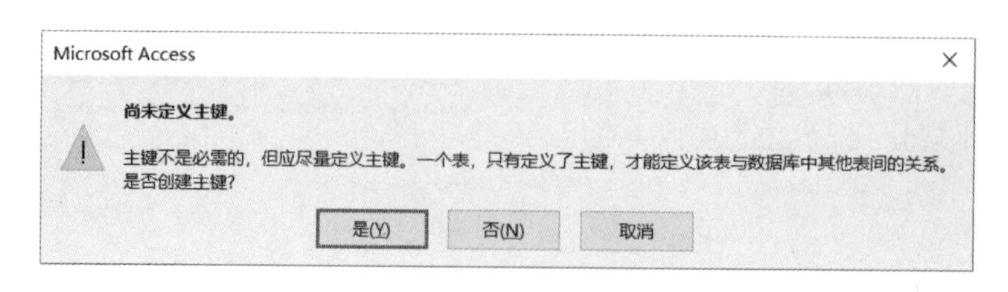

图 3.11　定义主键

▲提示：尽管在“例 3.2”中仅仅创建了表的结构，而实际上我们已经建立了一张表，只不过是一张没有记录的空表。

同理，创建“例 2.3 学籍”数据库的“课程”表和“选课”表。

3.2.3　修改表结构

对于已经完成的表结构，如果发现存在不妥之处，则可以打开该表的“设计视图”，对其进行修改。特别需要强调的是，表结构一般不建议修改。

打开已有表的“设计视图”的方法：在图 3.7 的“导航视图”中展开“表”对象，右击指定的表，在快捷菜单中选择“设计视图”。

3.2.3.1　添加字段

在图 3.7 的“设计视图”中，在“字段名称”下方的空行处输入字段名称，然后依次输入数据类型和说明，并设置相应的字段属性。

如果在指定字段之前插入字段，则可以利用“字段选择器”选择该字段，单击“表格工具”中的“设计”上下文命令选项卡，单击“工具”组中的“插入行”；或者右击该字段，在快捷菜单中选择“插入行”(见图 3.7)，然后在新添加的空行处输入字段名称，然后依次输入数据类型和说明，并设置相应的字段属性。

如果需要移动字段的顺序，则可以利用“字段选择器”选择该字段，然后拖动该字段到指定位置。

如果需要建立相同或者相似的字段，则可以通过“复制”来完成。

3.2.3.2　删除字段

在图 3.7 的“设计视图”中，利用“字段选择器”选择指定字段，单击“表格工具”中的“设计”上下文命令选项卡，单击“工具”组中的“删除行”；或者右击该字段，在快捷菜单中选择“删除行”(见图 3.7)。如果删除的是主键，则在如图 3.12 所示的删除主键界面中单击“是”按钮。

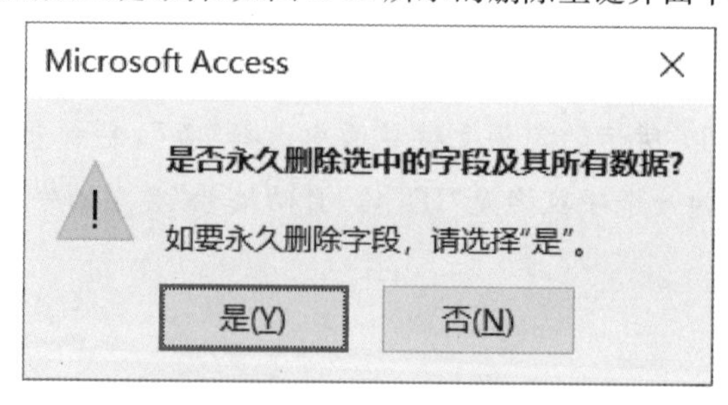

图 3.12　删除主键字段

3.2.3.3 字段重命名

在图 3.7 的“设计视图”中，利用“字段选择器”选择指定字段，在“字段名称”下方的指定行输入新的名称。

对于数据类型和字段说明，可以使用相同的方法进行修改。

3.2.3.4 重设字段属性

字段属性用于控制数据的存储、输入和输出(显示)的方式等，不同字段所拥有的属性不尽相同。

(1)字段大小：用于定义文本、数字或自动编号的存储空间。文本字段大小是文本字符串的长度；数字字段的大小可以选择字节、整型、长整型、单精度型、双精度型、同步复制 ID 和小数的默认长度。

(2)格式：可以在不改变数据存储的情况下，改变数据显示与打印的格式。

①对于文本、备注和超链接类型，可以使用以下 4 种格式符号控制输入数据的格式。

@：不足规定长度，自动前补空格，右对齐；

&：不足规定长度，自动后补空格，左对齐；

＜：输入的所有字母全部小写(放在格式开始)；

＞：输入的所有字母全部大写(放在格式开始)。

②对于数字型和货币型，则选择如图 3.13 所示的格式。

③对于日期/时间型，则选择如图 3.14 所示的格式。

④对于是/否型，则选择“真/假(True/False)”“是/否(Yes/No)”或“开/关(On/Off)”的格式。

常规数字	3456.789
货币	¥3,456.79
欧元	€3,456.79
固定	3456.79
标准	3,456.79
百分比	123.00%
科学记数	3.46E+03

图 3.13 数字/货币型格式

常规日期	2015/11/12 17:34:23
长日期	2015年11月12日
中日期	15-11-12
短日期	2015/11/12
长时间	17:34:23
中时间	5:34 下午
短时间	17:34

图 3.14 日期/时间型格式

(3)小数位数：对数字和货币型数据有效。位数默认为 0—15 位，根据数字或货币型数据的字段大小而定。

(4)输入掩码：用于定义数据的输入格式，为输入提供一个模板，确保数据具有正确的格式(例如：输入密码时不显示具体内容，只显示“ * ”)。输入掩码可以使用两种方式：向导输入掩码和人工输入掩码。

①向导输入掩码：输入掩码时可以打开一个向导，根据提示输入正确的掩码，如图 3.15 和图 3.16 所示。

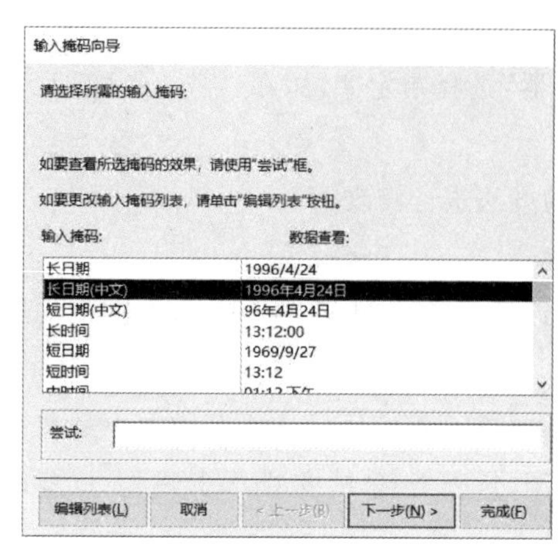

图 3.15　输入掩码向导

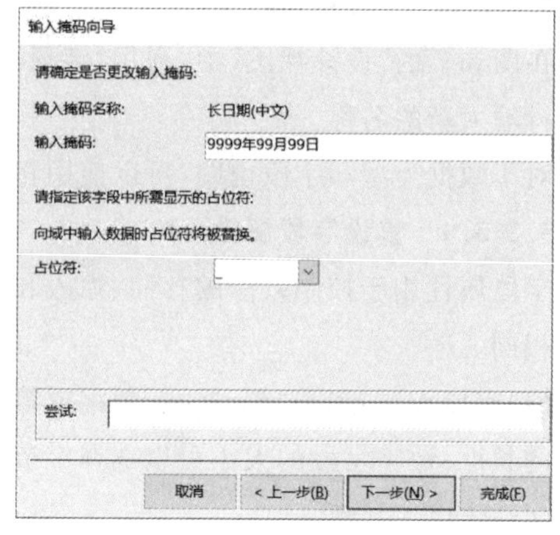

图 3.16　长日期的输入掩码

②人工输入掩码:按照需要自行定义的格式。输入掩码可以使用的字符及其含义如下:

0:必须输入数字(0 到 9),不允许使用加号(+)和减号(－);

9:可以选择输入数字或空格,不允许使用加号(+)和减号(－);

#:可以选择输入数字或空格,允许使用加号(+)和减号(－),空格显示为空白;

L:必须输入字母(A—Z,a—z);

?:可以选择输入字母(A—Z,a—z);

A:必须输入字母或数字;

a:可以选择输入字母或数字;

&:必须输入任意一个字符或空格;

C:可以选择输入任意一个字符或空格;

＜:使其后所有字符转换为小写;

＞:使其后所有字符转换为大写;

!:使输入掩码从右到左显示;

\:使其后的字符显示为原义字符(例如:\A 表示显示 A,而非输入掩码 A);

.,:;-/:小数点占位符及千位、日期/时间的分隔符;

密码:输入的字符按照字面字符保存,但是显示为星号(*)。

例如:学号必须输入 8 位数字,则输入掩码为"00000000"。电话可选择输入 3 位或 4 位区号加 7 位或 8 位号码,横线连接,则输入掩码为"9000－00000009"。时间的时分秒均必须输入 2 位数字,依次使用时分秒连接,则格式为"长时间",输入掩码为"99\时 00\分 00\秒;0;_"。课程号必须是 C 开头后跟 3 位数字,则输入掩码为"C000"。

(5)标题:用于在数据表视图、窗体和报表中替代字段名称,但不改变表结构中的字段名称。要求简短明确,以方便管理和使用。

(6)默认值:新记录在数据表中自动显示的值。默认值只是开始值,可以在输入时改变,目的是减少输入时的重复操作。

(7)验证规则:用于对输入字段的数据加以限制。如果输入的数据违反了验证规则,则可以使用“验证文本”给用户显示提示信息。验证规则不但可以限制字段(即字段有效性),还可以限制记录(即记录有效性)。

例如:高考成绩必须大于0,则验证规则为“>0”或者“[高考成绩]>0”。性别必须是“男”或“女”,则验证规则为“"男" Or "女"”。生日必须在1970年1月1日之后和在2003年12月31日之前,则验证规则为“>=#1/1/1970# and <=#12/31/2003#”。总分必须在0与100之间,则验证规则为“Between 0 And 100”。

▲技巧:如果需要控制整个表的完整性约束,则可以在“属性表”中的“验证规则”右侧输入相应的约束规则,主要用于控制基于“记录”的字段之间的约束(记录有效性)。

例如:对于“例2.3学籍”中的“学生”表,要求性别的长度小于姓名的长度,操作方法:打开“例2.3学籍”,打开“学生”表的设计视图;点击“表格工具”的“设计”上下文命令选项卡,在“显示/隐藏”组中,单击“属性表”;在“属性表”中的“有效性规则”右侧输入“Len([性别])<Len([姓名])”。

验证规则可以是任意合法的表达式(直接输入),并且可以使用“表达式生成器”来辅助完成。详细用法请参考后续章节。

(8)有效性文本:用于给出在输入数据违反验证规则时向用户显示的提示信息。具体内容可以直接在“验证文本”右侧输入,或者光标位于该文本框时按组合键“Shift+F2”,打开显示比例窗口,输入相关内容。内容本身可以是任意的字符串,没有语法要求,不做语法检查。

例如:性别必须是“男”或“女”,则验证文本为“性别必须是"男"或"女"”。

(9)必须:用于确定字段中是否必须有值。若选择“是”,则该字段的值不能为空。

(10)允许空字符串:用于设置字段是否允许零长度字符串。

(11)索引:用于设置单一字段索引,即对该字段是否建立索引,可以选择“无”“有(有重复)”或“有(无重复)”。索引可以实现快速查询。系统默认为“无”。

(12)Unicode压缩:用于设置字段是否允许进行Unicode压缩。系统默认为“是”。

(13)输入法模式:用于设置当光标移至该字段时,应该使用哪一种输入法模式。系统默认为“开启”。

(14)输入法语句模式:用于设置当光标移至该字段时,应该使用哪一种输入法语句模式,可以选择“正常”“复数”“讲述”或者“无转化”。系统默认为“无转化”。

(15)智能标记:用于设置用于该字段的操作标记。

(16)文本对齐:用于设置控件内文本的对齐方式。

【例3.3】修改数据库中的表结构。

(1)课程号必须输入4位数字,则输入掩码为“0000”。

(2)设置“生日”的“必须”为4位年、2位月、2位日的数字,依次使用年月日连接,则输入掩码为“9999\年99\月99\日”。

(3)设置“性别”的默认值是“男”,则在“默认值”右侧输入“"男"”。

(4)设置“性别”的默认值是“男”且不能为空值,则在“默认值”右侧输入“"男"”,在“必须”右侧的下拉菜单中选择“是”,或者直接输入“是”。

(5)设置“平时”“期中”和“期末”的小数位为1,则在指定字段的“小数位数”右侧的下拉菜单中选择“1”,或者直接输入“1”。

▲思考:把学生表的“专业号”字段的类型改为“查阅向导”型,并且向导列表的数据来自“专业”表的“专业号”。

▲提示:在图3.8中,选择“使用查阅字段获取其他表或查询中的值”,单击“下一步”按钮,选择“专业”表,单击“下一步”按钮,选择“专业号”,单击“〉”,单击“下一步”按钮,在“1”右边的下拉菜单中选择“专业号”,单击“下一步”按钮,再单击“下一步”按钮,勾选“启动数据完整性”,单击“完成”按钮。

3.2.4 设置和取消主键

为了有效地管理表,通常需要为表设置或者取消相应的主键以区分表中的记录。针对单个字段的主键和多个字段的组合主键,设置或取消主键的方法稍有区别。

3.2.4.1 设置主键

设置主键需要经过选中主键中的字段和设置主键两步来完成。

(1)选中主键中的字段:如果是单个字段的主键,则直接使用字段选择器,单击该字段。如果是多个字段的组合主键,对于连续的字段,则先单击第一个字段,然后按下“Shift”键,最后单击最后一个字段(或者直接使用鼠标拖动);对于不连续的字段,则先按下“Ctrl”键,然后依次单击主键的每一个字段。

(2)设置主键:选中主键后,单击“表格工具”中“设计”上下文命令选项卡,单击“工具”组中“主键”按钮。或者右击选中字段(注意:对于组合主键,不能松开“Shift”或“Ctrl”键),在快捷菜单中单击“主键”。

如果主键设置成功,则会在字段的左侧(“字段选择器”的位置)显示“钥匙”的标记。

3.2.4.2 取消主键

取消主键与设置主键的方法基本相同。使用字段选择器,单击主键的任意一个字段,单击“表格工具”中“设计”上下文命令选项卡,单击“工具”组中“主键”按钮。或者右击“主键”的任意一个字段(注意:对于组合主键,不需要按下“Shift”或“Ctrl”键),在快捷菜单中单击“主键”。

如果主键取消成功,则字段左侧(字段选择器的位置)的“钥匙”标记消失。

▲提示:如果表间已经建立了关联关系,则需要先删除相应的关联关系。

【例3.4】对于“例2.3学籍”数据库,设置4张表的主键。操作如下:

(1)打开“例2.3学籍”数据库。

(2)学生表中“学号”主键的设置:在“导航窗格”中右击“学生”,单击“设计视图”,通过字段选择器,单击“学号”字段,然后单击“表格工具”中“设计”上下文命令选项卡,单击“工具”组中“主键”按钮。

对于课程表和专业表，主键的设置方法与学生表相同。

(3)选课表中组合主键(学号，课程号)的设置：在“导航窗格”中，右击“选课”，单击“设计视图”，通过字段选择器，拖动选择“学号”和“课程号”两个字段，然后单击“表格工具”中“设计”上下文命令选项卡，单击“工具”组中“主键”按钮；或者通过字段选择器，单击“学号”字段，按下“Shift”键，再单击“课程号”字段，然后单击“表格工具”中“设计”上下文命令选项卡，单击“工具”组中“主键”按钮。

3.3 编辑表间关系

在数据库中，各表之间一般存在一定的联系。在表与表之间建立关系，不仅可以确立表之间的关联关系，而且能够确保数据库的参照完整性(正确性和一致性)。表间通常存在一对一、一对多和多对多 3 种关系。参照完整性要求一张表中的记录与另一张表中的一条或者多条记录相对应。

3.3.1 建立表间关系

建立表间关系可以使用“关系”布局窗口。启动方法如下：

单击“数据库工具”选项卡，在“关系”组中单击“关系”按钮。如图 3.17 所示。

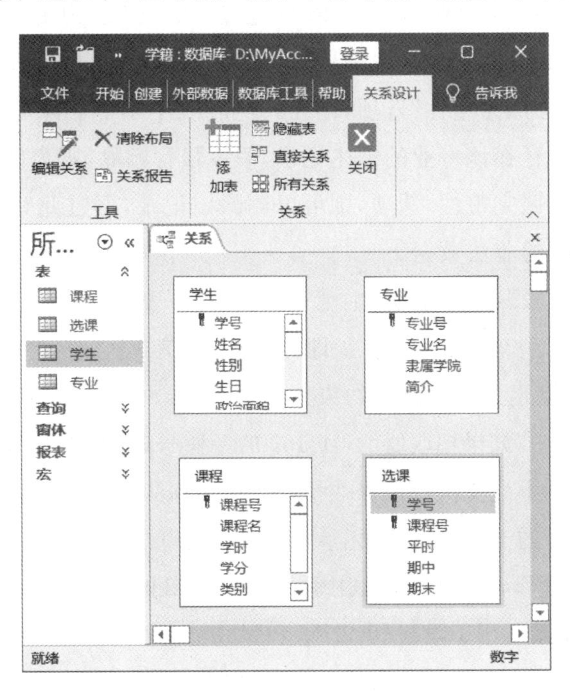

图 3.17 表间关系编辑器

在“关系”布局窗口中，可以通过右击空白处，利用快捷菜单的“显示相关表”(或者单击“关系工具”中的“设计”上下文命令选项卡，在“关系”组中单击“显示表”按钮)，如图 3.18 所示，向

“关系”布局窗口中添加表,也可以右击指定的表,利用快捷菜单的“隐藏表”,隐藏该表。

在“关系”布局窗口中,通过“主键”向“外键”的拖动,利用“关系编辑”界面(见图3.19),编辑关联关系。

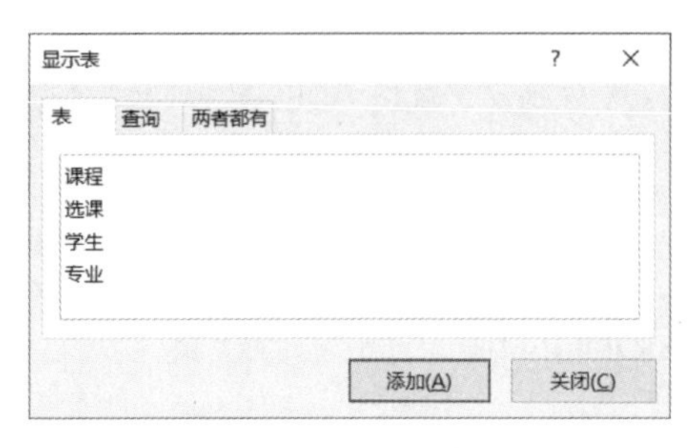

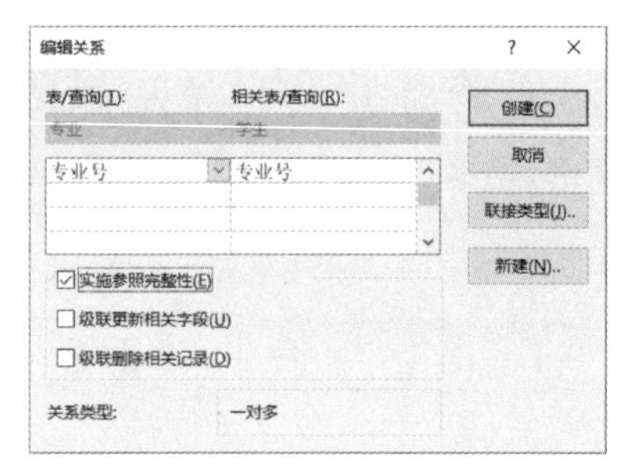

图 3.18　显示表

图 3.19　编辑关系

“表/查询:”下方的第一个下拉菜单选择的是“主键表”,第二个下拉菜单选择的是“主键表”对应的“主键”。

“相关表/查询:”下方的第一个下拉菜单选择的是“外键表”,第二个下拉菜单选择的是“外键表”对应的“外键”。

“实施参照完整性:”用于限制“主键表”和“外键表”之间的相关联数据,使之始终是正确的,而且始终保持一致,相互兼容。即“外键表”中“外键”的取值必须是“主键表”中“主键”的值或者取空值(满足参照完整性约束)。

例如:在“学生”表中,专业号的取值只能是“专业”表中专业号的值,即只能是010102、020101、030101和040102(说明该学生的专业),或者取空值(说明该学生暂无专业)。如果勾选“实施参照完整性”选项,则在“专业”表中不能删除专业号为040102的记录,因为在“学生”表中存在该专业的学生记录,假设强行删除,则会破坏参照完整性约束;如果没有勾选“实施参照完整性”选项,则可以删除该记录,不过此时会出现“某学生的专业是学校没有的专业”的非法数据。

“级联更新相关字段”:用于限制“主键”表和“外键”表之间的相关联数据,使之始终是正确的,而且始终保持一致,相互兼容。即修改“外键表”中“外键”的值,则必须修改“主键”表中“主键”的值(满足参照完整性约束),反之亦然。

例如:在“专业”表中,如果把取值为040102的专业号改为040106,如果没有勾选“级联更新相关字段”选项,则不允许执行该修改操作。因为如果允许修改,“学生”表中的专业号040102将成为学校没有的专业,从而破坏参照完整性约束;如果勾选“级联更新相关字段”选项,则允许执行该修改操作,而且“学生”表中取值为040102的专业号会自动改为040106。

“级联删除相关记录”:用于限制“主键”表和“外键”表之间的相关联数据,使之始终是正确的,而且始终保持一致,相互兼容。即删除“外键”表中的记录,则必须在“主键”表中删除相关的记录,即“主键”表中“主键”的值与“外键”表中删除记录的“外键”的值相等的那些记录,反之亦然。

例如:在“专业”表中,删除专业号为040102的记录,如果没有勾选“级联删除相关记录”

选项,则不允许执行该删除操作。因为如果允许删除,“学生”表中的专业号 040102 将成为学校没有的专业,从而破坏参照完整性约束;如果勾选“级联删除相关记录”选项,则允许执行该删除操作,而且“学生”表中专业号取值为 040102 的记录会自动删除。

“实施参照完整性”“级联更新相关字段”和“级联删除相关记录”确保了数据的完整性约束(实体完整性、参照完整性和用户定义完整性)。

【例 3.5】在“例 2.3 学籍”数据库中,建立 4 张表之间的关联关系。操作如下:

(1)打开“例 2.3 学籍”数据库。

(2)单击“数据库工具”选项卡,在“关系”组中单击“关系”按钮。如图 3.17 所示。

(3)在“关系”布局窗口中,单击“关系工具”中的“设计”上下文命令选项卡,在“关系”组中单击“显示表”按钮,如图 3.18 所示;或者右击空白处,单击快捷菜单的“显示相关表”。

(4)选中“学生”“课程”“选课”和“专业”,单击“添加”按钮,在如图 3.17 所示的“关系”布局窗口中,便多出了 4 张表。

(5)在“学生”表中,鼠标指向“学号”并按下鼠标,然后拖向“选课”表的学号,会弹出“关系编辑”界面。如图 3.19 所示。

(6)在“表/查询”下方的第一个下拉菜单中选择主键表“学生”,第二个下拉菜单中选择相应的主键“学号”。

(7)在“相关表/查询”下方的第一个下拉菜单中选择外键表“选课”,第二个下拉菜单中选择相应的外键“学号”。

(8)根据需要可以选择勾选“实施参照完整性”“级联更新相关字段”或者“级联删除相关记录”。本例只勾选“实施参照完整性”。

(9)单击“联接属性”,如图 3.20 所示,选择默认的第 1 种联接方式,单击“确定”按钮。

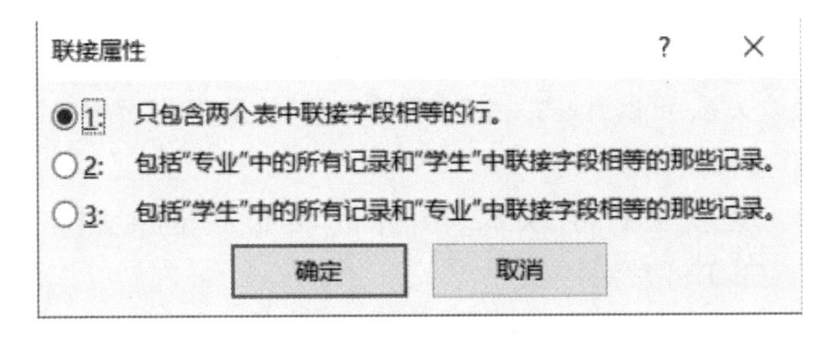

图 3.20 联接属性

(10)在如图 3.19 所示的关系编辑器中,单击“确定”按钮。

(11)同理,建立“课程”表与“选课”表之间一对多关系;“专业”表与“学生”表之间一对多关系。完成所有关联关系之后的界面如图 3.21 所示。

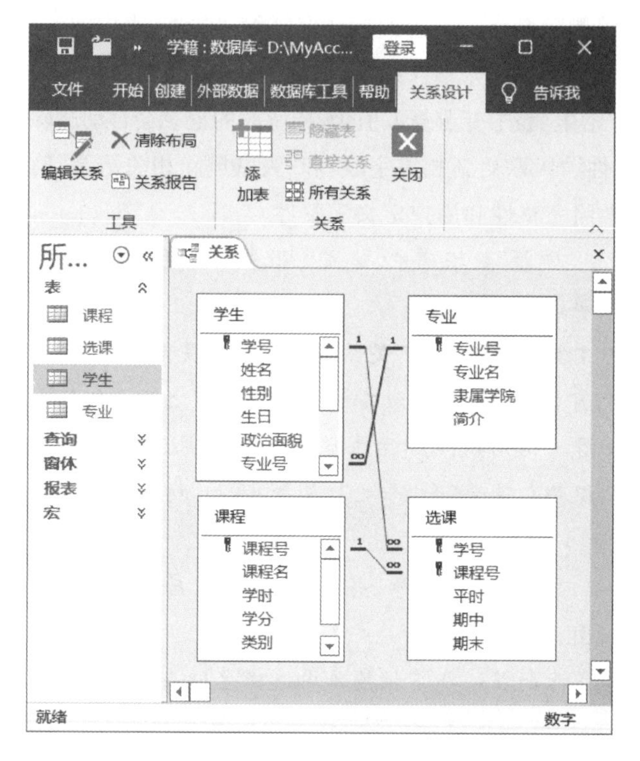

图 3.21 “例 2.3 学籍”数据库中的表间关系

3.3.2 编辑表间关系

在数据库中,编辑表间关系包括查看关系、修改关系、删除关系和打印关系等。具体操作方法与建立表间关系基本相同。

(1)查看和修改关系:可以通过“关系”布局窗口和“关系编辑”界面来浏览和编辑各表之间的关系。操作方法如下:

单击“数据库工具”选项卡,在“关系”组中单击“关系”按钮,在如图 3.21 所示的“关系”布局窗口中浏览和编辑关系。

双击两表之间的连线(或右击两表之间的连线,单击“编辑关系”),可以在弹出的“编辑关系”窗口中浏览和编辑关系的详细信息。

(2)删除关系:用户不但可以编辑已有关系,也可以删除无用关系。双击关系连线,可以编辑关系;而右击关系连线,选择“删除”,可以删除关系。即单击“数据库工具”选项卡,在“关系”组中单击“关系”按钮,在如图 3.21 所示的“关系”布局窗口中,单击两表之间的连线,按“Delete”键,或右击两表之间的连线,单击“删除”。

(3)打印关系:使用各表之间的关系图,很容易说明数据库中各表之间的关系,必要时,可以打印关系图,以备后用。操作方法如下:

①单击“数据库工具”选项卡,在“关系”组中单击“关系”按钮。如图 3.21 所示。

②单击“关系工具”中的“设计”上下文命令选项卡，在“工具”组中单击“关系报告”按钮，关系报告界面如图 3.22 所示。

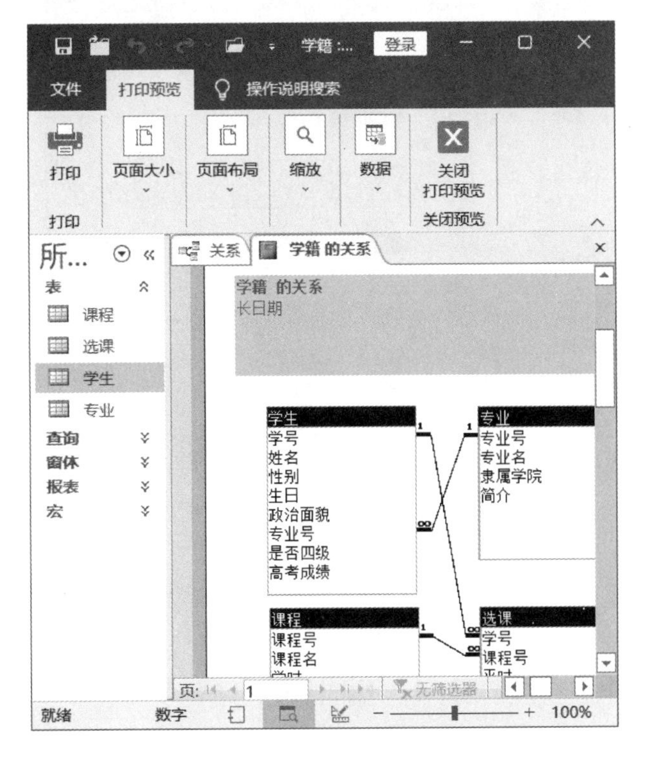

图 3.22 关系报告界面

③在打印预览界面中，设置打印格式，然后单击“打印预览”选项卡，在“打印”组中单击“打印”，进行打印输出。

3.3.3 子表嵌入主表

两个表之间一旦建立了关联关系，则“主键”表（主表）和“外键”表（子表）之间便会自动建立参照关系，子表会自动嵌入主表。在主表的“数据表视图”中，通过单击“折叠”按钮（－）和“展开”按钮（＋），来折叠或展开子表。

例如：在“例 2.3 学籍”数据库中，“学生”表与“选课”表的关联嵌入结果如图 3.23 所示。

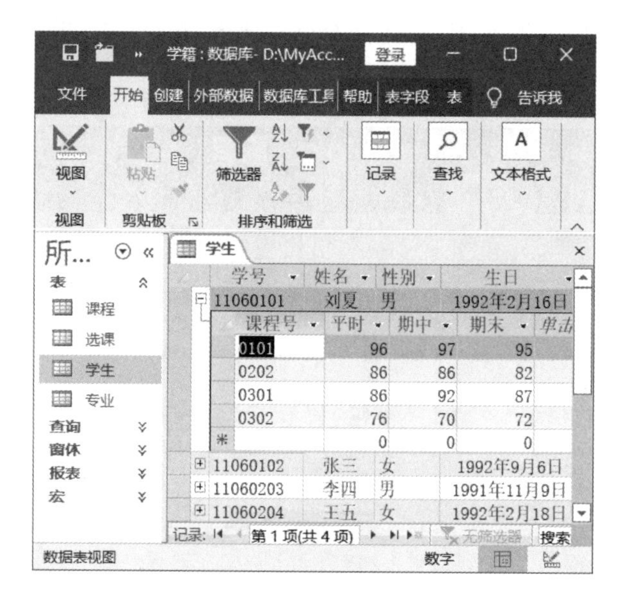

图 3.23　子表嵌入主表界面

3.4　编辑表内容

在打开的表中，可以完成添加记录、修改记录、删除记录、查找与替换、排序与索引、记录筛选和修饰记录等编辑任务。编辑结束时需要及时关闭表。

3.4.1　打开与关闭表

在编辑表之前，通常需要打开表。打开表是指使用“数据表视图”打开表的方式。

3.4.1.1　打开表的常用方法

(1)在“导航窗格”中，展开“表”对象，直接双击指定的表。

(2)在图 3.7 的“导航窗格”中，展开“表”对象，右击指定的表，在快捷菜单中单击“打开”。

(3)在表的“设计视图”中，单击“表格工具”中的“设计”上下文命令选项卡，在“视图”组中单击“数据表视图”按钮，如图 3.24 所示。或者在“视图”组中单击“视图”下拉菜单，选择并单击“数据表视图”。

(4)在表的“设计视图”中，右击当前表结构的标签，在快捷菜单中选择并单击“数据表视图”，如图 3.25 所示。

基于(3)和(4)的方法可以实现 4 种视图之间的切换。

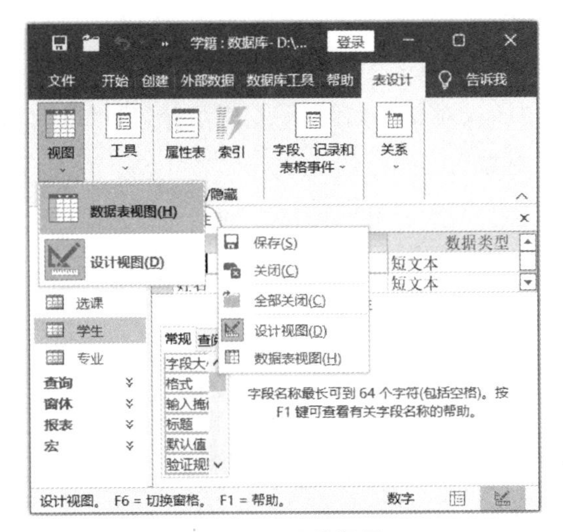

图 3.24　设计视图

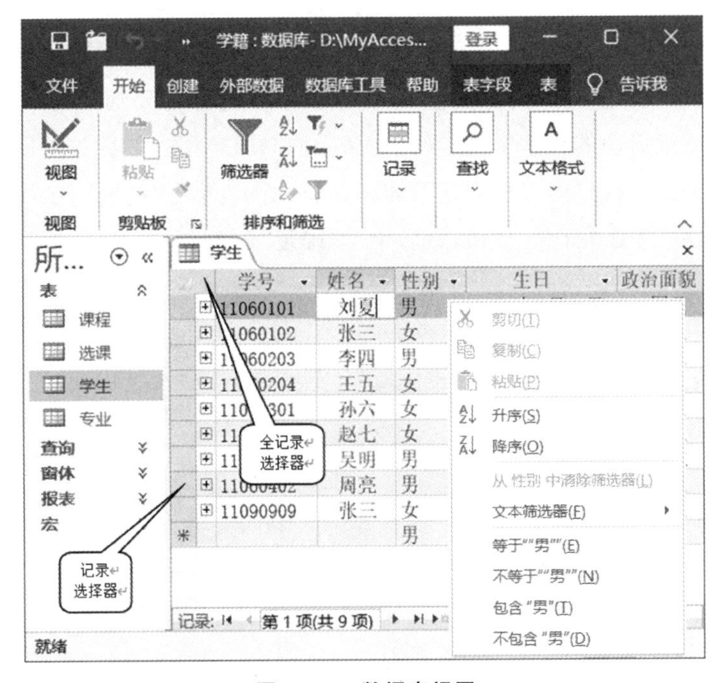

图 3.25　数据表视图

3.4.1.2　关闭表的方法

单击指定表的"数据表视图"右上角的"关闭"按钮，或者右击指定表的"数据表视图"的标签，在快捷菜单中选择并单击"关闭"。

3.4.2　添加记录

一个表只有有了数据，才能够称得上是一个可以共享的完整的表。向表中添加记录比较简单，打开表之后，就可以在"数据表视图"中星号(＊)所在行直接输入记录数据。完成一条记录数据输入之后，系统会自动添加一个新的空记录，或者单击"开始"选项卡，在

"记录"组中单击"新建"按钮;完成录入后,单击"关闭"按钮。

"OLE 对象"字段的输入方法:定位光标到当前记录的"OLE 对象"字段处,右击,在快捷菜单中选择并单击"插入对象",如图 3.26 所示;然后可以利用"新建"和"由文件创建"两种方式插入"OLE 对象"。

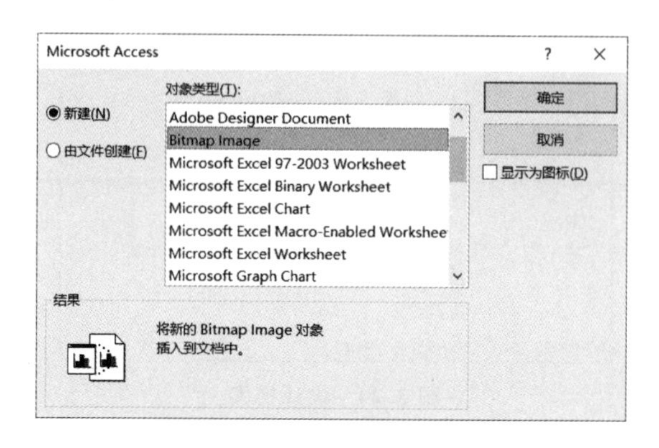

图 3.26　新建 OLE 对象

(1)新建:选择"新建",在"对象类型"下方的列表中选择需要插入的 OLE 对象,单击"确定"按钮,在后续启动的程序中,编辑需要插入的 OLE 对象,然后关闭程序。

(2)由文件创建:选择"由文件创建",如图 3.27 所示,单击"浏览",在"浏览"界面中选择需要插入的文件,单击"打开"按钮,最后单击"确定"按钮。

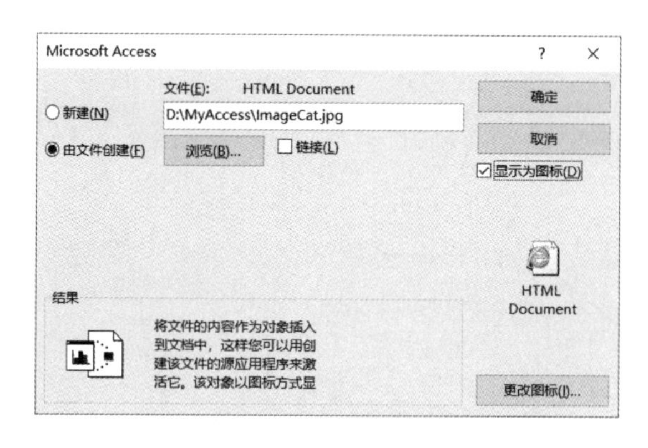

图 3.27　由文件创建 OLE 对象

如果勾选"链接",则"OLE 对象"不会嵌入当前记录的当前字段中,只是建立一个与外部文件的链接,如果外部文件发生改变,则表中的当前数据会随之改变。如果没有勾选"链接",则外部文件会嵌入当前记录的当前字段中,而且一旦嵌入,便不再与外部文件有关系。

对于其他字段的输入方法,可以按照字段的设计要求和输入掩码及其格式要求,直接进行输入。

【例 3.6】在"例 2.3 学籍"数据库中,向"学生"表中添加表 3.2 中的记录。操作如下:

(1)打开"例 2.3 学籍"数据库。

(2)打开"学生"表。

(3)在第一行的"学号"下方输入"刘夏","性别"下方选择"男","生日"下方输入"1992

年2月16日”,“政治面貌”下方选择“团员”,“专业号”下方输入或选择“010102”,勾选“是否四级”下方的方框,“高考成绩”下方输入“636”,“家庭住址”下方输入“浙江杭州亲亲家园6-1-601”,“简历”下方输入“杭州第二中学高三一班班长”。

(4)定位光标到当前记录的“OLE对象”字段处,然后右击,在快捷菜单中选择并单击“插入对象”,在图3.26中选择“由文件创建”,在图3.27中单击“浏览”,在“浏览”界面中选择需要插入的文件(本例选择默认文件夹的“例3.6ImageCat.jpg”),单击“打开”按钮,最后单击“确定”按钮。

(5)依次输入其他记录。完成录入的结果如图3.25所示。

▲思考:如何互换表中的两条记录。

▲提示:利用剪切和粘贴操作。

3.4.3 修改与删除记录

修改与删除记录相对比较简单。为了有效地管理表,通常需要为表设置或者取消相应的主键。在“数据表视图”中,用户可以方便地修改已有的记录数据(注意保存),而且可以利用剪贴板功能很方便地进行复制和移动记录。

对于删除记录,在“数据表视图”中,则可以通过“记录选择器”或者“全记录选择器”选择相应的记录,然后按“Delete”键;或者单击“开始”选项卡,在“记录”组中单击“删除”按钮;或者右击当前选中的记录,在快捷菜单中选择并单击“删除”,如图3.25所示。最后确认是否删除界面中的记录,如果确定删除,就单击“是”。

▲提示:对于选中连续多条记录的情况,需要按下“Shift”键;对于不连续记录的删除,则只能分多次删除。

3.4.4 查找与替换

3.4.4.1 查找数据

用户在“数据表视图”中,可以查找表中指定的数据。操作方法如下:

(1)打开指定的表。

(2)单击“开始”选项卡,在“记录”组中单击“查找”按钮。其界面如图3.28所示。

(3)在“查找内容:”右侧输入需要查找的内容。

(4)通过下拉菜单选择“查找范围:”、“匹配:”方式和“搜索:”方向。

(5)单击“查找下一个”按钮,进行搜索。

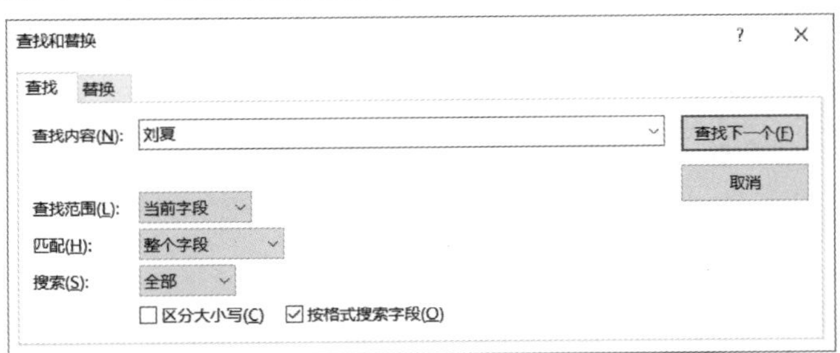

图3.28 查找

如果需要进行模糊查找,则可以使用如下通配符:

＊:匹配任意多个任意字符。例如:所有姓张的学生的查找串为“张＊”。

?:匹配任意单个字符。例如:姓名中所有以“上官”开头、以“喜”结尾且4字长的学生的查找串为“上官?喜”。

[]:与方括号内任意单个字符匹配。例如:Ball和Bell的查找串为“B[ae]ll”。

!:匹配任何不在方括号内的字符。例如:第二个字母不是a或e的4字长的单词的查找串为“B[! ae]ll”。

－:与指定范围的任意一个字符匹配。例如:“第1级”到“第9级”的查找串为“第[1－9]级”。

＃:匹配任意单个数字字符。例如:所有6开头、1结尾的3字长门牌号的查找串为“6＃1”。

3.4.4.2 替换数据

在“数据表视图”中,可以把表中的某个数据替换为另一个数据。操作方法如下:

(1)打开指定的表。

(2)单击“开始”选项卡,在“记录”组中单击“替换”按钮,如图3.29所示。

(3)在“查找内容:”右侧输入需要查找的内容。

(4)在“替换为:”右侧输入替换的结果。

(5)通过下拉菜单选择“查找范围:”、“匹配:”方式和“搜索:”方向。

(6)单击“查找下一个”按钮,进行搜索,然后单击“替换”或者“全部替换”按钮进行当前替换或者全部替换。

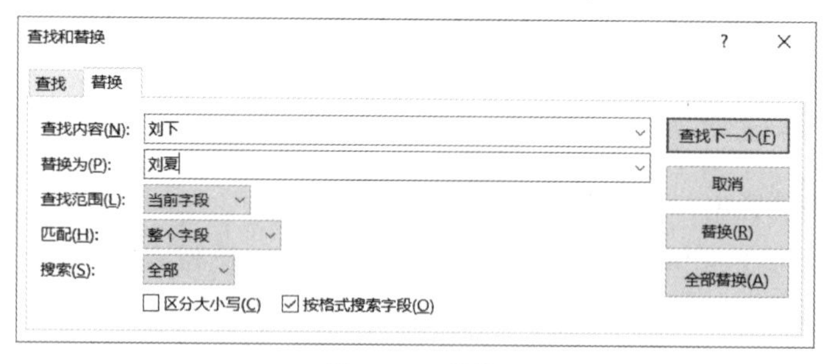

图3.29 替换

3.4.5 排序

排序是指按照表的一个或者多个字段的值,对表的全部记录进行排序的过程。排序方式可以为升序或者降序。

3.4.5.1 排序规则

(1)数字:按照数字的大小排序。

(2)日期/时间:按照日期/时间的先后排序。

(3)英文文本:按照字符的ACSII码值的大小排序。

(4)中文文本:按照中文字的汉语拼音字母的 ACSII 码值的大小排序。

3.4.5.2 排序方法

排序方法分为快捷排序和高级排序。

快捷排序可以对单个字段或者多个相邻字段进行方便快捷的单字段排序和多重排序。多重排序是指先按照第一个字段排序,对第一个字段的值相同的,再按照第二个字段排序,依此类推。利用快捷排序进行多重排序时,只能同时升序或同时降序。操作方法如下:

(1)打开表。

(2)在"数据表视图"中,选中一个或者多个字段。

(3)单击"开始"选项卡,在"排序与筛选"组中单击"升序"或"降序"按钮。单击"取消排序",可以取消当前对表的排序操作。

高级排序可以对单个字段或者多个相邻字段进行多种方式的复杂排序。操作方法如下:

在"数据表视图"状态下,单击"开始"选项卡,单击"排序与筛选"组中"高级"下拉菜单,选择并单击"高级筛选/排序",启动的"高级排序"视图,如图 3.30 所示。

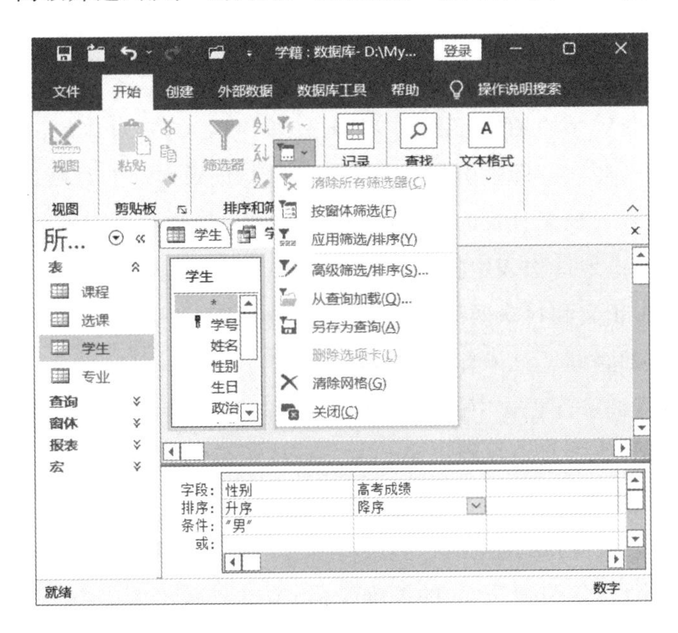

图 3.30 高级排序

"高级排序"视图由两部分组成,上部分用于显示当前表,下部分用于选择排序字段、排序方式和输入排序条件。

显示排序结果可以单击"开始"选项卡,单击"排序与筛选"组中"高级"下拉菜单,选择并单击"应用筛选/排序"。取消排序的方法同前所述。

保存高级排序可以单击"快捷访问工具栏"的"保存"按钮,在弹出的"另存为查询"界面中,输入名称,单击"确定"按钮。保存的排序按照查询对象处理。

▲提示:"高级排序"视图实际上调用的是查询的"设计视图"界面。

【例 3.7】在“例 2.3 学籍”数据库中,将“学生”表中所有男生先按照“性别”升序排序,再按照“高考成绩”降序排序,并把该排序保存为“男生高考成绩排序”。操作如下:

(1)打开“例 2.3 学籍”数据库。

(2)打开“学生”表。

(3)在“字段”右侧依次选择“性别”和“高考成绩”,在“排序”右侧依次选择“升序”和“降序”,在“条件”右侧升序的下方输入“"男"”。

(4)单击“快捷访问工具栏”的“保存”按钮,在弹出的“另存为查询”界面中,输入“男生高考成绩排序”,单击“确定”按钮。

(5)单击“开始”选项卡,单击“排序与筛选”组中“切换筛选”按钮,或者单击“排序与筛选”组中“高级”下拉菜单,选择并单击“应用筛选/排序”查看结果。

(6)关闭当前表的“数据表视图”时,可以选择是否把排序结果与表一起保存。

3.4.6 索引

为了给用户提供高效的数据库共享系统,实现对数据库的快速访问,最有效的方法是使用索引机制,即给表建立索引。

3.4.6.1 索引概念

索引是指按照指定字段的值升序(或者降序)排序后,与它对应的记录在表中的位置(记录号)所组成的对照表。即索引是索引字段的值与记录地址的对照表。

索引的执行过程为根据查找的数据,在索引中找到该数据所对应的记录在表中的位置(地址),再根据这个地址去表中找出记录数据。

例如:字典是由正文和目录两部分组成。目录相当于索引,正文相当于表。目录和正文配合使用实现字的查询。具体查询过程如下:

(1)在目录中查询字在正文中的页码(即地址);

(2)再按照页码,在正文中找到该字。

3.4.6.2 索引类型

在 Access 中,索引支持的类型有主索引、唯一索引和普通索引。

主索引:索引字段(索引表达式)的值唯一(不能重复),不能为空。同一个表,只能建立一个主索引。表的主键会自动生成主索引。主索引的默认名称为 Primary Key(可以更改)。

唯一索引:索引字段(索引表达式)的值唯一(不能重复),可以为空。同一个表,可以建立多个唯一索引。

普通索引:索引字段(索引表达式)的值可以重复,可以为空。同一个表,可以建立多个普通索引。

3.4.6.3 编辑索引

建立、修改和删除索引,可以使用“索引编辑器”,如图 3.31 所示。

打开“索引编辑器”的方法:在表的“设计视图”状态下,单击“表格工具”的“设计”上下文命令选项卡,单击"显示/隐藏"组中的"索引"按钮。

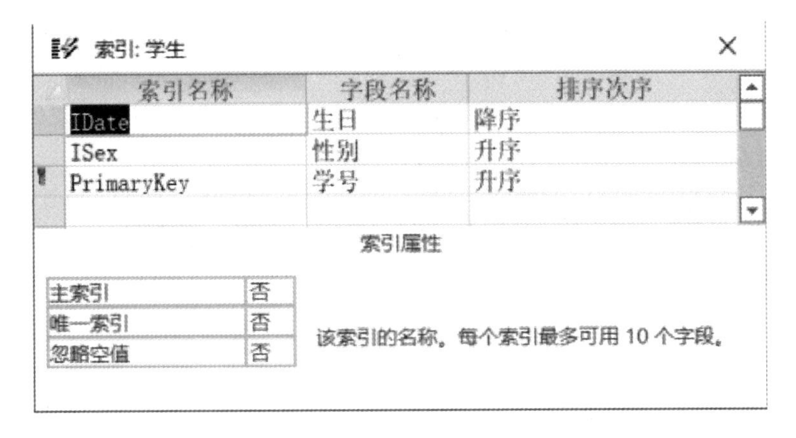

图 3.31 索引编辑器

【例 3.8】在"例 2.3 学籍"数据库中,对于"学生"表,先按性别字段建立名为"ISex"的升序索引,再按生日建立名为"IDate"的降序索引。操作如下:

(1)打开"例 2.3 学籍"数据库。

(2)打开"学生"表的"设计视图"。

(3)单击"表格工具"的"设计"上下文命令选项卡,单击"显示/隐藏"组中的"索引"按钮。如图 3.31 所示。

(4)在"索引名称"下的第二行,输入"ISex";在"字段名称"下的第二行,利用下拉菜单,选择"性别";在"排列次序"下的第二行,利用下拉菜单,选择"升序"。

(5)重复(3),依次输入"IDate",选择"生日",选择"降序"。

(6)关闭"索引编辑器"。

3.4.7 记录筛选

筛选数据是把符合条件的记录数据筛选出来。可以在图 3.32 所示的"筛选器"中,使用"按选定内容筛选""按窗体筛选"和"高级筛选/排序"等方法进行筛选。

单击"开始"选项卡,在"排序和筛选"组中,单击"高级"下拉菜单中的"清除所有筛选器",可以清除所有筛选。

3.4.7.1 按选定内容筛选

在"数据表视图"中,首先选定表中的值,然后利用"筛选器"找出与该值相关的记录。

【例 3.9】对于"例 2.3 学籍"数据库,在"学生"表中筛选出不是团员的记录。操作如下:

(1)打开"例 2.3 学籍"数据库。

(2)打开"学生"表。

(3)选中"学生"表中"政治面貌"字段下的"团员",如图 3.32 所示。

(4)单击"开始"选项卡,在"排序和筛选"组中,单击"选择"下拉菜单中的"不等于"团员"";或者单击"排序和筛选"组中的"筛选器",在"筛选器"中,勾选"(全选)",取消勾选

"团员",单击"确定"按钮;或者在"筛选器"中,指向"文本筛选器",在下拉菜单中,单击"不等于";或者右击选中的内容,在快捷菜单中单击"不等于"团员"";或者在快捷菜单中,指向"文本筛选器",在下拉菜单中,单击"不等于"。

(5)单击"排序和筛选"组中的"切换筛选"按钮;或者单击"排序与筛选"组中的"高级"下拉菜单,选择并单击"应用筛选/排序"查看结果(切换筛选状态)。

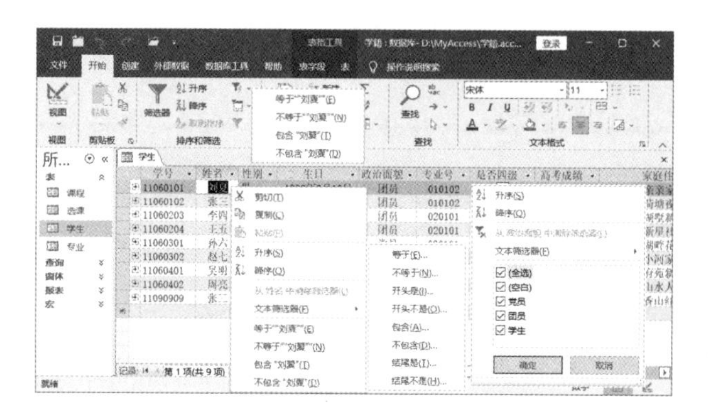

图 3.32 记录筛选

▲思考:在"例 2.3 学籍"数据库的"学生"表中筛选出所有开头不是"团"的记录。

3.4.7.2 按窗体筛选

在"窗体筛选器"中,通过输入(或者选择)一个或者多个筛选条件,可以进行多条件的复杂筛选。

【例 3.10】对于"例 2.3 学籍"数据库,在"学生"表中筛选出高考成绩大于等于 600 分,并且已经通过四级考试,而且是团员的所有男生的记录。操作如下:

(1)打开"例 2.3 学籍"数据库。

(2)打开"学生"表。

(3)单击"开始"选项卡,在"排序和筛选"组中,单击"高级"下拉菜单中的"按窗体筛选",如图 3.33 所示。

(4)在"性别"字段下输入(或者选择)"男",在"政治面貌"下输入(或者选择)"团员",在"是否四级"下勾选方框,在"高考成绩"下输入"＞＝600"。

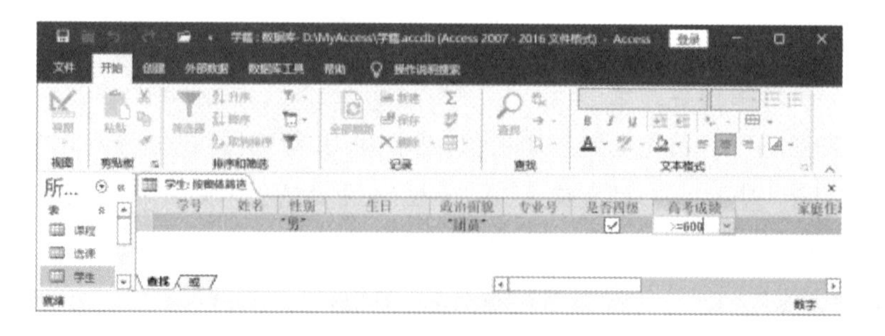

图 3.33 按窗体筛选

(5)单击"开始"选项卡,在"排序和筛选"组中,单击"切换筛选"按钮;或者单击"高级"

下拉菜单中的“应用筛选/排序”查看筛选结果。

(6)单击“开始”选项卡，在“排序和筛选”组中，单击“高级”下拉菜单中的“按窗体筛选”，返回“窗体筛选器”。

3.4.7.3 高级筛选

高级筛选与高级排序具有相同的功能，使用的均是“高级筛选/排序”视图，如图 3.30 所示。在“高级筛选/排序”视图中，不但可以进行多条件和多字段的高级复杂的排序，而且可以进行多条件和多字段的高级复杂的筛选。

在条件行上书写条件时，如果多个条件是“与”关系，则需要把多个条件写在一行上；如果多个条件是“或”关系，则需要把多个条件写在多行上。即同行“与”，异行“或”。

【例 3.11】对于“例 2.3 学籍”数据库中的“学生”表，筛选出高考成绩大于等于 600 分的男生，或者通过英语四级考试的女生的记录，并按“高考成绩”降序排序。操作如下：

(1)打开“例 2.3 学籍”数据库。

(2)打开“学生”表。

(3)单击“开始”选项卡，在“排序和筛选”组中，单击“高级”下拉菜单中的“高级筛选/排序”，如图 3.30 所示。

(4)在“字段”行，依次选择“性别”“是否四级”和“高考成绩”，如图 3.34 所示。

字段:	性别	是否四级	高考成绩
排序:			降序
条件:	"男"	True	>=600
或:			

图 3.34 高级筛选/排序

(5)在“条件”行，“性别”字段下输入“"男"”，在“高考成绩”下输入“＞＝600”。

(6)在“或”行，“性别”字段下输入“"女"”，在“是否四级”下输入“True”。

▲提示：如果有多个“或”条件，可以在“或”行的下面各行依次输入。

(7)在“排序”行，“高考成绩”字段下输入(或者选择)“降序”。

(8)单击“开始”选项卡，在“排序和筛选”组中，单击“切换筛选”按钮，或者单击“高级”下拉菜单中的“应用筛选/排序”，查看筛选结果。

(9)单击“开始”选项卡，在“排序和筛选”组中，单击“高级”下拉菜单中的“高级筛选/排序”，返回“高级筛选/排序”。

(10)如果需要，单击“开始”选项卡，在“排序和筛选”组中，单击“高级”下拉菜单中的“清除所有筛选器”，清除所有筛选。

3.4.8 修饰表

修饰表是对表的“数据表视图”所显示的数据进行格式设置、调整行高和列宽、显示和隐藏列、冻结和取消冻结列等操作，从而更改数据表的显示方式。

3.4.8.1 文本格式设置

根据需要，利用“开始”选项卡的“文本格式”中的下拉菜单和按钮，控制文本的字体、大小、颜色、项目编号、对齐方式和网格属性等，如图 3.35 所示。

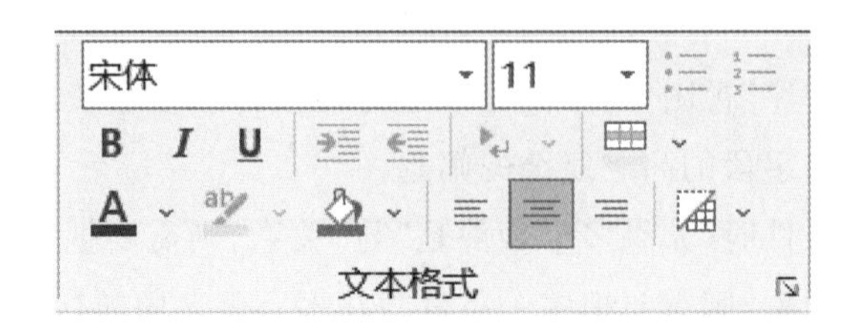

图 3.35 文本格式

在图 3.35 中，单击“设置数据表格式”按钮后如图 3.36 所示，可以进一步设置表的格式。

设置数据表格式
单元格效果
平面(F)
凸起(R)
凹陷(S)
网格线显示方式
水平(H)
垂直(V)
确定
取消
背景色(B):
替代背景色(A):
网格线颜色(G):
示例:
边框和线型(L)
数据表边框
实线
方向
从左到右(E)
从右到左(O)

图 3.36 设置数据表格式

3.4.8.2 调整行高和列宽

在“数据表视图”中，可以调整行高和列宽。

调整行高：在“记录选择器”所在列中，拖动记录之间的分割线，可以调整记录行之间的高度；或者双击记录之间的分割线，调整行高到最佳高度；或者利用“记录选择器”选定行，右击选定行，在快捷菜单中单击“行高”，如图 3.37 所示，在“行高”右侧输入自定义高度，勾选“标准高度”则调整高度到系统默认的标准(最佳)高度。

调整列宽：在字段标题行中，拖动标题之间的分割线，可以调整字段列之间的宽度；或者双击字段右侧的分割线，调整列宽到最佳匹配宽度；或者选定一列(多列)，右击选定列，在快捷菜单中，单击“字段宽度”，如图 3.38 所示，在“列宽”右侧输入自定义宽度；勾选“标准宽度”则调整宽度到系统默认的标准(最佳)宽度;单击“最佳匹配”,可以调整宽度到最佳宽度。

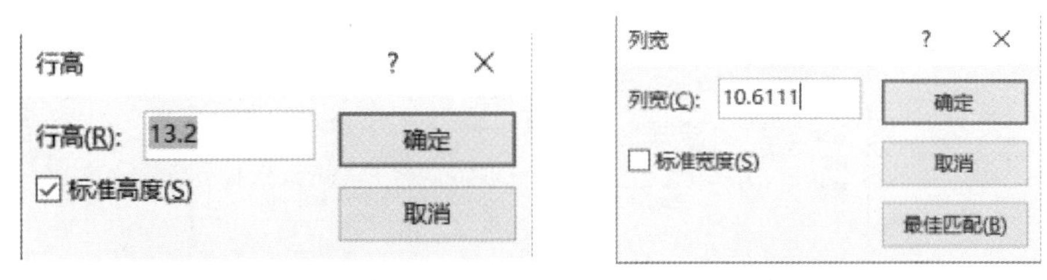

图 3.37 调整行高　　图 3.38 调整列宽

▲提示:选定并拖动字段列,可以调整字段的显示次序。

3.4.8.3 显示和隐藏列

如果受到屏幕大小限制或者特殊需要,需要隐藏某些字段,则可以使用“隐藏字段”功能。隐藏字段操作比较简单,即右击选定字段,在快捷菜单中,单击“隐藏字段”;如果选择并单击“取消隐藏字段”,则可以取消隐藏,重新显示隐藏的字段。

3.4.8.4 冻结和取消冻结列

如果需要锁定某些字段,使其始终处于显示状态,并在首列显示,则可以使用“冻结字段”功能。冻结字段操作比较简单,即右击选定字段,在快捷菜单中,单击“冻结字段”;如果选择并单击“取消冻结所有字段”,则可以取消冻结的所有字段。

3.5 操作表

对于完成的表,通常需要进行复制、改名、隐藏、删除、导入和导出等进一步管理和维护工作。

3.5.1 表的改名和复制

如果表的命名不合适,则可以使用“重命名”为表改名。操作方法:打开指定的数据库,在“导航窗格”中展开“表”对象,右击指定的“表”,如图 3.39 所示,在快捷菜单中单击“重命名”,在表名处输入新的表名。

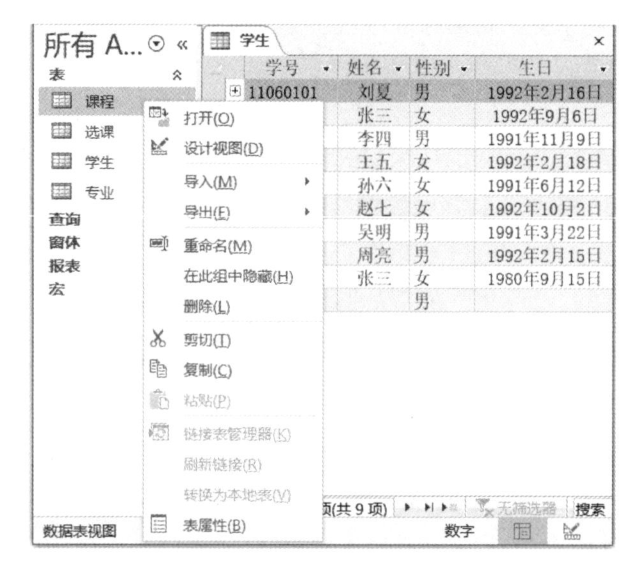

图 3.39 表操作快捷菜单

方法 1:“开始”+“复制”+“粘贴”。

如果需要为指定表建立备份,则可以使用“开始”+“复制”+“粘贴”,操作方法如下:

(1)打开指定数据库,在“导航窗格”中,展开“表”对象,选中指定的“表”。

(2)单击“开始”选项卡,在“剪切板”组中单击“复制”按钮,再单击“粘贴”按钮,则弹出的界面如图 3.40 所示。

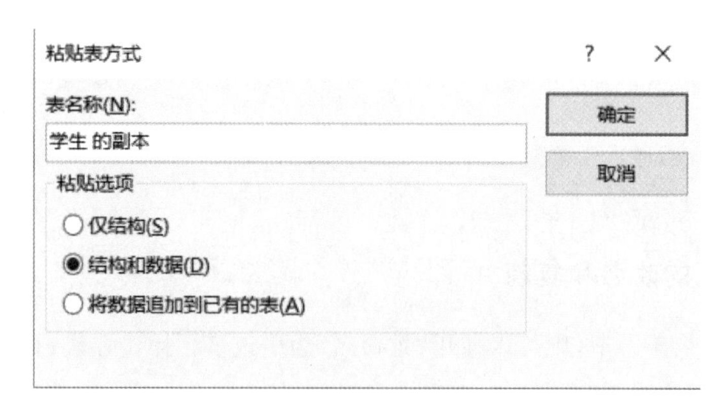

图 3.40 粘贴表方式

(3)在弹出的“粘贴表方式”界面中,在“表名称:”下方输入备份后的表名(默认名称:原表名+空格+的副本)。

(4)在“粘贴选项”下方,如果选中“仅结构”,则只复制表的结构;如果选中“结构和数据”,则既复制表的结构,又复制表的记录;如果选中“将数据追加到已有的表”,则只复制表的记录。最后单击“确定”按钮。

方法 2:“复制”+“粘贴”。

(1)打开指定数据库,在“导航窗格”中,展开“表”对象。

(2)右击指定“表”,如图 3.39 所示,在快捷菜单中单击“复制”。

(3)重复(2),在快捷菜单中单击“粘贴”,则弹出的界面如图 3.40 所示。下同方法 1。

▲思考:为“学生”“课程”“选课”“专业”和“教师通信”分别建立一个备份表,名称分别为原表名后面加“备份”两个字。

▲提示:如果需要多次修改表的结构和记录,那么最好对表(或者整个数据库文件)进行备份。

3.5.2 表的隐藏和删除

如果“表”对象中的若干表,暂时不需要使用,则可以把这些表先隐藏起来,等到需要使用时,再把它们显示出来。操作如下:

(1)打开指定数据库,在“导航窗格”中,展开“表”对象,右击指定的“表”,如图 3.39 所示,在快捷菜单中单击“在此组中隐藏”。

(2)如果选定表没有隐藏,而是变成“灰色”,则右击“导航窗格”的空白处,在快捷菜单中单击“导航选项”,则弹出的界面如图 3.41 所示。

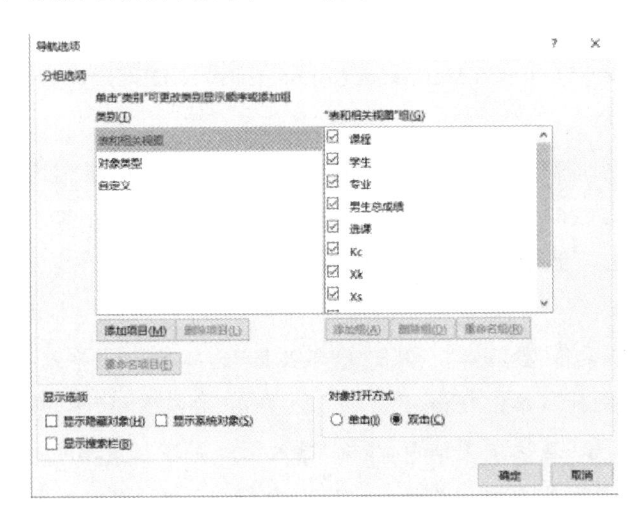

图 3.41 导航选项

(3)在弹出的“导航选项”界面中,取消勾选“显示隐藏对象”,单击“确定”按钮。

如果需要把隐藏的表再次显示出来。操作如下:

(1)打开指定数据库,右击“导航窗格”的空白处,在快捷菜单中单击“导航选项”,则弹出的界面如图 3.41 所示。

(2)在弹出的“导航选项”界面中,勾选“显示隐藏对象”,单击“确定”按钮。

(3)右击“灰色”的表,在快捷菜单中单击“取消在此组中隐藏”。

对于数据库中确实没有价值且不再使用的表,可以对其进行删除。删除数据库及其表时必须慎重考虑,不可轻举妄动,要考虑清楚,方可实施,因为这是十分慎重的操作。操作如下:

(1)打开指定数据库,在“导航窗格”中展开“表”对象,选中指定的“表”。

(2)按下“Delete”键;或者单击“开始”选项卡,在“记录”组中,单击“删除”按钮;或者右击选定的“表”,在快捷菜单中单击“删除”按钮。

(3)在弹出的确认删除界面中,单击“是”按钮。如果表间存在关联关系,则需要先删除与删除操作有关的关联关系。

▲警告:在删除表之前,一定要确定是否真的需要删除该表。因为删除表之后,表中的数据会全部丢失。万一误删,可以使用“快捷访问工具栏”中的“恢复”按钮进行恢复,或者按下组合键“Ctrl+Z”。

▲思考:如何首先隐藏“学生”“课程”“选课”“专业”和“教师通信”5 张表,其次再显示这 5 张表。

▲提示:表的隐藏和删除方法,同样适用于数据库的其他对象。

3.5.3 表的导入与导出

Access 2019 数据库不但提供自含表的数据格式,而且支持目前流行的多种数据库及其表的数据格式,并且可以实现不同平台之间数据的导入和导出。

Access 2019 支持的常用外部数据源包括 Access 数据库、Excel、文本文件和 SQL Server 等开放数据库互联(Open DataBase Connectivity,ODBC)数据源。

3.5.3.1 表的导入

表的导入是指把外部数据源对应的数据导入当前数据库的指定表或新建表的过程。外部数据源可以是 Access 数据库、Excel、文本文件和 SQL Server 等 ODBC 数据源。

【例 3.12】把 Excel 文件“学生. xlsx”中的“学生”工作表导入“例 2.3 学籍”数据库的“学生”表。操作如下:

(1)打开“例 2.3 学籍”数据库。单击“外部数据”选项卡,在“导入并链接”组中,单击“新数据源”指向“从文件”,单击“Excel”按钮。或者在“导航窗格”中,展开“表”对象,右击任意表,如图 3.39 所示,在快捷菜单中,指向“导入”,单击下拉菜单中的“Excel”。

(2)在弹出的“获取外部数据”中,如图 3.42 所示,单击“浏览”按钮,选择“学生. xlsx”,单击“打开”按钮;或选择“将源数据导入当前数据库的新表中”,单击“确定”按钮。

▲提示:如果选择“向表中追加一份记录的副本”,则是把“学生”工作表的数据,追加到指定“表”中;如果选择“通过创建链接表来链接到数据源”,则是把“学生”工作表链接到当前数据库中。对于链接的表,其表前的图标为 ,而且它维护一个到 Excel 中工作表的链接,对 Excel 中工作表所做的更改,会反映到链接表中,但是无法从 Access 内更改源数据。

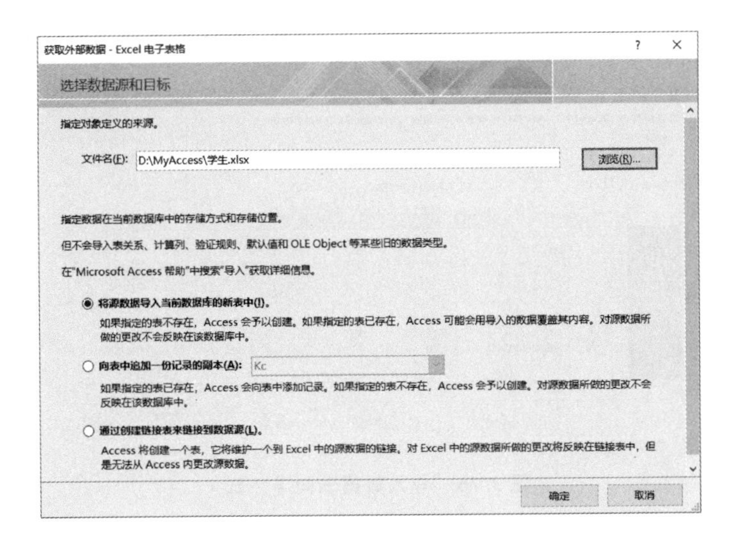

图 3.42　获取外部数据

(3)在弹出的"导入数据表向导"界面中，如图 3.43 所示，选中"学生"表。单击"下一步"按钮，则弹出的界面如图 3.44 所示。

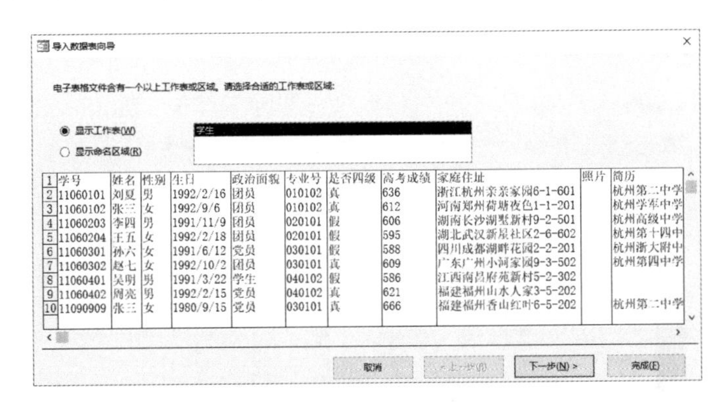

图 3.43　导入数据表向导之一

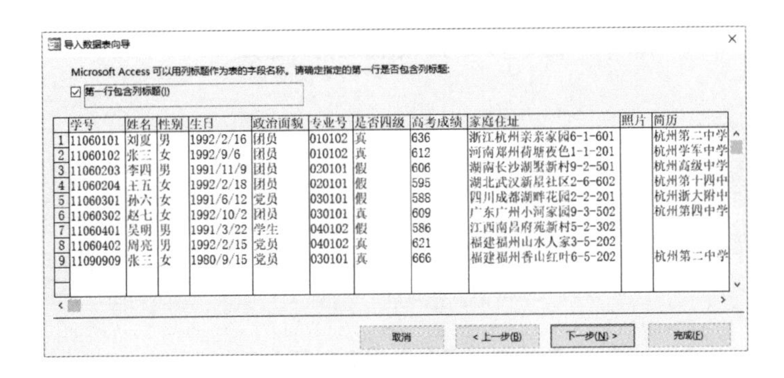

图 3.44　导入数据表向导之二

(4)勾选“第一行包含列标题”,单击“下一步”按钮,则弹出的界面如图 3.45 所示。

图 3.45　导入数据表向导之三

(5)通过“字段选项”下方的各个选项,设置字段的名称、类型和索引参数。再单击“下一步”按钮,则弹出的界面如图 3.46 所示。

(6)勾选“我自己选择主键”,在右侧的下拉菜单中,选择“学号”,单击“下一步”按钮,则弹出的界面如图 3.47 所示。

(7)在“导入到表”的下方输入“学生”,单击“完成”按钮。

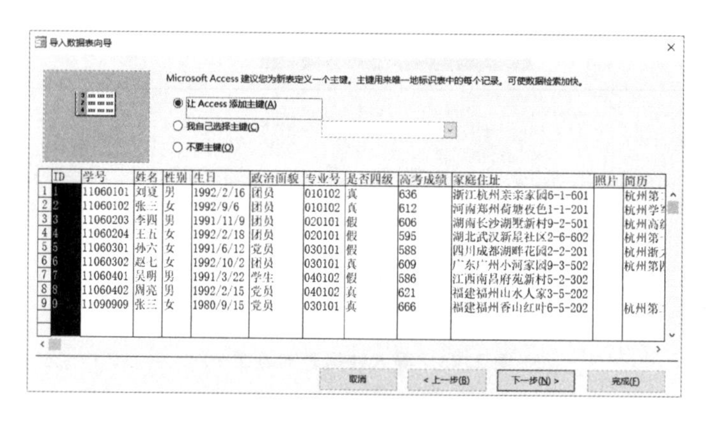

图 3.46　导入数据表向导之四

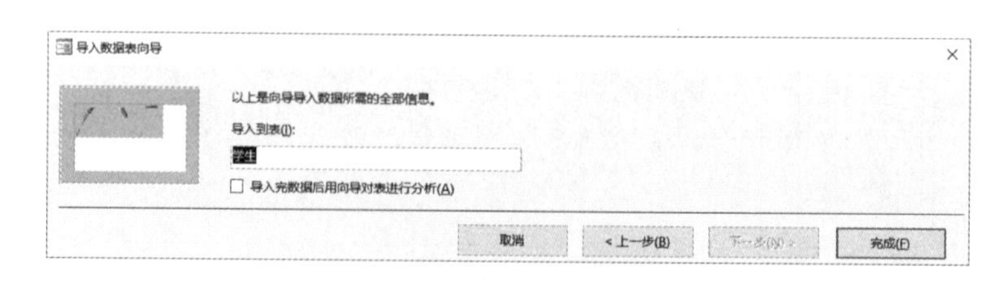

图 3.47　导入数据表向导之五

3.5.3.2　表的导出

表的导出是指把当前数据库的指定表导出到外部数据源对应的数据库的过程。外部数据源可以是 Access 数据库、Excel、文本文件和 SQL Server 等 ODBC 数据源。

【例 3.13】把“例 2.3 学籍”数据库的“课程”表导出到 Excel 文件“课程.xlsx”中,“选课”表导出到文本文件“选课. txt”中。

导出“课程”表的操作如下：

(1)打开“例 2.3 学籍”数据库。在“导航窗格”中展开“表”对象，选中“课程”表，单击“外部数据”选项卡，在“导出”组中，单击“Excel”按钮；或者右击“课程”表，在快捷菜单中指向“导出”，单击下拉菜单中的“Excel”。

(2)如图 3.48 所示，在“文件名：”右侧输入“D:\My Access\课程. xlsx”(或者单击“浏览”按钮，输入或选择“课程. xlsx”，单击“保存”)，再单击“确定”按钮。如果需要，可以在“指定导出选项”下方勾选相应的选项。

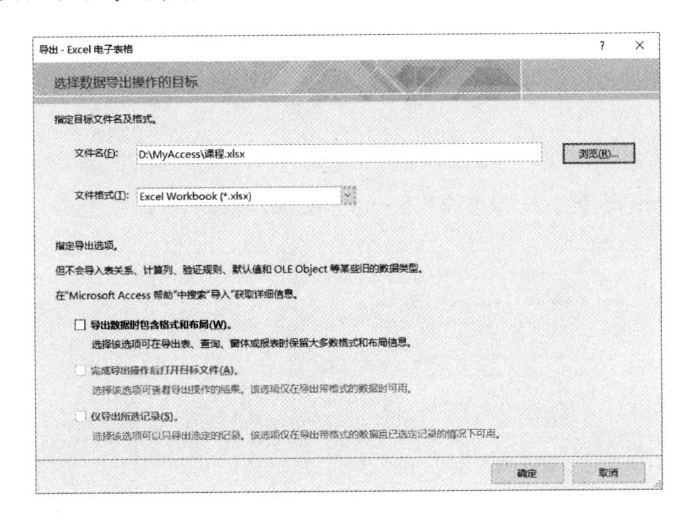

图 3.48　导出之一

(3)在弹出的导出之二界面中，如图 3.49 所示，单击“关闭”按钮。

图 3.49　导出之二

导出“选课”表的操作如下：

(1)打开“例 2.3 学籍”数据库。在“导航窗格”中展开“表”对象，选中“选课”表，单击“外部数据”选项卡，在“导出”组中，单击“文本文件”按钮；或者右击“选课”表，在快捷菜单中，指向“导出”，单击下拉菜单中的“文本文件”。

(2)在弹出的导出界面中，如图 3.50 所示，在“文件名：”右侧输入“D:\My Access\选课. txt”(或者单击“浏览”按钮，输入或选择“选课. txt”，单击“保存”)，再单击“确定”按钮。如果需要，可以在“指定导出选项”下方勾选相应的选项。

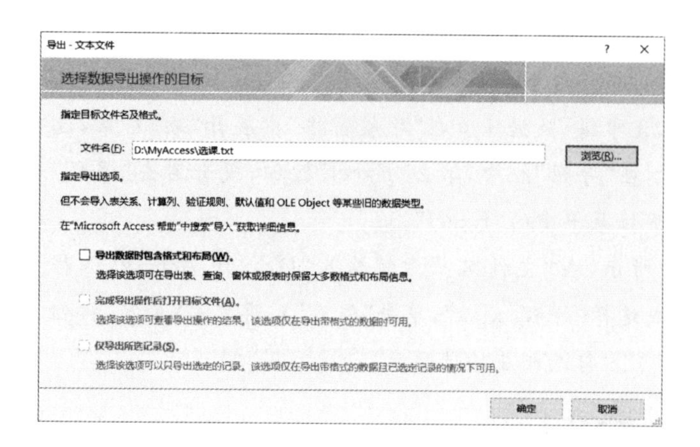

图 3.50　导出

(3)在弹出的导出文本向导之一界面中,如图 3.51 所示,选中“带分隔符-用逗号或制表符之类的符号分隔每个字段”,单击“下一步”按钮。

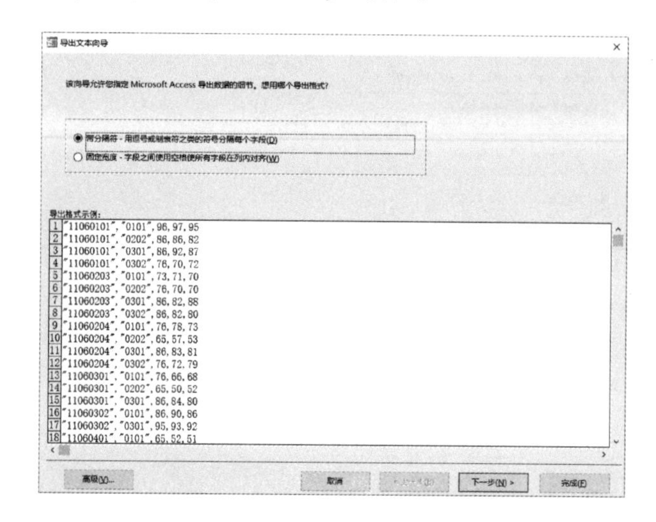

图 3.51　导出文本向导之一

(4)在弹出的导出文本向导之二界面中,如图 3.52 所示,选中“逗号”,勾选“第一行包含字段名称”,在“文本识别符”右侧选择“"”,单击“下一步”按钮。

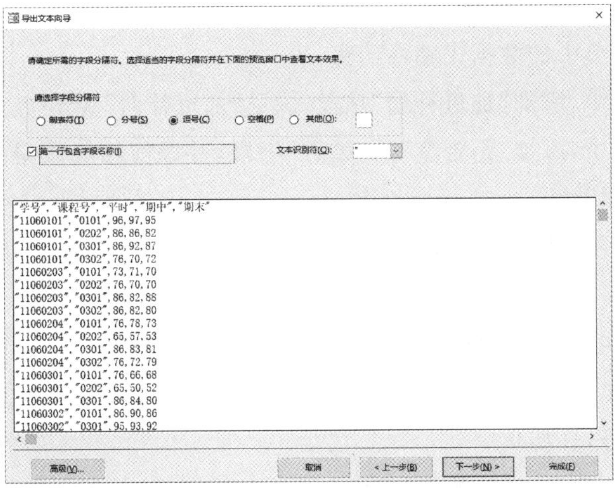

图 3.52　导出文本向导之二

(5)在弹出的导出文本向导之三界面中,如图 3.53 所示,单击"完成"按钮。

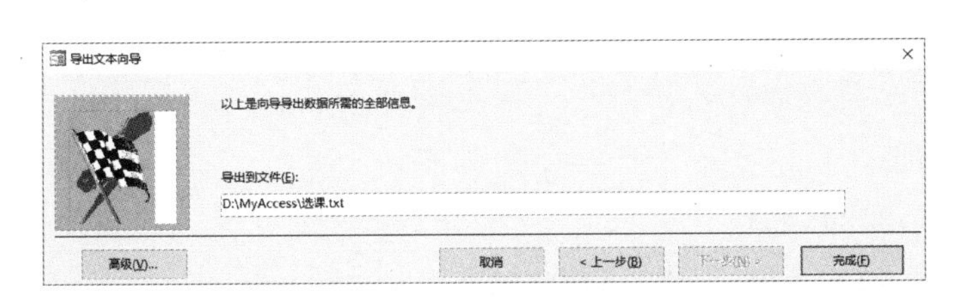

图 3.53　导出文本向导之三

(6)在弹出的"保存导出步骤"界面中,单击"关闭"按钮。

▲思考:首先,建立空数据库"学籍 Import. accdb"和"学籍 Export. accdb",利用导入功能,把"例 2.3 学籍"数据库中的 4 张表导入"学籍 Import. accdb"中;其次,利用导出功能,把"例 2.3 学籍"数据库中的 4 张表导出到"学籍 Export. accdb"中;最后,建立名称为"学籍. accdb"的"例 2.3 学籍"的备份数据库,作为以后章节的范例数据库。

▲提示:用户在对数据库进行修改之前,应该考虑周全。因为表是数据库的基础,对表的修改会影响整个数据库。不能修改打开或正在使用的表,修改前必须先关闭相应的表。不能修改表中存在关联关系的字段和记录。确实需要修改的,必须先删除关联关系。

3.6 表实验

通过理解字段、记录、表及其相关概念,在 Access 2019 环境下,熟练掌握表结构的建立方法和表记录的编辑方法,以及表的排序、筛选、导入和导出等管理方法。

实验 3.1　建立表结构

(1)打开"海贝超市"数据库。

(2)建立“商品”“职工”“售单”和“售单明细”4 张表的结构。

(3)完成数据字典中的数据完整性约束。

(4)在“职工”表中,添加“加班补助”字段,满足“加班补助”少于“工资”。

(5)在“职工”表中,添加“是否型”的“婚否”字段,并添加相应数据(提示:[加班补助]<[工资] And Len([性别])<Len([姓名])。

(6)在“售单”表中,使用“查阅向导”,使“工号”字段显示为“职工”的“工号”。

表结构:

商品(品号,品名,单价,订购数量,厂商);

职工(工号,姓名,性别,生日,部门,婚否,工资,加班补助,电话,照片,简历);

售单(单号,工号,日期);

售单明细(单号,品号,销售数量)。

数据字典:

品号:短文本,10 位,主键,非空,由数字组成。

品名:短文本,20 位,非空。

单价:单精度(2 位小数)。

订购数量:整型。

厂商:短文本,22 位,非空。

工号:短文本,6 位,主键,非空,由数字组成。

姓名:短文本,8 位,非空。

性别:查阅向导型,1 位,非空,取值={男,女};性别的长度小于姓名的长度。

生日:长日期。

部门:短文本,10 位。

婚否:是否型。

工资:整型。

加班补助:整型。

电话:短文本,11 位,由数字组成。

照片:OLE 对象。

简历:长文本。

单号:自动编号(递增,长整型)。在售单明细中,单号使用长整型数字类型。

日期:长日期。

销售数量:整型,大于 0。

实验 3.2 编辑表内容

(1)给“海贝超市”数据库的“商品”“职工”“售单”和“售单明细”4 张表建立如图 3.54 所示的关联关系。

(2)按照图 3.54 给出的关联关系及图 3.55 至图 3.58 给出的数据,编辑“商品”“职工”“售单”和“售单明细”4 张表的记录。

(3)建立“商品”“职工”“售单”和“售单明细”的备份表,名称为原表名后加“备份”。

(4)在 4 张备份表的“数据表视图”中,分别添加两条记录,具体内容自定。

(5)在 4 张备份表中,删除“冰箱”及其相关记录。

(6)在 4 张备份表中,把“计算机”替换为“笔记本”,并修改相关记录。

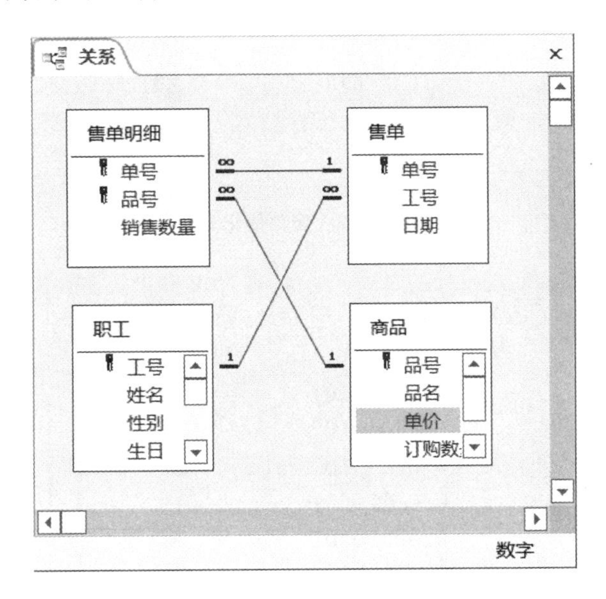

图 3.54　4 表之间的关联关系

品号	品名	单价	订购数量	厂商
0101010101	空调	3000	39	格力电器公司
0101010102	洗衣机	3600	45	小天鹅电器公司
0202020201	电视机	5000	36	长虹电器公司
0202020202	热水器	3900	29	海尔电器公司
0301010101	冰箱	4600	30	海尔电器公司
0601010102	计算机	6600	38	海尔电器公司

记录: 第 1 项(共 6 项)　无筛选器　搜索　数字

图 3.55　商品的记录

职工

工号	姓名	性别	生日	部门	婚否	工资	加班补助	电话	照片	简历
010101	刘丽	男	1978年2月19日	销售部	☐	5000		13666636990		
010102	王晶	女	1980年6月16日	采购部	☐	4000		13666666666		
020101	蔡林	男	1982年11月11日	人事部	☐	5500		13677777777		
020102	黄英	女	1986年9月10日	销售部	☑	6600		13688888888		
030203	周明	女	1986年10月11日	销售部	☑	3900		13699999999		
030205	袁岳	男	1988年11月12日	办公室	☐	5800		13655555555		
050206	郭亮	男	1986年12月12日	销售部	☐	6000		13611111111		
060109	赵彬	女	1977年7月7日	采购部	☐	5600		13622222222		

记录: 第 1 项(共 8 项)　无筛选器　搜索　数字

图 3.56　职工的记录

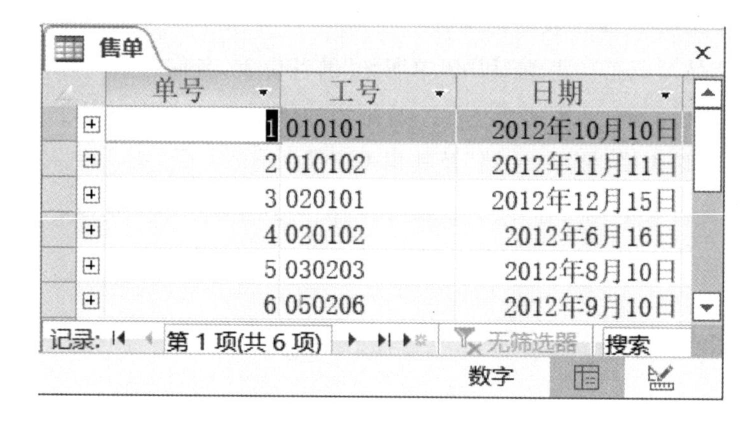

售单

单号	工号	日期
1	010101	2012年10月10日
2	010102	2012年11月11日
3	020101	2012年12月15日
4	020102	2012年6月16日
5	030203	2012年8月10日
6	050206	2012年9月10日

记录: 第 1 项(共 6 项) 无筛选器 搜索

数字

图 3.57　售单的记录

售单明细

单	品号	销售数量
1	0101010101	2
1	0101010102	3
2	0101010102	2
2	0202020201	1
3	0202020201	4
3	0202020202	5
4	0202020202	3
4	0301010101	6
5	0301010101	4
5	0601010102	3
6	0101010101	5
6	0101010102	3
6	0202020201	4
6	0202020202	8
6	0301010101	6
6	0601010102	6

记录: 第 1 项(共 16 项

数字

图 3.58　售单明细的记录

实验 3.3　操作表

在“海贝超市”数据库的 4 张备份表中,完成如下操作:

(1)对“商品备份”表,按照单价降序排序。

(2)在“职工备份”表中,对“性别”和“工资”分别按照“升序”和“降序”进行二重排序。

(3)利用“索引编辑器”,对“职工备份”表的“姓名”和“工资”依次建立名为“IXm”和“IGz”的“升序”和“降序”索引。

(4)在“售单备份”表中,按内容筛选工号为“020102”的记录。

(5)在“职工备份”表中,按窗体筛选工资在5500以上(含5500)的销售部的女职工的记录。

(6)在“商品备份”表中,使用“高级筛选/排序”筛选“海尔电器公司”生产的订购数量不低于35的产品,并按照“单价”降序排序。

(7)通过字体和字号等文本格式,把“职工备份”表设置成自己喜欢的格式。

(8)在“职工备份”表中,冻结“姓名”和“工资”字段。

(9)在“商品备份”表中,隐藏“厂商”字段。

(10)建立“海贝超市”数据库的备份:“海贝超市Import.accdb”和“海贝超市Export.accdb”,并删除两个备份数据库中的所有表。

(11)把“海贝超市”的“职工”表和“商品”表,导出到“海贝超市Export.accdb”中,“售单”表导出到“售单.xlsx”中,“售单明细”表导出到“售单明细.txt”中。

(12)把“海贝超市Export.accdb”中的表——“售单.xlsx”和“售单明细.txt”导入“海贝超市Import.accdb”中。

习　题

1.简答题

(1)简述建立表的常用方法。

(2)简述表的“设计视图”和“数据表视图”的功能。

(3)解释主键,简述表的“主键”的设置与取消的方法。

(4)解释排序,简述Access提供的排序方法,简述多字段排序的过程。

(5)解释索引,简述Access提供的索引方法。

(6)解释筛选,简述Access提供的筛选方法。

(7)简述“有效性文本”的作用。

(8)修改字段的数据类型可能导致什么问题?如何解决?

(9)简述在Access中,排序记录时中文、英文和数字的排序规则。

(10)如何通过鼠标拖动的方法隐藏字段?

2.填空题

(1)在Access中,表的两种最常用的视图是(　　)和(　　)。

(2)在表的“数据表视图”下,记录行最前面为“黄色”方块,说明该记录是(　　)。

(3)在对短文本字段进行升序排序时,假设该字段的4个值为:"100""22""18"和"3",则排序结果是(　　)。

(4)在对短文本字段进行降序排序时,假设该字段的4个值为:"中国""美国""俄罗斯"和"日本",则排序结果是(　　　)。

(5)在查找和替换操作中,可以使用的常用通配符是(　　　)、(　　　)和! 等。

(6)对表的修改可以分为对(　　　)的修改和对记录的修改。

(7)数据类型为(　　　)、(　　　)或(　　　)的字段不能排序。

(8)设置表的“数据表视图”的列宽时,当拖动字段列右边界的分隔线超过左边界时,将会(　　　)该列。

(9)当冻结某个或者某些字段后,无论怎样水平滚动窗口,被冻结的字段列总是固定可见,并且显示在窗口的(　　　)。

(10)在建立表的结构时,一个字段通常由(　　　)、(　　　)和字段属性等组成。

(11)如果一个字段在多数情况下取一个固定的值,则可以将该值设置成字段的(　　　)。

(12)如果一张表中含有“照片”字段,则该字段的数据类型通常应该定义为(　　　)。

(13)如果字段的取值只有两种可能,则该字段的数据类型通常应该定义为(　　　)。

(14)(　　　)是表中唯一标识一条记录的一个字段或多个字段组成的一个组合。

(15)如果字段的值只能是 4 位数字,则该字段的输入掩码的定义应为(　　　)。

(16)在表的“设计视图”的“字段属性”框中,默认情况下,“标题”的默认值是(　　　)。

3. 判断题

(1)编辑修改表的结构,通常在表的“设计视图”中进行。(　　)

(2)修改字段名不影响该字段的数据,也不影响其他基于该表的数据库对象。(　　)

(3)隐藏列的目的是在表中只显示那些需要的数据,而并未删除该列。(　　)

(4)在 Access 中,字段的数据类型不包括窗口型。(　　)

(5)在表的“设计视图”中,可以进行增加、删除、修改记录的操作。(　　)

(6)“有效性规则”用来防止非法数据输入表中,对数据输入起着限定作用。(　　)

(7)查找和替换操作是在表的“数据表视图”中进行的。(　　)

(8)在 Access 中,英文字母是按照字母的 ASCII 码值的大小进行排序的。(　　)

4 查　询

查询是按照一定的查询条件，在数据库中，找出满足条件的数据。查询结果尽管是以表的形式显示出来，且与表很相似，但不是表，而是符合查询条件的临时记录集合。

查询是数据库提供的一种功能强大的管理工具，用户可以按照各种方式来进行查询，并且可以按照不同的方式显示、更新和分析数据。查询允许用户根据查询条件提取表中的字段和记录数据。因此，可以把查询看作一种动态的临时表。

4.1 查询概述

在 Access 中，查询可以对一个数据库中的一个或者多个表中的数据进行查找、统计、排序和计算等。

表和查询都可以作为查询、窗体和报表的数据源。在建立查询之前，通常表与表之间需要建立相应的关联关系。

4.1.1 查询的类型

Access 提供了选择查询、交叉表查询、参数查询、操作查询和 SQL 查询等多种查询方式。不同查询方式的应用目标不同，其操作方式和操作结果也不尽相同。

(1)选择查询：根据指定的条件，从一个或多个数据源中获取数据并显示结果。可以通过选择查询来更改相关表中的记录；可以对记录进行分组，并进行总计、计数、平均及相关计算。选择查询是最常用的查询类型。

例如：查找 1992 年参加工作的男教师，统计各类职称的教师人数等。

(2)交叉表查询：利用行列交叉的方式，对表(查询)中的数据进行计算和重构。即对字段进行分类汇总，汇总结果显示在行与列交叉的单元格中，并把分组数据一组列在表的左侧，一组列在表的上部。可以使用紧凑的表格，显示来源于表中指定字段的和、平均、最大、最小和计算等统计数据。交叉表查询可以简化数据分析。

例如：统计每个专业男女生的人数。把“专业”作为交叉表的行标题，“性别”作为交叉表的列标题，统计的人数显示在交叉表行与列交叉的单元格中。

(3)参数查询：通过用户交互输入的参数，查找相应数据的查询。在执行查询时，通过弹出的对话框，提示用户输入相关参数信息，然后按照参数信息进行查询。参数查询可以进行窗体和报表的动态控制。不难看出,参数查询可以提高查询的灵活性。

例如:设计参数查询,用对话框提示用户输入两个日期,然后查询日期之间的记录。通过参数查询创建月盈利报表,打印报表时,通过提示对话框输入月份,打印相应的报表。通过参数查询建立学生成绩窗体,在运行窗体时,通过对话框提示输入课程名称,然后根据输入的课程执行窗体,并显示(编辑)相应课程的信息。

(4)操作查询:可以进行记录编辑的查询。常用的操作查询包括生成表查询、追加查询、更新查询和删除查询等。

生成表查询:利用一个或多个表中的全部或部分数据建立新表。

例如:利用选课成绩在 96 分以上的记录,建立一个新表。

追加查询:将一个或多个表中的若干记录添加到另一个表的尾部。

例如:查询若干新客户信息表的数据,把有关新客户的数据添加到原有客户表中。

更新查询:对一个或多个表中的若干记录进行批量修改。

例如:给某类雇员增加 10%的工资。使用更新查询,可以更改表中已有的数据。

删除查询:从一个或多个表中删除若干记录。删除整个记录而不是记录的若干字段。

例如:使用删除查询,删除没有订单的产品。

(5)SQL 查询:使用 SQL 语句创建的查询。常用的 SQL 查询包括 Select 标准查询、Union 联合查询、传递查询、数据定义查询和子查询。

Select 标准查询:利用 Access SQL 的 Select 语句,从一个或多个表(查询)中,按照指定的条件,查询满足条件的记录的指定字段的信息,即“Select … From … Where …”。

Union 联合查询:把多个“同类”查询结果进行并集操作。

传递查询:直接将命令发送给 ODBC 数据库服务器,服务器接收并执行查询。

数据定义查询:创建或修改数据库的对象。例如,表和索引。

子查询:包含另一个查询的查询。

SQL 查询的详细内容,请参阅第 8 章。

对表的查询操作,通常需要通过创建查询、编辑查询和运行查询 3 个步骤来完成。

4.1.2 创建查询

创建查询可以使用“查询向导”、查询的“设计视图”和“SQL 视图”等方法。

4.1.2.1 使用“查询向导”创建查询

通过 Access 提供的多种“向导”功能,可以方便、快捷地创建简单的查询对象。具体包括简单查询、交叉表查询、查找重复项查询和查找不匹配项查询 4 种向导。

启动查询向导的方法:打开数据库,单击“创建”选项卡,单击“查询”组中的“查询向导”按钮,则弹出的界面如图 4.1 所示。

第一,简单查询向导。

使用简单查询向导,不但可以根据单个表创建查询,还可以根据多个表创建查询。

【例 4.1】在“学籍”数据库中,查询男女学生的高考平均成绩。操作如下:

(1)打开“学籍”数据库:在“文件”选项卡上,单击“打开”按钮;在“打开”对话框中,通过浏览找到要打开的“学籍.accdb”,单击“打开”按钮。

(2)在“导航窗格”中,展开“表”对象,选中“学生”表。

(3)单击“创建”选项卡,单击“查询”组中的“查询向导”按钮,则弹出的界面如图4.1所示。

图4.1　新建查询

(4)在图4.1中,选中“简单查询向导”,单击“确定”按钮,则弹出的界面如图4.2所示。

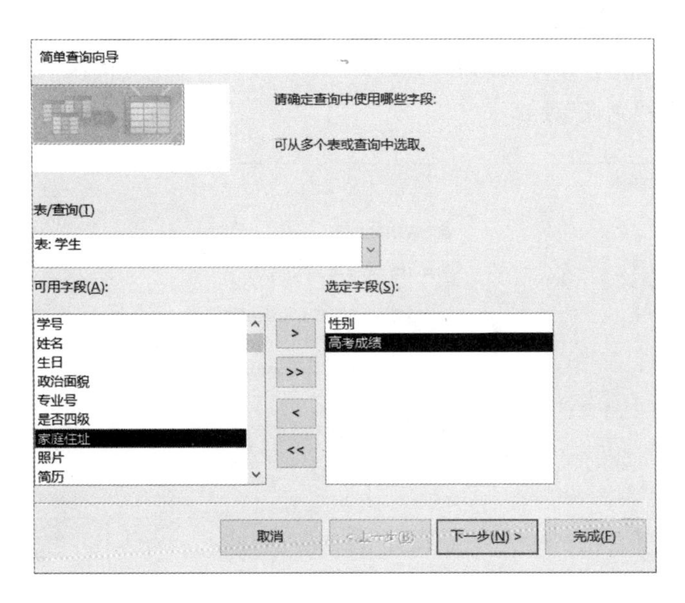

图4.2　简单查询向导之一

(5)把“可用字段:”下方列表框中的性别和高考成绩,移到“选定字段:”下方的列表框中,单击“下一步”按钮,则弹出的界面如图4.3所示。

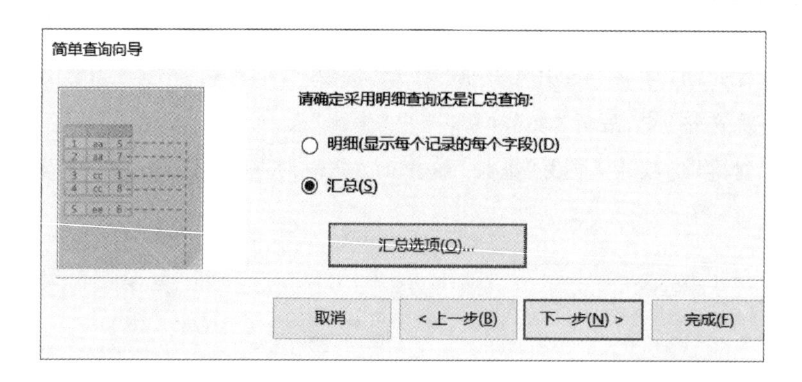

图 4.3 简单查询向导之二

(6)选中“汇总”,单击“汇总选项”按钮,则弹出的界面如图 4.4 所示。若无须汇总,可跳过该步。

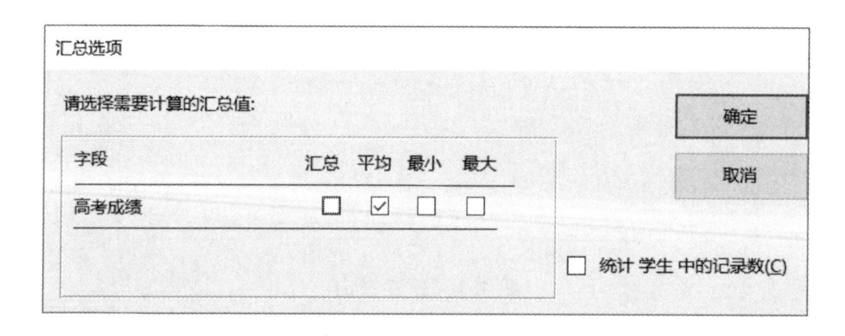

图 4.4 汇总选项

(7)勾选“平均”,单击“确定”按钮,返回图 4.3,再单击“下一步”按钮。

(8)在图 4.5 中,在“请为查询指定标题:”下方的文本框中,输入“例 4-1 男女学生高考平均成绩”,单击“完成”按钮。

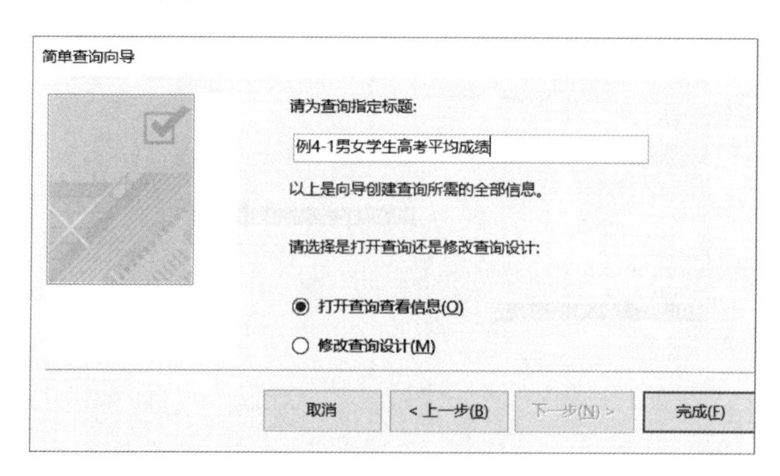

图 4.5 简单查询向导之三

【例 4.2】在“学籍”数据库中,查询每门课程的期末平均成绩,显示字段是课程名及其期末平均成绩。操作如下:

(1)打开“学籍”数据库:在“文件”选项卡上,单击“打开”按钮;在“打开”对话框中,通过浏览找到要打开的“学籍.accdb”表,单击“打开”按钮。

(2)在“导航窗格”中,展开“表”对象,选中“课程”表。

(3)单击“创建”选项卡,单击“查询”组中的“查询向导”按钮,弹出的界面如图 4.1 所示。

(4)在图 4.1 中,选中“简单查询向导”,单击“确定”按钮,则弹出的界面如图 4.6 所示。

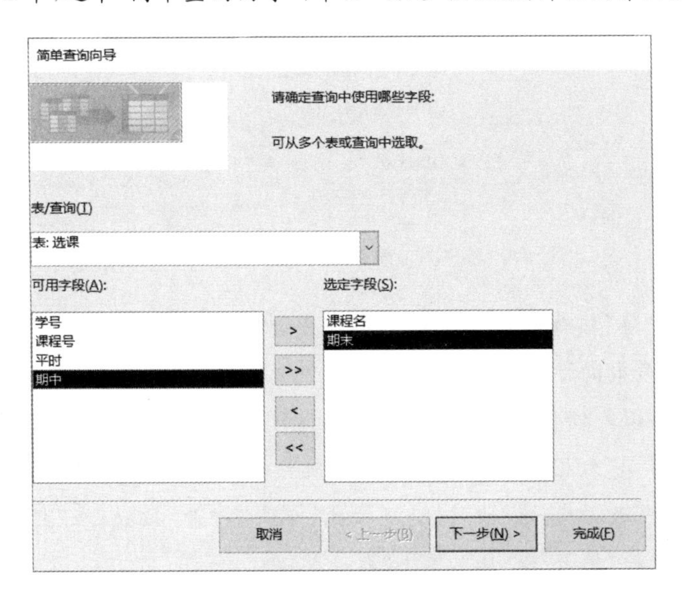

图 4.6　简单查询向导之一

(5)在“表/查询”下方的下拉列表中,选中“课程”,把“可用字段:”下方列表框中的“课程名”,移到“选定字段:”下方的列表框中;在“表/查询”下方的下拉列表中,选中“选课”,把“可用字段”下方列表框中的“期末”,移到“选定字段”下方的列表框中;单击“下一步”按钮,则弹出的界面如图 4.3 所示。

(6)选中“汇总”,单击“汇总选项”按钮,则弹出的对话框如图 4.7 所示。若无须汇总,可跳过该步。

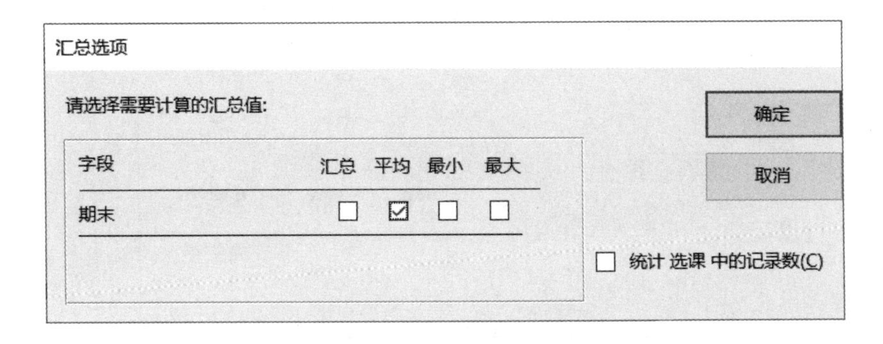

图 4.7　汇总选项

(7)勾选“平均”,单击“确定”按钮,返回图 4.3,再单击“下一步”按钮。

(8)在图 4.8 中,在"请为查询指定标题"下方的文本框中,输入"例 4-2 每门课程的平均成绩",单击"完成"按钮。

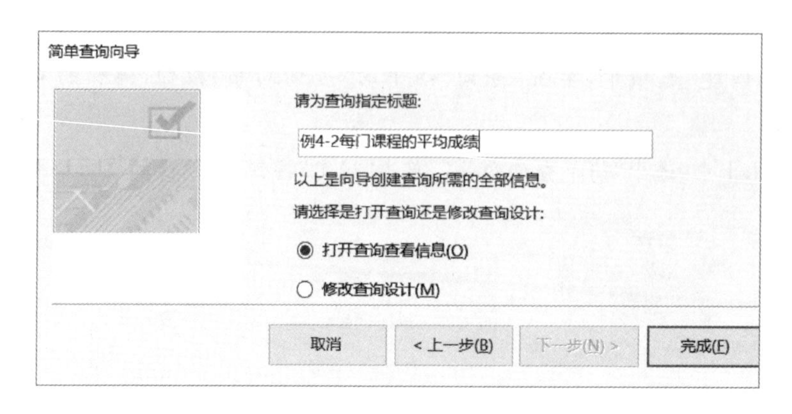

图 4.8　简单查询向导之二

▲思考:在"学籍"数据库中,查询学生的学号、姓名、性别和高考成绩。

第二,交叉表查询向导。

交叉表查询可以行列交叉表的形式显示出计算和重构的数值,方便数据分析。

【例 4.3】在"学籍"数据库中,按专业号交叉统计每个专业的男女学生人数。操作如下:

(1)打开"学籍"数据库:在"文件"选项卡上,单击"打开"按钮;在"打开"对话框中,通过浏览找到要打开的"学籍.accdb",单击"打开"按钮。

(2)在"导航窗格"中,展开"表"对象,选中"学生"表。

(3)单击"创建"选项卡,单击"查询"组中的"查询向导"按钮,则弹出的界面如图 4.1 所示。

(4)在图 4.1 中,选中"交叉表查询向导",单击"确定"按钮,则弹出的界面如图 4.9 所示。

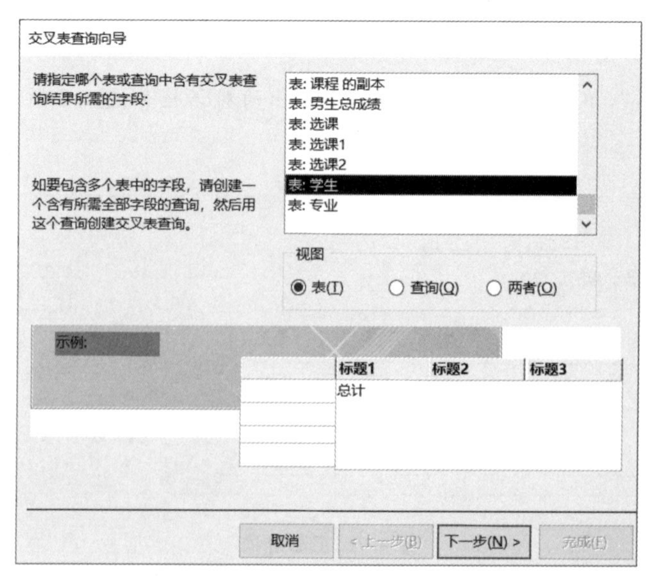

图 4.9　交叉表查询向导之一

(5)在上方的列表框中选中“学生”，单击“下一步”按钮，则弹出的界面如图 4.10 所示。

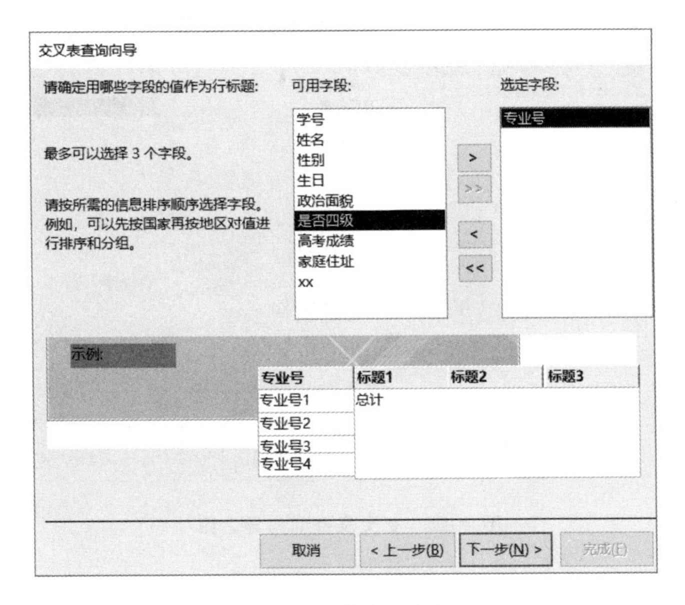

图 4.10　交叉表查询向导之二

(6)把“可用字段:”下方列表框中的“专业号”，移到“选定字段:”下方的列表框中，单击“下一步”按钮，则弹出的对话框如图 4.11 所示。

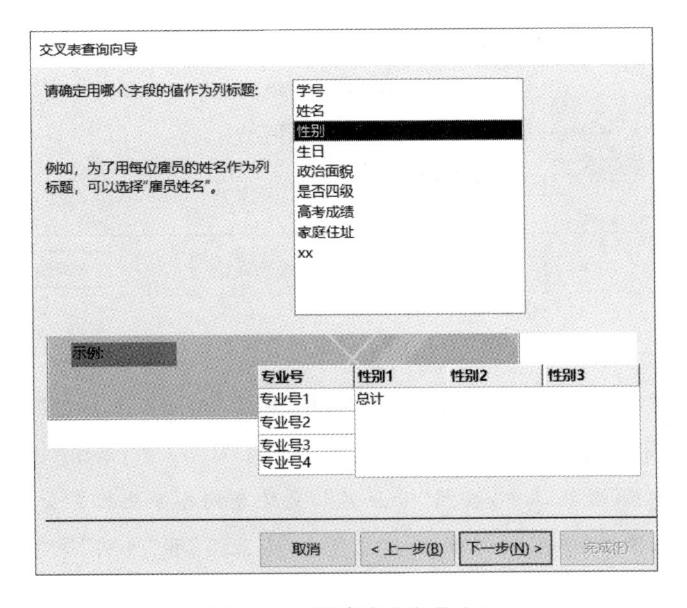

图 4.11　交叉表查询向导之三

(7)在上方的列表框中选中“性别”，单击“下一步”按钮，弹出的对话框如图 4.12 所示。

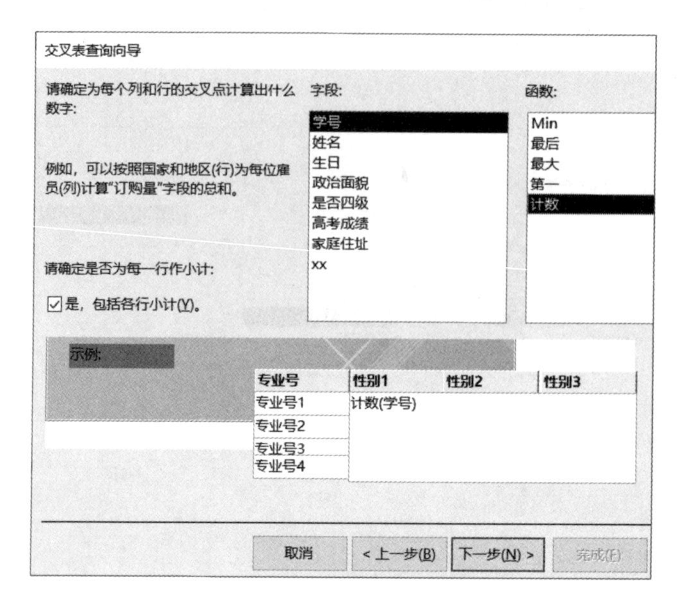

图 4.12　交叉表查询向导之四

(8)在“字段:”下方列表框中选中“学号”，在“函数:”下方列表框中，选中“计数”，单击“下一步”按钮，弹出的对话框如图 4.13 所示。

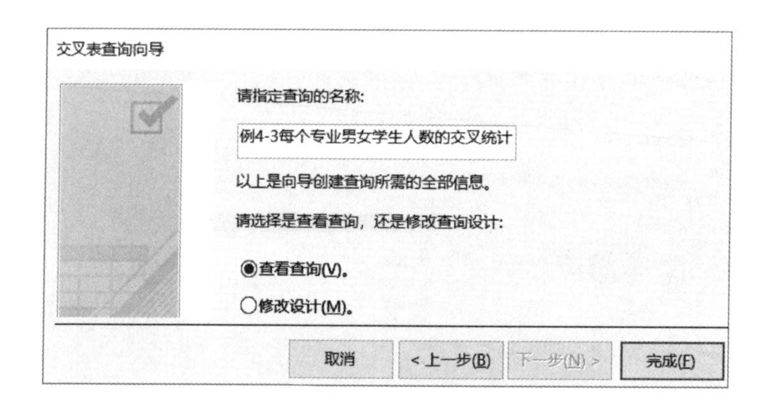

图 4.13　交叉表查询向导之五

(9)在“请指定查询的名称:”下方的文本框中，输入“例 4-3 每个专业男女学生人数的交叉统计”，单击“完成”按钮。

▲思考:在“学籍”数据库中，按照“专业名”，交叉查询各专业的男女生人数。

▲提示:首先，根据“学生”和“专业”建立包含“专业名”和“性别”等字段的查询;其次，再对查询进行交叉查询。

▲技巧:如果交叉表查询涉及多张表，则首先根据多张表，基于交叉查询所涉及的字段，建立一个查询(即所建查询中，包含交叉表查询所涉及的所有字段);其次，再对所建查询进行交叉查询。

第三，查找重复项查询向导。

其帮助用户在表中，查找具有一个或多个字段内容相同的记录。因此，可以用其来确定表中是否存在重复记录。

【例 4.4】在“学籍”数据库的“学生”表中，添加记录“学号：11090909，姓名：张三，性别：女，……”；在“学生”表中，查询姓名和性别均相同的学生。操作如下：

(1)打开“学籍”数据库：在“文件”选项卡上，单击“打开”按钮；在“打开”对话框中，通过浏览找到要打开的“学籍.accdb”，单击“打开”按钮。

(2)在“导航窗格”中，展开“表”对象，选中“学生”表，并添加一条记录。

(3)单击“创建”选项卡，单击“查询”组中的“查询向导”按钮，则弹出的对话框如图4.1所示。

(4)选中“查找重复项查询向导”，单击“确定”按钮，则弹出的对话框如图4.14所示。

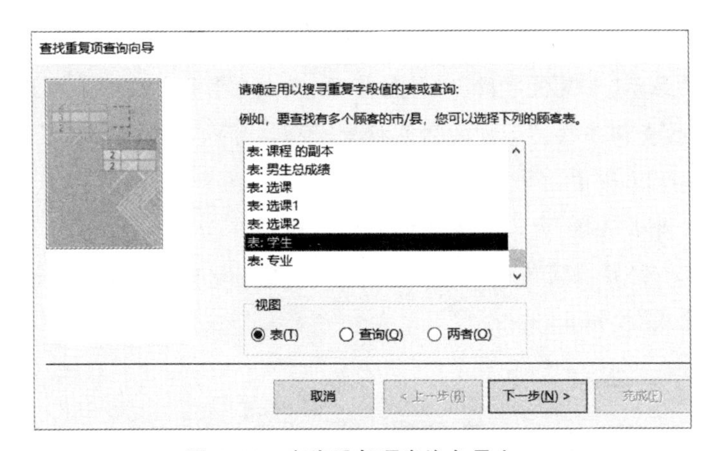

图 4.14　查找重复项查询向导之一

(5)选中“学生”，单击“下一步”按钮，则弹出的对话框如图4.15所示。

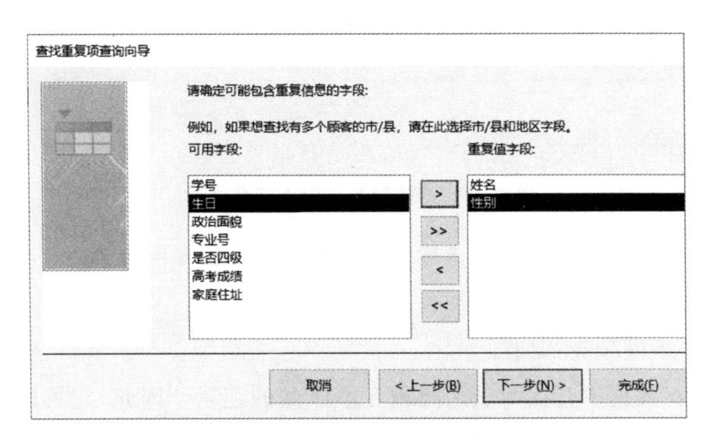

图 4.15　查找重复项查询向导之二

(6)把“可用字段:”下方列表框中的“姓名”和“性别”，移到“重复值字段:”下方的列表框中，单击“下一步”按钮，则弹出的对话框如图4.16所示。

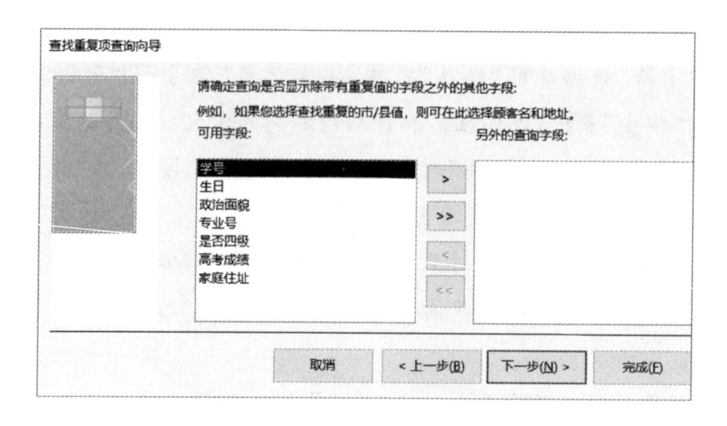

图 4.16　查找重复项查询向导之三

(7)如果需要显示“重复值字段”以外的字段，则把“可用字段:”下方列表框中的相应字段，移到“另外的查询字段:”下方的列表框中；否则，可以不选；单击“下一步”按钮，则弹出的对话框如图 4.17 所示。

▲注意:此处是否选择，会影响查询的显示结果。

(8)在图 4.17 的“请指定查询的名称:”下方的文本框中，输入“例 4-4 同名同性别重复查询”，单击“完成”按钮。

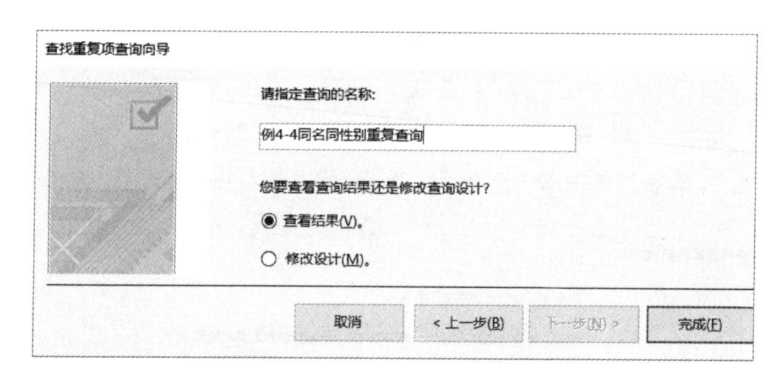

图 4.17　查找重复项查询向导之四

▲思考:在“例 4.4”中，要求显示学号、姓名、性别、生日和专业号，该如何实现。同时，与“例 4.4”进行对比分析。

第四，查找不匹配项查询向导。

其帮助用户在数据中查找两表之间相互不匹配的记录。因此，它可以用来确定当前表中存在的记录，而在与其关联的表中不存在与之匹配的记录。

【例 4.5】在“学籍”数据库中，查找没有选课的学生(即在“学生”表中存在的学号，在“选课”表中不存在)。操作如下:

(1)打开“学籍”数据库:在“文件”选项卡上，单击“打开”按钮；在“打开”对话框中，通过浏览找到要打开的“学籍.accdb”，单击“打开”按钮。

(2)在“导航窗格”中，展开“表”对象，选中“学生”表。

(3)单击“创建”选项卡，单击“查询”组中的“查询向导”按钮，则弹出的对话框如图

4.1 所示。

(4)选中“查找不匹配项查询向导”,单击“确定”按钮,则弹出的对话框如图 4.18 所示。

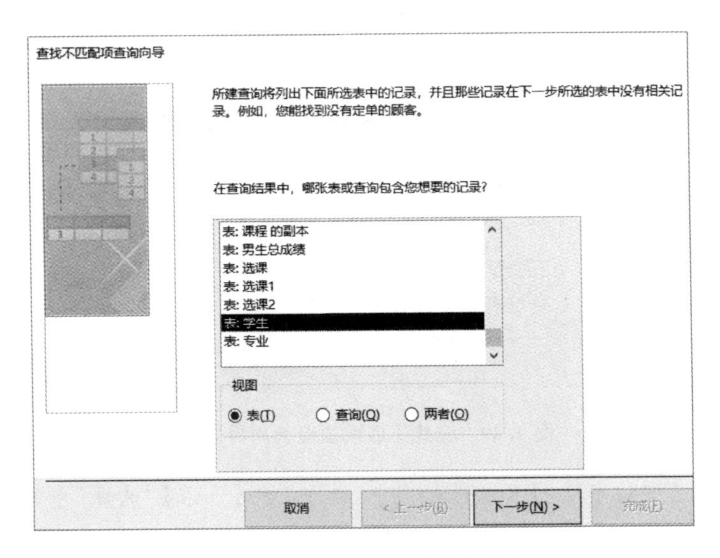

图 4.18　查找不匹配项查询向导之一

(5)选中“表:学生”,单击“下一步”按钮,则弹出的对话框如图 4.19 所示。

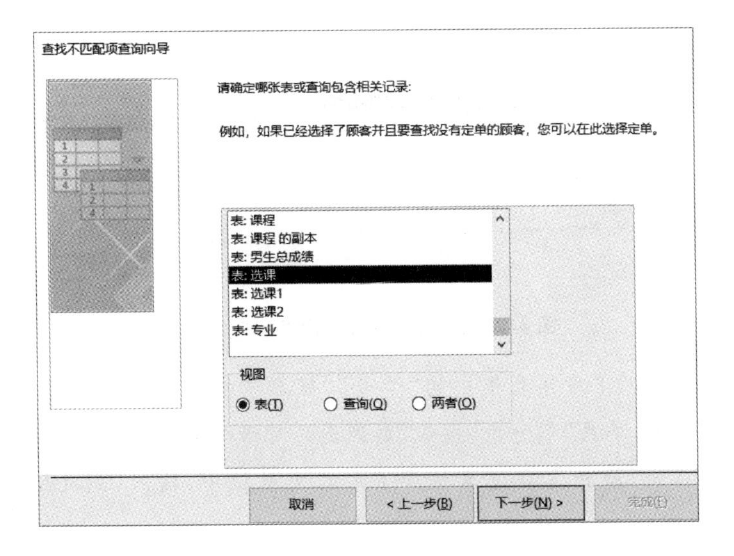

图 4.19　查找不匹配项查询向导之二

(6)选中“表:选课”,单击“下一步”按钮,则弹出的对话框如图 4.20 所示。

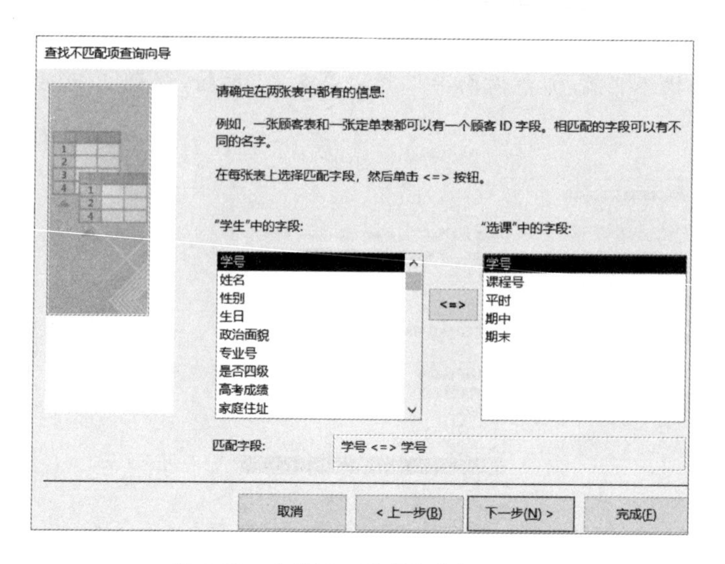

图 4.20　查找不匹配项查询向导之三

(7)在【“学生”中的字段:】下方列表框中，选中“学号”，在【“选课”中的字段:】下方列表框中，选中“学号”，单击“下一步”按钮，则弹出的对话框如图 4.21 所示。

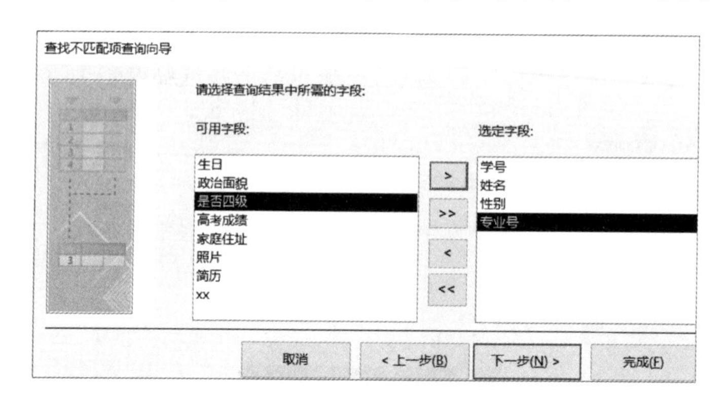

图 4.21　查找不匹配项查询向导之四

(8)把“可用字段:”下方列表框中的“学号”“姓名”“性别”和“专业号”，移到“选定字段:”下方的列表框中，单击“下一步”按钮，则弹出的对话框如图 4.22 所示。

(9)在图 4.22 的“请指定查询名称:”下方的文本框中，输入“例 4-5 没有选课的学生”，单击“完成”按钮。

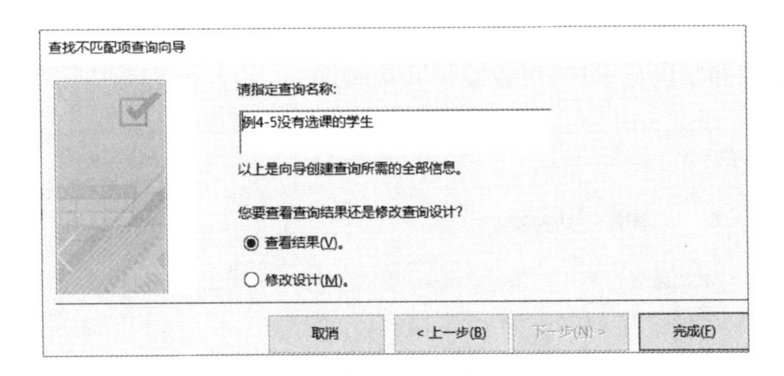

图 4.22　查找不匹配项查询向导之五

4.1.2.2　使用“设计视图”创建查询

尽管使用“查询向导”可以方便、快捷地创建简单的查询，但是对于复杂的多表查询，则需要使用功能强大的“设计视图”。“设计视图”既可以创建复杂查询，也可以编辑查询。

启动查询的“设计视图”的方法：打开数据库，单击“创建”选项卡，单击“查询”组中的“查询设计”按钮，如图 4.23 所示。

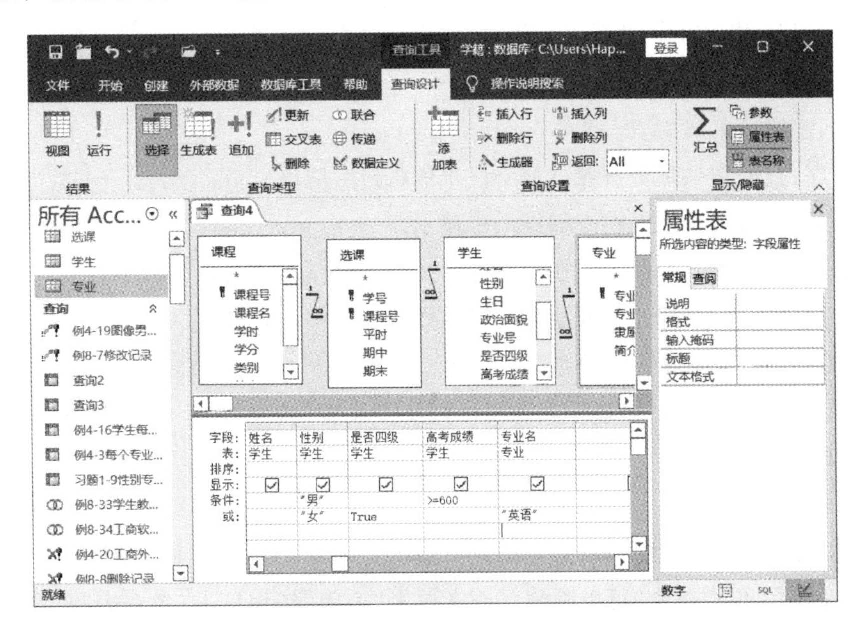

图 4.23　查询的“设计视图”

“设计视图”分为上下两个部分：上部分是表和字段显示区，用于放置表、显示表的字段及其之间的关系；下部分是设计网格，用于设计和设置查询参数。

第一，数据源(表/查询)的显示与隐藏。

(1)显示表：在“设计视图”环境下，单击“查询工具”的“设计”上下文命令选项卡，单击“查询设置”组中的“显示表”按钮，则弹出的对话框如图 4.24 所示，在列表框中，选中需要添加的表，单击“添加”按钮；或者在表和字段显示区，右击空白处，在弹出的快捷菜单中，指向并单击“显示表”。

▲提示:在表和字段显示区,可以编辑联接属性。

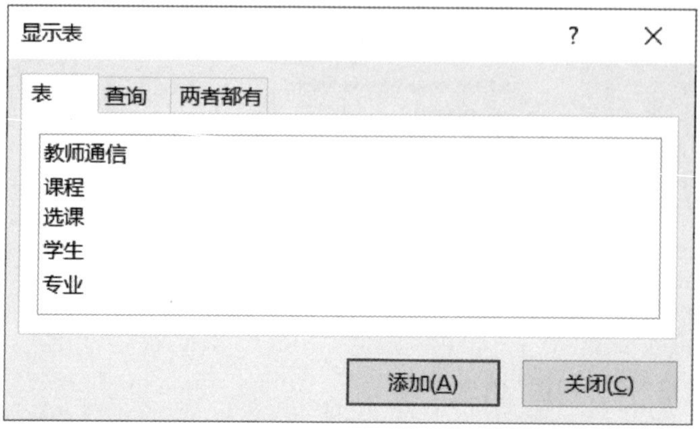

图 4.24　显示表

(2)隐藏表:在表和字段显示区,选中指定表,按下“Delete”键;或者右击指定表,在弹出的快捷菜单中,指向并单击“删除表”。

第二,“设计网格”的用法。

(1)字段:设置查询所使用的字段。

(2)表:字段所隶属的表。

(3)排序:查询结果是否按照当前字段排序(升序/降序)。

(4)显示:当前字段是否在查询结果中显示。

(5)条件:设置查询条件。写在同行上的多个条件是“与”关系。

(6)或:设置多个“或”的查询条件。写在异行上的多个条件是“或”关系。

查询的“属性表”的显示与隐藏:

查询本身相当于一个“虚表”,因此可以进一步设置“查询”的字段属性和“虚表”的表属性。操作方法如下:

在“设计视图”环境下,单击“查询工具”的“设计”上下文命令选项卡,单击“显示/隐藏”组中的“属性表”按钮,则弹出的对话框如图 4.23 所示。在“属性表”的“常规”标签中,设置相应的参数,再次单击“可以隐藏”(或者单击“关闭”按钮)。或者在表和字段显示区右击空白处,在弹出的快捷菜单中,指向并单击“属性表”。

第三,查询工具。

在“查询工具”的“设计”上下文命令选项卡中,如图 4.23 所示,提供了“结果”“查询类型”“查询设置”和“显示/隐藏”4 组编辑查询的工具按钮。

(1)“结果”组:

①“设计视图/数据表视图”按钮:切换查询的“设计视图”和“数据表视图”。

②“视图”下拉菜单:切换查询的“设计视图”“数据表视图”和“SQL 视图”。

③“运行”按钮:运行查询。

(2)"查询类型"组：

①"选择"按钮：建立"选择"查询。通过查询查找数据。

②"生成表"按钮：建立"生成表"查询。通过查询建立新表。

③"追加"按钮：建立"追加"查询。通过查询添加记录。

④"更新"按钮：建立"更新"查询。通过查询更新记录。

⑤"交叉表"按钮：建立"交叉表"查询。通过查询进行行列重组。

⑥"删除"按钮：建立"删除"查询。通过查询删除记录。

⑦"联合"按钮：建立"联合"查询。通过查询实现并集。

⑧"传递"按钮：建立"传递"查询。通过查询传递并执行相应命令。

⑨"数据定义"按钮：建立"数据定义"查询。通过查询建立表结构。

(3)"查询设置"组：

①"显示表"按钮：添加和删除查询的数据源(表/查询)。

②"插入行"按钮：在"设计网格"中，插入条件行。

③"删除行"按钮：在"设计网格"中，删除条件行。

④"插入列"按钮：在"设计网格"中，插入字段列。

⑤"删除列"按钮：在"设计网格"中，删除字段列。

⑥"生成器"按钮：生成查询的条件表达式。如图 4.25 所示，利用"表达式生成器"，不但可以方便、快捷地生成各种简单或者复杂的查询条件表达式，而且可以查看当前可以使用的常量、字段、函数和运算符(操作符)等。

例如，在图 4.25 中，编辑了"[学生]! [姓名]Like"李"And Len(学生)＜＝10"的查询条件。

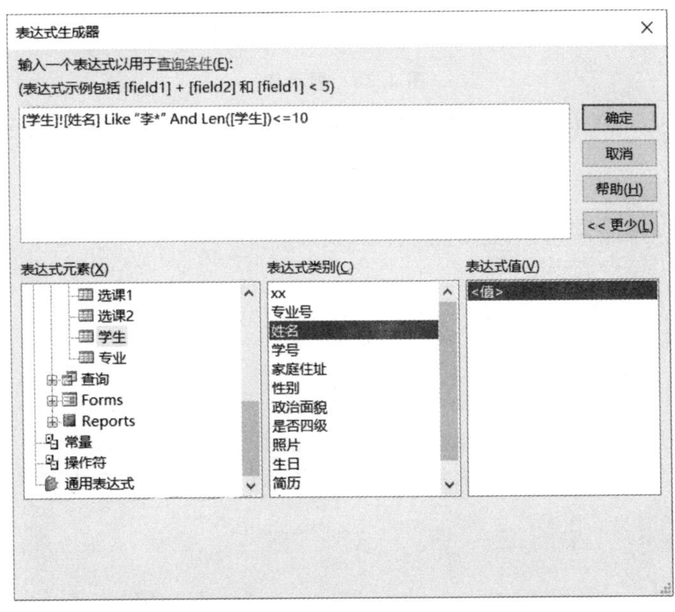

图 4.25　表达式生成器

⑦“返回”按钮:直接输入(或者从右侧下拉菜单中选择)查询结果显示的顶部记录的个数,即只返回前面指定个数的记录。例如,返回查询的前 6 个记录。

(4)“显示/隐藏”组:

①“汇总”按钮:显示或者隐藏“设计网格”中的“总计”行,进行计数、和值、均值、最大值和最小值等统计运算。

②“参数”按钮:设置“参数查询”中参数的顺序和类型等。

③“属性表”按钮:设置查询的字段属性和整个查询“虚表”的属性。

④“表名称”按钮:显示或者隐藏“设计网格”中的“表”行。

【例 4.6】在“学籍”数据库中,查找高考成绩大于等于 620 分的男生,或者通过英语四级考试的女生。操作如下:

(1)打开“学籍”数据库。

(2)单击“创建”选项卡,单击“查询”组中的“查询设计”按钮,则弹出的对话框如图 4.26 所示。

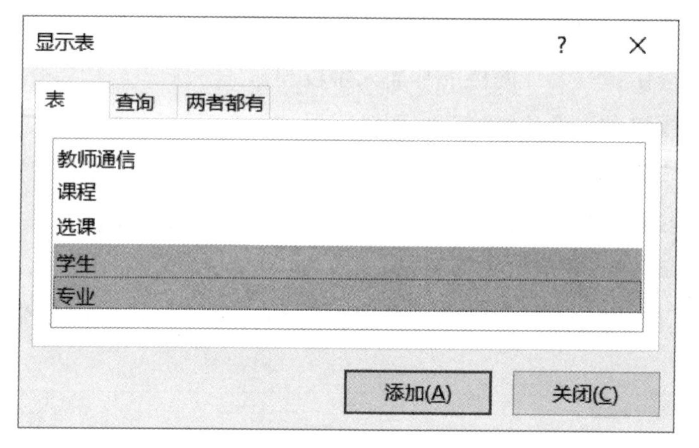

图 4.26 显示表

(3)选中“学生”和“专业”,单击“添加”按钮,再单击“关闭”按钮,则弹出的对话框如图 4.27 所示。

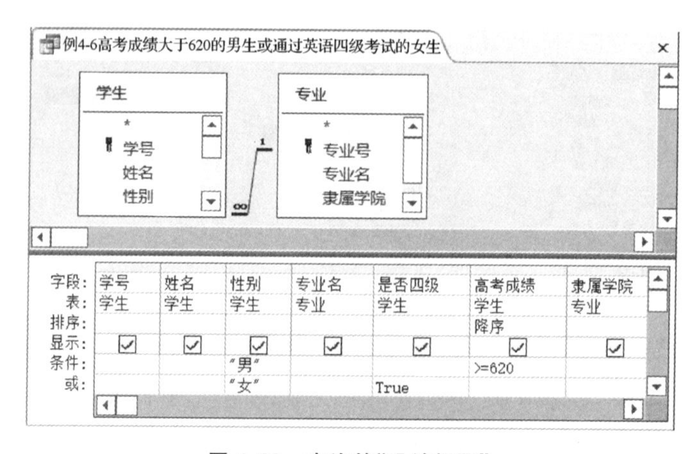

图 4.27 查询的“设计视图”

(4)在“设计网格”中，在“条件”行的“性别”和“高考成绩”下，依次输入“"男"”和“>=620”；在“或”行的“性别”和“是否四级”下，依次输入“"女"”和“True”。

(5)单击“快捷访问工具栏”中的“保存”按钮，在弹出的界面中输入查询的名称“例4-6高考成绩大于620的男生或通过英语四级考试的女生”。设计结果如图4.27所示。

(6)单击“查询工具”的“设计”上下文命令选项卡，再单击“结果”组中的“运行”按钮，查看运行结果。

▲思考：查询学生的全部信息，显示字段同“学生”表。

▲提示：“设计网格”的字段行，使用“学生.*”。

4.1.2.3　使用“SQL视图”创建查询

在“SQL视图”中，可以使用Access SQL语言(Structured Query Language，结构化查询语言)直接创建查询。Access SQL语言是国际标准SQL语言的子集。操作方法如下：

(1)在查询的“设计视图”环境下，单击“查询工具”的“设计”上下文命令选项卡，单击“结果”组中的“视图”下拉菜单，单击“SQL视图”；或者在表和字段显示区，右击空白处，在弹出的快捷菜单中，指向并单击“SQL视图”。

(2)在“SQL视图”中，输入Access的SQL语句。

【例4.7】在“学籍”数据库中，查找所有学生的选课及其成绩信息，显示字段为姓名、课程名和期末3个字段。操作如下：

(1)打开“学籍”数据库。

(2)单击“创建”选项卡，单击“查询”组中的“查询设计”按钮，则弹出的对话框如图4.26所示，再单击“关闭”按钮。

(3)单击“查询工具”的“设计”上下文命令选项卡，单击“结果”组中的“视图”下拉菜单，单击“SQL视图”，则弹出的对话框如图4.28所示。

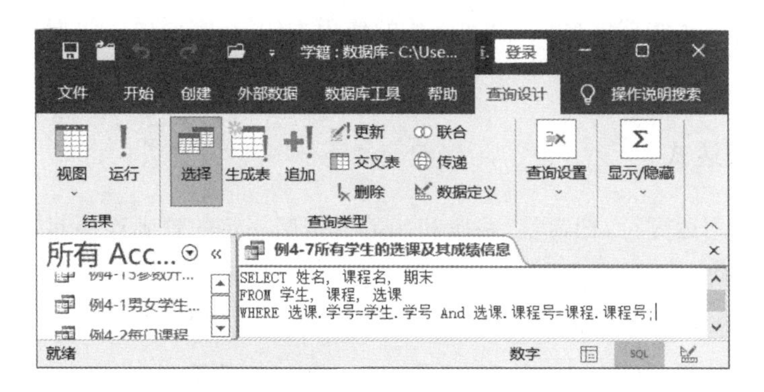

图4.28　SQL视图

(4)在“SQL视图”中，输入：

```
SELECT 姓名，课程名，期末
    FROM 学生，课程，选课
    WHERE 选课.学号=学生.学号 And 选课.课程号=课程.课程号
```

(5)单击“快捷访问工具栏”中的“保存”按钮,在弹出的界面中输入查询的名称“例 4-7 所有学生的选课及其成绩信息”。

4.1.3 编辑查询和运行查询

如果需要修改已经存在的查询,则可以继续通过“设计视图”进行进一步的编辑。操作方法如下:

方法 1:打开指定数据库;在“导航窗格”中,展开“查询”对象,右击指定的查询,在弹出的快捷菜单中,指向并单击“设计视图”;在查询的“设计视图”中,对查询进行编辑。

方法 2:在查询的“数据表视图”下,单击“开始”选项卡,在“视图”组中,单击“设计视图”按钮;在查询的“设计视图”中,对查询进行编辑。

对于建立(或者修改)好的查询,可以通过运行查询来查看查询结果。操作方法如下:

方法 1:打开指定数据库;在“导航窗格”中,展开“查询”对象,双击指定的查询。

方法 2:在“导航窗格”中,展开“查询”对象,右击指定的查询,在弹出的快捷菜单中,指向并单击“打开”。

方法 3:在查询的“设计视图”下,单击“查询工具”的“设计”上下文命令选项卡,在“结果”组中,单击“运行”按钮。

▲思考:修改“例 4.1”和“例 4.2”,依次把“高考成绩之平均值”和“期末之平均值”改为“高考平均成绩”和“期末平均成绩”(使用两种方法),并运行查询。

4.2 查询条件

在设计查询的过程中,不难看出,建立查询的重点和难点是查询条件的表达式的书写规则。这不仅要熟练掌握常量、字段和函数的使用方法,还需要熟练掌握运算符及其使用方法。

4.2.1 表达式

表达式是使用运算符,把常量、字段和函数等按照一定的规则连接起来的有意义的任意组合。表达式可以直接输入,也可以使用如图 4.25 所示的“表达式生成器”生成。

常用的运算符包括算术运算符、关系运算符和逻辑运算符。

算术运算符包括、加(+)、减(-)、乘(*)、除(/)、整除(\)、乘方(^)、文本串连接(&)、圆括号(())、方括号([])、圆点(.)和求余(Mod)。

例如:Mod(11,3)+8/(2^4-11);"浙江"+"大学";"浙江" & "大学"。

关系运算符包括等于(=)、不等于(<>)、大于(>)、大于等于(>=)、小于(<)、小于等于(<=)、在 A 和 B 之间(含端点)(Between A And B;>=A And <=B)、在 A、B、C 之中(In(A,B,C))、模糊匹配(Like)、空值(Is Null)和非空(Is Not Null)。

例如：1＋2＜＝3＋4；5＋6＜＞16。

例如：Like "A? [A－F]#[! 0－9]H * "的匹配文本串为 AnE9mHe6hpy；Like "李* "。

逻辑运算符包括非(Not)、与(And)、或(Or)和异或(Xor)。

例如：((1＋2)＜＝(3＋4)) And (6＜9) Or Not(5＋6＞＝16)。

▲技巧：在“表达式生成器”中，对于“表达式元素”中的“内置函数”“常量”和“操作符”等，可以快速学习和掌握其使用方法。

4.2.2　常量和字段

常量和字段是表达式的常用基本组成部分。

4.2.2.1　常量

常量是指在操作过程中，始终不会发生变化的数据。常量包括短文本常量、数值型常量、逻辑型常量和日期/时间常量。

(1)短文本常量：用定界符括起来的任意一串字符。可以使用的定界符包括单引号和双引号。如果某种定界符本身是字符型常量的组成部分，则必须选择另一种定界符。定界符必须配对使用。

▲提示：文本串中，英文字母的大小写默认没有区分，但是可以使用函数 Strcomp，使其有区分。

例如：" Access 2019 ""信息系[2009]"" 2009/6/26 "" I'm a girl. """(即空串)"　"(即空格串)"和" PC 64－Bits "。

(2)数值型常量：由数字、小数点和正负号组成的可以进行算术运算的整数、单精度实数和双精度实数。

例如：16，－16.66。

(3)逻辑型常量：表示逻辑判断结果的数据，只有真和假两种结果。

常用的逻辑型常量包括 True 和 False、Yes 和 No、On 和 Off。

(4)日期/时间常量：使用#号括起来的日期/时间格式的字符串。

例如：#2012-6-6#，#16:16:16#，#2012-6-6 16:16:16#。

4.2.2.2　字段

字段是在创建表结构时，所定义的数据项。字段的引用格式是给字段加上中括号。如果字段是多个表的公共字段，则需要给出字段与表的隶属关系，这时表名则需要加上中括号，且用感叹号或者圆点连接。即[字段]；[表]! [字段]；[表].[字段]。

例如：[姓名]；[学生]! [学号]；[学生].[学号]；[选课].[学号]。

例如：0.1*[平时]＋0.2*[期中]＋0.7*[选课].[期末]。

4.2.3　函数

函数是用于实现指定功能的程序模块。因此，在数据处理过程中，熟练掌握函数的使用方法可以大大提高数据处理的效率。Access 提供了丰富的内部函数。

函数格式由函数名、圆括号和参数组成,即函数名([形参 1,…,形参 n])。

▲提示:掌握函数用法的四要素——函数名、功能、参数和返回值。必须牢记函数名和功能,熟练掌握形参(形式参数)的个数、类型和顺序,理解并记住函数的返回值及其类型。

调用方法:函数名([实参 1,…,实参 n])。

▲提示:实参(实际参数)是常量、变量、函数或者表达式,且必须有确定的值。在把实参传给相应的形参时,实参与形参的个数要相等,顺序要一致,数据类型也要一致。

常用函数类型包括数值型函数、文本函数和日期/时间函数。

4.2.3.1 数值型函数

(1)绝对值函数:返回数字表达式的绝对值。用法:Abs(数值表达式)。

例如:Abs(12.6)=12.6;Abs(-12.6)=12.6

(2)取整函数:返回数字表达式的整数部分。用法:Fix(数值表达式)。

例如:Fix(12.6)=12;Int(-12.6)=-12。

(3)向下取整函数:返回小于等于数字表达式的最大整数。用法:Int(数值表达式)。

例如:Int(12.6)=12;Int(-12.6)=-13。

(4)符号函数:返回数字表达式的符号值。当表达式的值分别为正、负和零时,则返回数字分别为 1,-1 和 0。用法:Sgn(数值表达式)。

例如:Sgn(-12.6)=-1;Sgn(12.6)=1;Sgn(0)=0。

(5)四舍五入函数:返回按指定小数位取整的数字。用法:Round(数值表达式,[小数位数])。

例如:Round(-123.567)=-124;Round(123.567,1)=123.6。

(6)平方根函数:返回数字表达式的算数平方根。用法:Sqr(数值表达式)。

例如:Sqr(5)=2.236;Sqr(9)=3。

(7)平均值函数:返回指定字段的一组值的算数平均值。用法:Avg(字段)。

例如:Avg(0.1*[平时]+0.3*[期中]+0.6*[期末])。

(8)求和函数:返回指定字段的一组值的和值。用法:Sum(字段)。

(9)最大值函数:返回指定字段的一组值的最大值。用法:Max(字段)。

(10)最小值函数:返回指定字段的一组值的最小值。用法:Min(字段)。

例如:Sum([工资]);Max([工资]);Min([工资])。

(11)计数函数:计算查询返回的记录个数。用法:Count(字段)。

例如:Count([学号])。

4.2.3.2 文本函数

(1)空格函数:返回指定个数的空格串。用法:Space(数值表达式)。

例如:"浙江大学"+Space(2)+"信息学院"。

(2)左边取子串函数:从文本串的左边取出指定个数的子字符串。用法:Left(文本表达式,数值表达式)。

例如:Left("计算机等级考试",3)="计算机"。

(3)右边取子串函数:从文本串的右边取出指定个数的子字符串。用法:Right(文本表达式,数值表达式)。

例如:Right("计算机等级考试",4)="等级考试"。

(4)中间取子串函数:从文本串的中间指定位置,取出指定个数的子字符串。用法:Mid(文本表达式,数值表达式 1,数值表达式 2)。

例如:Mid("计算机等级考试",4,2)="等级"。

(5)文本串长度函数:返回文本串的字符个数。用法:Len(文本表达式)。

例如:Len("计算机等级考试")=7。

(6)删除前置空格函数:删除文本串前面的空格。用法:Ltrim(文本表达式)。

例如:Ltrim(Space(6)+"计算机等级考试")="计算机等级考试"。

(7)删除后置空格函数:删除文本串后面的空格。用法:Rtrim(文本表达式)。

例如:Rtrim("计算机等级考试"+ Space(6))="计算机等级考试"。

(8)删除前后空格函数:删除文本串前面和后边的空格。用法:Trim(文本表达式)。

例如:Trim(Space(6) +"计算机等级考试"+Space(6))="计算机等级考试"。

4.2.3.3 日期/时间函数

(1)系统日期/时间函数:返回系统的当前日期/时间。用法:Now()。

(2)系统日期函数:返回系统的当前日期。用法:Date()。

(3)系统时间函数:返回系统的当前时间。用法:Time()。

(4)年函数:返回日期的年份。用法:Year(日期时间表达式)。

(5)月函数:返回日期的月份。用法:Month(日期时间表达式)。

(6)日函数:返回日期是哪天。用法:Day(日期时间表达式)。

(7)星期函数:返回日期是星期几。用法:Weekday(日期时间表达式)。

▲提示:返回值 1,2,…,7 分别代表星期日,星期一,……,星期六。

(8)星期名称函数:返回星期的名称。用法:Weekdayname(星期)。

例如:Weekdayname(1)="一星期日一"。

(9)时函数:返回时间的时。用法:Hour(日期时间表达式)。

(10)分函数:返回时间的分。用法:Minute(日期时间表达式)。

(11)秒函数:返回时间的秒。用法:Second(日期时间表达式)。

例如:Year([生日])=1990 And Month([生日])=12;<Date()-26。

4.3 选择查询

选择查询是最常用的查询方式,不但可以进行多条件的组合查询,而且可以进行用户定义查询,同时还可以进行“和值”和“均值”的统计查询,必要时,还可以对结果进行排序。

4.3.1 组合条件查询

组合查询可以对单表或者多表进行单条件或者多条件的简单或者复杂的组合查询。

【例 4.8】在“学籍”数据库中,查找高考成绩不低于 630 分的统计专业,或者通过四级考试的英语专业的学生的姓名、性别、生日、专业名、是否四级和高考成绩。查询的名称为“例 4-8 统计 630 外语四级”。操作如下:

(1)打开“学籍”数据库。

(2)打开查询的“设计视图”,添加“学生”表和“专业”表。查询的“设计网格”如图 4.29 所示。

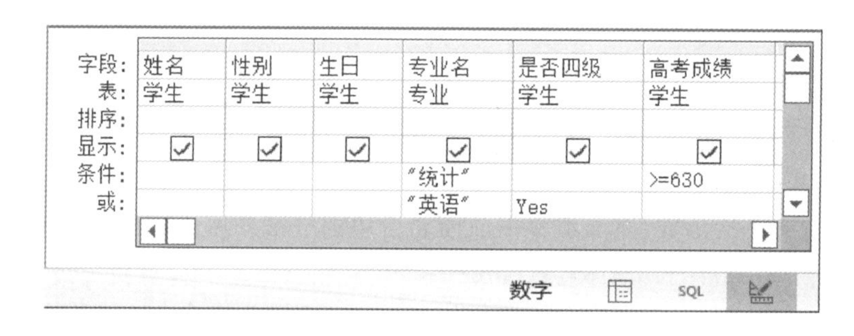

字段:	姓名	性别	生日	专业名	是否四级	高考成绩
表:	学生	学生	学生	专业	学生	学生
排序:						
显示:	☑	☑	☑	☑	☑	☑
条件:				"统计"		>=630
或:				"英语"	Yes	

图 4.29 统计 630 外语四级的“设计网格”

(3)把查询结果保存为“例 4-8 统计 630 外语四级”。

【例 4.9】在“学籍”数据库中,查找期中和期末均在 90(含 90)分以上的数学学院的学生的学号、姓名、课程名、隶属学院、期中和期末成绩,或者期中和期末至少有一门不及格的信息学院的学生的学号、姓名、课程名、隶属学院、期中和期末成绩。查询的名称为“例 4-9 数学 90 信息 60”。操作如下:

(1)打开“学籍”数据库。

(2)打开查询的“设计视图”,添加“学生”表、“课程”表、“选课”表和“专业”表。查询的“设计网格”如图 4.30 所示。

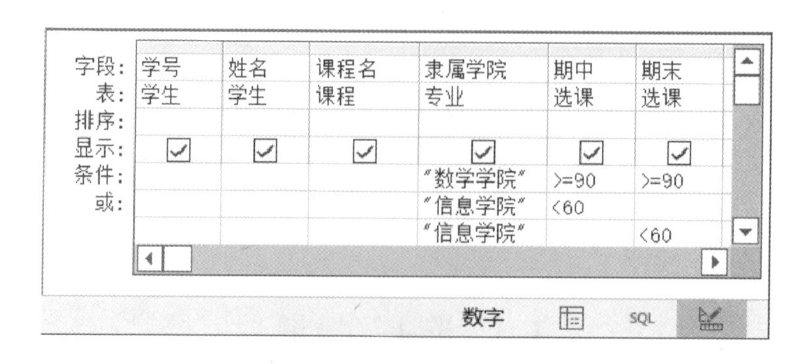

字段:	学号	姓名	课程名	隶属学院	期中	期末
表:	学生	学生	课程	专业	选课	选课
排序:						
显示:	☑	☑	☑	☑	☑	☑
条件:				"数学学院"	>=90	>=90
或:				"信息学院"	<60	
				"信息学院"		<60

图 4.30 数学 90 信息 60

(3)把查询结果保存为“例 4-9 数学 90 信息 60”。

4.3.2 用户定义查询

用户定义查询是指用户可以根据实际需要，使用一个或者多个字段，利用表达式定义一个新的字段列。

【例 4.10】在“学籍”数据库中，查找学生的详细信息，具体包括“学号”“姓名”“性别”“生日”“政治面貌”“是否四级”“高考成绩”“专业名”“隶属学院”“课程名”“学时”“学分”“平时”“期中”“期末”和“总成绩”等，其中“总成绩”的计算比例是平时成绩占 10%、期中成绩占 30%、期末成绩占 60%。查询的名称为“例 4-10 总成绩”。操作如下：

（1）打开“学籍”数据库。

（2）打开查询的“设计视图”，添加“学生”表、“课程”表、“选课”表和“专业”表。查询的“设计网格”如图 4.31 所示。

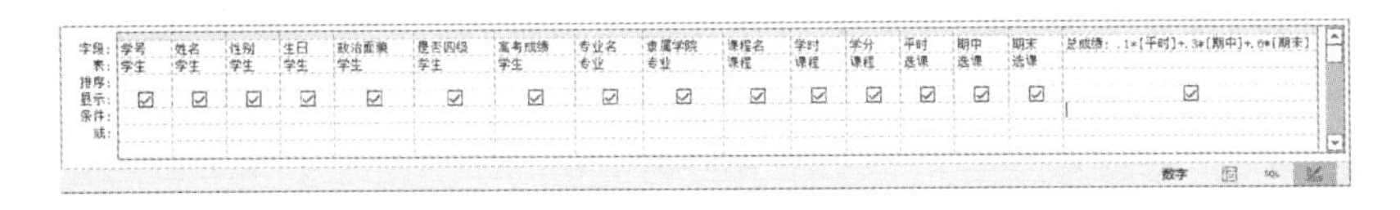

图 4.31 总成绩

（3）在“设计网格”中，添加用户定义显示字段列“总成绩”，其值如下：

0.1 * [平时]+0.3 * [期中]+0.6 * [期末]

（4）把查询结果保存为“例 4-10 总成绩”。

4.3.3 统计查询

Access 提供的“总计”功能，可以对数据进行计数、和值、均值、最大值、最小值和用户定义计算的常规统计与分类统计。

操作方法：在查询的“设计视图”状态下，单击“查询工具”的“设计”上下文命令选项卡，单击“显示/隐藏”组的“汇总”按钮。这时，在“设计网格”中，增加了“总计”行，其对应的下拉菜单如图 4.32 所示。通过选择不同的菜单选项，可以实现不同的统计。

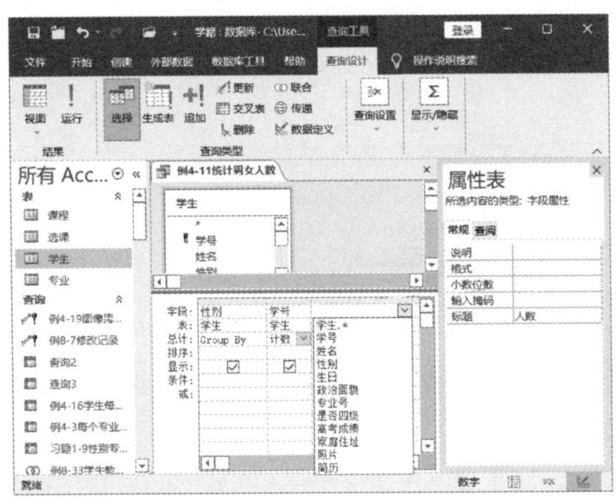

图 4.32 男女人数

【例 4.11】在“学籍”数据库中，统计学生的男女人数。要求男女人数的显示标题为“人数”;保存查询的名称为“例 4-11 统计男女人数”。操作如下：

(1)打开“学籍”数据库。

(2)打开查询的“设计视图”,添加“学生”表。

(3)单击“查询工具”的“设计”上下文命令选项卡，单击“显示/隐藏”组的“汇总”按钮。单击“属性表”按钮。

(4)设计查询的“设计网格”如图 4.32 所示。单击“学号”字段列，在“属性表”的“标题”行右侧的文本框中输入“人数”。或者把“学号”改为“人数:学号”。

(5)把查询结果保存为“例 4-11 统计男女人数”。

▲思考:在“学籍”数据库中，统计各专业的人数。

【例 4.12】在“学籍”数据库中，统计每个学生的总成绩的平均成绩。要求总成绩的显示标题为“平均成绩”,小数位数固定为 1;保存查询的名称为“例 4-12 统计学生的平均成绩”。操作如下：

(1)打开“学籍”数据库。

(2)打开查询的“设计视图”,添加“例 4-10 总成绩”查询。

(3)单击“查询工具”的“设计”上下文命令选项卡，单击“显示/隐藏”组的“汇总”按钮。单击“属性表”按钮。

(4)设计查询的“设计网格”如图 4.33 所示。单击“总成绩”字段列，在“属性表”的“标题”行右侧的文本框中，输入“平均成绩”。或者把“总成绩”改为“平均成绩:总成绩”;在“属性表”的“格式”行右侧的下拉菜单中，选择“固定”;在“属性表”的“小数位数”行右侧的下拉菜单中，选择“1”。

(5)把查询结果保存为“例 4-12 统计学生的平均成绩”。

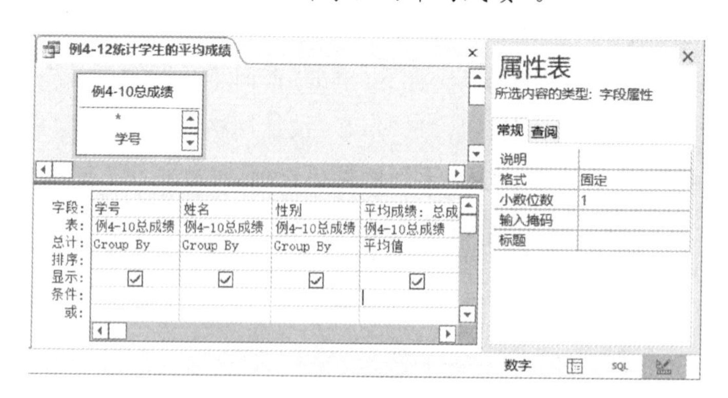

图 4.33　平均成绩

【例 4.13】在“学籍”数据库中，统计每门课程期末成绩的最小值、最大值和平均值。要求保存查询的名称为“例 4-13 课程的最小最大均值”。操作如下：

(1)打开“学籍”数据库。

(2)打开查询的“设计视图”,添加“例 4-10 总成绩”查询。

(3)单击“查询工具”的“设计”上下文命令选项卡，单击“显示/隐藏”组的“汇总”按钮。单击“属性表”按钮。

(4)设计查询的“设计网格”如图 4.34 所示。

字段:	课程名	期末之最小值: 期末	期末之最大值: 期末	期末之平均值: 期末
表:	例4-10总成绩	例4-10总成绩	例4-10总成绩	例4-10总成绩
总计:	Group By	最小值	最大值	平均值
排序:				
显示:	☑	☑	☑	☑
条件:				
或:				

图 4.34 课程的最小最大平均值

(5)把查询结果保存为“例 4-13 课程的最小最大均值”。

4.3.4 排序查询

对于查询，不仅可以对查询结果进行升序(或者降序)排序，还可以获取排序后的前 n 个记录。n 可以是“返回”右侧下拉菜单中的选项值，也可以是直接输入的一个整数。

【例 4.14】在“学籍”数据库中，对于每个学生的总成绩，按照课程名统计每门课程的平均值，并对其进行降序排序，最后保留成绩最好的前三门课程。要求保存查询的名称为“例 4-14 课程平均成绩的前三门”。操作如下：

(1)打开“学籍”数据库。

(2)打开查询的“设计视图”，添加“例 4-10 总成绩”查询。

(3)单击“查询工具”的“设计”上下文命令选项卡，单击“显示/隐藏”组的“汇总”按钮。单击“属性表”按钮。

(4)设计查询的“设计网格”如图 4.35 所示，在“返回”右侧的下拉框中，输入“3”。

(5)把查询结果保存为“例 4-14 课程平均成绩的前三门”。

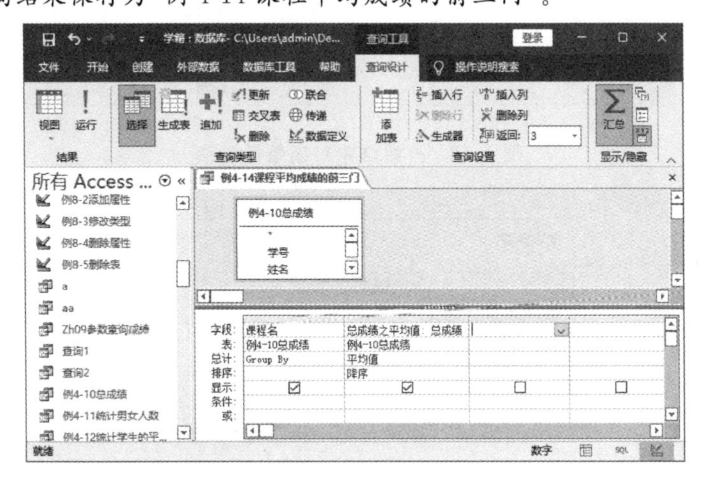

图 4.35 课程平均成绩的前三门

4.4 参数查询和交叉表查询

参数查询和交叉表查询是两种特殊用途的查询。前者是通过动态交互输入数据，实现动态查询；后者是通过行列方式重组字段，实现数据的交叉统计查询。

4.4.1 参数查询

参数查询是指在查询中，设置一个或者多个参数，用于接收用户在查询过程中需要交互输入的数据，然后再根据输入的参数数据，执行查询。参数可以是一个或者多个。

定义参数的方法：在参数的两边添加中括号“[]”。

【例 4.15】在“学籍”数据库中，查询生日在“输入开始日期”和“输入结束日期”两个参数之间，且高考成绩不低于参数“输入最低成绩”的学生的学号、姓名和高考成绩。要求保存查询的名称为“例 4-15 参数开始结束日期最低成绩”。操作如下：

(1)打开“学籍”数据库。

(2)打开查询的“设计视图”，添加“学生”表。

(3)设计查询的“设计网格”如图 4.36 所示。

(4)单击“查询工具”的“设计”上下文命令选项卡，单击“显示/隐藏”组的“参数”按钮，则弹出的对话框如图 4.37 所示，依次输入每一个参数，并选择相应的数据类型。

(5)把查询结果保存为“例 4-15 参数开始结束日期最低成绩”。

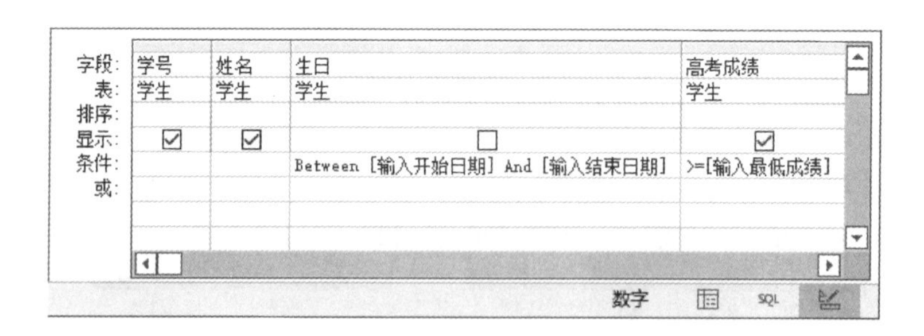

图 4.36 开始结束日期最低成绩

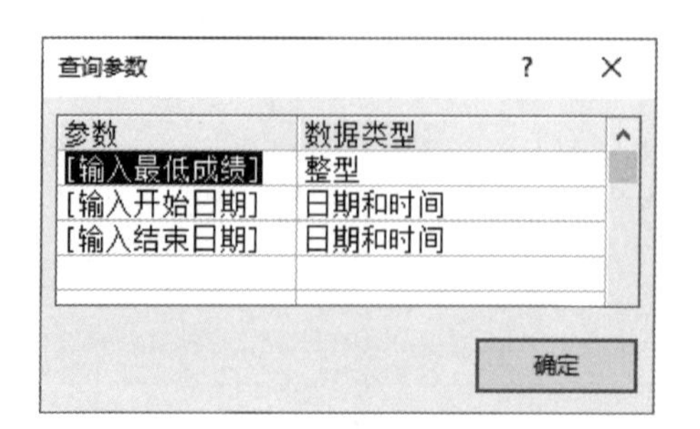

图 4.37 查询参数编辑器

(6)单击“结果”组的“运行”按钮，在如图 4.38 所示的“输入最低成绩”的界面中输入“600”，单击“确定”按钮。在如图 4.39 所示的“输入开始日期”的界面中输入“1991-06-01”，单击“确定”按钮。在如图 4.40 所示的“输入结束日期”的界面中输入“1992-06-01”，单击“确定”按钮。

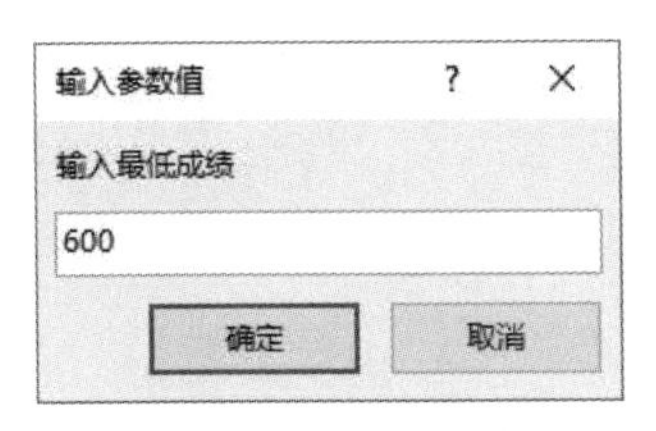

图 4.38 最低成绩

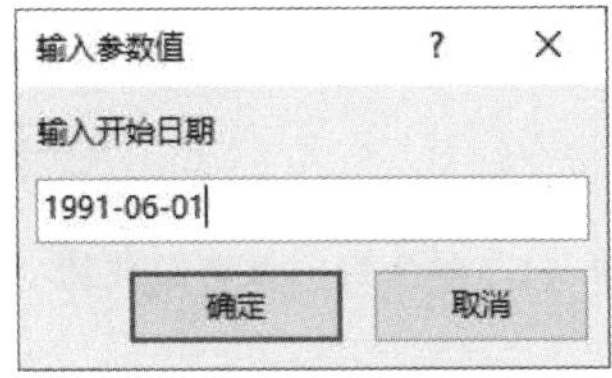

图 4.39 开始日期

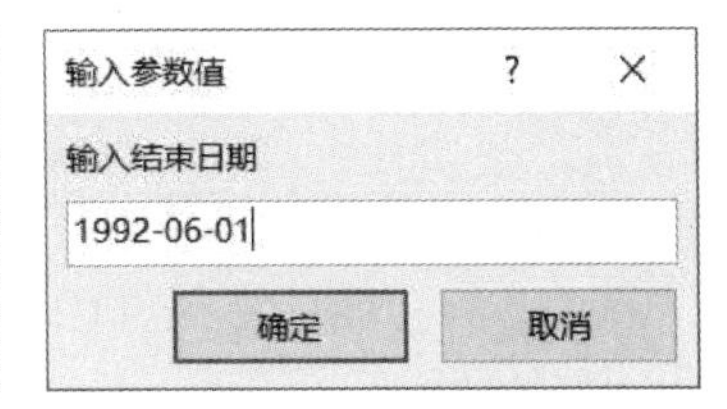

图 4.40 结束日期

▲提示：在如图 4.37 所示的“查询参数”编辑器中，不仅可以设置参数运行的顺序，还可以设置参数的数据类型，从而避免输入非法数据。

▲技巧：“查询参数”编辑器中的参数，与“设计视图”中的参数名称和类型必须保持一致。“查询参数”编辑器中的参数可以省略中括号。

▲思考：在“学籍”数据库中，按照“学号”进行精确参数查询。

4.4.2 交叉表查询

交叉表查询是一种特殊的行列交叉组合的统计查询类型，可以在水平行与垂直列方向同时对数据进行分类统计，统计结果显示在行与列交叉的单元格中，使数据显示得更为紧凑。

交叉表查询不但可以使用“交叉表查询向导”创建，还可以使用“设计视图”创建。建立交叉表查询的常用方式：首先，使用“交叉表查询向导”创建查询的雏形；其次，使用“设计视图”进行进一步的编辑。操作方法如下：

(1)如果交叉表查询涉及多张表，则建立包含交叉表查询所涉及字段的查询。

(2)把新建查询作为交叉表查询的数据源。

(3)设置交叉表查询的“行标题”和“列标题”及交叉值。

【例 4.16】在“学籍”数据库中，查询每个学生的每门课程的总成绩，显示字段为“学号”“姓名”和“总成绩”。要求保存查询结果的名称为“例 4-16 学生每门课程总成绩”。操作如下：

(1)打开“学籍”数据库。

(2)打开查询的“设计视图”，添加“例 4-10 总成绩”查询。

(3)单击“查询工具”的“设计”上下文命令选项卡，单击“查询类型”组的“交叉表”按钮，得到设计查询的“设计网格”，如图 4.41 所示。

(4)把查询结果保存结果为“例 4-16 学生每门课程总成绩”。

图 4.41 学生每门课程总成绩

4.5 操作查询

操作查询是通过查询实现对表中符合条件的数据成批地添加、修改和删除，同时可以保存查询结果到新表中。

不难看出，前述查询只是从表中查询出满足条件的数据，不会改变表的数据，而操作查询则不然。因此，在进行操作查询之前，应该备份数据库。

常用的操作查询包括生成表查询、追加查询、更新查询和删除查询。

4.5.1 生成表查询

生成表查询是把从一个或多个表(或者查询)中查到的记录，存入一个新表或者添加到一个已知表中。对于下列情况建议使用生成表查询：

(1)把记录导出到其他数据库中。

(2)把记录导出到 Excel 和 Word 等非关系数据库应用系统中。

(3)通过添加记录集，保存初始文件。

(4)使用追加查询，添加新记录到记录集中。

(5)用新记录集替换现有的表中的记录。

【例 4.17】在“学籍”数据库中，利用生成表查询建立“男生总成绩”，生成表的字段为“学号”“姓名”“性别”“专业名”“隶属学院”“课程名”和“总成绩”。保存查询结果的名称为“例 4-17 男生总成绩”。操作如下：

(1)打开“学籍”数据库。

(2)打开查询的“设计视图”，添加“例 4-10 总成绩”查询。

(3)设计查询的“设计网格”如图 4.42 所示。

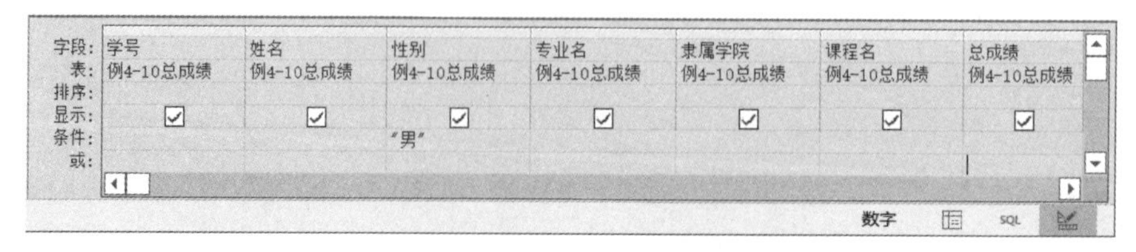

图 4.42 男生总成绩查询

(4)单击“查询工具”的“设计”上下文命令选项卡，单击“查询类型”组的“生成表”按钮，则弹出的对话框如图 4.43 所示。选择“当前数据库”，在“表名称:”右侧的文本框中输入“男生总成绩”，单击“确定”按钮；如果选择“另一数据库”，则需要进一步选择另一数据库，用于存放生成表。

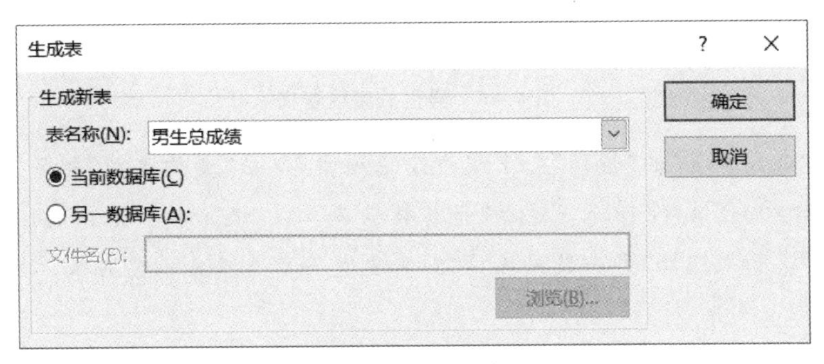

图 4.43 生成表

(5)保存查询结果的名称为“例 4-17 男生总成绩”。

(6)单击“结果”组中的“运行”按钮，如果“男生总成绩”表已经存在，则会弹出如图 4.44 所示的确认窗口，单击“是”按钮，则弹出的对话框如图 4.45 所示，再单击“是”按钮。

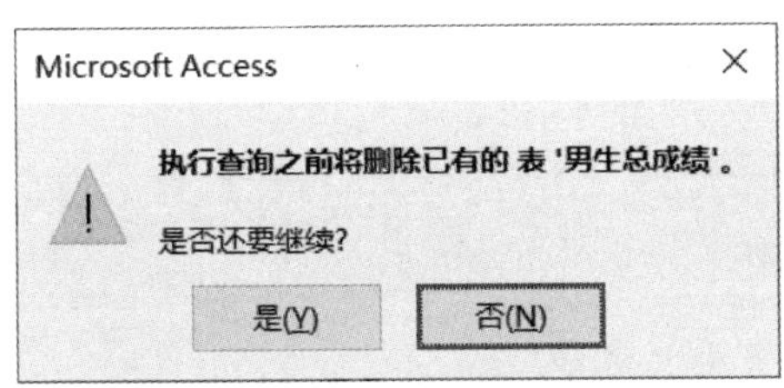

图 4.44 生成表

图 4.45 生成表

▲提示：对于生成表查询，只有在运行生成表查询之后，才能真正生成一个新表。

4.5.2 追加查询

如果用户需要把一个或多个表的记录添加到其他表，可以使用追加查询。追加查询可以从另一个数据库的表中读取记录的同时向当前表内添加记录。注意：由于两表之间的字段定义可能不同，追加查询只能添加相互匹配的字段内容，而不匹配的字段内容可能会被忽略。

【例 4.18】在“学籍”数据库中，把总成绩不低于 80 分的女生记录追加到“男生总成绩”表中，追加的字段要求为“学号”“姓名”“性别”“专业名”“隶属学院”“课程名”和“总成绩”。要求保存查询结果的名称为“例 4-18 女生 80 到男生总成绩”。操作如下：

(1)打开“学籍”数据库。

(2)打开查询的“设计视图”，添加“例 4-10 总成绩”查询。

(3)设计查询的“设计网格”如图 4.46 所示。

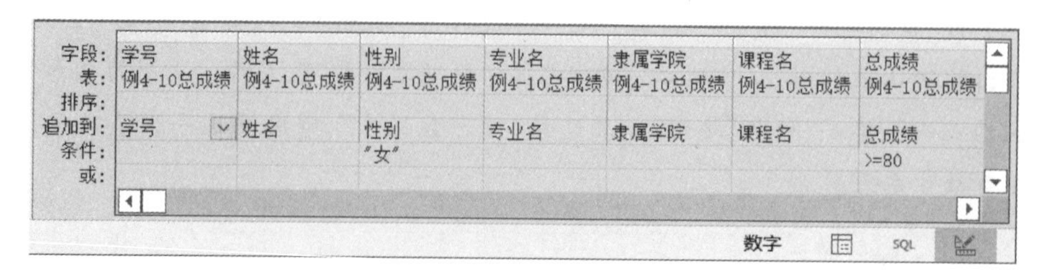

图 4.46 男生总成绩查询

(4)单击“查询工具”的“设计”上下文命令选项卡,单击“查询类型”组的“追加”按钮,则弹出的对话框如图 4.47 所示。选择“当前数据库”,在“表名称:”右侧的组合框中输入“男生总成绩”。如果选择“另一数据库:”,则需要进一步选择另一数据库。

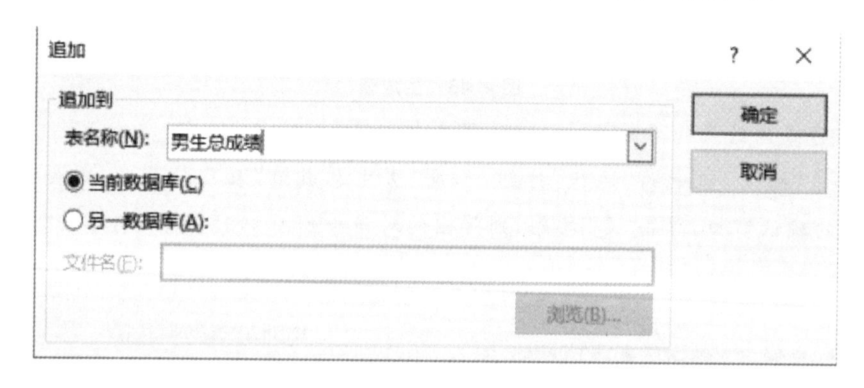

图 4.47 追加

(5)把查询的结果保存为“例 4-18 女生 80 到男生总成绩”。

(6)单击“结果”组中的“运行”按钮,在如图 4.48 所示的窗口中,单击“是”按钮。

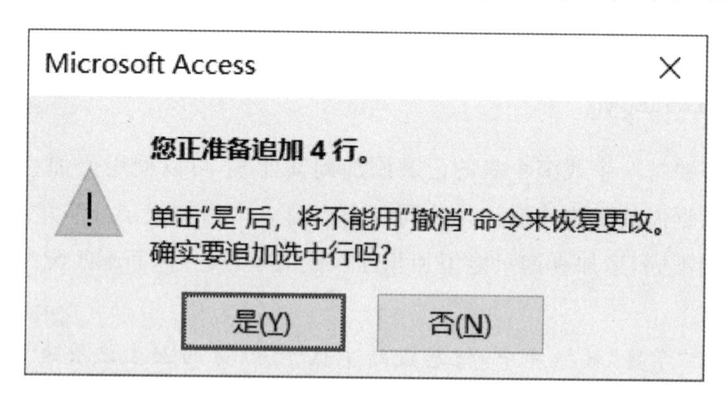

图 4.48 确认窗口

▲提示:注意追加查询的运行次数。因为每运行一次,都会向指定表添加一次,因此建议只运行一次。

4.5.3 更新查询

更新查询可以对表的部分(或者全部)记录进行批量修改。更新查询可以实现对表中有规律数据的方便、快捷、精确地修改。

【例 4.19】在“学籍”数据库的“男生总成绩”表中，把图像处理的总成绩不到 90 分的男生及软件工程的总成绩不到 90 分的女生的总成绩都提高 10%。要求保存查询结果的名称为“例 4-19 图像男生软件女生 10”。操作如下：

(1)打开“学籍”数据库。

(2)打开查询的“设计视图”，添加“男生总成绩”表。

(3)设计查询的“设计网格”如图 4.49 所示。

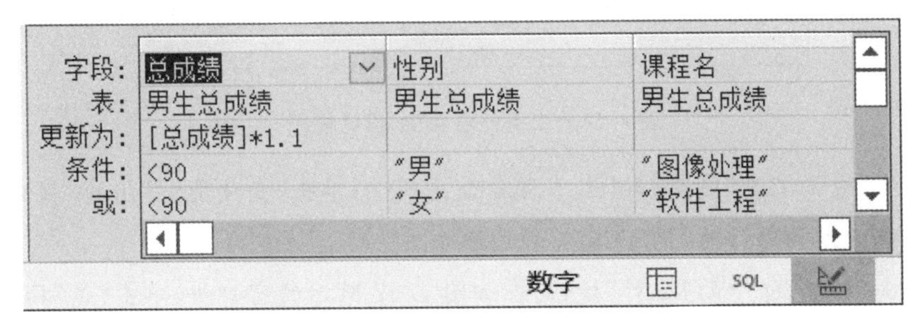

图 4.49　图像男生软件女生设计视图

(4)单击“查询工具”的“设计”上下文命令选项卡，单击“查询类型”组的“更新”按钮；在“更新到”行的“总成绩”下方，输入“[总成绩]*1.1”。

(5)把查询的结果保存为“例 4-19 图像男生软件女生 10”。

(6)单击“结果”组中的“运行”按钮；在如图 4.50 所示的窗口中，单击“是”按钮。

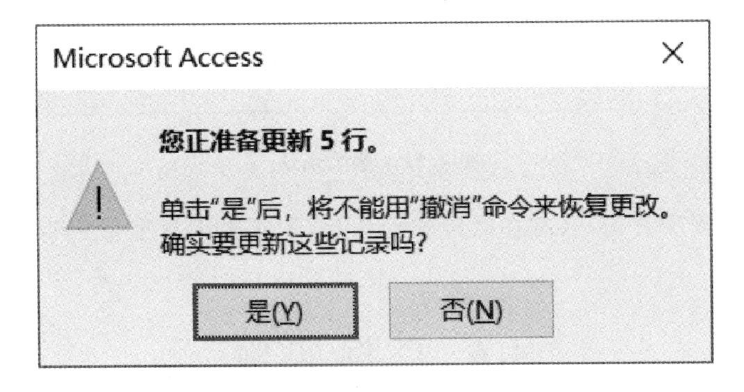

图 4.50　更新确认

▲提示：对于更新查询，只有在运行查询之后，才能真正更新相应的表。因为每运行一次，都会更新一次，因此建议只运行一次。

4.5.4　删除查询

删除查询是所有查询操作中最危险的查询。删除查询可以把表中满足条件的记录快速删除。删除查询不但可以把单表的记录删除，而且可以通过级联进行多表的记录删除。

【例 4.20】在“学籍”数据库的“男生总成绩”表中，把工商学院和外语学院的女生删除。保存查询结果的名称为“例 4-20 工商外语女生”。操作如下：

(1)打开“学籍”数据库。

(2)打开查询的"设计视图",添加"男生总成绩"表。

(3)设计查询的"设计网格"如图 4.51 所示。

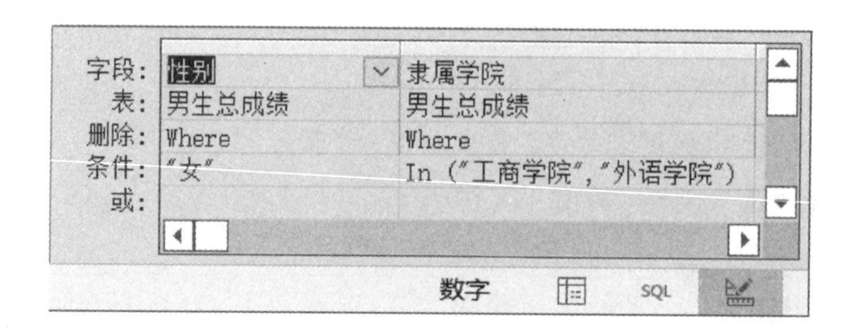

图 4.51 工商外语女生"设计视图"

(4)单击"查询工具"的"设计"上下文命令选项卡;单击"查询类型"组的"删除"按钮。

(5)把查询结果保存为"例 4-20 工商外语女生"。

(6)单击"结果"组中的"运行"按钮;在如图 4.52 所示的窗口中,单击"是"按钮。

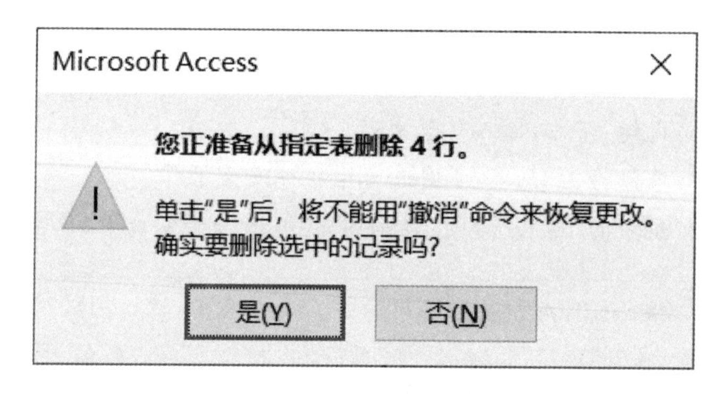

图 4.52 删除确认

▲提示:对于删除查询,只有在运行查询之后,才能真正删除相应记录。

4.6 查询实验

通过理解查询及其相关概念,在 Access 2019 环境下,熟练掌握选择查询、交叉表查询、参数查询、SQL 查询和操作查询的创建、编辑与运行的方法。

实验 4.1 向导查询和选择查询

(1)查询未婚职工的"姓名""性别""生日""工资"和"电话"。

(2)查询单价不低于 5000 元的不同产品的订货数量,显示字段是"品名""单价""订购数量"和"厂商"。

(3)查询每个产品的销售数量和销售金额,显示字段的标题为"品名""数量"和"金额"。

(4)查询所有职工的详细销售信息,显示字段包括“工号”“姓名”“性别”“单号”“日期”“品号”“品名”“单价”和“销售数量”。

(5)统计不同部门的职工人数,显示字段的标题为“部门”和“人数”。

(6)查询每个产品的库存数量,显示字段的标题为“品号”“品名”“库存数量”。

实验 4.2 交叉表查询和操作查询

(1)创建参数查询:通过人工交互输入工号,查询职工信息。

(2)分别使用“查询向导”和“查询设计”,建立交叉表查询,查询每个职工的销售明细。要求以“工号”“姓名”和“性别”为行标题,以“品名”为列标题,对“销售数量”进行求和。

▲提示:使用“实验 4.1 的(4)”的查询,作为数据源。

(3)使用生成表查询,把“职工”表的男职工生成“男职工”表。

▲提示:可以使用“职工. *”,完成生成表查询。

(4)对“男职工”表,通过人工交互输入工号和加班工资,给该职工增加加班补助。

(5)利用追加查询,把“职工”表的女职工,追加到“男职工”表。

(6)利用删除查询,删除“男职工”表中“采购部”的女职工。

习 题

1. 简答题

(1)解释查询。简述查询的功能和优点。简述查询与筛选的异同。

(2)简述 Access 2019 支持的查询类型。

(3)简述 Access 2019 的“查询”对象与“表”对象的区别和联系。

(4)简述创建查询的常用方法。

(5)解释选择查询和操作查询,简述选择查询和操作查询的区别。

(6)解释生成表查询、追加查询、更新查询和删除查询。

(7)查询学生的“姓名”“年龄”和“家庭住址”。

(8)统计不同专业学生的平均年龄,固定两位小数;显示字段为“专业名”和“平均年龄”;查询名称为“习题 1-8 专业平均年龄”。

(9)建立交叉表查询“习题 1-9 性别专业交叉平均年龄”,设置“性别”作为行标题,“专业号”为列标题,统计学生的“平均年龄”。

(10)简述查询的常用视图及其特点。

2. 填空题

(1)在 Access 2019 中,(　　　)查询的运行通常导致表中的数据发生变化。

(2)如果每学期 16 周,则在“课程”表中,确定每周课时数是否大于 8 且小于 10,可以输入(　　)。

(3)在交叉表查询中,只能有 1 个(　　)标题和值,但可以有 1 至 3 个(　　)标题。

(4)在"选课"表中,查找期末成绩在 75 到 85 之间的记录,条件为(　　)。

(5)交叉表查询通常对表的(　　)进行重新组合,一组列在表的左侧,一组列在表的上部。

(6)利用对话框提示用户输入参数的查询称为(　　)。

(7)对于已知查询,可以通过(　　)或者数据表视图来查看查询结果。

(8)如果在表中,查找以"H"开头、以"y"结尾的记录,则查询条件是(　　)。

(9)把 1980 年以前参加工作的教师的职称全部改为讲师,则可以使用(　　)查询。

(10)在创建查询时,如果实际需要的数据在表中没有相应的字段,则可以通过在查询中增加(　　)来完成。

3. 判断题

(1)根据指定的查询条件,从一个或多个表中获取数据,并显示结果的查询称为操作查询。(　　)

(2)在设计网格中,同行之间为逻辑"与"关系,不同行之间为逻辑"或"关系。(　　)

(3)日期/时间型常量,需要在数据两端加上#。(　　)

(4)数字型常量,需要在数据两端加上双引号。(　　)

(5)短文本常量,需要在数据两端加上双引号。(　　)

(6)对于已知查询,可以通过"数据表视图"查看结果,具体操作是双击查询,或者单击"运行"按钮,或者单击"数据表视图"按钮。(　　)

(7)表与表之间的关系包括"一对一"和"一对多"两种类型。(　　)

(8)一个查询的数据只能来自一个表。(　　)

(9)一个查询的数据不能来自一个查询。(　　)

(10)统计学生成绩最高分,则在创建总计查询时,分组字段的总计项应选择计数。(　　)

(11)使用查询向导,可以创建"带条件"查询。(　　)

(12)几乎所有的查询,均可以在 SQL 视图中创建和修改。(　　)

(13)在"学生"表中,查询姓"张"的男生信息,则设计网格为:"性别"的条件行输入""男"","姓名"的条件行输入"LIKE "张*""。(　　)

(14)在"选课"表中,统计参加考试的人数,通常用"最大值"统计。(　　)

(15)不论表间关系是否实施了参照完整性,父表的记录都可以删除。(　　)

(16)对于参数查询,一般在查询条件中写上中括号"[]",并在其中输入提示信息。(　　)

(17)在"选课"表中,查询期末成绩在 70 至 80 分之间(含 70,不含 80)的记录,则查询

条件为“Between 70 And 80”。（　）

(18)查询中的字段显示名称可以通过字段属性修改。（　）

(19)查询“Access”开头的字符串，查询条件为“Like "*Access*"”。（　）

(20)查询的运行结果是一组“静态”的数据集合。（　）

5 窗　　体

窗体作为 Access 数据库的重要对象,不但可以管理数据库,还可以实现用户和数据库之间的交互。通过窗体可以方便地进行数据的输入、修改、显示和删除等编辑任务。用户通过窗体设计的操作界面操作表,避免直接操作数据库所导致的数据丢失或者破坏。

利用窗体几乎可以把数据库的所有对象组织起来,从而组成完整的应用系统;利用宏和 VBA 控制应用程序的执行方向,实现用户对数据库的各种操作请求。

5.1 窗体概述

根据用户需求,数据库系统不但要使设计需要合理,而且必须具有功能完善、操作方便、外观美观的操作界面(即窗体)。窗体的数据源,可以是表或查询。

5.1.1 窗体的类型

Access 2019 提供了 6 种类型的窗体:纵栏式窗体、表格式窗体、数据表窗体、主/子窗体、数据透视表窗体和数据透视图窗体。

(1)纵栏式窗体:窗体中每次只显示一条记录。每一条记录,按照列纵向排列显示,每列的左侧显示字段名称,右侧显示字段内容。纵栏式窗体通常用于输入或者显示数据。

(2)表格式窗体:在窗体中,按照表格的方式,显示表或查询的全部记录。字段横向排列,记录纵向排列。每个字段的字段名都放在窗体顶部,作为窗体页眉。表格式窗体可以通过滚动条来查看和维护其他记录。

(3)数据表窗体:在窗体中,按照与表和查询显示数据的界面相同的方式,显示表或查询的全部记录。因此,数据表窗体从外观上看,与数据表和查询显示数据的界面相同。数据表窗体主要用于窗体的子窗体。

(4)主/子窗体:窗体中的窗体称为子窗体,包含子窗体的窗体称为主窗体。主窗体和子窗体通常用于显示具有一对多关系的多个表或查询中的数据。

例如:在“学籍”数据库中,每个学生可以选多门课程,“学生”表和“选课”表之间存在一对多关系,“学生”表中的每条记录与“选课”表中的多条记录相对应。因此,可以创建一个带有子窗体的窗体,用于显示“学生”表和“选课”表的数据。“学生”表的数据在主窗体中显示,“选课”表的数据在子窗体中显示。当主窗体显示一条记录时,子窗体就会显示与当前记录相关的记录。在子窗体中,可以创建二级子窗体。

5.1.2 窗体的视图

Access 2019 提供了 6 种类型的窗体的视图:数据表视图、窗体视图、设计视图和布局视图等。在窗体的“设计视图”中,可以使用所有视图。其中,最常用的视图包括设计视图、窗体视图和布局视图。

不同类型的窗体,拥有不同的视图类型。不同的视图,负责窗体的不同任务。窗体的不同视图之间,可以方便地进行切换。

(1)数据表视图:以表的方式,查看窗体运行结果的视图。数据表视图与表和查询显示数据的界面基本相同,可以一次浏览多条记录。

(2)窗体视图:用于查看窗体运行结果的视图。其可以根据设计要求,操作数据库;可以利用记录导航按钮,浏览记录。

(3)设计视图:可以使用系统提供的多种控件,设计用于显示、修改和删除数据的多种复杂窗体。在设计视图中,利用其强大的功能,不仅可以创建窗体,更重要的是可以编辑修改窗体。设计视图由窗体页眉、页面页眉、主体、页面页脚和窗体页脚 5 部分组成。

(4)布局视图:布局视图与窗体视图的外观相同;与设计视图的功能相同,比设计视图更加直观;在编辑窗体的同时,可以查看“准”运行结果,因此可以根据实际数据调整列宽,可以在窗体上放置新的字段,并设置窗体及其控件的属性、调整控件的位置和宽度。布局视图可以看作仿真的窗体视图。

5.2 创建窗体

创建窗体,不但可以使用“窗体”“窗体向导”“导航”和“其他窗体”等向导类方法,还可以使用对应于“设计视图”和“布局视图”的“窗体设计”和“空白窗体”等设计类方法,从而方便灵活地设计出多种多功能的复杂窗体。

操作方法:单击“创建”选项卡,在“窗体”组中,单击“窗体”“窗体设计”“空白窗体”和“窗体向导”等按钮;或者单击“导航”和“其他窗体”等下拉菜单中的菜单选项。如图 5.1 所示。

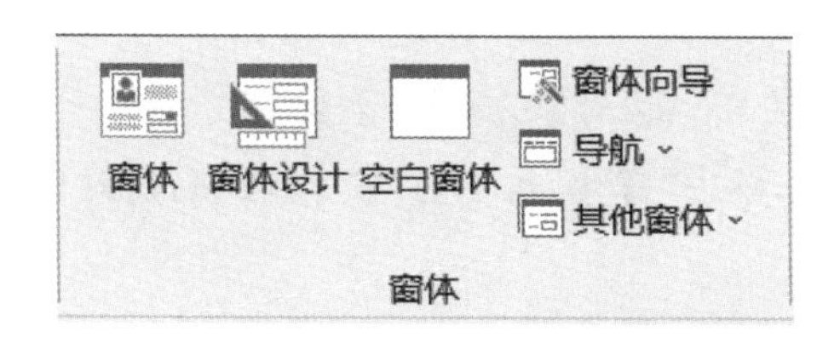

图 5.1 创建窗体

(1)窗体:最快速的创建窗体的工具,只需要单击一次鼠标,便可以创建窗体。使用这个方法创建窗体,数据源的所有字段都会放置在窗体中。

(2)窗体设计:利用“窗体设计”视图设计窗体。其功能最丰富强大,可以灵活设计任意窗体。

(3)空白窗体:一种快捷的窗体构建方式,是以布局视图的方式设计和修改窗体,尤其是在窗体上放置较少字段时,使用这种方法最为适宜。

(4)窗体向导:可以按照提示向导的方式,创建基于多表的窗体,是一种辅助用户创建窗体的方法。

(5)导航:用于创建具有导航按钮(即网页形式)的窗体(即网络中的表单)。导航中提供了 6 种不同的布局格式,虽然布局格式不同,但是创建的方式基本相同。导航工具比较适合创建 Web 形式的窗体。

(6)其他窗体:提供“多个项目”“分割窗体”“数据表”和“模式对话框”4 种创建窗体的方式,用于创建比较个性化的窗体。

①多个项目:用于创建“表格式窗体”,可以同时显示多条记录。

②分割窗体:可以同时提供数据的窗体视图和数据表视图两种视图,两种视图连接到同一数据源,并且保持同步。如果在窗体的一个视图中选择了一个字段,则窗体的另一视图中会自动选择相同的字段。例如:在窗体的上半部是单个记录布局方式,在窗体的下半部是多个记录的“表”布局方式,因此,既可以宏观上浏览多条记录,又可以微观上浏览一条记录,从而为浏览数据带来了方便。

③数据表:用于创建“数据表窗体”。可以同时显示多个记录的“表”形式的窗体。

④模式对话框:用于创建模式对话窗口。模式对话框总是保持在系统的最上面,只有关闭该窗体,才可以进行其他操作。例如:登录窗体。

5.2.1 “窗体”创建窗体

利用“窗体”按钮,可以自动创建基于单表(查询)的纵栏式窗体。在纵栏式窗体中,自动列出数据源的所有字段,每个字段占一行,每次只能显示一条记录。

【例 5.1】在“学籍”数据库中,利用“窗体”按钮,以“学生”表为数据源,创建默认的纵栏式窗体。操作如下:

(1)打开“学籍”数据库,在“文件”选项卡上,单击“打开”按钮;在“打开”对话框中,通过浏览找到要打开的“学籍.accdb”,单击“打开”按钮。

(2)在“导航窗格”中,展开“表”对象,选中“学生”表。

(3)单击“创建”选项卡,单击“窗体”组中的“窗体”按钮,则弹出的对话框如图 5.2 所示。

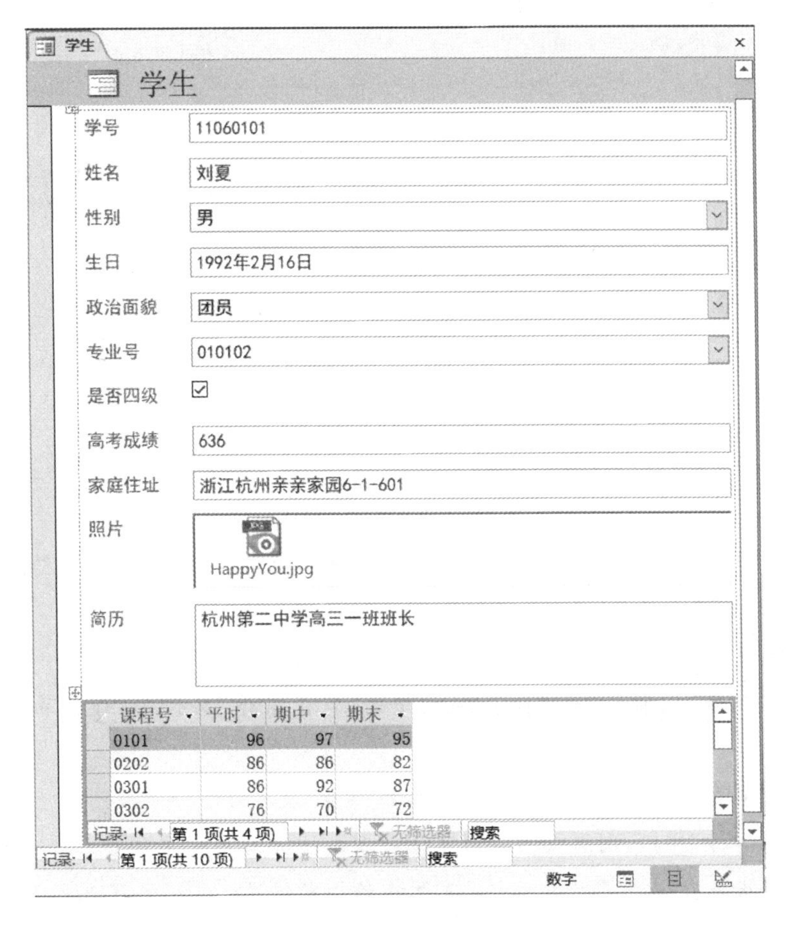

图 5.2　学生纵栏式窗体

(4)单击“快捷访问工具栏”中的“保存”按钮，在“另存为”窗口中的文本框中输入“例5-1 学生信息—窗体”，单击“确定”按钮。

(5)单击“窗体布局工具”的“设计”上下文命令选项卡，单击“视图”组中的“视图”下拉菜单中的“窗体视图”，查看窗体的运行结果。

不难看出，窗体是由多种“控件”构成的。在窗体中，不但可以添加标签、文本框、单选框、复选框、矩形块、分页符、选项按钮、下拉列表框等许多不同种类的控件，还可以通过添加直线和矩形之类的图形元素来美化窗体。

5.2.2　“空白窗体”创建窗体

利用“空白窗体”按钮，可以通过“布局视图”和“添加字段”两步，创建基于多表(查询)的窗体。

操作方法：在初始空白的“布局视图”中，通过拖动数据源中的字段或者双击字段，把相应的字段添加到“布局视图”中。

【例 5.2】在“学籍”数据库中，以“学生”表、“专业”表和“选课”表为数据源，利用“空白窗体”按钮，创建如图 5.3 所示的学生成绩“主/子窗体”。操作如下：

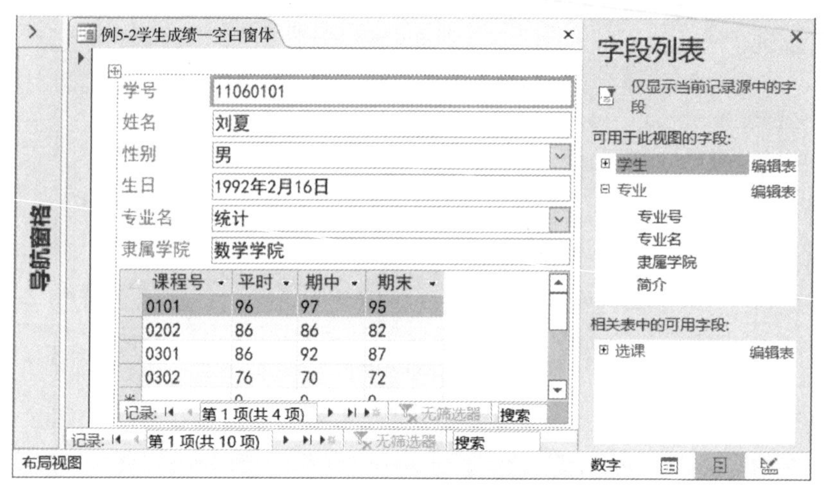

图 5.3　学生成绩—窗体

(1)打开"学籍"数据库;在"文件"上下文命令选项卡上,单击"打开";在"打开"对话框中,通过浏览找到要打开的"学籍.accdb",单击"打开"按钮。

(2)在"导航窗格"中,展开"表"对象,选中"学生"表。

(3)单击"创建"选项卡,单击"窗体"组中的"空白窗体"按钮,则弹出的对话框如图5.4 所示。

(4)单击"字段列表"中的"显示所有表";单击"学生"表右侧的"+",展开"学生"表的字段。

(5)双击"学号"字段,则自动向空白窗体中添加一组与之对应的控件(一个标签和一个文本框);或者拖动"学号"字段到空白窗体中的指定位置。

(6)重复(5),依次添加"姓名""性别"和"生日"。

(7)在"字段列表"中,单击"专业"表右侧的"+",展开"专业"表的字段;重复(5),依次添加"专业名"和"隶属学院"。

(8)在"字段列表"中,单击"选课"表右侧的"+",展开"选课"表的字段;重复(5),依次添加"课程号""平时""期中"和"期末"。

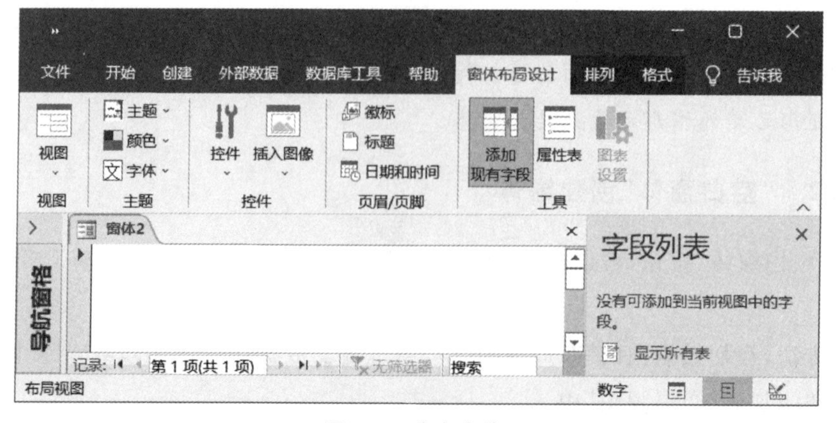

图 5.4　空白窗体

▲技巧:由于"学生"表与"选课"表是一对多关系,在拖动"学号"字段时,会自动创建

一个“子窗体”。注意：在拖动“平时”“期中”和“期末”时，一定要放在“子窗体”的相应位置。

(9)单击“快捷访问工具栏”中的“保存”按钮，在“另存为”窗口中的文本框中输入“例5-2 学生成绩—空白窗体”，单击“确定”按钮。设计结果如图 5.3 所示。

(10)单击“窗体布局工具”的“设计”上下文命令选项卡，单击“视图”组中的“视图”下拉菜单的“窗体视图”，查看窗体的运行结果。

▲提示：“子窗体”会自动保存为一个名称为“选课_DatasheetSub1”的窗体。

5.2.3 “窗体向导”创建窗体

利用“窗体向导”按钮，可以创建基于多表(查询)的相对复杂的窗体。

【例 5.3】在“学籍”数据库中，以“学生”表、“专业”表、“课程”表和“选课”表为数据源，利用“窗体向导”按钮，创建如图 5.5 所示的含有学生详细信息的“主/子窗体”。操作如下：

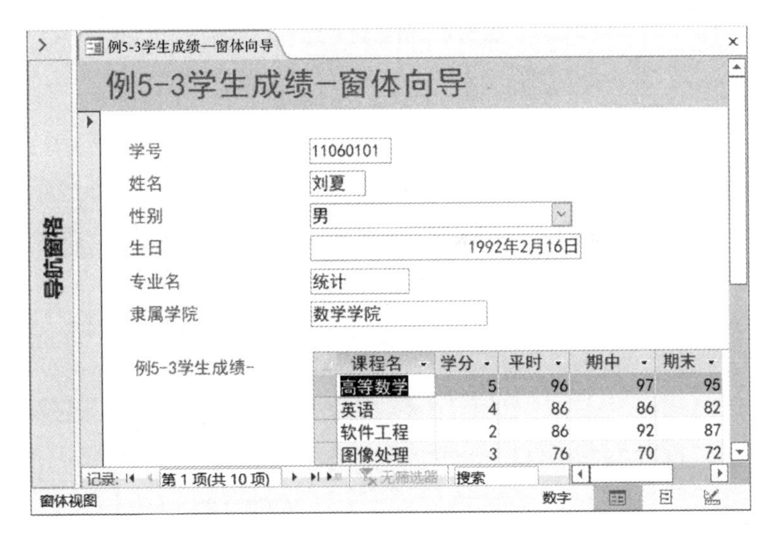

图 5.5 学生成绩—窗体向导

(1)打开“学籍”数据库。在“导航窗格”中，展开“表”对象，选中“学生”表。

(2)单击“创建”选项卡，单击“窗体”组中的“窗体向导”按钮，则弹出的对话框如图 5.6 所示。

(3)在“表/查询”下拉列表中，选择“学生”，在“可用字段”下拉列表中，依次选择“学号”“姓名”“性别”和“生日”；单击“>”，把选择的字段移到右侧的列表。或者依次双击字段。

在“表/查询”下拉列表中，选择“专业”，在“可用字段”下拉列表中，依次选择“专业名”和“隶属学院”；单击“>”，把选择的字段移到右侧的列表。或者依次双击字段。

在“表/查询”下拉列表中，选择“课程”，在“可用字段”下拉列表中，依次选择“课程名”和“学分”；单击“>”，把选择的字段移到右侧的列表。或者依次双击字段。

在“表/查询”下拉列表中，选择“选课”，在“可用字段”下拉列表中，依次选择“平时”“期中”和“期末”;单击“＞”,把选择的字段移到右侧的列表;单击“下一步”按钮,则弹出的对话框如图 5.7 所示。

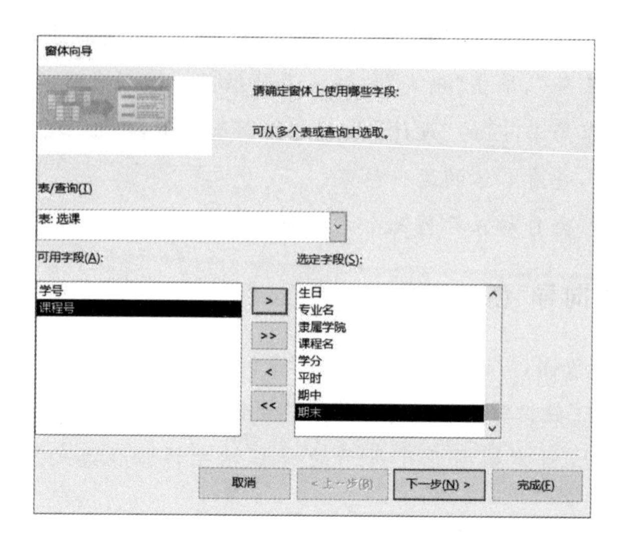

图 5.6　窗体向导之一

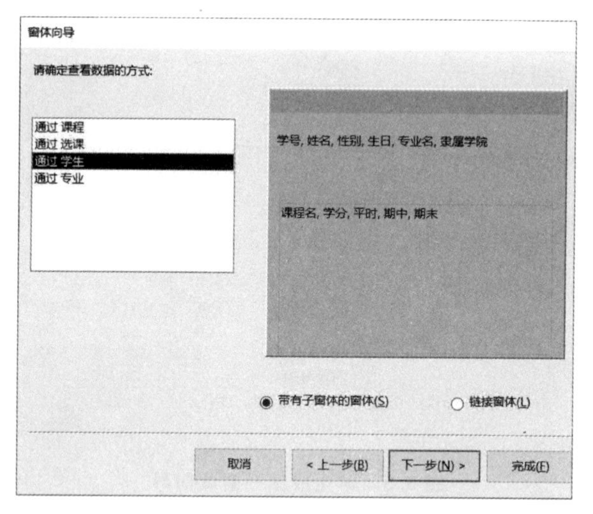

图 5.7　窗体向导之二

(4)在“请确定查看数据的方式”下方列表中,选择“通过学生”,选中“带有子窗体的窗体”,单击“下一步”按钮,则弹出的对话框如图 5.8 所示。

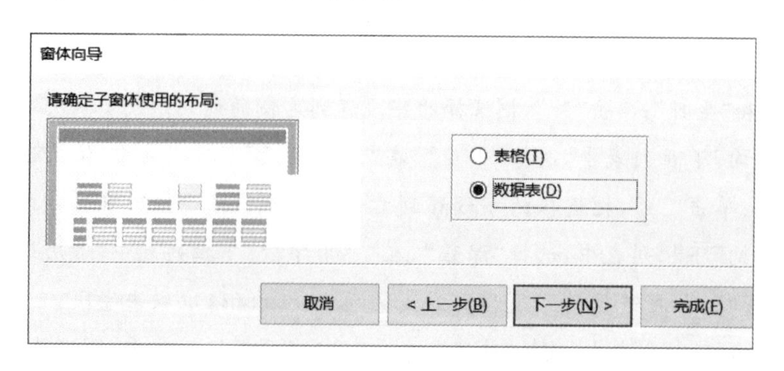

图 5.8　窗体向导之三

(5)选中“数据表”,单击“下一步”按钮,则弹出的对话框如图 5.9 所示。

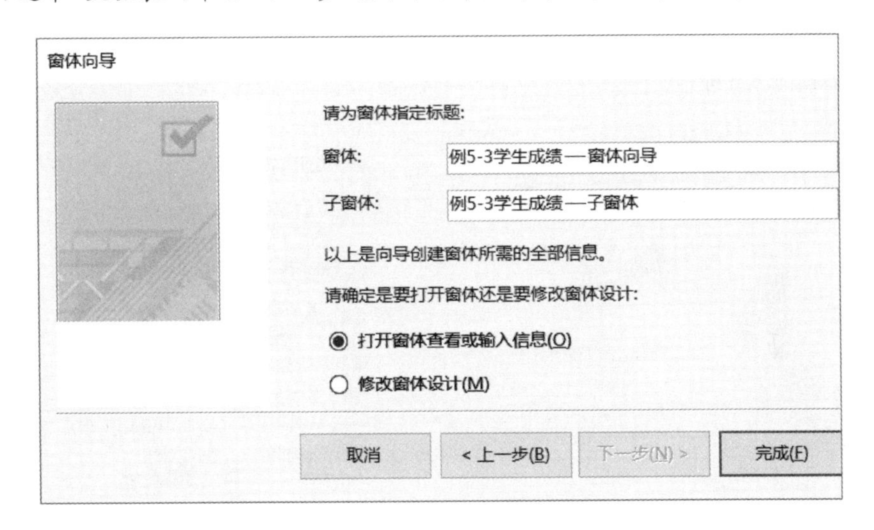

图 5.9　窗体向导之四

(6)在“窗体:”右侧的文本框中,输入“例 5-3 学生成绩—窗体向导”,在“子窗体:”右侧的文本框中,输入“例 5-3 学生成绩—子窗体”,单击“完成”按钮,则弹出的对话框如图 5.5 所示。

(7)单击“窗体布局工具”的“设计”上下文命令选项卡,单击“视图”组中的“视图”下拉菜单中的“窗体视图”,查看窗体的运行结果。

5.2.4　“导航”创建窗体

利用“导航”的下拉列表,可以创建基于多表、查询的标签窗体。在“导航”的下拉列表中,按照水平和垂直及其组合方式,提供了 6 种格式的标签窗体。

【例 5.4】在“学籍”数据库中,以“学生”表和“专业”表为数据源,利用“导航”下拉列表,创建如图 5.10 所示的学生标签窗体。操作如下:

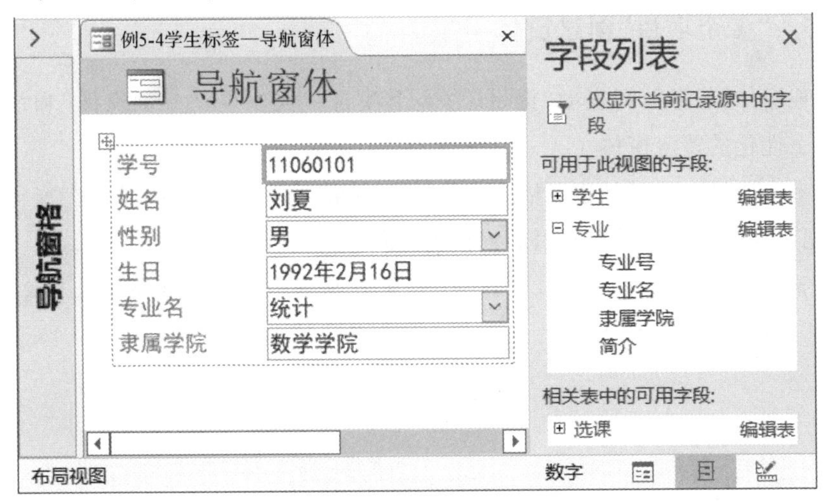

图 5.10　学生标签窗体

(1)打开“学籍”数据库。在“导航窗格”中,展开“表”对象,选中“学生”表。

(2)单击“创建”选项卡,单击“窗体”组中的“导航”下拉列表中的“水平标签”,则弹出的对话框如图 5.11 所示。

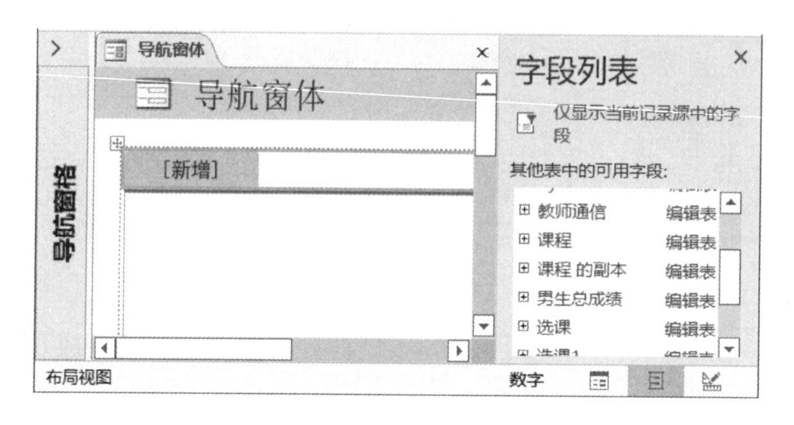

图 5.11 导航窗体之一

(3)单击“字段列表”中的“显示所有表”,单击“学生”表左侧的“+”,展开“学生”表的字段。

(4)双击“学号”字段,则自动转向空白窗体中,添加一组与之对应的控件(一个标签和一个文本框)。或者拖动“学号”字段到空白窗体中的指定位置。

(5)重复(4),依次添加“姓名”“性别”和“生日”。

(6)在“字段列表”中,单击“专业”表左侧的“+”,展开“专业”表的字段;重复(4),依次添加“专业名”和“隶属学院”。

(7)删除多余的控件。单击“快捷访问工具栏”中的“保存”按钮,在“另存为”窗口中的文本框中,输入“例 5-4 学生标签—导航窗体”,单击“确定”按钮。

(8)单击“窗体布局工具”的“设计”上下文命令选项卡,单击“视图”组中的“视图”下拉菜单中的“窗体视图”,查看窗体的运行结果。

5.2.5 “多个项目”创建窗体

在“其他窗体”的下拉列表中,提供了“多个项目”“数据表”“分割窗体”和“模式对话框”等 4 种个性化的特定窗体。

利用“多个项目”,可以创建表格式窗体。在表格式窗体中,标签显示在窗体顶端,字段的值出现在标签下方的带有间隔的表格里,而且可以同时显示多条记录。

【例 5.5】在“学籍”数据库中,以“课程”表为数据源,利用“其他窗体”下拉列表中的“多个项目”,创建如图 5.12 所示的课程信息的表格式窗体。操作如下:

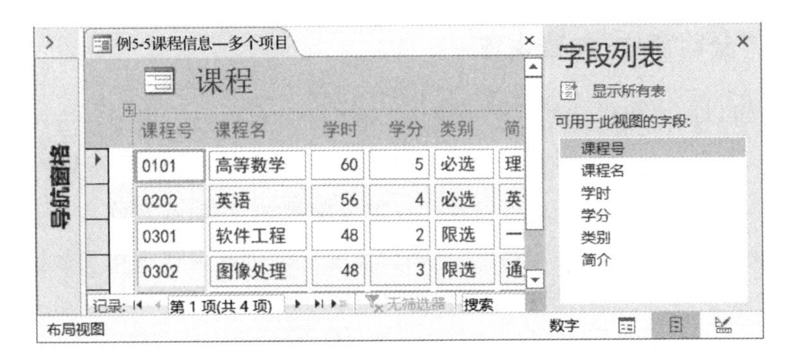

图 5.12　课程信息的表格式窗体

(1)打开“学籍”数据库。在“导航窗格”中,展开“表”对象,选中“课程”表。

(2)单击“创建”选项卡,单击“窗体”组中的“其他窗体”下拉列表,选中并单击“多个项目”。

(3)单击“快捷访问工具栏”中的“保存”按钮,在“另存为”窗口中的文本框中,输入“例5-5课程信息—多个项目”,单击“确定”按钮。

(4)单击“窗体布局工具”的“设计”上下文命令选项卡;单击“视图”组中的“视图”下拉菜单的“窗体视图”,查看窗体的运行结果。

5.2.6　“数据表”创建窗体

在“其他窗体”的下拉列表中,利用“数据表”,可以创建数据表窗体。在数据表窗体中,标签显示在窗体顶端,字段的值出现在标签下方的“没有间隔”的表里,而且可以同时显示多条记录。

【例 5.6】在“学籍”数据库中,以“课程”表为数据源,利用“其他窗体”下拉列表中的“数据表”,创建如图 5.13 所示的课程信息的数据表窗体。操作如下:

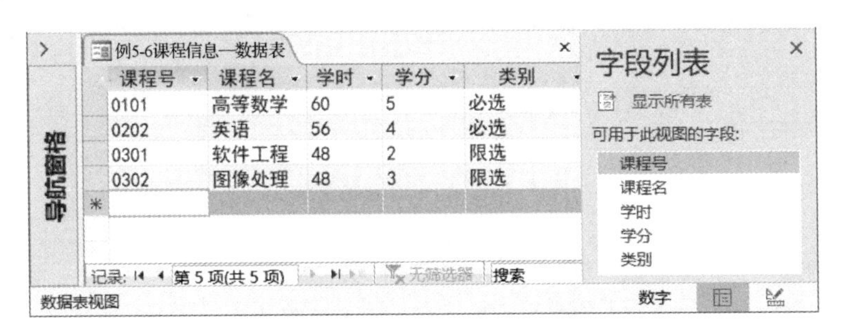

图 5.13　课程信息的数据表窗体

(1)打开“学籍”数据库。在“导航窗格”中,展开“表”对象,选中“课程”表。

(2)单击“创建”选项卡,单击“窗体”组中的“其他窗体”下拉列表,选中并单击“数据表”。

(3)单击“快捷访问工具栏”中的“保存”按钮,在“另存为”窗口中的文本框中,输入“例5-6课程信息—数据表”,单击“确定”按钮。

(4)单击“窗体布局工具”的“设计”上下文命令选项卡,单击“视图”组中的“视图”下拉菜单的“窗体视图”,查看窗体的运行结果。

5.2.7 “分割窗体”创建窗体

分割窗体可以同时提供数据的两种视图:窗体视图和数据表视图。这两种视图连接到同一数据源,并且总是保持同步。如果在窗体的一个部分中选择了一个字段,则窗体的另一部分会自动选择相同的字段;可以在任一部分中添加、编辑或删除数据。

在“其他窗体”的下拉列表中,利用“分割窗体”,可以创建窗体视图和数据表视图同时共存的个性窗体。

使用分割窗体可以在一个窗体中同时利用两种窗体类型的优势。例如,可以使用窗体的数据表部分快速定位记录,然后使用窗体部分查看或编辑记录。窗体部分以醒目而实用的方式呈现数据表部分。

【例 5.7】在“学籍”数据库中,以“选课”表为数据源,利用“其他窗体”下拉列表中的“分割窗体”,创建如图 5.14 所示的上下型分割窗体。操作如下:

(1)打开“学籍”数据库。在“导航窗格”中,展开“表”对象,选中“选课”表。

(2)单击“创建”选项卡,单击“窗体”组中的“其他窗体”下拉列表,选中并单击“分割窗体”。

(3)单击“快捷访问工具栏”中的“保存”按钮,在“另存为”窗口中的文本框中,输入“例 5-7 上下型分割窗体”,单击“确定”按钮。如图 5.14 所示。

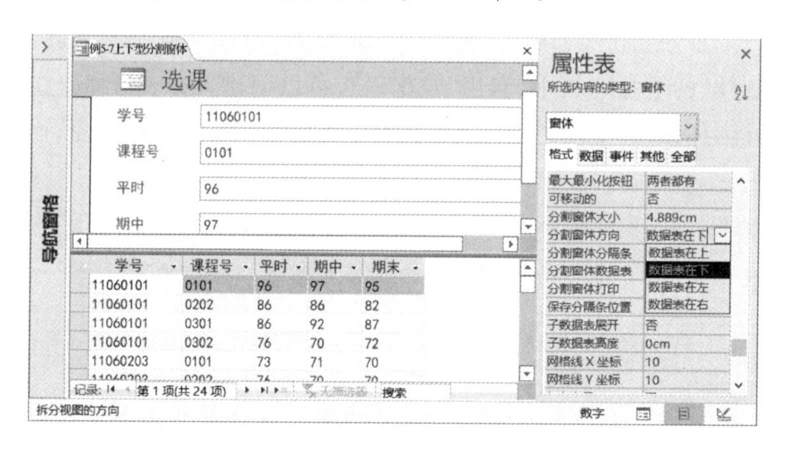

图 5.14 上下型分割窗体

▲思考:如何在例 5-7 中,创建左右型分割窗体。

▲提示:使用“设计视图”打开“例 5-7 上下型分割窗体”,在设计视图的属性表中,把“分割窗体方向”右边的值选择为指定的分割方向(例如:数据表在右,如图 5.14 所示),然后切换到布局视图即可。

5.2.8 “模式对话框”创建窗体

模式对话框(Modal Dialogue Box)又称模态对话框,是指在用户想要对对话框以外的应用程序进行操作时,必须先对该对话框进行响应。

对话框分为模式对话框和非模式对话框两种。二者的区别:当对话框打开时,是否允许用户操作其他对象，即在模式对话框下，用户需要操作目标对话框就必须先操作模式对话框。

【例 5.8】在“学籍”数据库中，以“学生”“课程”和“选课”3 个表为数据源，利用“其他窗体”下拉列表中的“模式对话框”，创建如图 5.15 所示的学生成绩模式对话框。操作如下：

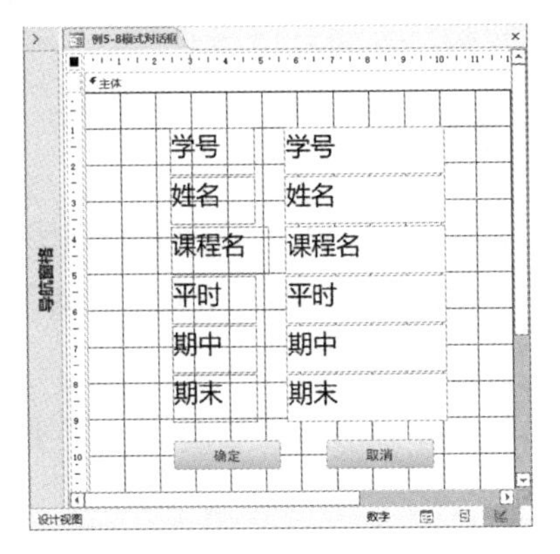

图 5.15　模式对话框

(1)打开“学籍”数据库。在“导航窗格”中，展开“表”对象，选中“学生”表。

(2)单击“创建”选项卡，单击“窗体”组中的“其他窗体”下拉列表，选中并单击“模式对话框”，则弹出的对话框如图 5.16 所示。

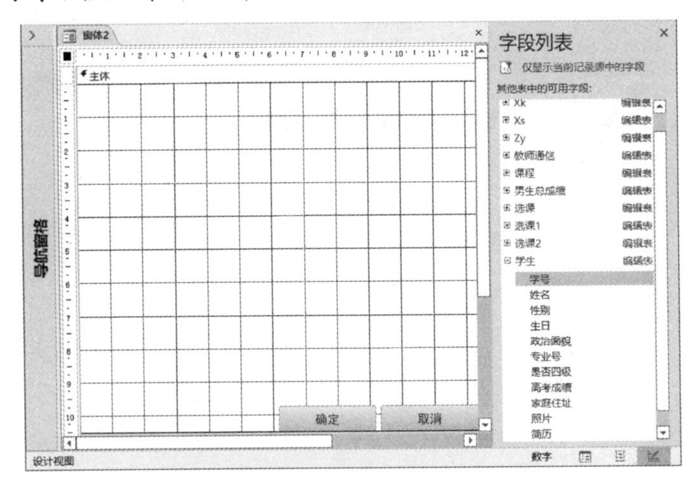

图 5.16　模式对话框设计视图

(3)单击“数据透视表工具”的“设计”上下文命令选项卡，单击“显示/隐藏”组中的“字段列表”，调出“字段列表”窗口；如果必要，单击“工具”组中的“属性”，调出“属性”窗口。

(4)依次拖动“学生”表中的“学号”和“姓名”字段到主体下方区域，或者依次双击“学生”表中的“学号”和“姓名”字段。

(5)依次拖动“选课”表中的“平时”“期中”和“期末”字段到主体下方区域，或者依次双击“选课”表中的“平时”“期中”和“期末”字段。

(6)拖动“课程”表中的“课程名”字段，到主体下方区域，或者双击“课程”表中的“课程名”字段。注意:(4)(5)(6)的顺序不要搞错了!!

(7)编辑所有标签和文本框的字体为微软雅黑,字号为 20。调整控件的位置如图 5.15所示。

(8)单击“快捷访问工具栏”中的“保存”按钮,在“另存为”窗口中的文本框中输入“例 5-8 模式对话框”,单击“确定”按钮。如图 5.15 所示。

5.2.9 “窗体设计”创建窗体

在实际应用中,用户的需求是多变复杂的,而向导所创建窗体的版面布局和内容都是系统预定的,通常不能满足用户对窗体设计的复杂要求。如果要设计灵活复杂的窗体,则需要使用“设计视图”创建窗体的方法。

创建窗体的合理方案:首先,使用前述的多种向导,创建窗体的雏形;其次,使用“设计视图”进行编辑。

打开窗体的“设计视图”的方法:单击“创建”选项卡,单击“窗体”组中的“窗体设计”。如图 5.17 所示。

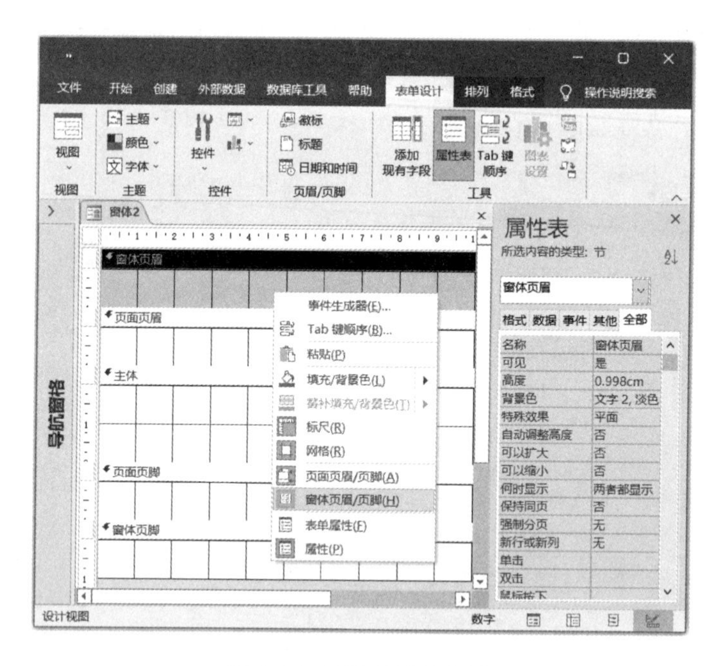

图 5.17 窗体的设计视图

调出“窗体页眉/页脚”或者“页面页眉/页脚”的方法:右击“设计视图”,在快捷菜单中,选择“窗体页眉/页脚”或者“页面页眉/页脚”。

5.2.9.1 窗体的组成

根据窗体的“设计视图”,不难看出,窗体由“窗体页眉”“页面页眉”“主体”“页面页脚”和“窗体页脚”5 个部分组成,每一个部分称为“节”。所有窗体都包含主体,“设计视图”默认只有主体。如果需要,可以添加(显示)/删除(隐藏)其他节。

窗体的每个节的最上面是节的“标题”,“标题”的右侧是节的“选择器”。窗体最上面

“标尺”右侧的“方块”是“窗体选择器”。

窗体页眉:位于窗体顶部,用于放置窗体的标题和使用说明,或者放置执行指定任务的命令按钮。

页面页眉:用来设置打印窗体时页面的头部信息。例如:标题和徽标等。

主体:窗体最重要的部分,用来显示记录数据。

页面页脚:用来设置打印窗体时页面的页脚信息。例如:日期和页码等。

窗体页脚:位于窗体底部,用于放置对整个窗体的提示信息,或者放置使用说明和命令按钮等。

调整窗体每节的宽度和高度的方法:

(1)手工调整:首先,单击“节选择器”(标题颜色变黑)。其次,把鼠标移到“节选择器”或者“节标题”的上方边缘,待光标变成“上下双箭头”,上下拖动光标可以调整节的高度;把鼠标放在节的右侧边缘处,待光标变成“水平双箭头”,左右拖动可以调整节的宽度(所有节的宽度同时随之改变)。

(2)属性调整:在“属性表”中,依次输入或者选择相应的属性值。

▲技巧:在窗体的“设计视图”中,在最下方状态栏的右侧显示有 6 种视图的切换按钮,通过单击,可以方便地实现 6 种视图之间的切换。

5.2.9.2　窗体的控件

窗体通常是由多个功能不同(或者相同)的控件组成。根据实际需要,对多个控件进行有效的组合,从而实现用户对窗体的功能需要。窗体的控件如图 5.18 所示。

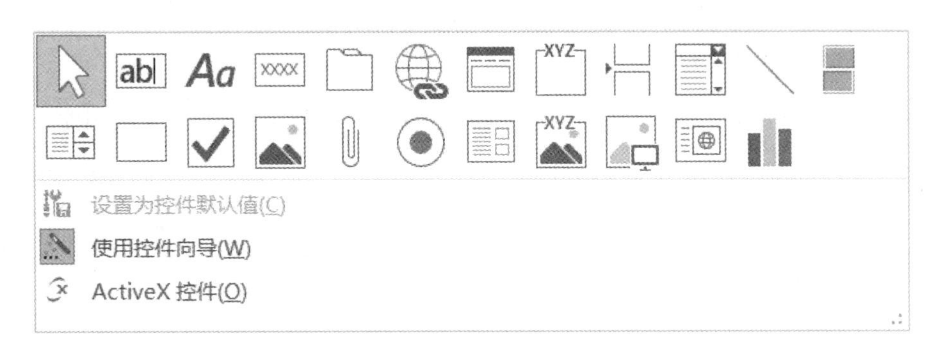

图 5.18　窗体的控件

控件的基本功能如下:

选择对象:选定窗体、节、控件。单击可以释放前面锁定的控件。

文本框:显示、输入、编辑数据源的数据。显示计算结果,接收输入的数据。

标签:在窗体或报表中,显示说明性的文本。例如:标题。

命令按钮:可以通过运行事件过程或宏,执行某些操作。

选项卡:可以把数据分组显示在不同的选项卡中。

超链接:添加超链接。

Web 浏览器:添加浏览器控件。

导航:添加导航条。

选项组:可以为用户提供一组选择,一次只能选择一个。

分页符:在创建多页窗体时用来指定分页位置。

组合框:可以显示一个提供选项的列表,也允许手动交互输入。

图表:添加图表。

直线:绘制直线,可以是水平线、垂直线或斜线。

切换按钮:作为单独的控件来显示数据源的“是/否”值。

列表框:可以显示一个提供选项的列表,不允许手动输入。

矩形:绘制一个矩形框。

复选框:建立多选按钮,可以从多个值中选择一个或多个,或不选。

未绑定对象框:显示未绑定的 OLE 对象。

附件:在窗口中添加附件。

选项按钮:建立单选按钮,一组中只能选择一个,选中的圆形内有个小黑点。

子窗体/子报表:显示多个表中的数据,在一个窗体中包含另一个窗体。

绑定对象框:显示绑定的 OLE 对象,绑定对象与数据源的字段有关。

图像:显示静态图像,用来美化窗体。

控件设置:设置为控件默认值。

控件向导:先单击向导按钮,再单击指定按钮,则按照向导方式使用指定按钮。

ActiveX 控件:单击可以弹出其他控件列表,供用户选择,或用于插入其他控件。

为了用户使用方便,在窗体中,可以很方便地定义每一个控件的 Tab 键的次序。Tab 键次序的设置方法如下:

(1)单击“窗体设计工具”的“设计”上下文命令选项卡,在“工具”组中单击“Tab 键次序”。例如:“例 5.1”的窗体的 Tab 键的默认次序,如图 5.19 所示。

(2)通过“控件”前面的“选择器”,选择一个或多个控件。

(3)拖动选定的“控件”到指定次序的位置。

▲提示:在图 5.19 中,只显示可以交互的、能够获得焦点的控件。

图 5.19 设置 Tab 键次序

5.2.9.3 窗体和控件的属性

窗体和窗体的每个控件都有自己的属性，不同的属性确定了窗体及其控件的数据、外观和行为等多个特性。窗体中动态显示的数据通常来自表或查询。

(1)属性表。

属性表是设置窗体或控件属性的有效工具。属性表依据对象的不同而有所不同。

例如："文本框"的"宽度""高度"和"小数位数"等。

显示和隐藏属性表的方法：单击"窗体设计工具"的"设计"上下文命令选项卡，单击"工具"组中的"属性表"按钮，则弹出的对话框如图 5.20 所示。

"属性表"含有"格式""数据""事件""其他"和"全部"5 个选项卡，分别代表控件的不同类别的属性。

①格式：对象的外观布置。例如：宽度、最大最小化按钮、关闭按钮和图片属性等。

②数据：控件如何使用数据。记录源中指定了窗体所使用的表、查询或者 SQL 查询，同时指定了筛选和排序的依据等。控制来源中指定了控件所使用的字段或表达式。

③事件：允许为一个对象发生的事件指定命令。例如：命令按钮的"单击"事件，表示单击该命令按钮时，所要完成的指定任务。

④其他：以上各类别属性之外的其他属性。

⑤全部：显示控件的所有属性，是另外四类属性的汇总。

说明：在 Access 2019 中，属性表用于决定表、查询、字段、窗体和报表的特性。

▲技巧：显示/隐藏"属性表"的快捷方法是按"F4"。

(2)字段列表。

对于窗体中，需要动态控制数据的控件，可以通过"字段列表"进行添加和捆绑。

显示和隐藏字段列表的方法:单击“窗体设计工具”的“设计”上下文命令选项卡,单击“工具”组中的“添加现有字段”按钮,则弹出的对话框如图 5.21 所示。

▲提示:在“字段列表”中,单击“显示所有表”,则显示所有可以使用的表及其字段;单击“仅显示当前记录源中的字段”,则显示当前“记录源”所指定的表或查询中可以使用的字段。

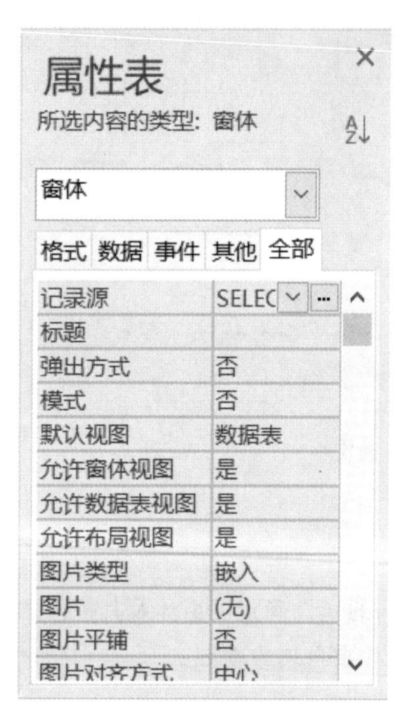

图 5.20 属性表

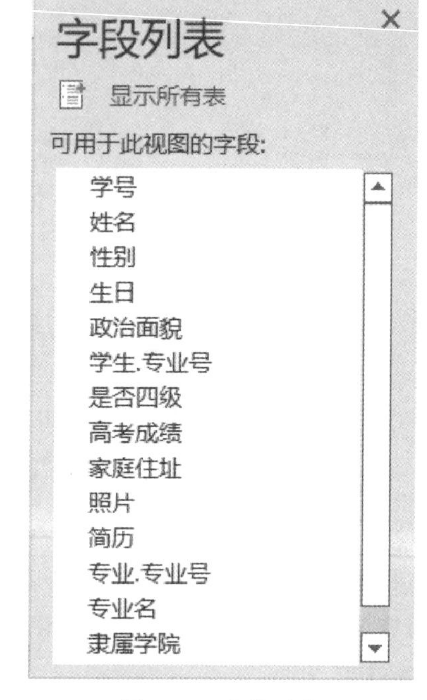

图 5.21 字段列表

5.2.9.4 控件类型及其用法

在窗体中,根据控件的功能及其所显示的内容,可以分为未绑定控件、绑定控件和计算控件三大类。

(1)未绑定控件。

未绑定控件:没有数据源(即控制来源)的控件。通常使用未绑定控件显示信息、图片、线条或矩形。例如:显示窗体标题的标签。

(2)绑定控件。

绑定控件:数据源(即控制来源)是表或查询中的字段的控件。通常使用绑定控件,显示表中字段的值。值可以是文本、日期、数字、是/否、图片或图形。例如:显示学生姓名的文本框可以从“学生”表中的“姓名”字段获得。

(3)计算控件。

计算控件:数据源是表达式(而非字段)的控件。表达式是由常量、字段和函数等组成的有意义的有效组合,即运算符、控件名称、字段名称、返回单个值的函数及常数的组合。通过定义表达式可以指定用作控件的数据源(即控制来源)。

例如:学生的综合成绩,可以使用平时、期中和期末的比例组合,即 0.1 * [平时]+ 0.3 * [期中]+ 0.6 * [期末]。

表达式可以是来自窗体或报表的表或查询中的字段的数据，还可以是来自窗体或报表中的另一个控件的数据。

(4)控件的用法。

在"窗体设计工具"的"设计"上下文命令选项卡中。

对于未绑定控件：单击指定控件，光标自动变为带有控件图标的加号"+"，在设计视图工作区的指定位置，拖出用于放置控件的区域（或者通过单击，自动创建默认区域），然后设置相关的属性。

对于绑定控件可以使用以下3种方法。

①双击"字段列表"中的指定字段，窗体中会自动添加指定字段的相应控件。

②拖动"字段列表"中的指定字段到设计视图工作区的指定位置，然后设置相关的属性。

③首先创建未绑定控件，然后使用"属性表"，设置相关的属性。

▲说明：使用"字段列表"创建绑定控件是比较理想的方式。原因如下：

①控件会自动使用字段名称（或者在表或查询中为该字段定义的标题）来填写控件附带的标签。因此，用户不必自己键入控件标签的内容。

②控件会根据表或查询中字段的属性（例如：格式、小数位数和输入掩码等），自动把控件的属性设置为相应的值。

对于计算控件可以使用以下两种方法。

①添加计算控件，执行计算表达式。首先，创建未绑定控件；其次，使用"属性表"，在"控制来源"右侧的组合框中输入用于计算的表达式，同时设置相关的属性。

例如：创建一个总成绩的文本框，并且按照平时、期中和期末的比例组合计算总成绩。首先，创建一个文本框；其次，调出"属性表"，在"控件来源"右侧的组合框中输入计算表达式"=0.1*[平时]+0.3*[期中]+0.6*[期末]"。

②建立查询，捆绑字段。首先，建立包含计算控件所对应的字段表达式的查询（即在设计网格的"字段"行中输入计算表达式及其标题）；其次，把窗体的计算控件绑定新建查询的响应字段。

▲注意：创建窗体比较理想的方案，首先添加和排列所有绑定控件（多数控件都是绑定控件）；其次在"设计视图"或者"布局视图"中，使用"窗体设计工具"的"设计"上下文命令选项卡中的"控件"组中的控件，添加未绑定控件和计算控件。

5.2.9.5　设计视图创建窗体

正是因为窗体的设计视图为众多的控件提供了极其丰富的属性，所以在创建窗体的多种方法中，更多时候是使用设计视图创建窗体。因为这种方法更为灵活、快捷和直观。

设计视图创建窗体的步骤：

(1)打开窗体的设计视图。

(2)添加控件。在窗体中，添加相应的控件，并设置其基本属性。

(3)捆绑控件。对交互控件与相应的数据源，进行捆绑。

(4)编辑控件。移动控件,改变大小,删除,设置边框、字体和背景等属性。

(5)设置事件。设置控件上可能发生的事件。例如:单击“学生信息”按钮。

(6)事件处理。设计事件发生后,所需要做的处理步骤。例如:单击“学生信息”按钮之后,打开“学生信息”窗体。

▲说明:在复杂的控制类窗体中,(5)和(6)通常起到关键的桥梁作用,可以实现多个查询、窗体、报表和宏等之间的相互调用。

【例 5.9】在“学籍”数据库中,利用“窗体设计”,创建如图 5.22 所示的学生信息窗体。操作如下:

(1)打开数据库和设计视图。

①打开“学籍”数据库。

②单击“创建”选项卡,单击“窗体”组中的“窗体设计”。

③单击“快捷访问工具栏”中的“保存”按钮,在“另存为”窗口中的文本框中输入“例 5-9 学生信息—设计视图”,单击“确定”按钮,则弹出的对话框如图 5.23 所示。

(2)添加立体矩形和标签。

①右击“设计视图”,在快捷菜单中,单击“窗体页眉/页脚”。

②单击“窗体设计工具”的“设计”上下文命令选项卡。

矩形 0:单击“控件”组中的“矩形”,在“设计视图”的“窗体页眉”节,添加名称为“Box0”的矩形。

A. 在“属性表”的“格式”选项卡中,设置“特殊效果”的属性为“凸起”。

B. 在“属性表”的“其他”选项卡中,设置“名称”的属性为“Box0”。

C. 拖动“Box0”右上角的“灰色”方块,移动“Box0”到合适位置;拖动“Box0”边界上的“控制点”(7 个“黄色”小方块),调整“Box0”的大小。

矩形 1:同理,单击“控件”组中的“矩形”,在“设计视图”的“窗体页眉”节,添加名称为“Box1”的矩形。

A. 在“属性表”的“格式”选项卡中,设置“特殊效果”的属性为“凹陷”。

B. 在“属性表”的“其他”选项卡中,设置“名称”的属性为“Box1”,并且相应地调整其他的属性。

标签 0:单击“控件”组中的“标签”,在“设计视图”的“窗体页眉”节,添加名称为“Label0”的标签。

A. 在“属性表”的“格式”选项卡中,设置“标题”的属性为“学生信息管理”,“字号”的属性为“16”,“对齐方式”的属性为“居中”,“前景色”的属性为“蓝色”(即#0000FF)。

B. 在“属性表”的“其他”选项卡中,设置“名称”的属性为“Label0”,并且相应地调整其他的属性。如图 5.24 所示。

(3)设置窗体的数据源。

①单击标尺右侧的“窗体选择器”,选中窗体。

②在“属性表”的“数据”选项卡中,设置“记录源”的属性为“学生”;在“格式”选项卡

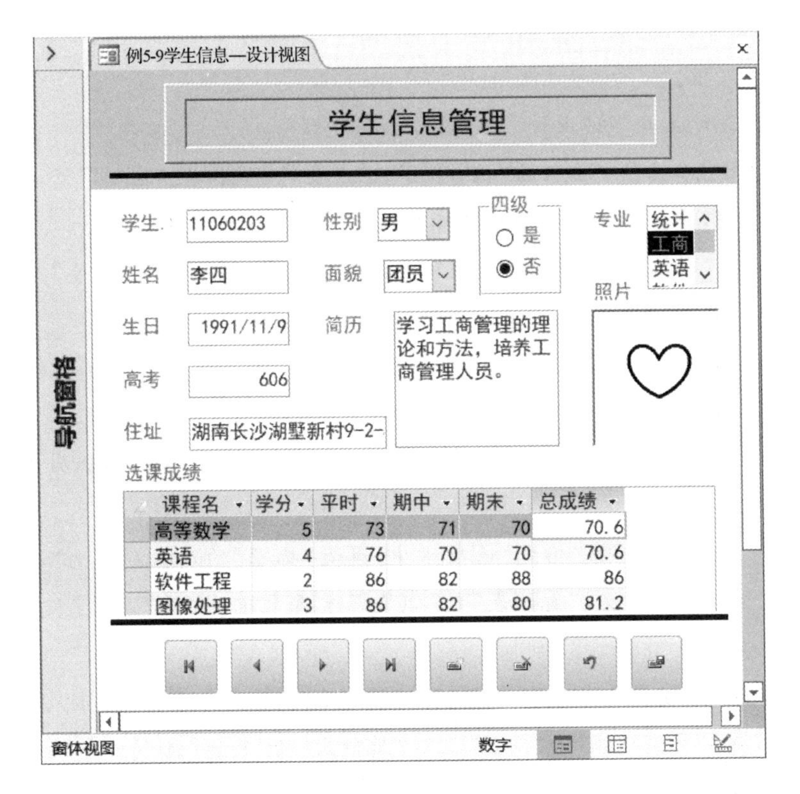

图 5.22 学生信息窗体

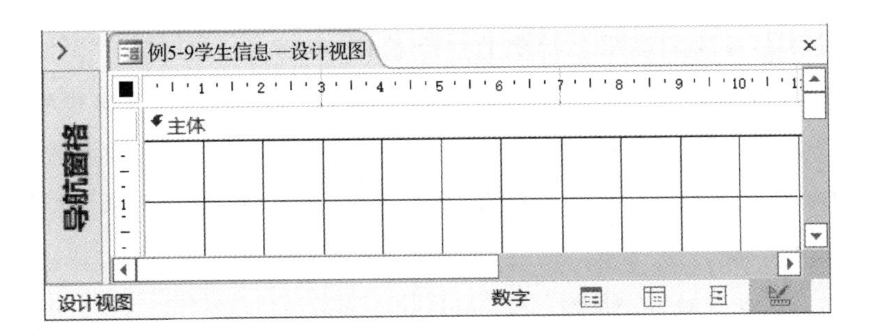

图 5.23 窗体默认设计视图

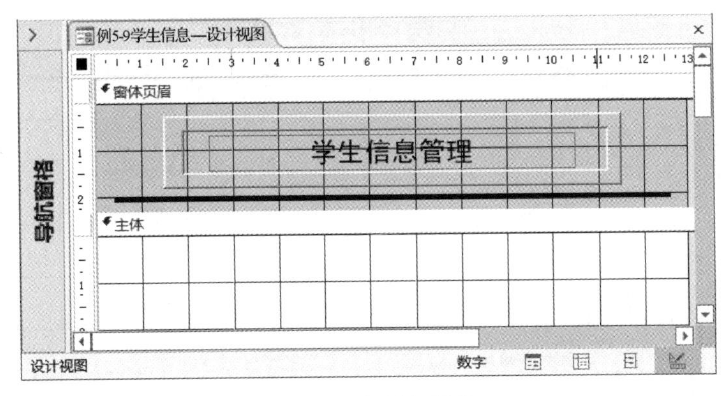

图 5.24 矩形与标签

中,设置“记录选择器”的属性为“否”,设置“导航按钮”的属性为“否”。

(4)添加文本框。

单击“窗体设计工具”的“设计”上下文命令选项卡。

文本框 1:单击“控件”组中的“文本框”,在“设计视图”的“主体”节,添加名称为“Text1”的文本框,并自动添加一个默认标签。

选中标签,在“属性表”的“格式”选项卡中,设置“标题”的属性为“学号”。在“属性表”的“其他”选项卡中,设置“名称”的属性为“Label1”。

选中文本框,在“属性表”的“数据”选项卡中,设置“控制来源”的属性为“学号”。在“属性表”的“其他”选项卡中,设置“名称”的属性为“Text1”。

文本框 2—文本框 6:同理,在“设计视图”的“主体”节,添加名称分别为“Text2”—“Text6”的文本框。

对于标签,在“属性表”的“格式”选项卡中,设置“标题”的属性分别为“姓名”“生日”“高考”“住址”和“简历”。在“属性表”的“其他”选项卡中,设置“名称”的属性分别为“Label2”—“Label6”。

对于文本框,在“属性表”的“数据”选项卡中,设置“控制来源”的属性分别为“姓名”“生日”“高考成绩”“家庭住址”和“简历”。在“属性表”的“其他”选项卡中,设置“名称”的属性分别为“Text2”—“Text6”。

自行适当调整标签和文本框的其他属性,如图 5.25 所示。

▲技巧:由于标签和文本框是捆绑的组合控件,拖动任意一个控件的边界(非控制点),组合控件可以一起移动;拖动单个控件的右上角的“灰色”方块,可以移动或删除一个控件;拖动单个控件边界上的控制点(7 个“黄色”小方块),可以调整选中控件的大小。

快速创建捆绑文本框:双击“字段列表”中的字段,或拖动“字段列表”中的字段到“设计视图”中的指定位置。

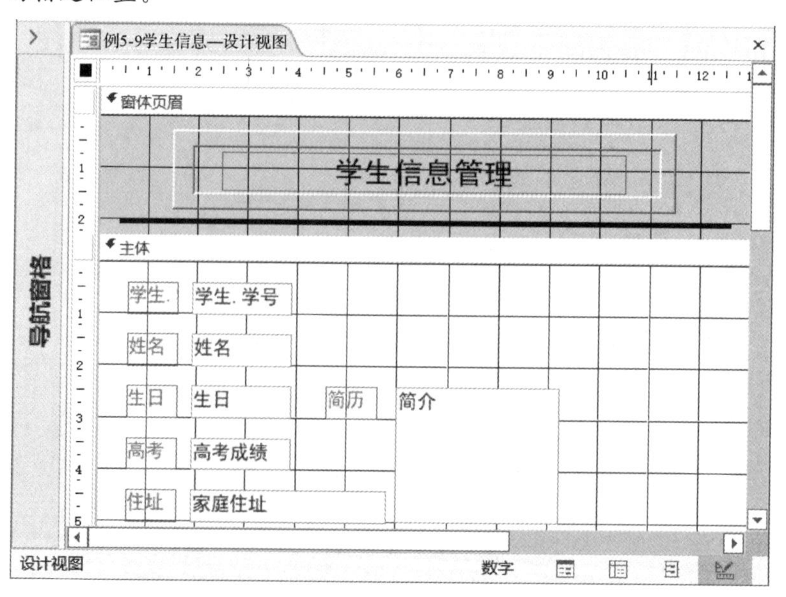

图 5.25 文本框

(5)添加组合框。

单击“窗体设计工具”的“设计”上下文命令选项卡,单击“控件”组中的“使用控件向导”,使其处于选中状态。

组合框0:添加“性别”组合框。

①单击“控件”组中的“组合框”,在“设计视图”的“主体”节中,单击指定位置(或拖出一个矩形区域),则弹出的对话框如图5.26所示。

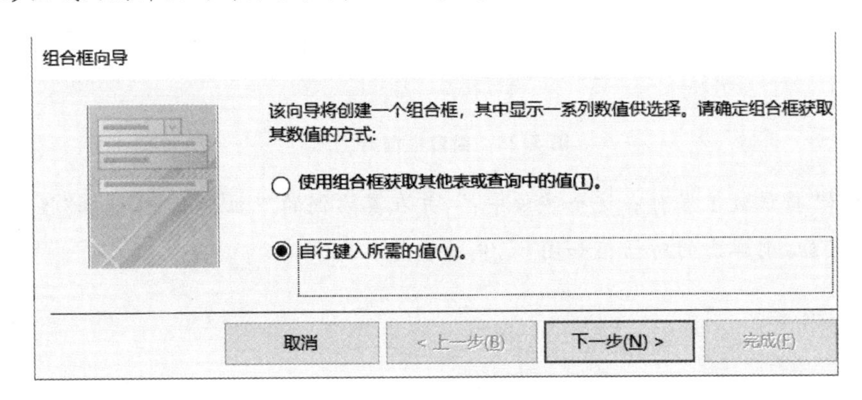

图5.26　组合框向导之一

②选中“自行键入所需的值。”,单击“下一步”按钮,则弹出的对话框如图5.27所示。

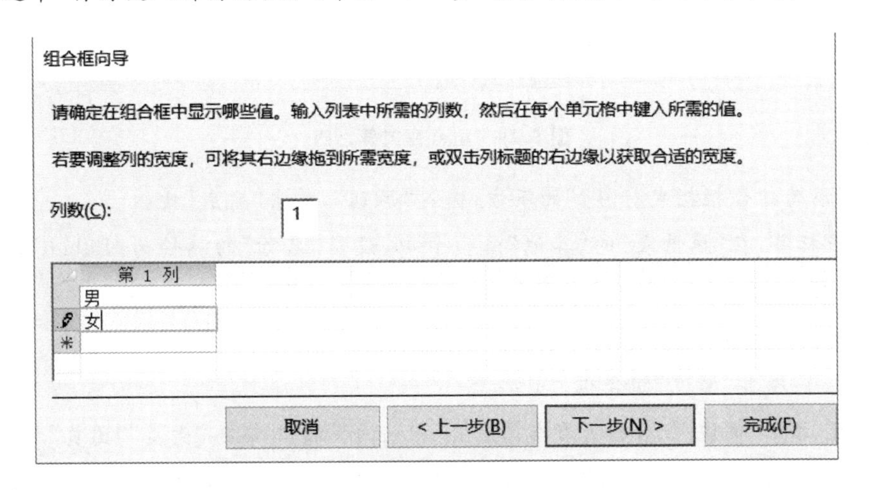

图5.27　组合框向导之二

③在“列数:”右侧的文本框中,输入“1”,在“第1列”的下方,依次输入“男”和“女”。单击“下一步”按钮,则弹出的对话框如图5.28所示。

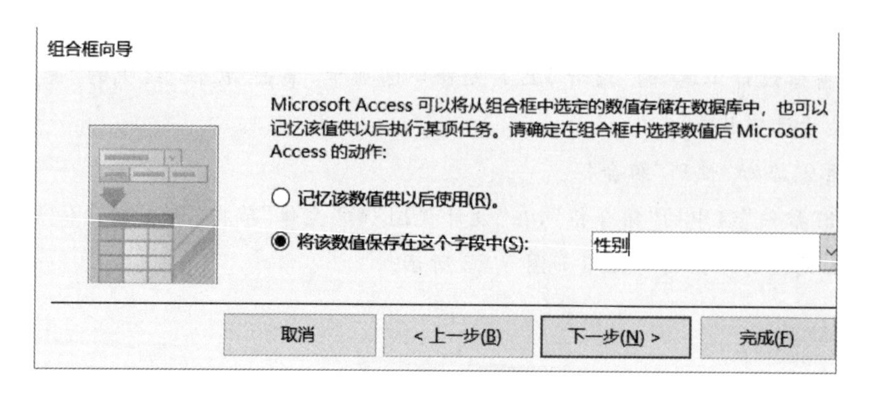

图 5.28　组合框向导之三

④选择“将该数值保存在这个字段中:”,并在其右侧的下拉列表中,选择“性别”,单击“下一步”按钮,则弹出的对话框如图 5.29 所示。

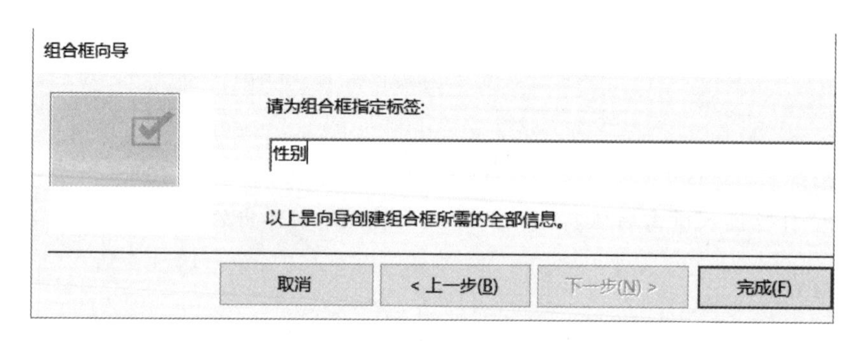

图 5.29　组合框向导之四

⑤在“请为组合框指定标签:”的下方,输入“性别”,单击“完成”按钮。

⑥选中标签,在“属性表”的“其他”选项卡中,设置“名称”的属性为“LabelCom0”;选中文本框,在“属性表”的“其他”选项卡中,设置“名称”的属性为“Combo0”。

⑦调整标签和组合框的大小与位置等属性。

组合框 1:添加“面貌”组合框。

①同理,添加“面貌”组合框。在与图 5.27 相同的界面中,输入“党员”“团员”和“学生”;在与图 5.28 相同的界面中,选择“政治面貌”;在与图 5.29 相同的界面中,输入“面貌”。

②选中标签,在“属性表”的“其他”选项卡中,设置“名称”的属性为“LabelCom1”;选中文本框,在“属性表”的“其他”选项卡中,设置“名称”的属性为“Combo1”。

③调整标签和组合框的大小与位置等属性,如图 5.30 所示。

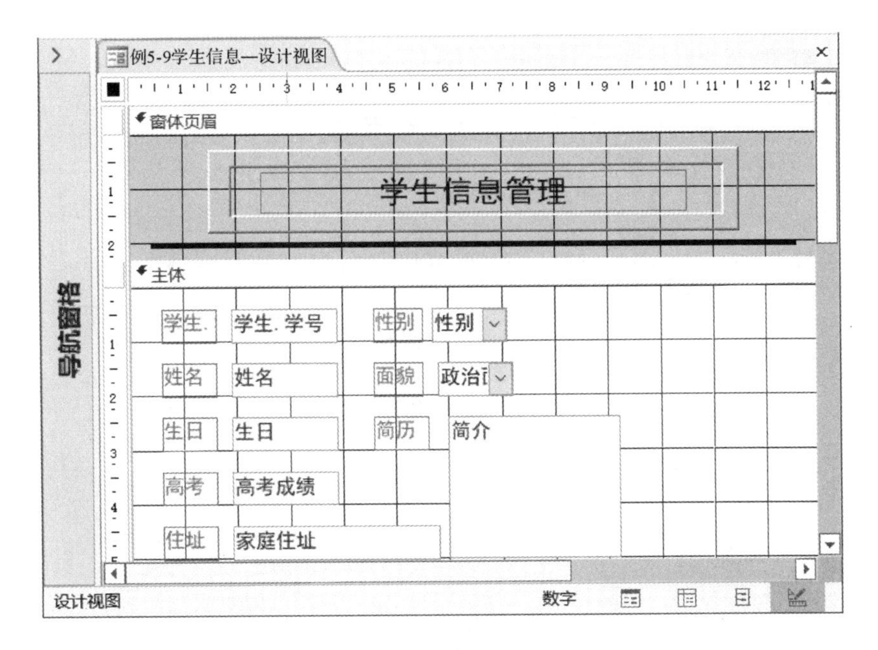

图 5.30 文本框和组合框

(6)添加选项按钮:四级选项。

单击“窗体设计工具”的“设计”上下文命令选项卡,单击“控件”组中的“使用控件向导”,使其处于选中状态。

①单击“控件”组中的“选项组”,在“设计视图”的“主体”节中,单击指定位置(或拖出一个矩形区域),则弹出的对话框如图 5.31 所示。

②在“请为每个选项指定标签:”的下方,输入“是”和“否”,单击“下一步”按钮,则弹出的对话框如图 5.32 所示。

③选择“是,默认选项是:”,在其右侧的下拉列表中,选择“是”。单击“下一步”按钮,则弹出的对话框如图 5.33 所示。

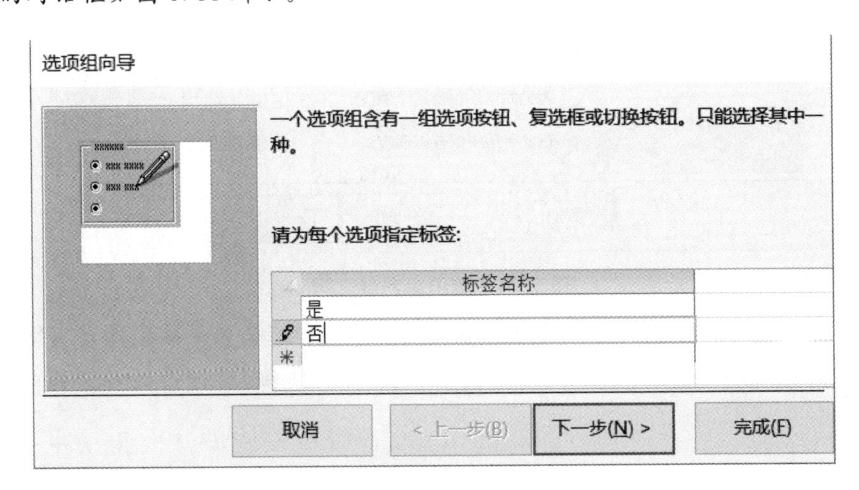

图 5.31 选项组向导之一

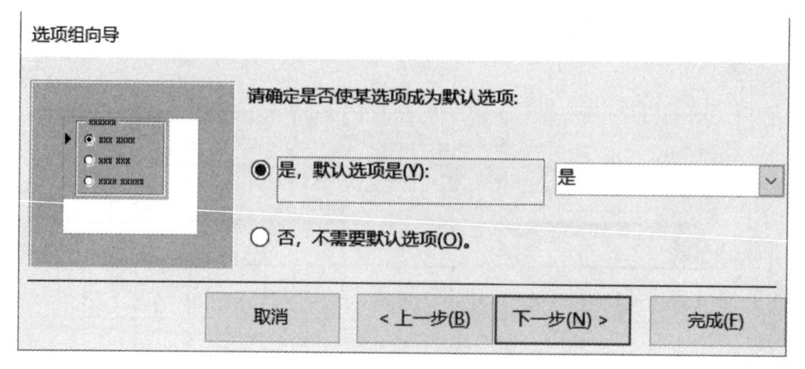

图 5.32　选项组向导之二

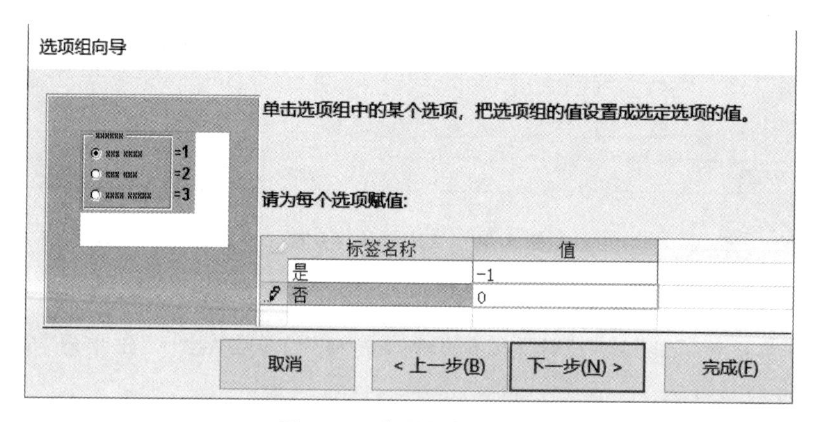

图 5.33　选项组向导之三

④在“请为每个选项赋值:”下方的“是”的右侧,输入“—1”;“否”的右侧,输入“0”。单击“下一步”按钮,则弹出的对话框如图 5.34 所示。

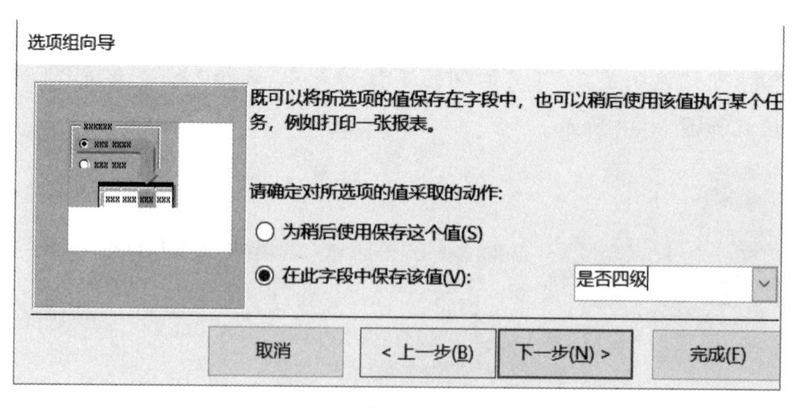

图 5.34　选项组向导之四

⑤在“请确定对所选项的值采取的动作:”的下方,选择“在此字段中保存该值:”,并在其右侧的下拉列表中,选择“是否四级”。单击“下一步”按钮,则弹出的对话框如图 5.35 所示。

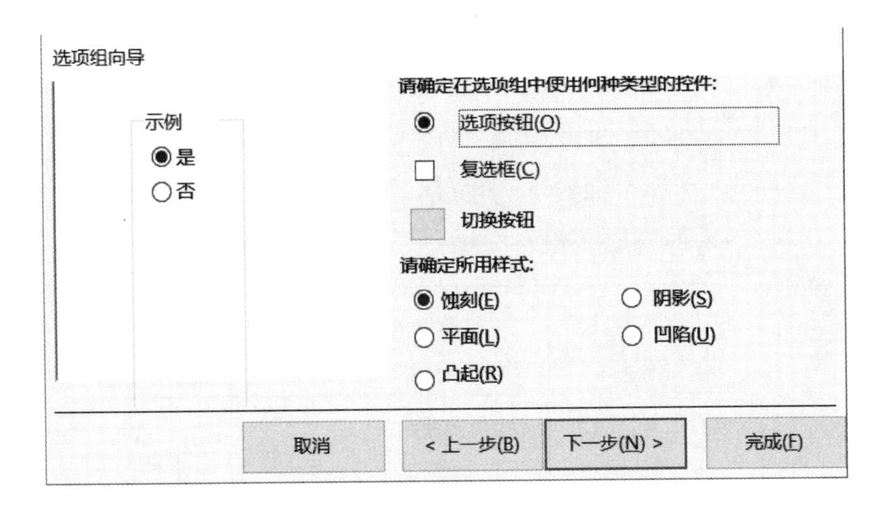

图 5.35　选项组向导之五

⑥选中“选项按钮”和“蚀刻”,单击“下一步”按钮,则弹出的对话框如图 5.36 所示。在“请为选项组指定标题:”的下方,输入“四级”,单击“完成”按钮。

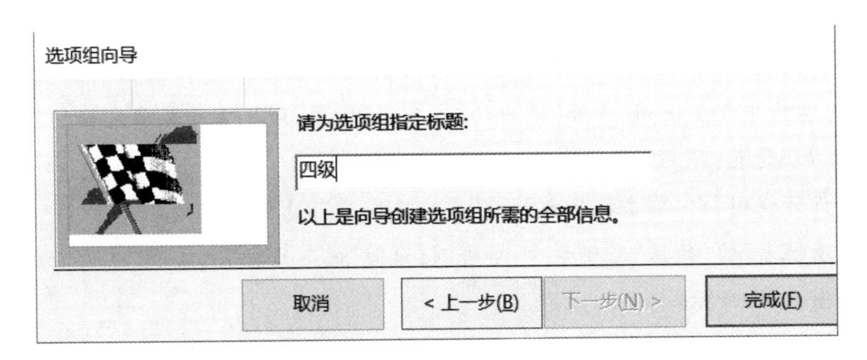

图 5.36　选项组向导之六

⑦选中标题是“四级”的标签,在“属性表”的“其他”选项卡中,设置“名称”的属性为“LabelOpt0”。

依次选中标题是“是”和“否”的标签,在“属性表”的“其他”选项卡中,分别设置“名称”的属性为“LabelOpt1”和“LabelOpt2”。

选中“矩形”,在“属性表”的“其他”选项卡中,设置“名称”的属性为“FrameOpt0”。

选中第 1 个“选项”,在“属性表”的“其他”选项卡中,设置“名称”的属性为“Option1”。

选中第 2 个“选项”,在“属性表”的“其他”选项卡中,设置“名称”的属性为“Option2”。

⑧调整选项组及其组合控件的其他属性。如图 5.37 所示。

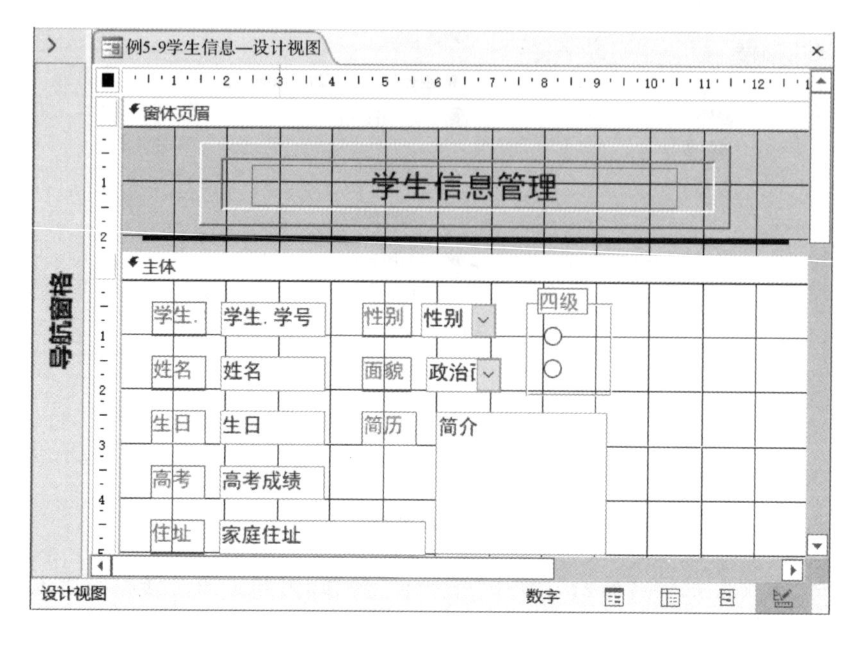

图 5.37 学生信息—四级

(7)添加列表框:专业列表框。

因为在窗体中需要使用“专业”表中的“专业名”字段,所以需要改变窗体的“数据源”,然后继续添加“列表框”。

①在“设计视图”中,单击标尺右侧的“窗体选择器”,选中窗体。

②在“属性表”的“数据”选项卡中,单击“记录源”的“…”按钮,启动“查询生成器”的确认窗口,如图 5.38 所示。

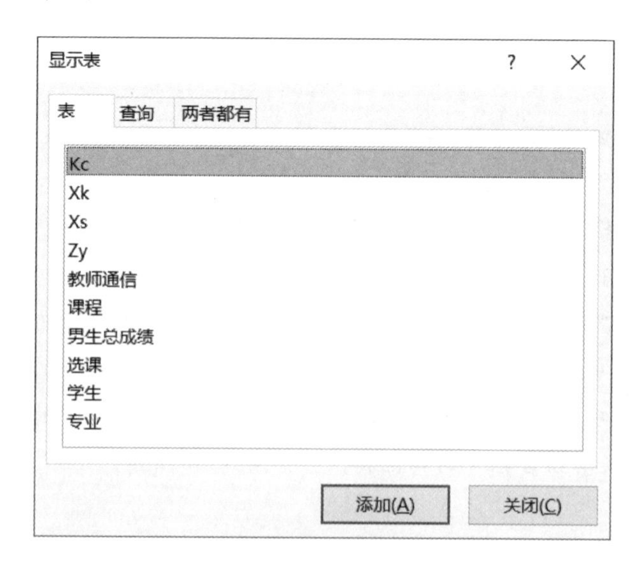

图 5.38 查询生成器的确认窗口

③单击“是”按钮,启动“查询生成器”如图 5.39 所示。

④单击“查询工具”的“设计”上下文命令选项卡,单击“查询设置”组中的“显示表”,利

用“显示表”向“查询生成器”中添加“专业”表。

在“设计网格”的“字段”行，依次选择“学生.＊”和“专业.＊”，如图 5.39 所示。

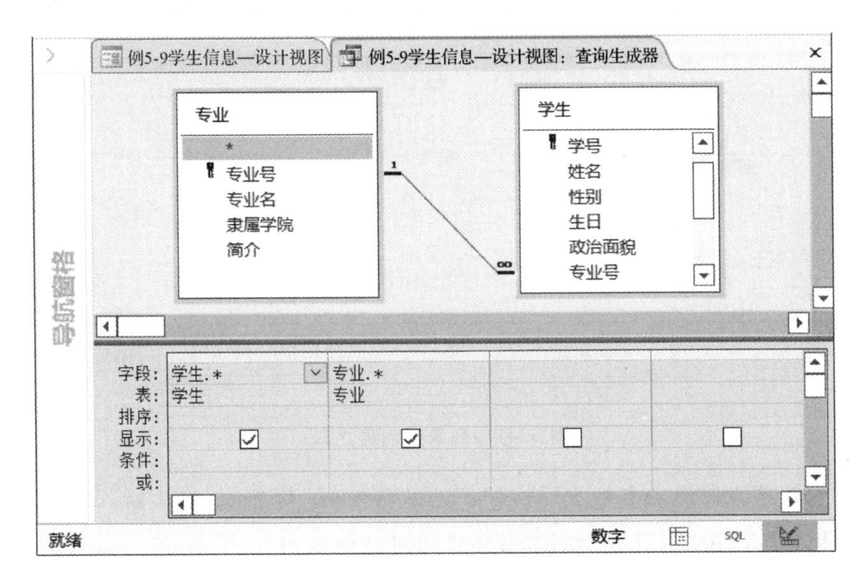

图 5.39　查询生成器

⑤单击“快捷访问工具栏”的“保存”按钮，再关闭“查询生成器”。

⑥单击“窗体设计工具”的“设计”上下文命令选项卡，单击“控件”组中的“使用控件向导”，使其处于选中状态。

⑦单击“控件”组中的“列表框”，在“设计视图”的“主体”节中，单击指定位置(或拖出一个矩形区域)，则弹出的对话框如图 5.40 所示。

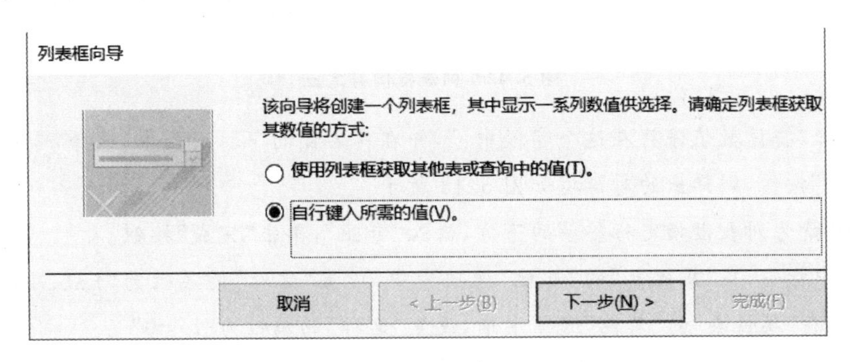

图 5.40　列表框向导之一

⑧选中“自行键入所需的值。”，单击“下一步”按钮，则弹出的对话框如图 5.41 所示。

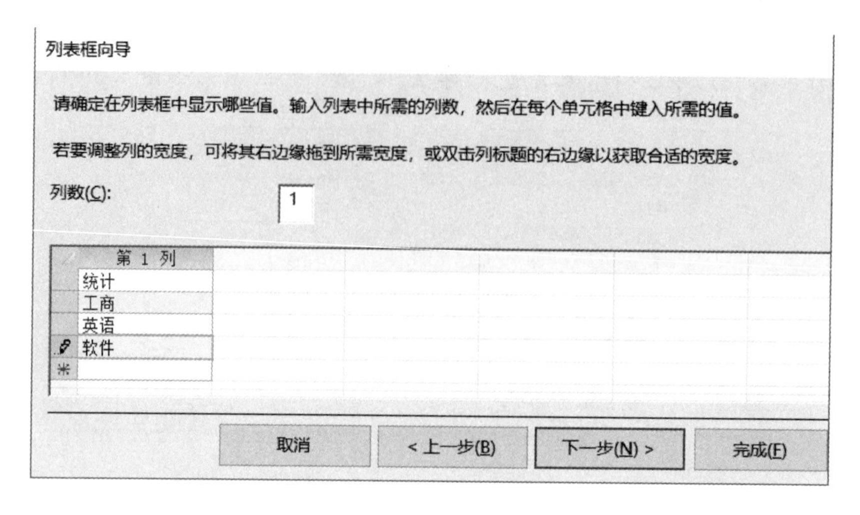

图 5.41　列表框向导之二

⑨在“列数:”右侧的文本框中，输入“1”；在“第 1 列”的下方，依次输入“统计”“工商”“英语”和“软件”；单击“下一步”按钮，则弹出的对话框如图 5.42 所示。

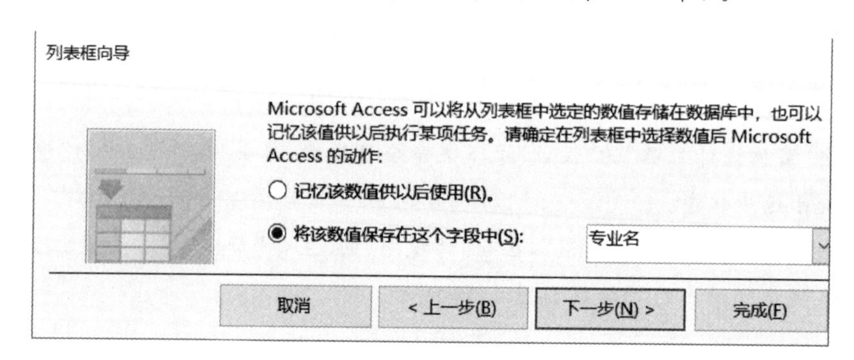

图 5.42　列表框向导之三

⑩选择“将该数值保存在这个字段中:”，并在其右侧的下拉列表中，选择“专业名”，单击“下一步”按钮，则弹出的对话框如图 5.43 所示。

⑪在“请为列表框指定标签:”的下方，输入“专业”，单击“完成”按钮。

⑫选中标签，在“属性表”的“其他”选项卡中，设置“名称”的属性为“LabelLst0”。选中列表框，在“属性表”的“其他”选项卡中，设置“名称”的属性为“List0”。

⑬调整标签和列表框的大小与位置等属性，如图 5.44 所示。

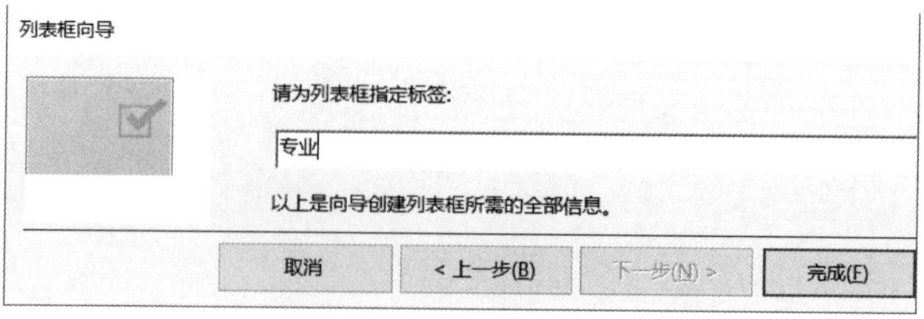

图 5.43　列表框向导之四

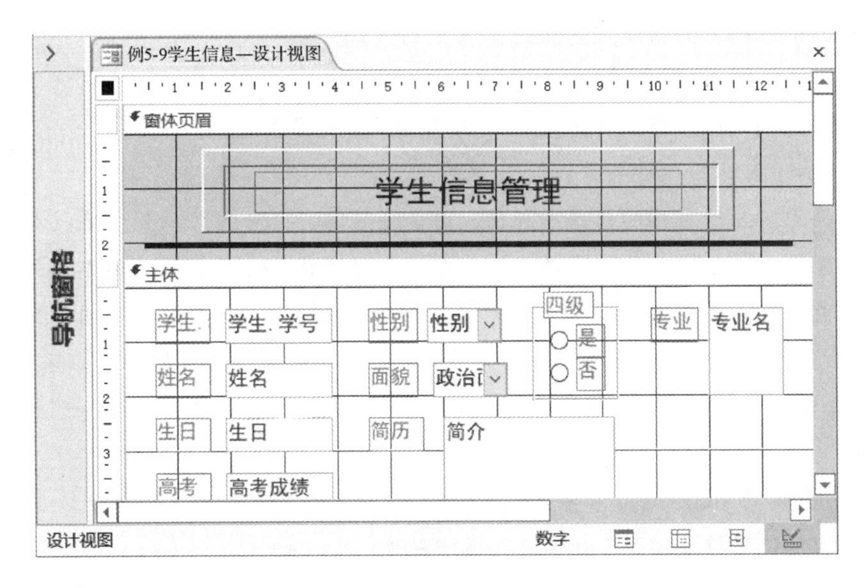

图 5.44 学生信息—列表框

(8)添加捆绑 OLE 对象:照片 OLE 对象。

单击“窗体设计工具”的“设计”上下文命令选项卡。

①单击“控件”组中的“绑定对象框”,在“设计视图”的“主体”节中,单击指定位置(或拖出一个矩形区域),则弹出的对话框如图 5.45 所示。

②选中标签,在“属性表”的“格式”选项卡中,设置“标题”的属性为“照片”;在“其他”选项卡中,设置“名称”的属性为“LabelOleBnd0”。

③选中“OLE 对象”,在“属性表”的“数据”选项卡中,设置“控制来源”的属性为“照片”;在“其他”选项卡中,设置“名称”的属性为“OLEBound0”。

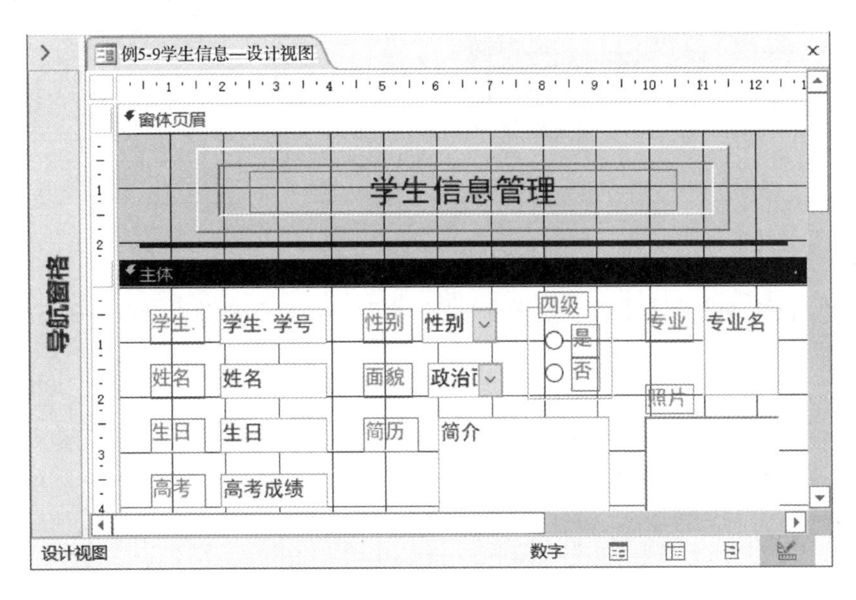

图 5.45 学生信息—OLE

④调整标签和 OLE 对象的大小与位置等属性,如图 5.45 所示。

(9)添加子窗体:选课成绩。

子窗体是指在窗体(即主窗体)中插入的窗体(即子窗体)。

主窗体和子窗体的 3 种关系:

第一,同源:主/子窗体的记录源相同。结合型窗体,主/子窗体的同步直接有效组合。

第二,无关:主/子窗体的记录源无关。非结合型窗体,主/子窗体的简单无关组合。

第三,相关:主/子窗体的记录源相关。结合型窗体,主/子窗体的同步间接有效组合。

对于关联的主/子窗体,通常在子窗体中,只显示与主窗体同步的相关记录。即主窗体的表或查询与子窗体的表或查询之间必须是一对多关系,并且主窗体是"一"端,子窗体是"多"端。

①对于窗体的"设计视图",单击"窗体设计工具"的"设计"上下文命令选项卡,单击"控件"组中的"使用控件向导",使其处于选中状态。

②单击"控件"组中的"子窗体/子报表",在"设计视图"的"主体"节中,单击指定位置(或拖出一个矩形区域),则弹出的对话框如图 5.46 所示。

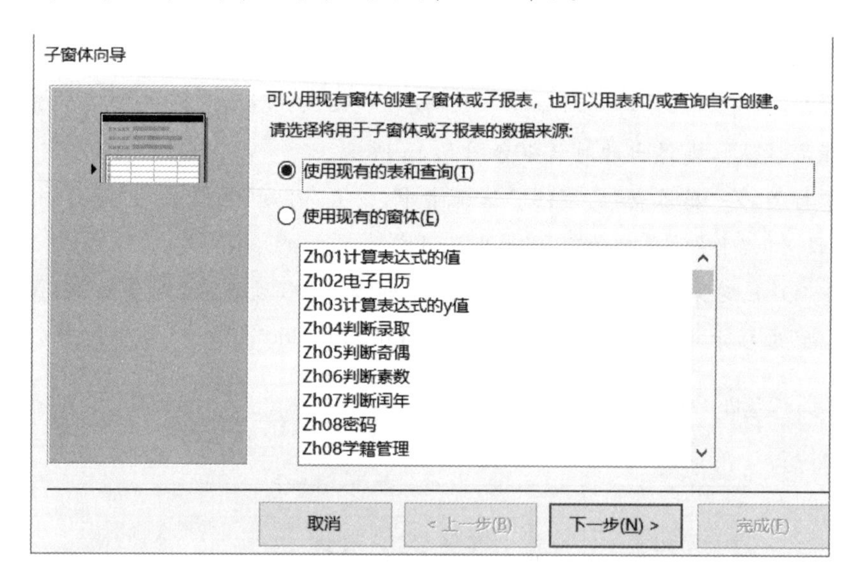

图 5.46　子窗体向导之一

③选中"使用现有的表和查询",单击"下一步"按钮,则弹出的对话框如图 5.47 所示。

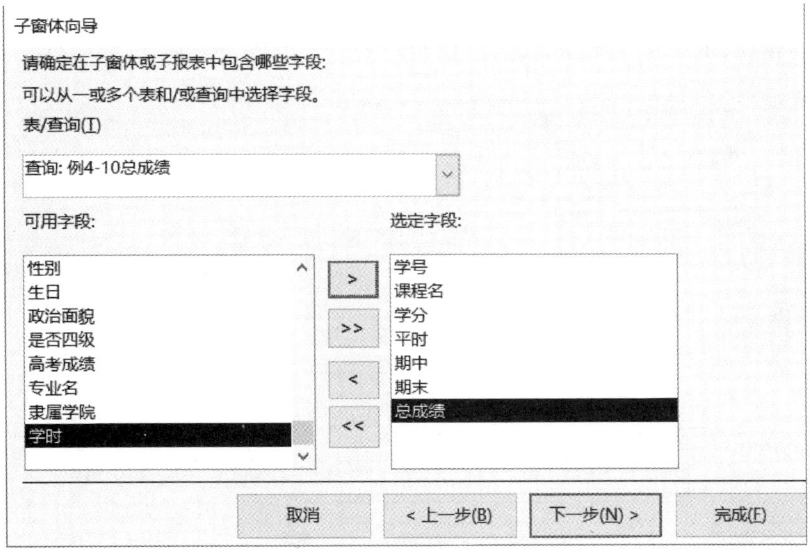

子窗体向导
请确定在子窗体或子报表中包含哪些字段:
可以从一或多个表和/或查询中选择字段。
表/查询(T)
查询: 例4-10总成绩
可用字段:
性别
生日
政治面貌
是否四级
高考成绩
专业名
隶属学院
学时
选定字段:
学号
课程名
学分
平时
期中
期末
总成绩
取消
< 上一步(B)
下一步(N) >
完成(F)

图 5.47　子窗体向导之二

④在“表/查询”下方的下拉列表中，选择“查询：例 4-10 总成绩：”，在“可用字段：”下方的列表中，依次选择“学号”“课程名”“学分”“平时”“期中”“期末”和“总成绩”，并且移到右侧“选定字段：”下方的列表中，单击“下一步”按钮，则弹出的对话框如图 5.48 所示。

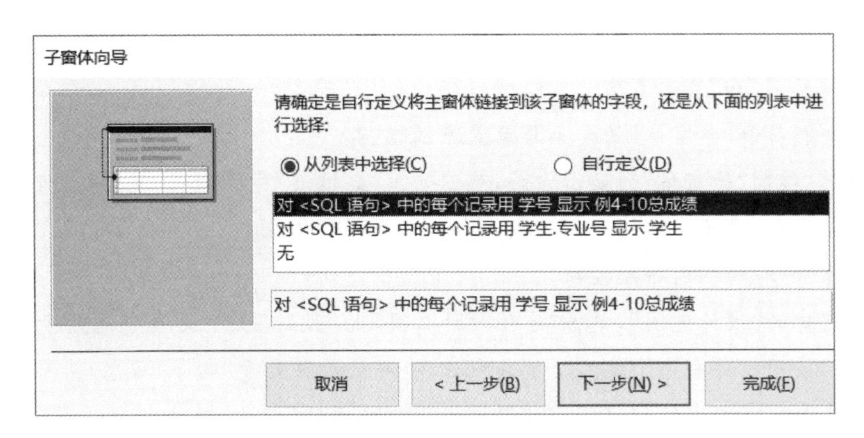

图 5.48　子窗体向导之三

⑤选择“从列表中选择”，在下方的列表中，选择“对＜SQL 语句＞中的每个记录用学号显示例 4-10 总成绩”，单击“下一步”按钮，则弹出的对话框如图 5.49 所示。

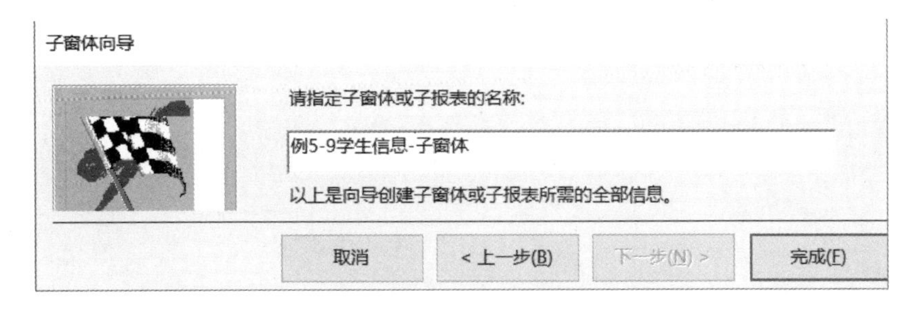

图 5.49　子窗体向导之四

⑥在“请指定子窗体或子报表的名称:”的下方,输入“例 5-9 学生信息—设计视图”,单击“完成”按钮,则设计界面如图 5.50 所示。

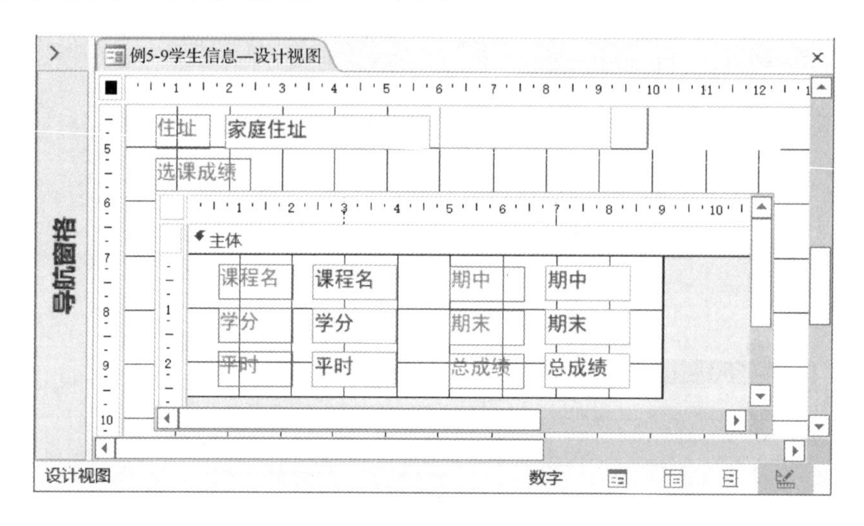

图 5.50 学生信息—子窗体

⑦选中标题为“例 5-9 学生信息—设计视图”的标签,在“属性表”的“格式”选项卡中,设置“标题”的属性为“选课成绩”;在“其他”选项卡中,设置“名称”的属性为“LabelSub0”。

⑧选中“子窗体”,在“属性表”的“其他”选项卡中,设置“名称”的属性为“SubForm0”。

⑨选中“子窗体”中的“学号”文本框及其标签,按“Delete”键删除该控件。隐藏“子窗体”的“窗体页眉”和“窗体页脚”。

⑩调整标签和“子窗体”的大小与位置等属性。

▲技巧:控制“子窗体”的显示方式,可以使用“属性表”中的“默认视图”属性。具体显示方式包括“单个窗体”“连续窗体”“数据表”和“分割窗体”。

(10)添加命令按钮:导航按钮。

对于窗体的“设计视图”,单击“窗体设计工具”的“设计”上下文命令选项卡,单击“控件”组中的“使用控件向导”,使其处于选中状态(即使控件处于“向导”状态)。

①单击“控件”组中的“按钮”,在“设计视图”的“页脚”节中,单击指定位置(或拖出一个矩形区域),弹出的对话框如图 5.51 所示。

②在“类别:”下方的列表中,选中“记录导航”;在“操作:”下方的列表中,选中“转至第一项记录”;单击“下一步”按钮,则弹出的对话框如图 5.52 所示。

③选中“图片:”,在右侧的下拉列表中,选择“移至第一项”,单击“下一步”按钮,则弹出界面如图 5.53 所示。

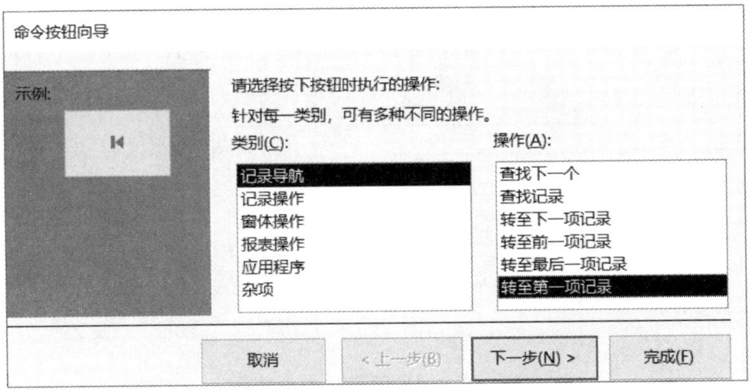

图 5.51　命令按钮向导之一

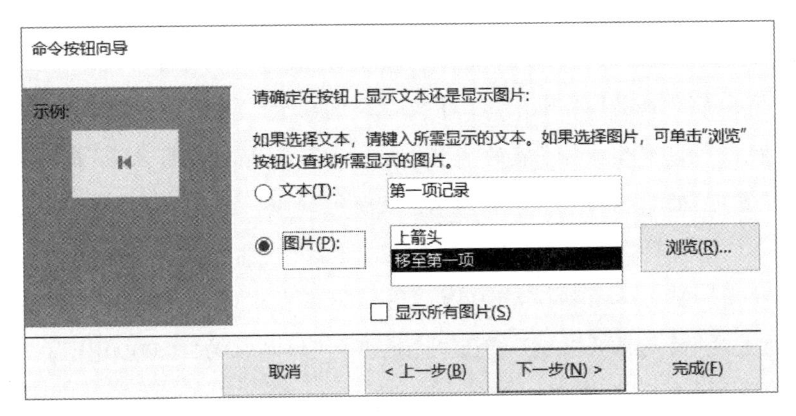

图 5.52　命令按钮向导之二

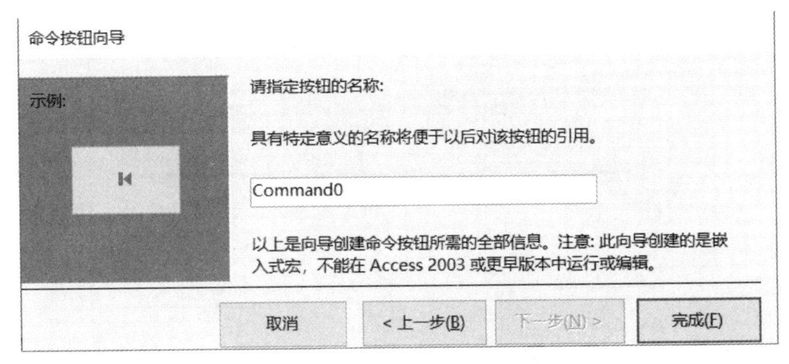

图 5.53　命令按钮向导之三

④在"请指定按钮的名称:"的下方，输入"Command0"，单击"完成"按钮。

⑤同理，依次添加"上一记录""下一记录""最后记录""添加记录""删除记录""撤销"和"保存"，设置的"名称"分别为"Command1"… "Command7"。

⑥选中所有按钮，单击"窗体设计工具"的"排列"上下文命令选项卡；单击"调整大小和排序"组中的"大小/空格"下拉菜单，选择并单击"间距"下方的"水平相等"，单击"对齐"下拉菜单，选择并单击"靠上"。

⑦调整按钮的大小和位置等属性，如图 5.54 所示。

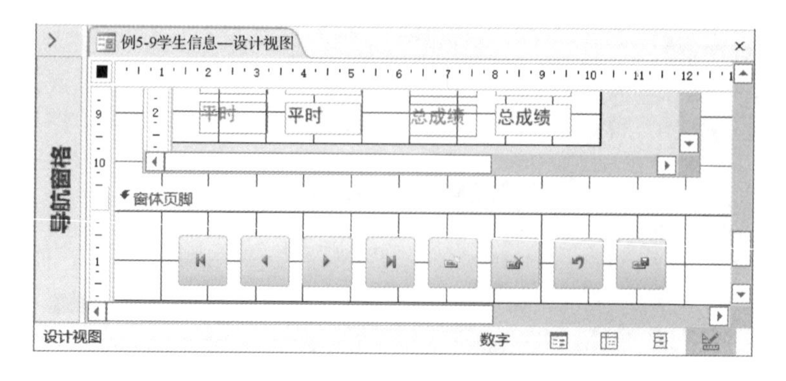

图 5.54　学生信息—命令按钮

(11)添加直线:修饰直线。

对于窗体的“设计视图”,可以添加“直线”“矩形”或“图像”等,对窗体进行进一步的修饰。

①单击“窗体设计工具”的“设计”上下文命令选项卡,单击“控件”组中的“直线”。

在“设计视图”的“窗体页眉”节的底部,拖出一条直线,在“属性表”的“格式”选项卡中,设置“边框宽度”的属性为“3pt”,设置“边框颜色”的属性为“#0000FF”(蓝色),在“其他”选项卡中,设置“名称”的属性为“Line0”。

在“设计视图”的“窗体页脚”节的顶部,拖出一条直线,在“属性表”的“格式”选项卡中,设置“边框宽度”的属性为“3pt”,设置“边框颜色”的属性为“#0000FF”(蓝色),在“其他”选项卡中,设置“名称”的属性为“Line1”。

②调整直线的大小和位置等属性,如图 5.55 所示。

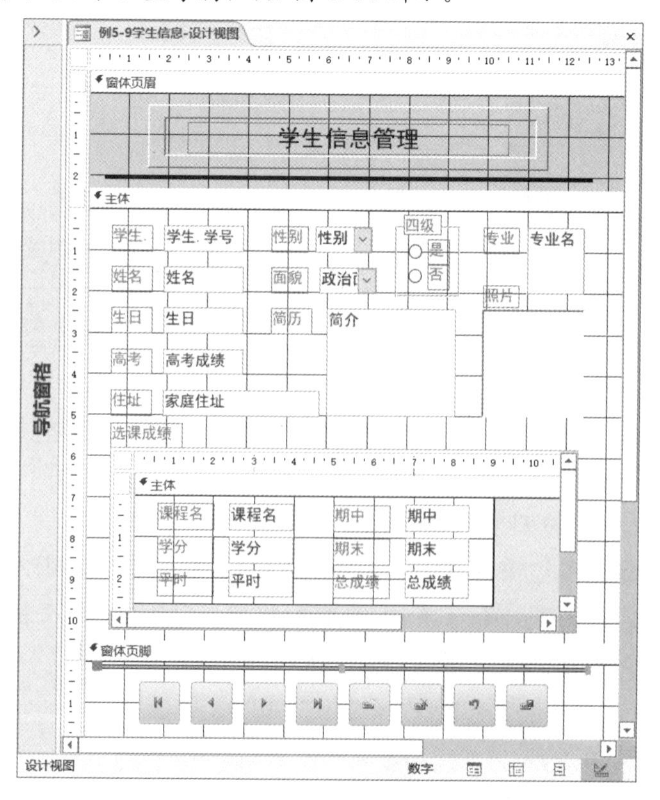

图 5.55　学生信息—修饰直线

5.3　窗体的编辑、修饰和调用

对于设计完成的窗体，如果存在用户不太满意的功能和界面风格，则需要对其进行进一步的编辑，直到用户满意为止。

5.3.1　窗体的编辑

编辑窗体，通常在窗体的“设计视图”和“布局视图”中进行，同时需要配合“窗体视图”和“数据表视图”等，操作方法与创建窗体的方法相同。操作如下：

(1)打开指定数据库。

(2)在“导航窗格”中，展开“窗体”对象，选中指定窗体。

(3)右击选中的窗体，在弹出的快捷菜单中，选择并单击“设计视图”或者“布局视图”，进入编辑界面。

(4)在“设计视图”中，按照用户需求，编辑窗体。

(5)单击“快捷访问工具栏”中的“保存”按钮，保存窗体。

编辑窗体的主要内容：

(1)利用“属性表”，设置或者更新控件的属性。

(2)控件的选择、移动、复制和删除等，可使用右击后的快捷菜单或功能热键。

(3)利用控件的控制点，调整控件的大小和位置，特别是组合控件内的每个控件。

(4)调整控件的排列方式，即“窗体设计工具”的“排列”上下文命令选项卡中的功能。

(5)调整控件的格式，即“窗体设计工具”的“格式”上下文命令选项卡中的功能。

(6)添加修饰控件。例如：直线、矩形、时间、日期和图像等。

【例 5.10】在“学籍”数据库中，利用“窗体设计”，创建和编辑如图 5.56 到图 5.59 所示的学生信息管理窗体。操作如下：

(1)打开“学籍”数据库。

①打开“学籍”数据库。

②单击“创建”选项卡，单击“窗体”组中的“窗体设计”。

③单击“快捷访问工具栏”中的“保存”按钮，在“另存为”窗口中的文本框中输入“例 5-10 学生信息管理”，单击“确定”按钮。

④单击标尺前的“窗体选择器”，在“属性表”的“数据”选项卡中，设置“记录源”的属性为“学生”。

(2)页眉中添加窗体的标题。

①右击“设计视图”，在快捷菜单中，单击“窗体页眉/页脚”。

②在“导航窗格”中，展开“窗体”对象，选中“例 5-9 学生信息—设计视图”。

③右击“例 5-9 学生信息—设计视图”，在弹出的快捷菜单中，选择并单击“设计视

图”,打开该窗体。

④在“例 5-9 学生信息—设计视图”的“设计视图”中,复制“窗体页眉”的所有控件到“例 5-10 学生信息管理”的“设计视图”的“窗体页眉”中。

(3)添加选项卡:四页选项卡。

为了充分高效地利用窗口的有限空间,选项卡是理想的选择。选项卡已经广泛地应用在几乎所有的软件中。选项卡通常由多个页面组成,既可以水平放置,又可以垂直放置。选项卡窗体分为独立型和相关型。

第一,独立型。

独立:每个页面显示的信息相互独立。

创建方法:主窗体不设置数据源,仅作为容器使用。每个选项卡由多个页面组成,在每个页面存放来自不同数据源的数据。

第二,相关型。

相关:每个页面显示的信息与主窗体的信息相互关联。

创建方法:在主窗体设置数据源。选项卡的每个页面存放与主窗体相关的子窗体,子窗体的数据源与主窗体的数据源需要通过指定的一对多的关联方式进行关联。

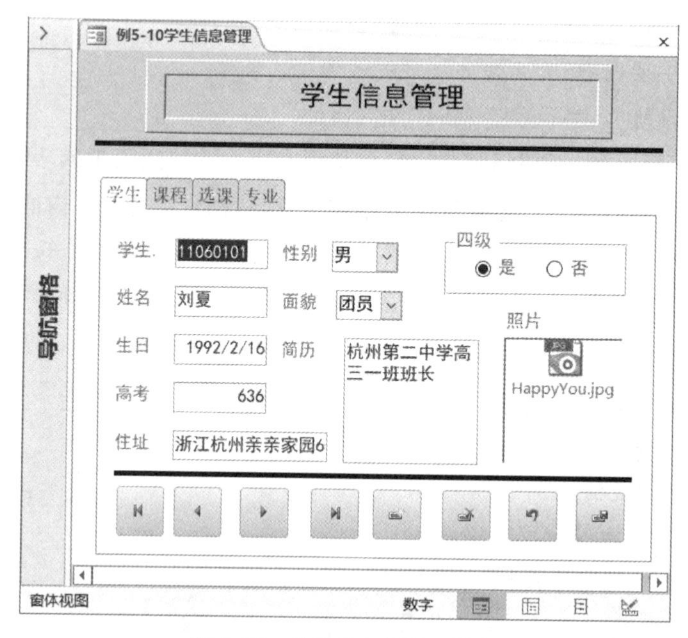

图 5.56　学生信息管理—学生

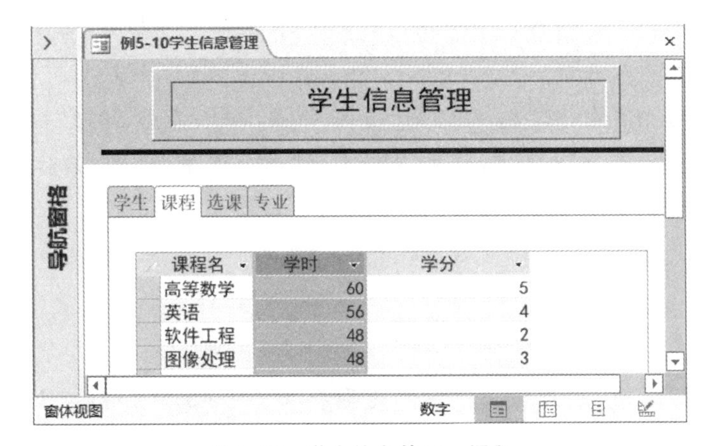

图 5.57 学生信息管理—课程

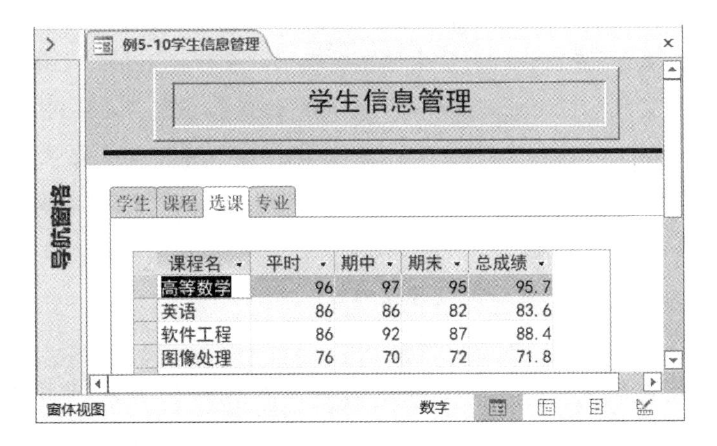

图 5.58 学生信息管理—选课

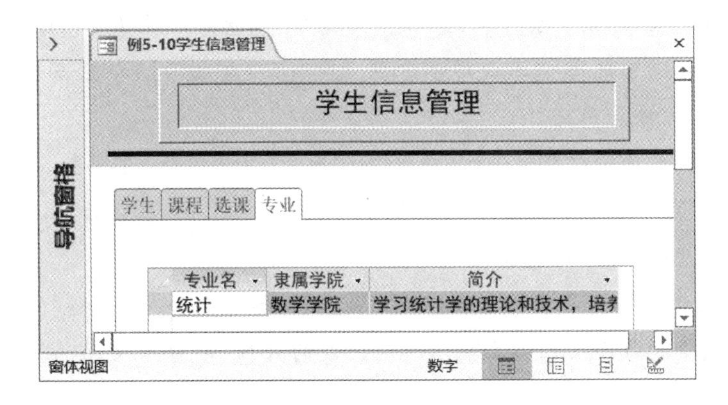

图 5.59 学生信息管理—专业

本例是相关型的主/子窗体。操作方法如下：

①单击“窗体设计工具”的“设计”上下文命令选项卡，单击“控件”组中的“选项卡控件”，在“设计视图”的“主体”节，添加名称为“OptionCard0”的选项卡。

在“属性表”的“其他”选项卡中，设置“名称”的属性为“OptionCard0”。

②选中名称为“OptionCard0”的选项卡；单击“窗体设计工具”的“设计”上下文命令选

项卡,单击“控件”组中的“插入页”,添加一个页面;重复上一步操作,再添加一个页面,使选项卡中的页面增加到 4 个。

③依次选中每个页面,在“属性表”的“格式”选项卡中,设置“标题”的属性分别为“学生”“课程”“选课”和“专业”;在“属性表”的“其他”选项卡中,设置“名称”的属性分别为“Page0”…“Page3”。

▲说明:添加、删除和排序页面等,可以右击“选项卡”,在快捷菜单中,选择“插入页”,或者“删除页”,或者“页次序”。

(4)编辑“学生”页面。

①选中“学生”页面,根据图 5.58 的功能要求,把“例 5-9 学生信息—设计视图”的“设计视图”中的“主体”内的相应控件,复制到“例 5-10 学生信息管理”的“设计视图”的“主体”的“学生”页面中,并且调整相应的“控制来源”和布局等。

②选中“学生”页面,在“例 5-10 学生信息管理”的“设计视图”的“主体”的“学生”页面中,添加一条“边框宽度”为“3pt”、“名称”为“Line1”的蓝色直线。方法同前述。

③在“学生”页面中的蓝色直线的下方,依次创建“首记录”“上一记录”“下一记录”“末记录”“添加纪录”“删除记录”“撤销”和“保存”的图形按钮,设置的“名称”分别为“Command0”…“Command7”,“标题”分别为“Command0”…“Command7”。方法同前述。

▲注意:一定要在“学生”页面中进行操作。

(5)编辑“课程”“选课”和“专业”页面。

①选中“课程”页面,以“例 4-10 总成绩”为数据源,选择图 5.60 中的相应字段,并按照“对＜SQL 语句＞中的每个记录用学号显示例 4-10 总成绩”,与主窗体进行连接的方式,创建子窗体。方法同前述。

②选中“选课”页面,以“例 4-10 总成绩”为数据源,选择图 5.60 中的相应字段,并按照“对＜SQL 语句＞中的每个记录用学号显示例 4-10 总成绩”,与主窗体进行连接的方式,创建子窗体。方法同前述。

③选中“专业”页面,以“例 4-10 总成绩”和“专业”为数据源,选择图 5.60 中的相应字段,并按照“对＜SQL 语句＞中的每个记录用学号显示例 4-10 总成绩”,与主窗体进行连接的方式,创建子窗体。方法同前述。

▲思考 1:对于“学籍”数据库,创建如图 5.60 所示的包含“独立型”的 4 页选项卡的窗体。要求选项卡的每个页面独立显示所对应表的数据(即每个页面的数据源是独立的 1 个表)。

▲思考 2:基于“例 5.10”,使用“例 5.5”的窗体作为“子窗体”的数据源,重新创建“课程”页面。

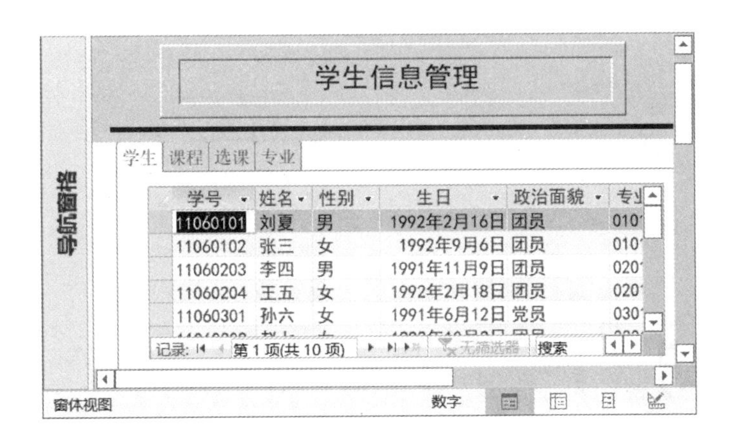

图 5.60 学生信息管理—页面

5.3.2 窗体的修饰

窗体的“设计视图”环境，提供了功能强大的界面风格设计能力，通过控件丰富的属性管理和完善的“窗体设计工具”，可以设计各种风格的复杂窗体。

5.3.2.1 窗体的主题

如果需要快速设置窗体的风格，可以使用系统内置的40多个“主题”，每个主题都赋予窗体一套预设的不同风格。如图5.61所示。

操作方法：在窗体的“设计视图”下，单击“窗体设计工具”的“设计”上下文命令选项卡，单击“主题”组中的“主题”下拉菜单，可以选择内置的多种窗体的主题风格（例如：暗香扑面、跋涉和波形等），通过单击为当前窗体指定相应的主题。选择“保存当前主题”，可以保存当前主题到指定的主题文件；选择“浏览”，可以装入以前保存的主题。

使用“主题”组中的“颜色”下拉菜单，可以选择内置的多种颜色方案；选择“新建主题颜色”，可以创建一套新的颜色方案，并且可以保存新建的颜色方案，以备后用。

使用“主题”组中的“字体”下拉菜单，可以选择内置的多种字体方案；选择“新建主题字体”，可以创建一套新的字体方案，并且可以保存新建的字体方案，以备后用。

5.3.2.2 添加标题和日期/时间

如果需要向窗体中添加默认的标题和当前计算机的默认日期和时间，则可以使用“窗体设计工具”中的“标题”和“日期和时间”，如图5.62所示。

添加默认标题的操作方法：在窗体的“设计视图”下，单击“窗体设计工具”的“设计”上下文命令选项卡，单击“页眉/页脚”组中的“标题”，会自动显示“窗体页眉”和“窗体页脚”节（如果两者处于隐藏状态），并且在“窗体页眉”节，自动添加一个标题，标题的内容为当前窗体的文件名。

同时，可以添加直线和矩形等图形控件，进行进一步的窗体修饰。

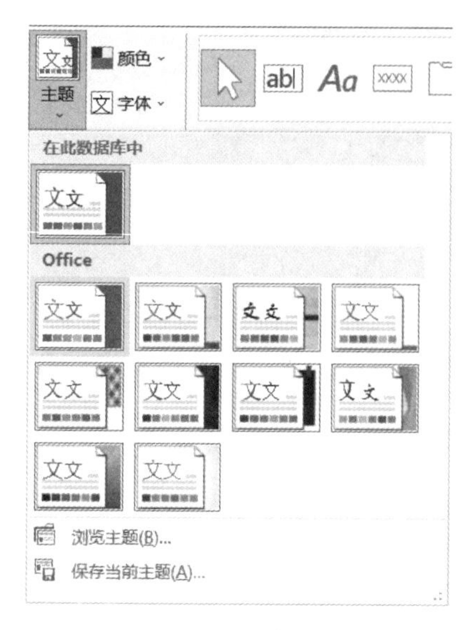

图 5.61　主题

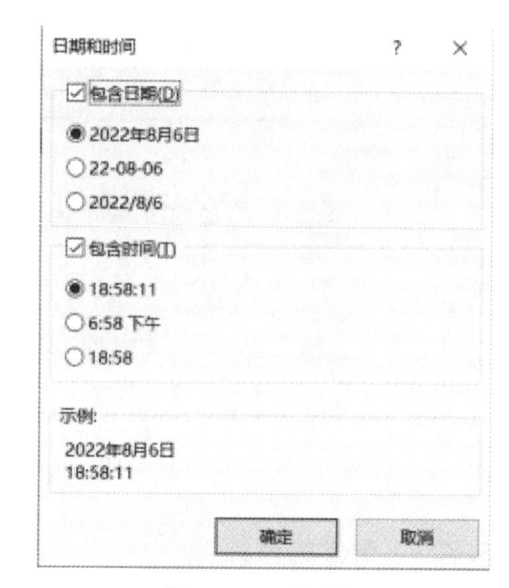

图 5.62　日期时间

添加默认日期和时间的操作方法：在窗体的“设计视图”下，单击“窗体设计工具”的“设计”上下文命令选项卡，单击“页眉/页脚”组中的“日期和时间”，会自动在“窗体页眉”节添加一个日期文本框和一个时间文本框，其内容分别为当前计算机的日期和时间。

【例 5.11】基于“例 5.10”，利用“窗体设计”，添加默认日期和时间，如图 5.63 所示。操作如下：

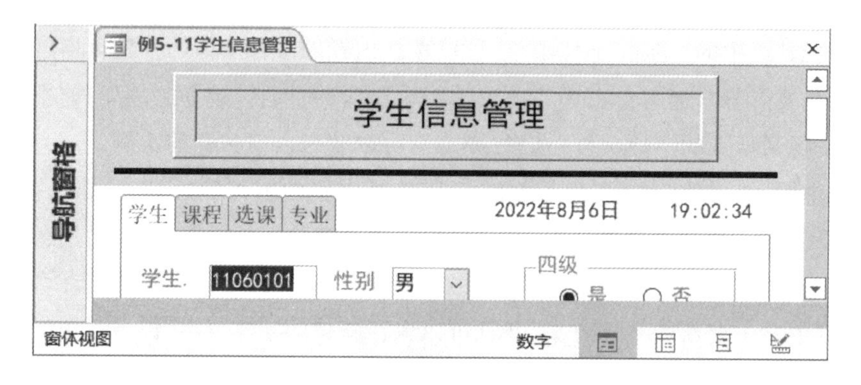

图 5.63　学生信息管理—日期时间

(1)打开“学籍”数据库。

(2)复制“例 5-10 学生信息管理”到“例 5-11 学生信息管理”中。

(3)使用“设计视图”，打开“例 5-11 学生信息管理”。

(4)单击“窗体设计工具”的“设计”上下文命令选项卡，单击“页眉/页脚”组中的“日期和时间”。

(5)选中日期和时间的文本框，把选中的文本框移动到“主体”节中的指定位置，并且调整相应的大小和位置。

5.3.2.3　添加图像

如果需要向窗体中添加公司商标和图像，用来装饰和美化窗体，则可以使用“窗体设计工具”中的“插入图像”和“徽标”。

添加商标的操作方法：在窗体的“设计视图”下，单击“窗体设计工具”的“设计”上下文命令选项卡，单击“页眉/页脚”组中的“徽标”，在弹出的对话框中，选择指定“商标”的图像(图标)文件。

添加图像的操作方法：在窗体的“设计视图”下，单击“窗体设计工具”的“设计”上下文命令选项卡，单击“控件”组中的“插入图像”，在弹出的对话框中，选择指定的图像文件。

【例 5.12】基于“例 5.11”，利用“窗体设计”，把图像文件“例 5-12.png”添加到当前窗体，如图 5.64 所示。操作如下：

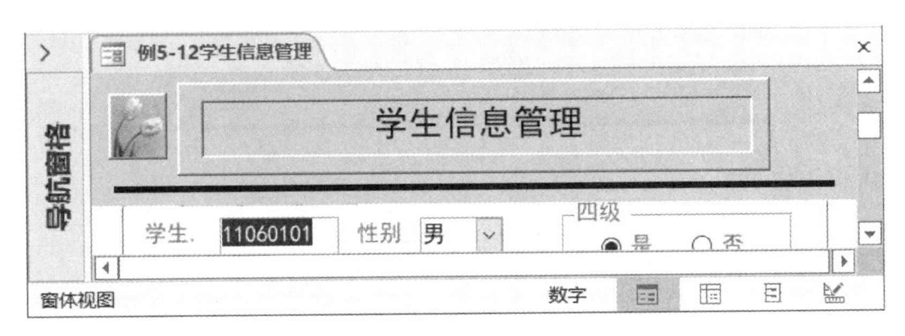

图 5.64　学生信息管理—图像

(1)打开“学籍”数据库。

(2)复制“例 5-11 学生信息管理”到“例 5-12 学生信息管理”中。

(3)使用“设计视图”，打开“例 5-12 学生信息管理”。

(4)单击“窗体设计工具”的“设计”上下文命令选项卡，单击“控件”组中的“插入图像”，在弹出的对话框中，选择“例 5-12.png”文件，并调整相应的大小和位置。

5.3.3　窗体的调用

对于设计完成的“窗体”，可以通过以下方式执行和调用窗体。

(1)利用“导航窗格”显示设计结果。操作方法：在“导航窗格”中，展开“窗体”对象，双击指定的窗体。

(2)利用“窗体视图”显示设计结果。操作方法：单击“窗体设计工具”的“设计”上下文命令选项卡，单击“视图”组中的“视图”下拉菜单，选择“窗体视图”。

(3)利用快捷菜单显示设计结果。操作方法：右击“设计视图”的选项卡的“标题”，在弹出的快捷菜单中，选择“窗体视图”。

(4)利用“状态栏”显示设计结果。操作方法：单击“设计视图”状态栏右边的“窗体视图”图标。

(5)利用“命令按钮”调用窗体。操作方法：利用“按钮”，按照向导方式，创建打开指定窗体的按钮。

(6)利用“宏”调用窗体。操作方法参考第 7 章。

【例 5.13】在“学籍”数据库中，利用窗体的“设计视图”，创建如图 5.65 所示的界面。要求中间的 4 个按钮，分别可以打开“例 5.3”“例 5.5”“例 5.7”和“例 5.9”的窗体，下面的按钮，用于关闭 Access 2019 系统。按钮的标题分别为“例 5.3”“例 5.5”“例 5.7”“例 5.9”和“退出系统”；按钮的名称分别为“Command0”…“Command4”。两条线的颜色为蓝色，边框宽度为 3pt，名称分别为“Line0”和“Line1”。操作方法如下：

(1)打开“学籍”数据库。

(2)调出“窗体页眉”和“窗体页脚”节，并复制“例 5.10”的“窗体页眉”节中的所有控件到当前的“窗体页眉”节中。

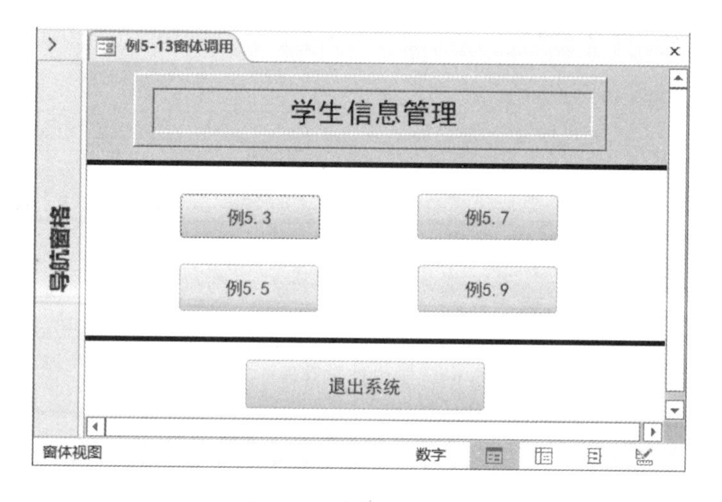

图 5.65 按钮调用窗体

(3)单击“窗体设计工具”的“设计”上下文命令选项卡，单击“控件”组中的“使用控件向导”，使其处于选中状态(即使控件处于“向导”状态)。

(4)单击“控件”组中的“按钮”，在“设计视图”的“主体”节中，单击指定位置(或拖出一个矩形区域)，则弹出的对话框如图 5.66 所示。

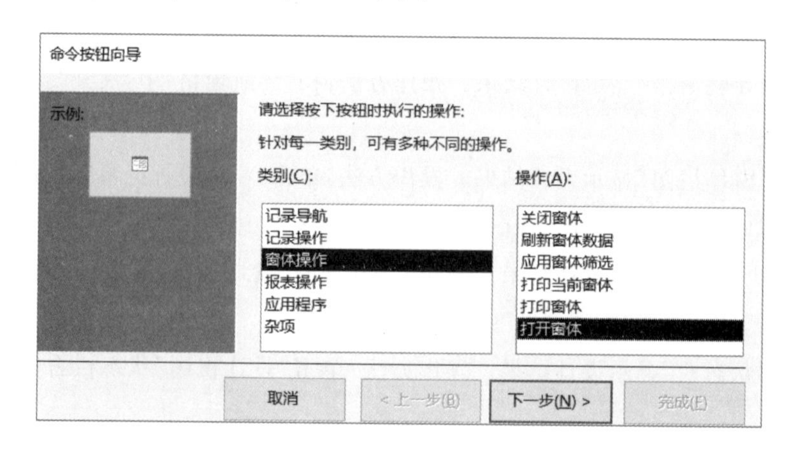

图 5.66 调用窗体按钮向导之一

(5)在“类别:”下方的列表中,选中“窗体操作”;在“操作:”下方的列表中,选中“打开窗体”;单击“下一步”按钮,则弹出的对话框如图 5.67 所示。

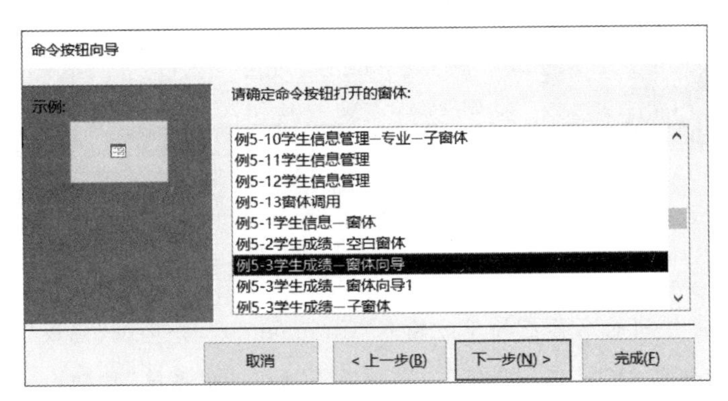

图 5.67　调用窗体按钮向导之二

(6)在“请确定命令按钮打开的窗体:”下拉列表中,选中“例 5-3 学生成绩—窗体向导”,单击“下一步”按钮,则弹出的对话框如图 5.68 所示。

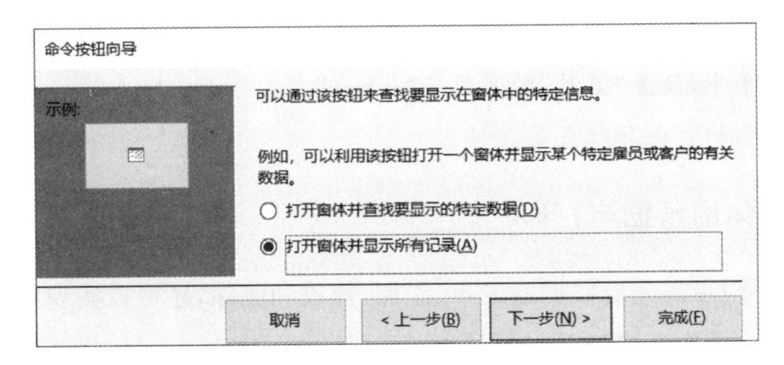

图 5.68　调用窗体按钮向导之三

(7)在“命令按钮向导”中选中“打开窗体并显示所有记录”,单击“下一步”按钮,则弹出的对话框如图 5.69 所示。

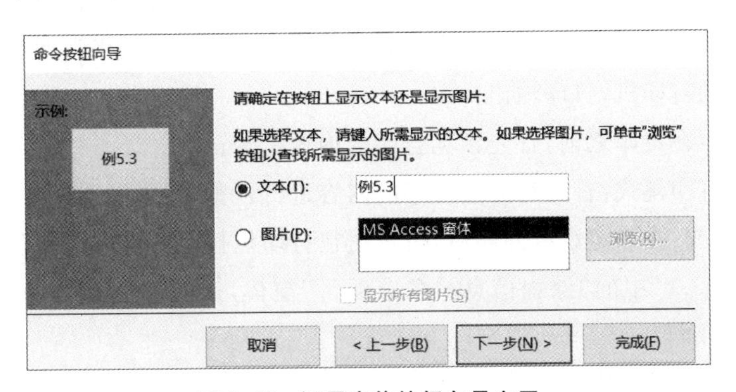

图 5.69　调用窗体按钮向导之四

(8)在“请确定在按钮上显示文本还是图片:”中选中“文本:”,在其右侧的文本框中输入“例 5.3”,单击“下一步”按钮,则弹出的对话框如图 5.70 所示。

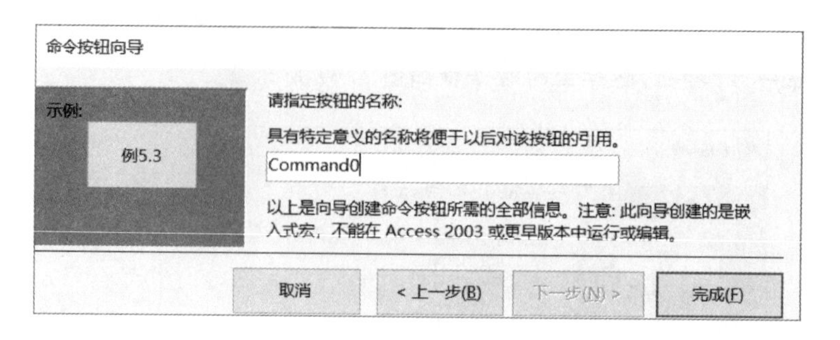

图 5.70 调用窗体按钮向导之五

(9)在"请指定按钮的名称:"的下方输入"Command0",并单击"完成"按钮。

(10)同理,依次添加"例 5.5""例 5.7""例 5.9"和"退出系统"按钮。

▲注意:在创建"退出系统"按钮时,需要在与"图 5.66"相同的界面中,在"类别:"下方的列表中,选中"应用程序";在"操作:"下方的列表中,选中"退出应用程序"。

(11)在"设计视图"的"主体"节的"退出系统"的上方,拖出一条直线,在"属性表"的"格式"选项卡中,设置"边框宽度"的属性为"3pt"、"边框颜色"的属性为"#0000FF"(蓝色);在其他选项卡中,设置"名称"的属性为"Line1"。

(12)调整按钮的大小和位置等属性。

5.3.4 窗体的预览与打印

利用窗体,不但可以完成数据的输入、添加、修改和删除,还可以实现窗体数据的打印预览和打印输出。操作方法如下:

(1)单击"文件"选项卡,单击"打印",如图 5.71 所示。

(2)系统提供了"快速打印""打印"和"打印预览"3 种打印模式。

①快速打印:确定输出的窗体没有问题,直接发送至默认的打印机,打印输出。

②打印:定制的打印方式。首先,设置若干打印参数(例如:纸张类型和打印份数等);其次,送往指定的打印机,打印输出。

③打印预览:在打印之前,首先预览打印的内容是否正确。

(3)理想的打印模式:首先对需要打印的内容进行预览,如果发现存在问题,可以对其进行进一步的修改,在确定没有问题后,再发送往打印机打印输出。即先预览,再打印。

例如:对"例 5.5"中的"课程信息—多个项目"窗体,进行打印预览的结果如图 5.72 所示。操作方法如下:

(1)打开"学籍"数据库。

(2)利用窗体的"设计视图"打开"例 5.5"。

(3)单击"文件"选项卡,单击"打印",单击"打印预览"。

▲说明:对数据打印输出的格式,有特殊的复杂要求的用户,可以使用"报表"对象的丰富和强大的输出功能来实现。

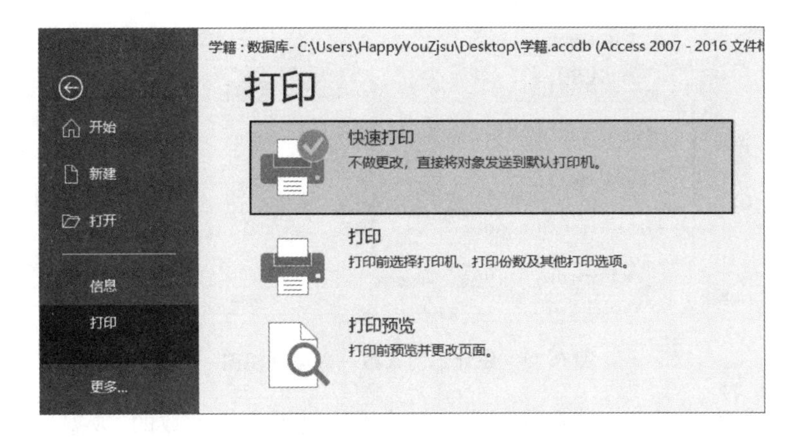

图 5.71 窗体的打印与预览

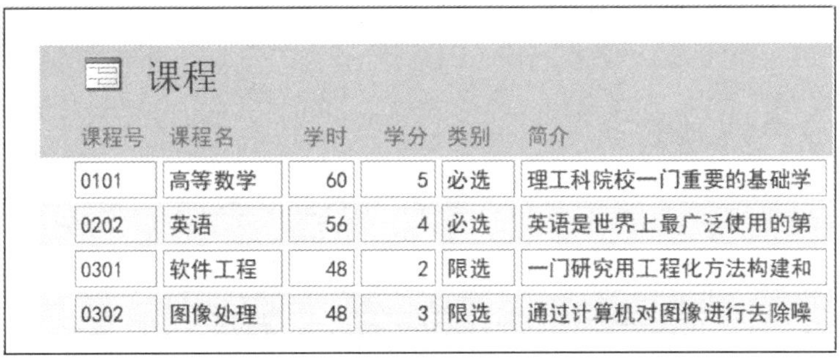

课程

课程号	课程名	学时	学分	类别	简介
0101	高等数学	60	5	必选	理工科院校一门重要的基础学
0202	英语	56	4	必选	英语是世界上最广泛使用的第
0301	软件工程	48	2	限选	一门研究用工程化方法构建和
0302	图像处理	48	3	限选	通过计算机对图像进行去除噪

图 5.72 课程信息的打印预览

5.4 窗体实验

通过理解窗体及其相关内容，在 Access 2019 环境下，熟练掌握利用“窗体”“窗体设计”“空白窗体”“窗体向导”“导航”和“其他窗体”等创建、编辑和调用窗体的方法。

实验 5.1 “向导”创建窗体

(1)利用“窗体”，创建“职工”表的纵栏式窗体。

(2)利用“数据表”，创建“职工”表的数据表窗体。

(3)利用“多个项目”，创建“商品”表的表格式窗体。

(4)利用“数据透视图”，针对“职工”表创建统计每个部门人数的“数据透视图”窗体，如图 5.73 所示。

图 5.73　统计部门人数—数据透视图

(5)利用“数据透视表”,针对“职工”表创建统计每个部门人数的“数据透视表”窗体,如图 5.74 所示。

图 5.74　统计部门人数—数据透视表

(6)利用“窗体向导”,创建如图 5.75 所示的有关销售详细信息的“主/子窗体”。数据源为“海贝超市”数据库中的 4 张表。

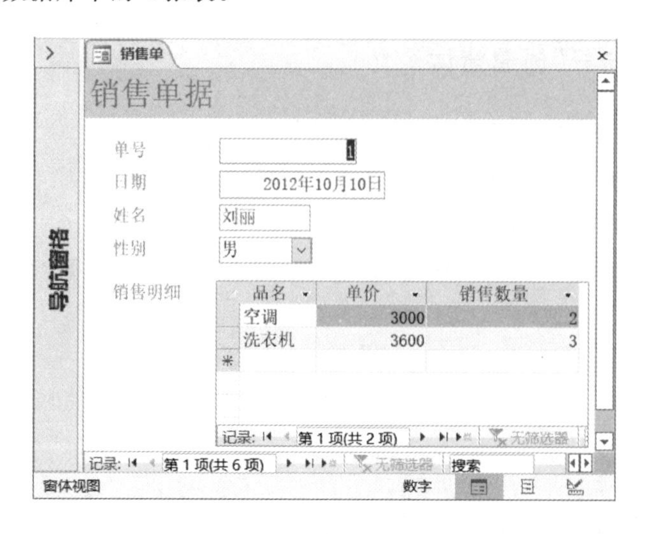

图 5.75　销售信息

实验 5.2 “设计视图”创建窗体

(1)利用“海贝超市”数据库中的 4 张表,创建如图 5.76 所示的选项卡窗体。要求每个页面以数据表子窗体显示,页面之间相互独立。

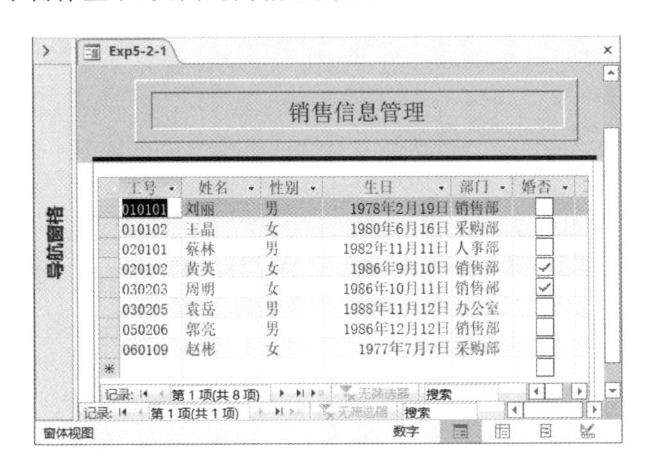

图 5.76 销售信息管理—数据表

(2)利用“海贝超市”数据库中的 4 张表,创建如图 5.77 所示的选项卡窗体。要求每个页面以纵栏式子窗体显示,页面之间相互独立。

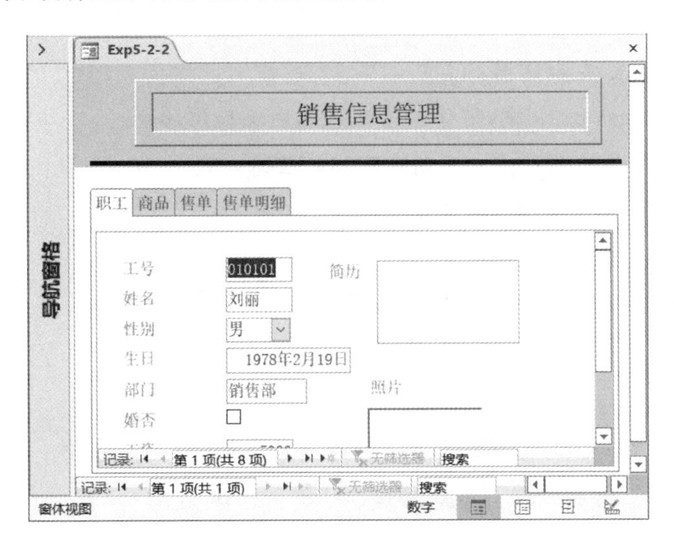

图 5.77 销售信息管理—纵栏式

(3)利用“海贝超市”数据库中的 4 张表,创建如图 5.78 所示的“主/子窗体”。“子窗体”的字段为“单号”“日期”“品号”“品名”“单价”“订购数量”“销售数量”和“厂商”。

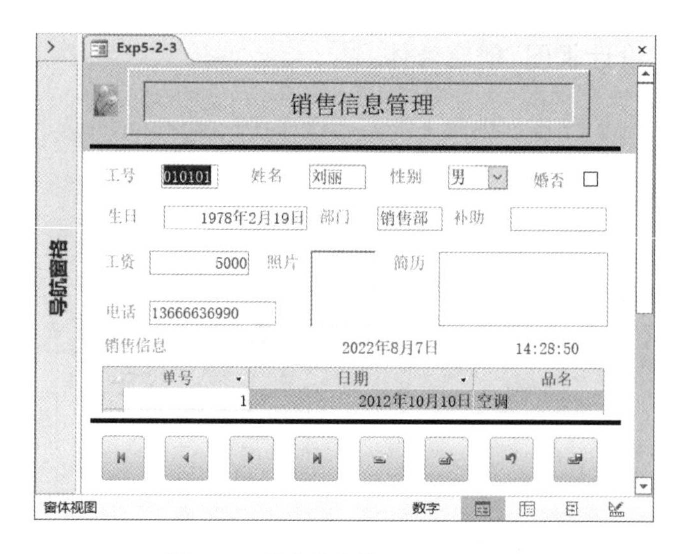

图 5.78　销售信息管理—职工销售

习　　题

1. 简答题

(1)简述窗体的分类和作用。

(2)简述在 Access 2019 中,窗体共有几种视图及如何切换。

(3)简述创建窗体的两种方式及创建窗体的理想方式。

(4)简述窗体的“设计视图”的组成。

(5)简述文本框的作用与分类。

(6)简述利用窗体的“设计视图”设置数据源的方法。

2. 填空题

(1)在 Access 2019 中,没有数据来源的控件类型是(　　　)控件。

(2)在“复选框”“切换按钮”“选项按钮”和“命令按钮”中,(　　　)不是用来作为窗体中“是/否”值的控件。

(3)在“控件”“标签”“属性”和“按钮”中,决定窗体外观的是(　　　)。

(4)主窗体和子窗体通常用于显示多个表或者查询中的数据,而这些表或者查询中的数据一般应该具有(　　　)关系。

(5)在 Access 2019 中,窗体支持的常用视图是(　　　)、(　　　)、(　　　)(　　　)、(　　　)和(　　　)。

(6)计算控件的数据来源通常是(　　　)。

(7)使用“窗体”创建的窗体是(　　　)类型的窗体。

(8)使用“多个项目”创建的窗体是(　　)类型的窗体。

(9)在窗体的“设计视图”中,窗体由上而下的5个节,分别是(　　)、页面页眉、(　　)、页面页脚和(　　)。

(10)在设计窗体时,使用标签控件创建的独立标签,在窗体的(　　)视图中不能显示。

(11)如果需要选定窗体中的全部控件,应该使用的组合键是(　　)。

(12)窗体的“属性表”所包含的5个选项卡是(　　)、(　　)、(　　)、(　　)和全部。

3.判断题

(1)罗斯文示例数据库是一个空数据库。(　　)

(2)“分页符”不是Access 2019的控件。(　　)

(3)“版面视图”是Access 2019支持的窗体的视图。(　　)

(4)在利用“窗体向导”创建窗体时,向导参数中的“可用字段”与“选定字段”的含义相同。(　　)

(5)设置窗体的背景图片时,其缩放模式可用的选项只有“拉伸”和“缩放”。(　　)

(6)在窗体中插入图像时,其缩放模式可用的选项包括“剪裁”“拉伸”和“缩放”。(　　)

(7)在使用“数据表透视图”创建窗体时,其汇总方式只能是对数据进行求和。(　　)

(8)在“字段列表”中,双击指定字段或者直接把指定字段拖放到窗体中,是创建绑定型控件的快捷方法。(　　)

(9)窗体的每个节的背景色是相互独立的。(　　)

(10)窗体中的“标签”控件可以用来输入数据。(　　)

(11)在创建“主/子窗体”之前,必须正确设置其表间的“一对多”关系,“一”方是主窗体,“多”方是子窗体。(　　)

(12)列表框比组合框具有更强的功能。(　　)

6 报 表

报表是 Access 数据库的主要对象。通过报表可以对数据库中的数据进行计算、统计和汇总等综合分析处理,并且可以把处理结果按照指定的格式进行打印预览和打印输出。

用户通常需要把数据库中数据处理的结果进行打印输出,报表是打印输出数据的特有形式。设计合理且布局精美的报表能够清晰表达用户需要的汇总数据和统计信息。复杂报表的设计需要循环往复、精益求精,所以需要耐心和时间。

6.1 报表概述

一个完整的数据库系统,不但可以进行数据的输入、修改和删除等数据管理操作,而且可以对数据进行综合分析,形成多种用户报表。报表的数据源,可以是表或者是查询。

报表和窗体的不同之处是:窗体主要用来编辑数据,具有强大的数据编辑能力;报表则用来输出数据,具有强大的数据格式输出能力。

尽管表和查询均可以用于打印,但是报表才是打印数据的最佳方式,而且可以帮助用户以更好的方式表示数据。报表既可以输出到屏幕,也可以输出到打印设备。其优点如下:

(1)不但可以执行数据浏览和打印功能,而且可以对数据进行比较、汇总和小计。

(2)可以生成清单、订单及其所需的输出内容,从而可以方便有效地处理商务数据。

(3)不仅可以用于数据分组,而且可以单独提供各项数据和执行计算。

(4)可以制成各种丰富的数据格式,从而使报表更易于阅读和理解。

(5)可以使用剪贴画、图片或者扫描图像来美化报表的外观。

(6)通过修改页眉和页脚,可以在每页顶部和底部打印标识信息。

(7)可以利用图表和图形,帮助说明数据的含义。

6.1.1 报表的类型

Access 2019 提供了 5 种类型的报表:纵栏式报表、表格式报表、主/子报表、图表报表和标签报表。

(1)纵栏式报表:报表的每个字段在“主体”节中占一个独立行。运行报表时每次只显示一条记录,每条记录按列纵向显示,每列的左侧显示字段名称,右侧显示字段内容。

(2)表格式报表:按照表格的方式,显示表或查询的全部记录。报表中,字段横向排列,记录纵向排列。每个字段的字段名都在报表顶部,作为报表的页面页眉。

(3)主/子报表:报表中的报表称为子报表,包含子报表的报表称为主报表。主报表和子报表通常用于显示具有一对多关系的多个表或查询中的相关数据。

例如:在"学籍"数据库中,每个学生可以选多门课程,"学生"表和"选课"表之间存在一对多关系,"学生"表中的每个记录与"选课"表中的多条记录相对应。因此,可以创建一个带有子报表的报表,用于显示"学生"表和"选课"表的数据。"学生"表的数据在主报表中显示,"选课"表的数据在子报表中显示;当主报表显示一条记录时,子报表就会显示与当前记录相关的记录。

(4)图表报表:使用图标方式显示和分析数据。报表中可以通过拖动字段和项,或通过显示和隐藏字段的下拉列表中的项,显示不同级别的详细信息;可以使用折线图、柱形图、饼图、圆环图、面积图和三维条形图等多种图形。

(5)标签报表:用于设计"标签"格式,可以按照向导方式设计。通常,标签报表用于制作"摘要""信件"和"通知"等,其是一种特殊类型的简单报表。

6.1.2　报表的视图

Access 2019 提供了 4 种报表视图:报表视图、打印预览、布局视图和设计视图。

不同的视图,负责不同任务。报表的不同视图之间,可以方便地进行切换。

(1)报表视图:用于查看报表运行结果。在该视图下,可以利用记录导航按钮浏览记录。

(2)打印预览:用于显示报表的页面输出形式。在该视图下,可以显示报表中的实际数据。理想方式是首先进行打印预览,对于存在问题的报表,可以返回修改;对于确定没有问题的报表,最后送往打印设备进行打印输出。

(3)布局视图:与"报表视图"的外观相同,但与"设计视图"的功能相同,更加直观。在编辑报表的同时,可以查看"准"运行结果,因此可以根据实际数据调整内容,可以在报表上放置新的字段,并设置报表及其控件的属性,调整控件的大小和位置。布局视图可以看作仿真的"报表视图"。

(4)设计视图:可以使用系统提供的多种控件,设计用于显示和输出数据的多种复杂报表。在设计视图中,基于其强大的功能,不仅可以创建报表,更重要的是可以编辑和修改报表。设计视图由报表页眉、页面页眉、分组页眉、主体、分组页脚、页面页脚和报表页脚 7 部分组成。

6.2　创建报表

创建报表,不但可以使用"报表""报表向导"和"标签"等向导类方法,而且可以使用对应于"设计视图"和"布局视图"的"报表设计"和"空报表"等设计类方法，从而可以使用多种方法，方便灵活地设计出多种具有统计功能的复杂报表。

操作方法：单击"创建"选项卡，在"报表"组中，单击"报表""报表设计""空报表""报表向导"和"标签"按钮。如图 6.1 所示。

报表：最快速地创建报表的工具，只需要单击一次鼠标，便可以创建报表。使用这个工具创建报表，数据源的所有字段都会放置在报表中。

报表设计：利用报表设计视图设计的报表，功能最为丰富和强大，且可利用其灵活设计任意报表。

空报表：一种快捷的报表构建方式，是以布局视图的方式设计和修改报表。仅在报表上放置较少字段时，使用这种方法最为适宜。

报表向导：可以按照提示向导的方式，创建基于多表的报表。

标签：一种快速创建"标签"格式报表的工具。其可以按照向导的方式创建报表。

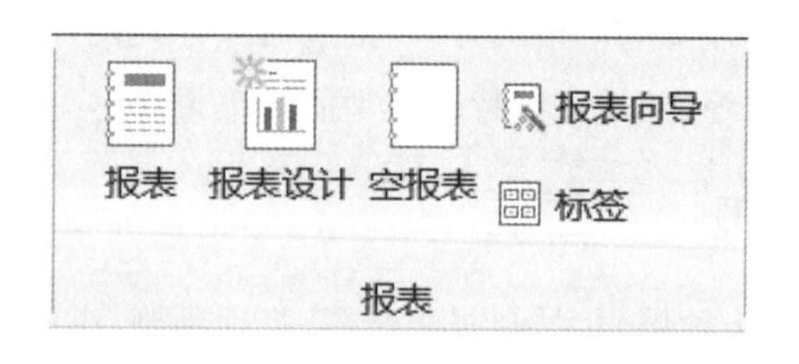

图 6.1 创建报表

6.2.1 "报表"创建报表

利用"报表"按钮，可以自动创建基于单表(查询)的表格式报表。在表格式报表中，自动列出数据源的所有字段，每条记录占一行，字段名称在"页面页眉"节中，每次可以显示多条记录。

【例 6.1】在"学籍"数据库中，利用"报表"按钮，以"课程"表为数据源，创建默认的表格式报表。操作如下：

(1)打开"学籍"数据库：在"文件"选项卡上，单击"打开"；在"打开"对话框中，通过浏览找到要打开的"学籍.accdb"，单击"打开"按钮。

(2)在"导航窗格"中，展开"表"对象，选中"课程"表。

(3)单击"创建"选项卡，单击"报表"组中的"报表"按钮。如图 6.2 所示。

(4)单击"快捷访问工具栏"中的"保存"按钮，在"另存为"窗口中的文本框中输入"例 6-1 课程信息—报表"，单击"确定"按钮。

(5)单击"报表布局工具"的"设计"上下文命令选项卡，单击"视图"组中的"视图"下拉菜单中的"报表视图"，查看报表的运行结果。

不难看出，报表是由多种"控件"构成的。在报表中，不但可以添加标签、文本框、单选框、复选框、矩形块、分页符、选项按钮、下拉列表框等许多不同种类的控件，而且可以通过添加诸如直线、矩形和图像之类的图形元素来美化报表。

▲思考：在“学籍”数据库中，利用“报表”按钮，以“学生”表为数据源，创建默认的表格式报表。

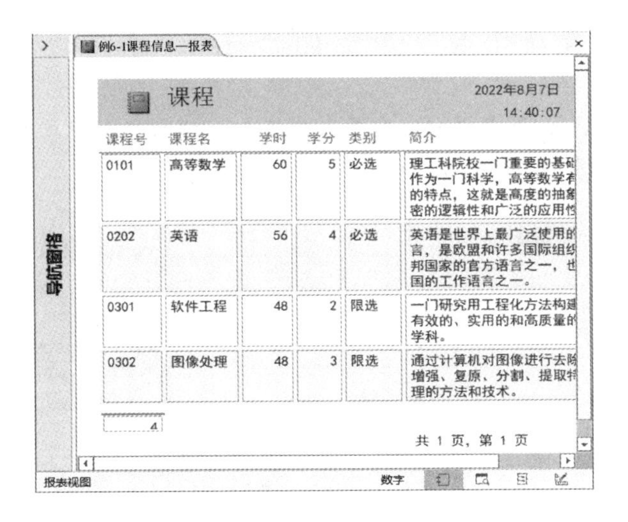

例6-1课程信息—报表

课程　2022年8月7日 14:40:07

课程号	课程名	学时	学分	类别	简介
0101	高等数学	60	5	必选	理工科院校一门重要的基础作为一门科学，高等数学有的特点，这就是高度的抽象密的逻辑性和广泛的应用性
0202	英语	56	4	必选	英语是世界上最广泛使用的言，是欧盟和许多国际组织邦国家的官方语言之一，也国的工作语言之一。
0301	软件工程	48	2	限选	一门研究用工程化方法构建有效的、实用的和高质量的学科。
0302	图像处理	48	3	限选	通过计算机对图像进行去除增强、复原、分割、提取特理的方法和技术。

4

共 1 页，第 1 页

导航窗格　报表视图　数字

图 6.2　课程表格式报表

6.2.2 “空报表”创建报表

利用“空报表”按钮，可以通过“布局视图”和“添加字段”两步，创建基于多表(查询)的报表。

操作方法：在初始的空白“布局视图”中，通过拖动数据源中的字段(或者双击字段)，把相应的字段，添加到“布局视图”。

【例 6.2】在“学籍”数据库中，以“学生”表和“专业”表为数据源，利用“空白报表”按钮，创建如图 6.3 所示的学生专业报表。操作如下：

例6-2学生专业—空报表

学号	姓名	性别	生日	专业	学院
11060101	刘夏	男	1992年2月16日	统计	数学学院
11060102	张三	女	1992年9月6日	统计	数学学院
11060203	李四	男	1991年11月9日	工商	工商学院
11060204	王五	女	1992年2月18日	工商	工商学院
11060301	孙六	女	1991年6月12日	英语	外语学院
11060302	赵七	女	1992年10月2日	英语	外语学院
11090909	张三	女	1980年9月15日	英语	外语学院
11111111	tim	男	1990年1月1日	英语	外语学院
11060401	吴明	男	1991年3月22日	软件	信息学院
11060402	周亮	男	1992年2月15日	软件	信息学院

导航窗格　报表视图　数字

图 6.3　学生专业报表

(1)打开"学籍"数据库。

(2)在"导航窗格"中,展开"表"对象,选中"学生"表。

(3)单击"创建"选项卡,单击"报表"组中的"空白报表"按钮。如图 6.4 所示。

(4)单击"字段列表"中的"显示所有表",单击"学生"表左侧的"+",展开"学生"表的字段。

(5)双击"学号"字段,则自动向空白报表中添加一组与之对应的控件(一个标签和一个文本框)。或者拖动"学号"字段到空白报表中的指定位置。

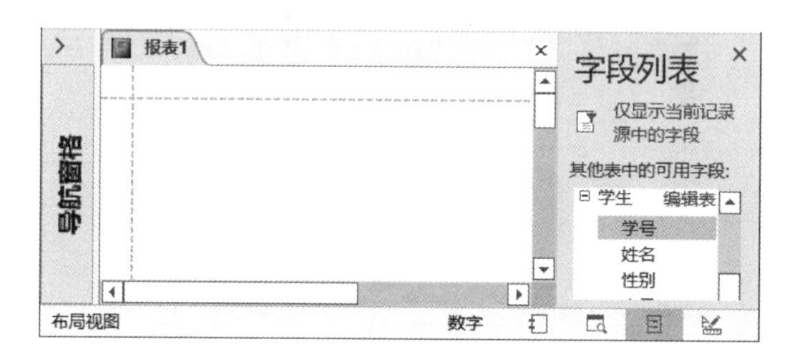

图 6.4 空白报表

(6)重复(5),依次添加"姓名""性别"和"生日"。

(7)在"字段列表"中,单击"专业"表左侧的"+",展开"专业"表的字段;重复(5),依次添加"专业名"和"隶属学院",并且依次修改其标签的"标题"分别为"专业"和"学院"。选中指定字段名称,指向左(右)边界,双击(或者拖动)边界调整到适合宽度。

(8)单击"快捷访问工具栏"中的"保存"按钮,在"另存为"窗口中的文本框中输入"例 6-2 学生专业—空报表",单击"确定"。

(9)单击"报表布局工具"的"设计"上下文命令选项卡,单击"视图"组中的"视图"下拉菜单的"报表视图",查看报表的运行结果。

6.2.3 "报表向导"创建报表

利用"报表向导"按钮,可以创建基于多表(查询)的相对比较复杂的报表。

【例 6.3】在"学籍"数据库中,以"学生"表、"专业"表、"课程"表和"选课"表为数据源,利用"报表向导"按钮,创建如图 6.5 所示的学生成绩报表。操作如下:

(1)打开"学籍"数据库。在"导航窗格"中,展开"表"对象,选中"学生"表。

(2)单击"创建"选项卡,单击"报表"组中的"报表向导"按钮,则弹出的对话框如图 6.6 所示。

(3)在"表/查询"下方,选择"学生",在"可用字段:"下方,依次选择"学号""姓名"和"性别",单击">",把选择的字段移到右侧的列表。或者依次双击字段。

在"表/查询"下方,选择"专业",在"可用字段:"下方,依次选择"专业名"和"隶属学院",单击">",把选择的字段移到右侧的列表。或者依次双击字段。

在“表/查询”下方，选择“课程”，在“可用字段：”下方，依次选择“课程名”和“学分”，单击“>”，把选择的字段移到右侧的列表。或者依次双击字段。

在“表/查询”下方，选择“选课”，在“可用字段：”下方，依次选择“平时”“期中”和“期末”，单击“>”，把选择的字段移到右侧的列表，单击“下一步”按钮，则弹出的对话框如图6.7所示。

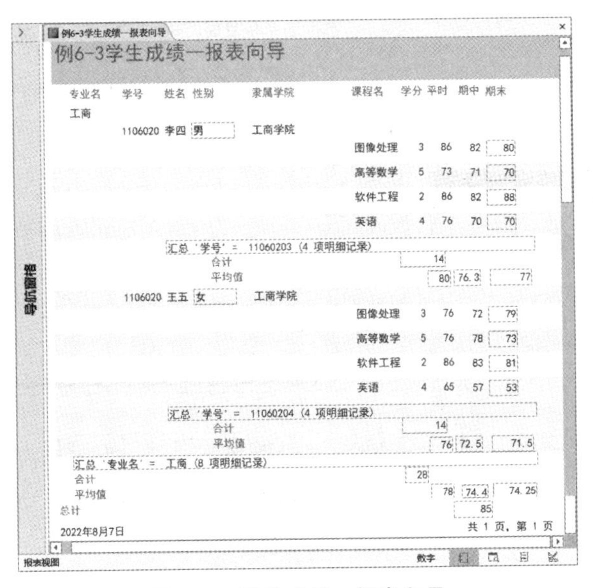

图 6.5 学生成绩一报表向导

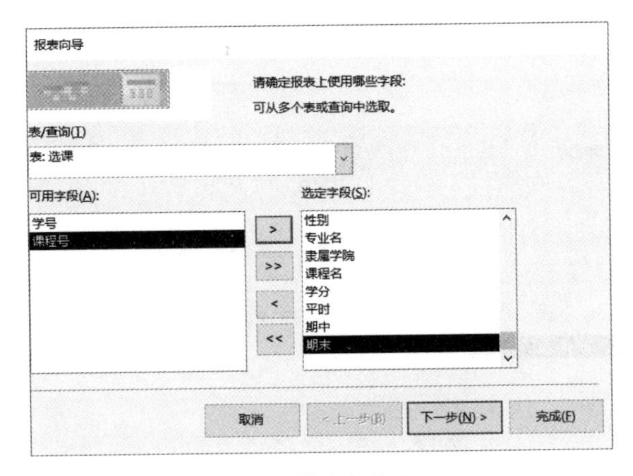

图 6.6 报表向导之一

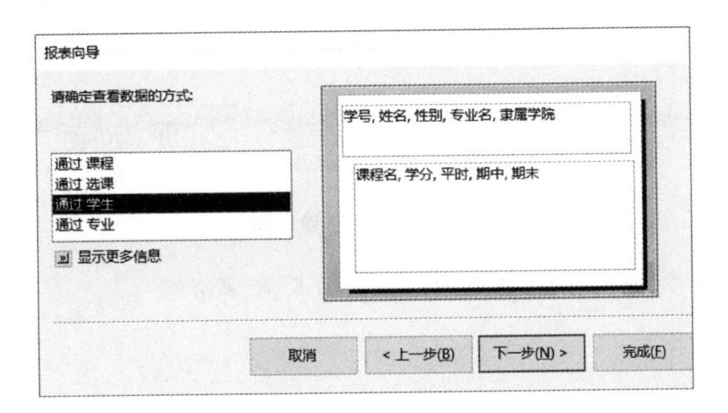

图 6.7 报表向导之二

(4)在“请确定查看数据的方式:”下方列表中,选择“通过学生”,单击“下一步”按钮,则弹出的对话框如图 6.8 所示。

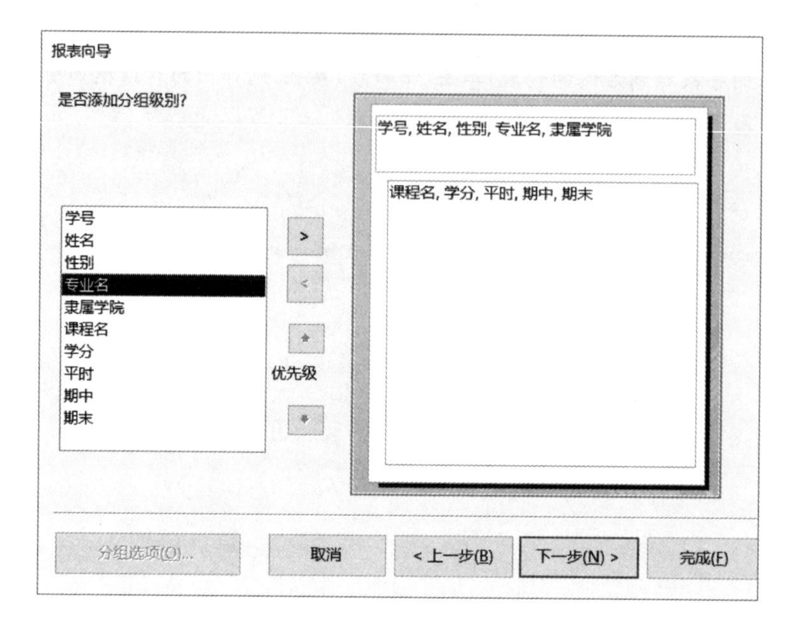

图 6.8 报表向导之三

(5)选中“专业名”,单击“>”,添加分组字段,单击“下一步”按钮,则弹出的对话框如图 6.9 所示。

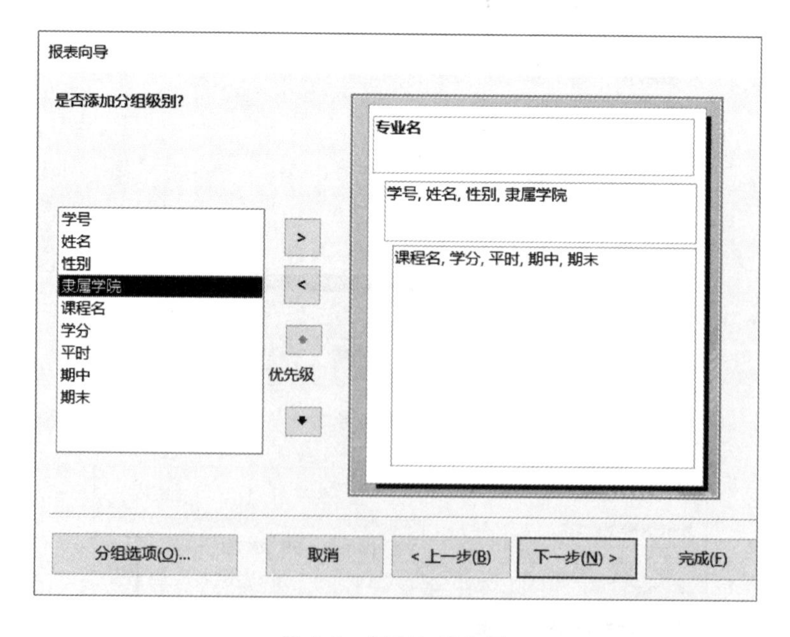

图 6.9 报表向导之四

(6)单击“下一步”按钮,则弹出的对话框如图 6.10 所示。

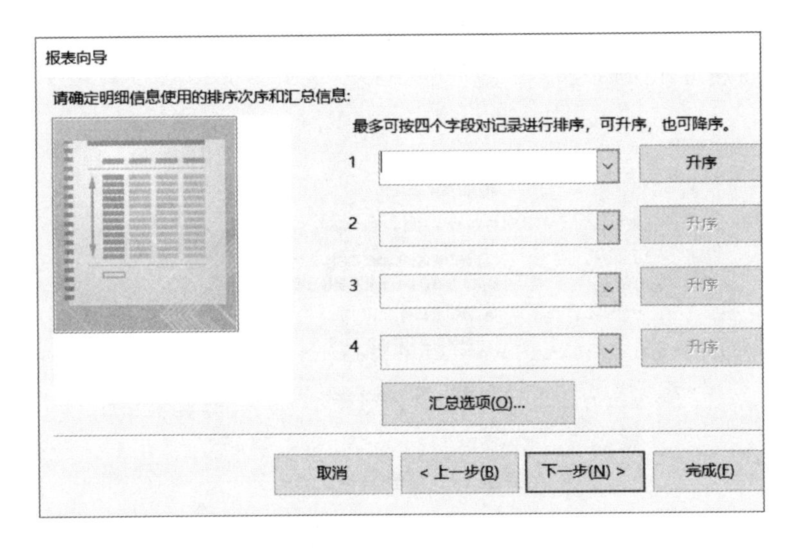

图 6.10 报表向导之五

(7)单击“汇总选项”按钮，选择汇总方式，单击“下一步”按钮，则弹出的对话框如图 6.11 所示。

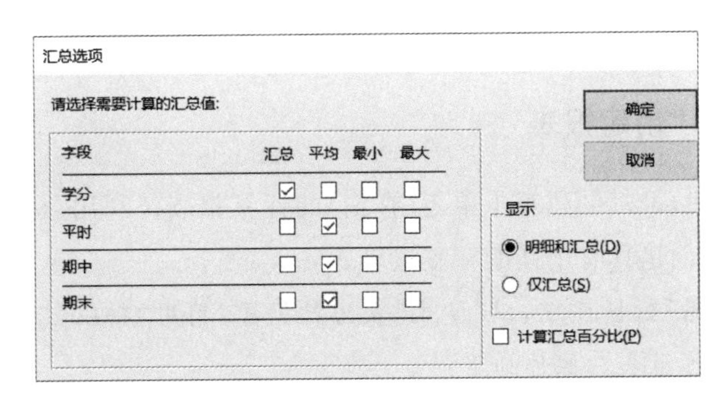

图 6.11 报表向导之六

(8)“学分”选择“汇总”，“平时”“期中”和“期末”选择“平均”，再单击“确定”按钮，返回图 6.10。在“图 6.10”中，单击“下一步”按钮，则弹出的对话框如图 6.12 所示。

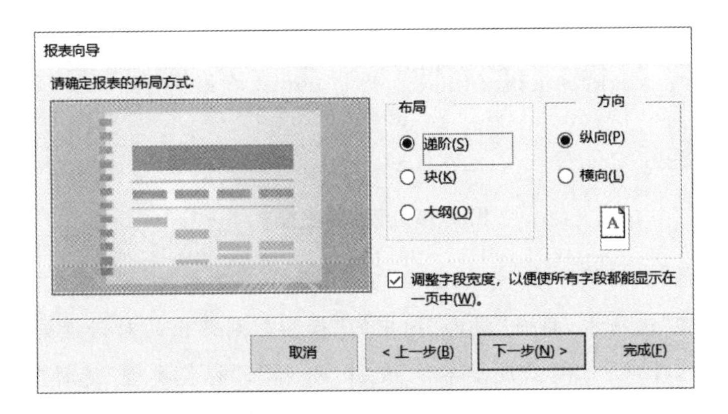

图 6.12 报表向导之七

(9)在“布局”下方,选择“递阶”;在“方向”下方,选择“纵向”。单击“下一步”按钮,则弹出的对话框如图 6.13 所示。

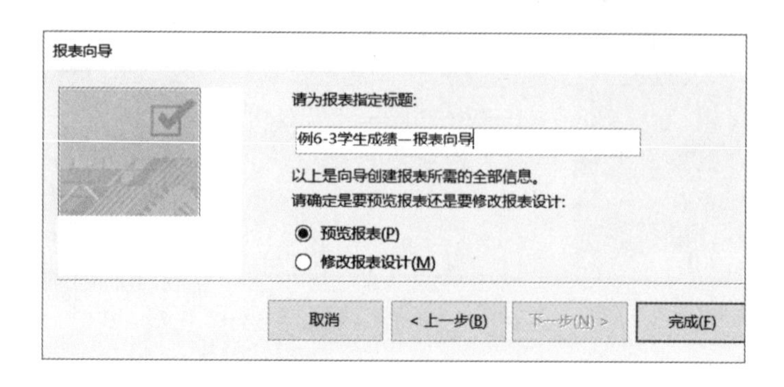

图 6.13　报表向导之八

(10)在“请为报表指定标题:”下方的文本框中,输入“例 6-3 学生成绩—报表向导”,单击“完成”按钮。

(11)单击“报表布局工具”的“设计”上下文命令选项卡,单击“视图”组中的“视图”下拉菜单的“报表视图”,查看报表的运行结果。

▲思考:在“例 6.3”中,去掉专业分组,结果如何?

6.2.4　“标签”创建报表

利用“标签”按钮,可以创建基于单表(查询)的标签报表。利用“标签”可以根据向导的提示信息,方便地创建具有个性的标签报表。

【例 6.4】在“学籍”数据库中,以“学生”表为数据源,利用“导航”下拉列表,创建如图 6.14 所示的学生标签报表。操作如下:

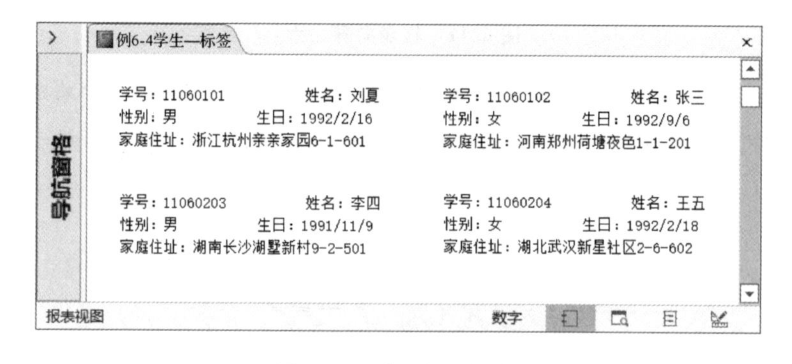

图 6.14　学生标签报表

(1)打开“学籍”数据库。在“导航窗格”中,展开“表”对象,选中“学生”表。

(2)单击“创建”选项卡,单击“报表”组中的“标签”,则弹出的对话框如图 6.15 所示。

(3)“型号:”选择“C2166”,“度量单位”选择“公制”,“标签类型”选择“送纸”,单击“下一步”按钮,则弹出的对话框如图 6.16 所示。如果需要,单击“自定义”,可以自定义标签尺寸。

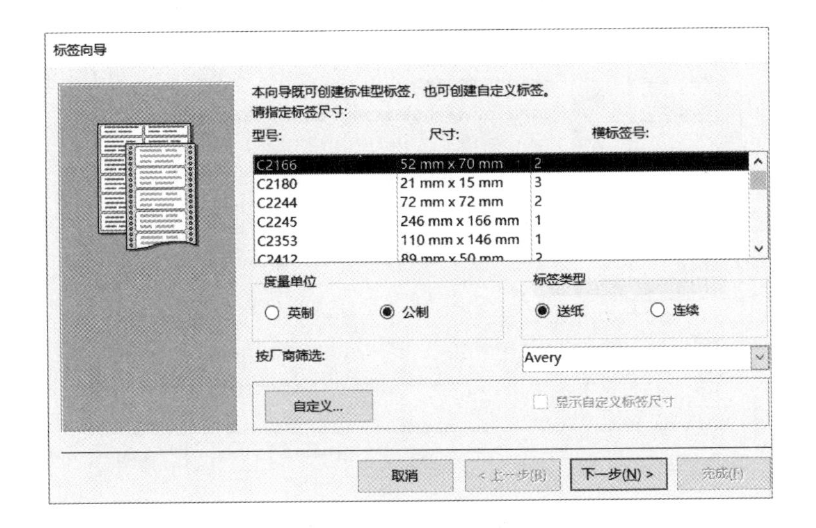

图 6.15 标签报表之一

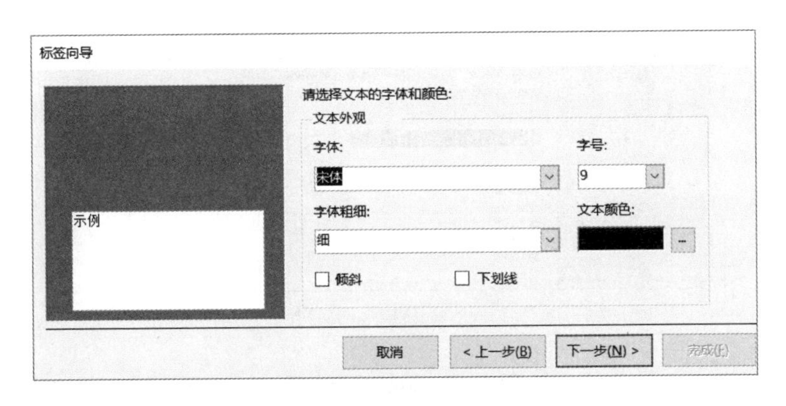

图 6.16 标签报表之二

(4)在“字体:”下方，选择“宋体”；在“字号:”下方，选择“9”；在“字体粗细:”下方，选择“细”；在“文本颜色:”下方，选择“黑色”(可以自定义颜色)。单击“下一步”按钮，则弹出的对话框如图 6.17 所示。

(5)在“原型标签:”下方，输入“学号:”，在“可用字段:”下方，双击“学号”(或者选中“学号”，单击“＞”)，这时在“原型标签:”下方“学号:”的后面会自动添加“{学号}”；然后输入 10 个空格；同理添加“姓名:{姓名}”，并且“回车”换行。重复上述操作，添加第 2 行“性别:{性别}”和“生日:{生日}”(中间有 10 个空格)。在第 3 行添加“家庭地址:{家庭地址}”。单击“下一步”按钮，则弹出的对话框如图 6.18 所示。

(6)在“可用字段:”下方，选择“学号”，单击“＞”，把选择的“学号”移到“排序依据”下方，单击“下一步”按钮，则弹出的对话框如图 6.19 所示。

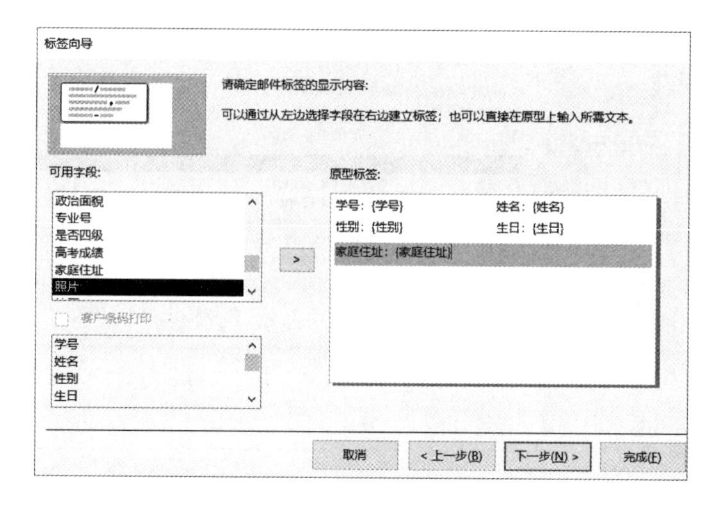

图 6.17　标签报表之三

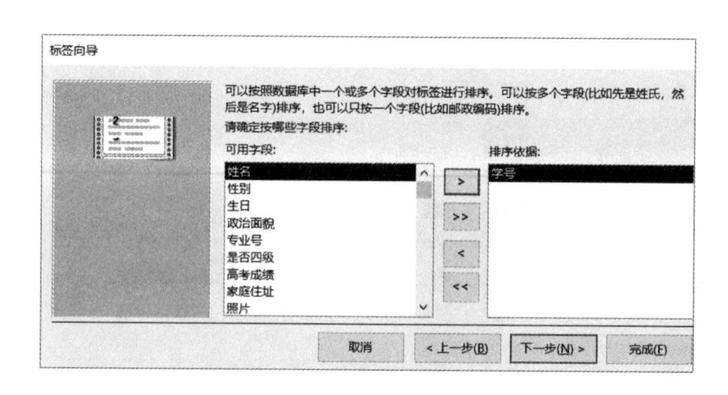

图 6.18　标签报表之四

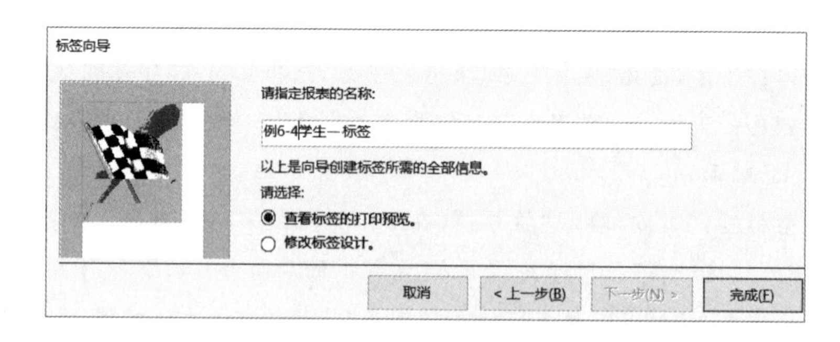

图 6.19　标签报表之五

(7)在“请指定报表的名称:”下方的文本框中，输入“例 6-4 学生—标签”，单击“完成”按钮。

(8)单击“报表布局工具”的“设计”上下文命令选项卡，单击“视图”组中的“视图”下拉菜单的“报表视图”，查看报表的运行结果。

▲思考:如果标签报表的内容涉及多个表，应该如何处理?

6.2.5 “报表设计”创建报表

对数据的主要处理工作之一是汇总数据和统计报表。报表具有多变性和复杂性，根据实际应用的不同而千变万化，然而向导所创建报表的版面布局和内容都是系统预定的，通常不能满足用户对报表的要求。此时，可使用报表的“设计视图”来设计灵活复杂的报表。

创建报表的合理方案：首先使用前述的向导，创建报表的雏形，然后使用“设计视图”进行定制编辑。

打开报表的“设计视图”的方法：单击“创建”选项卡，单击“报表”组中的“报表设计”。如图 6.20 所示。

调出“报表页眉/页脚”或者“页面页眉/页脚”的方法：右击“设计视图”，在快捷菜单中，选择“报表页眉/页脚”或者“页面页眉/页脚”。

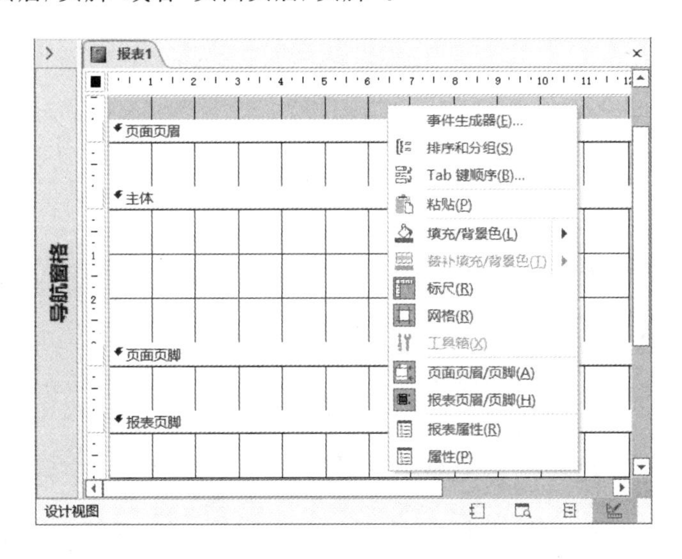

图 6.20 报表的设计视图

6.2.5.1 报表的组成

通过报表的“设计视图”可以看出，报表由“报表页眉”“页面页眉”“主体”“页面页脚”和“报表页脚”5 个部分组成，每一个部分称为“节”，所有报表都包含主体。设计视图默认包含页面页眉、主体和页面页脚 3 个部分，如果需要，可以添加(显示)/删除(隐藏)其他节。

如果报表中需要增加分组和排序字段，则在报表中会出现一个或者多个“组页眉”和“组页脚”。调出“组页眉/脚”的方法：

(1)在报表的“设计视图”下，单击“报表设计工具”的“设计”上下文命令选项卡，单击“分组和汇总”组中的“分组与排序”，则在“设计视图”下方，自动出现“分组、排序和汇总”生成器。如图 6.21 所示。

图 6.21　分组和排序

(2)单击“添加组”或者“添加排序”。例如:单击“性别”和“专业号”之后的界面如图 6.22 所示。

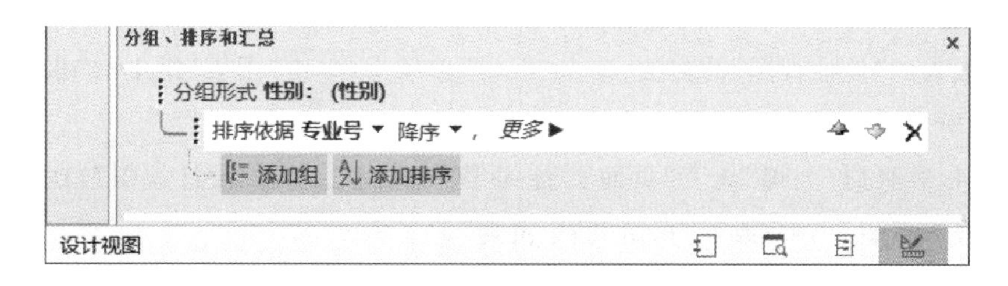

图 6.22　一级性别和二级专业分组

(3)单击“更多”,如图 6.23 所示。

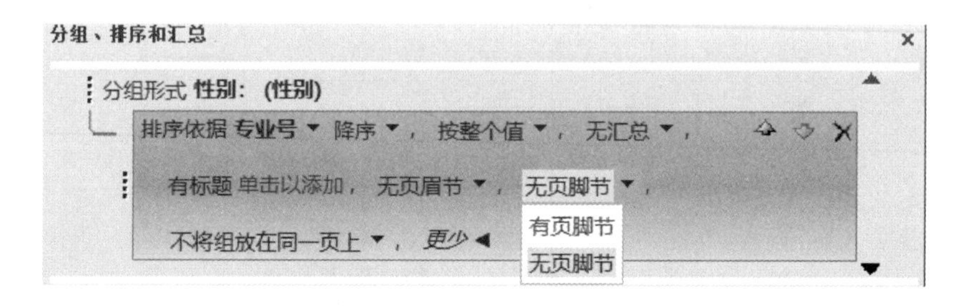

图 6.23　组页眉和组页脚的显示与隐藏

(4)单击“有标题”右侧的“单击以添加”,可以添加分组的“标题”;单击“无页眉节”右侧的下拉列表,可以选择“有/无页眉节”;单击“无页脚节”右侧的下拉列表,可以选择“有/无页脚节”。

报表每个节的最上面是节的“标题”,“标题”的右侧是节的“选择器”。报表最上面“标尺”右侧的“方块”是“报表选择器”。

报表页眉:位于报表顶部,用于放置报表的标题和使用说明。其在整个报表中只出现 1 次,而且出现在报表第 1 页页面页眉的上方。

页面页眉:用来设置打印报表时页面的头部信息,出现在每页的顶部。例如:标题和徽标等。

组页眉:用来设置打印报表时分组的头部信息,出现在每组的顶部。例如:专业和性别等分组信息。

主体:报表最重要的核心部分,用来显示记录数据。

组页脚:用来设置打印报表时分组的页脚统计信息,出现在每组的底部。例如:分组的计数、和值和均值等信息。

页面页脚:用来设置打印报表时页面的页脚信息,出现在每页的底部。例如:日期和页码等。

报表页脚:位于报表底部,用于放置对整个报表的提示信息等。其在整个报表中只出现1次,而且出现在报表末页页面页脚的下方。

调整报表每节宽度和高度的方法:

(1)手工调整:首先单击节选择器(标题颜色变黑),然后把鼠标移到“节选择器”或者“节标题”的上方边缘,待光标变成“上下双箭头”,上下拖动可以调整节的高度。把鼠标放在节的右侧边缘处,待光标变成“水平双箭头”,左右拖动可以调整节的宽度(所有节的宽度同时随之改变)。

(2)属性调整:在“属性表”中,依次输入或者选择相应的属性值。

▲技巧:报表的“设计视图”中,在最下方状态栏的右侧,显示有4种视图的切换按钮,通过单击,可以方便地实现4种视图之间的切换。

6.2.5.2　报表的控件

报表通常是由多个功能不同(或者相同)的控件组成的。即根据汇总和统计的需要,对多个控件进行有效的组合,从而实现用户对报表的输出需求。

报表的控件如图6.24所示。报表控件的基本功能与窗体控件的功能基本相同。

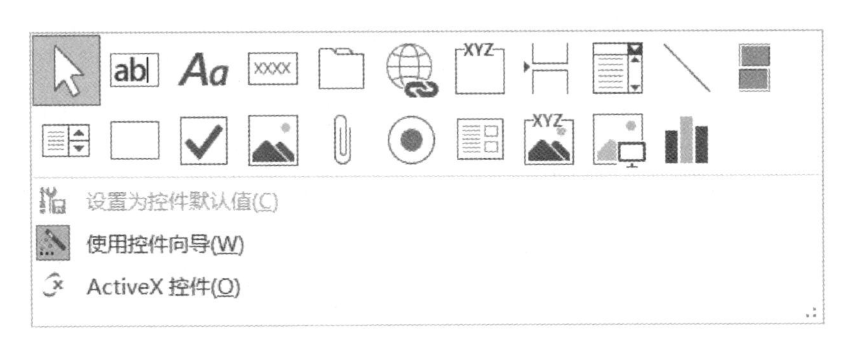

图6.24　报表的控件

在报表中,同样可以很方便地确定每个控件的Tab键的次序。报表中Tab键次序的设置方法与窗体中Tab键次序的设置方法基本相同。

6.2.5.3　报表和控件的属性

报表和报表的每个控件都有自己的属性,不同的属性确定了报表及其控件的数据、外观和行为等多个特性。报表中动态显示的数据通常来自表或者查询。

(1)属性表:属性表是设置报表或者控件属性的有效工具,属性表依据对象的不同而有所不同。

例如:“标签”的“宽度”“高度”和“标题”等。

显示和隐藏属性表的方法:单击“报表设计工具”的“设计”上下文命令选项卡,单击“工具”组中的“属性表”按钮。

属性表含有“格式”“数据”“事件”“其他”和“全部”等 5 个选项卡,分别给出控件的不同类别的属性。具体用法与窗体的属性表基本相同。

▲技巧:显示/隐藏“属性表”的快捷方法是按“F4”。

(2)字段列表:对于报表中,需要动态控制数据的控件,可以通过“字段列表”进行添加和捆绑。

显示和隐藏字段列表的方法:单击“报表设计工具”的“设计”上下文命令选项卡,单击“工具”组中的“添加现有字段”按钮。

▲提示:在“字段列表”中,单击“显示所有表”,显示所有可以使用的表及其字段;单击“仅显示当前记录源中的字段”,显示当前“记录源”所指定的表或者查询中可以使用的字段。

6.2.5.4 绑定控件和计算控件

在报表中,根据控件的功能及其所显示的内容,可以分为未绑定控件、绑定控件和计算控件 3 个大类。

(1)未绑定控件:没有数据源(即控制来源)的控件。通常使用未绑定控件显示信息、图片、线条或者矩形。例如:显示报表标题的标签,显示固定数据的文本框(即数据源为一个常数)等。

(2)绑定控件:数据源(即控制来源)是表或者查询中的字段的控件。通常使用绑定控件显示输出表中字段的值。值可以是文本、日期、数字、是/否、图片或图形。例如:显示学生姓名的文本框可以从“学生”表中的“姓名”字段获得。通常使用“双击表中字段”创建捆绑的控件。

(3)计算控件:数据源是表达式(而非字段)的控件。表达式是由常量、字段和函数等组成的有意义的有效组合。即运算符、控件名称、字段名称、返回单个值的函数及常数的组合。通过把表达式作为控件的数据源(即控制来源)。

例如:学生综合成绩的平均值,可以使用平时、期中和期末的比例组合的均值表示,即:“Avg(0.1*[平时]+0.3*[期中]+0.6*[期末])”。

表达式可以是来自报表或者报表的表或查询中的字段的数据,而且可以是来自报表或者报表中的另一个控件的数据。

▲技巧:对于后者,则需要使用“查询生成器”,添加相应的表或者查询到当前报表的数据源中。

6.2.5.5 控件的用法

在“报表设计工具”的“设计”上下文命令选项卡中:

对于未绑定控件:单击指定控件,光标自动变为带有控件图标的加号“+”,在设计视图工作区的指定位置,拖出用于放置控件的区域(或者通过单击,自动创建默认区域),然后设置相关的属性。

对于绑定控件:可以使用以下 3 种方法。

(1)双击“字段列表”中的指定字段,报表中会自动添加指定字段的相应控件。

(2)拖动“字段列表”中的指定字段到设计视图中的指定位置,设置相关属性。

(3)首先创建未绑定控件,然后使用“属性表”,通过设置相关属性进行捆绑。

▲说明:使用“字段列表”创建绑定控件是比较理想的方式。原因同前述。

对于计算控件,可以使用以下两种方法。

(1)添加计算控件,执行计算表达式。首先创建未绑定控件,然后使用“属性表”,在“控制来源”右侧的组合框中,输入用于计算的表达式(可以使用“表达式生成器”创建),同时设置相关的属性。

例如:创建一个是总成绩均值的文本框,并且按照平时、期中和期末的比例组合计算总成绩,然后使用均值函数 Avg 计算均值。首先创建一个文本框,然后调出“属性表”,在“控件来源”右侧的组合框中,输入计算表达式“=Avg(0.1*[平时]+ 0.3*[期中]+ 0.6*[期末])”。

(2)建立查询,然后捆绑字段。首先建立包含计算控件所对应的字段表达式的查询(在设计网格的“字段”行中输入计算表达式及其标题),然后把报表的计算控件绑定新建查询的响应字段。

▲注意:创建报表的理想方案:首先添加和排列所有绑定控件(例如:多数控件都是绑定控件);然后在设计视图(或者布局视图)中,使用“报表设计工具”的“设计”上下文命令选项卡中的“控件”组中的控件,添加未绑定控件和计算控件继续设计。

6.2.5.6 “设计视图”创建报表

正是因为报表的“设计视图”提供了众多的控件及丰富的属性,所以在创建报表的多种方法中,更多时候是使用“设计视图”创建报表,而且这种方法更为灵活、快捷和直观。

设计视图创建报表的步骤:

(1)打开报表的“设计视图”。

(2)添加控件。在报表中,添加相应的控件,并设置其基本属性。

(3)捆绑控件。对交互控件与相应的数据源进行捆绑。

(4)编辑控件。移动控件,改变大小,删除,设置边框、字体和背景等属性。

(5)设置事件。设置控件上可能发生的事件。例如:单击“学生信息”按钮。

(6)事件处理。即设计事件发生后,所需要做的处理。例如:单击“学生信息”按钮之后,打开“学生信息”报表。

▲说明:在报表中,(5)和(6)通常使用不多。

使用“设计视图”创建报表的方法,与使用“设计视图”创建窗体的方法基本相同,其主要区别表现在:

(1)窗体设计的重点在于交互界面的美观和方便程度,而报表设计的重点是数据输出格式的多样性和合理性。

(2)窗体的“设计视图”与“窗体视图”基本相近;而报表的“设计视图”与“报表视图”通常存在一定的布局上的出入,因此需要多次配合“布局视图”和“打印预览”,不断地调整报表的布局及其控件的大小和位置,直到满足数据的输出要求,而这些工作通常需要一定的时间。

【例 6.5】在“学籍”数据库中,利用“报表设计”,以“学生”表为数据源,创建如图 6.25

所示的专业人数统计图。标签和图表的名称分别为“Label1”和“Graph1”。操作如下：

(1)打开“学籍”数据库。

(2)单击“创建”选项卡,单击“报表”组中的“报表设计”。

(3)单击“快捷访问工具栏”中的“保存”按钮,在“另存为”窗口中的文本框中,输入“例6-5 专业人数—图表”,单击“确定”按钮。

(4)右击“设计视图”,在快捷菜单中,选择“报表页眉/页脚”。

(5)单击“报表设计工具”的“设计”上下文命令选项卡,单击“控件”组中的“标签”,在“报表页眉”节中,单击指定位置,添加“标签”,并在“标签”内输入“专业人数统计图”。单击“属性表”的“格式”选项卡,设置“字号”的属性值为“20”;单击“属性表”的“其他”选项卡,设置“名称”的属性值为“Label1”。如图 6.26 所示。

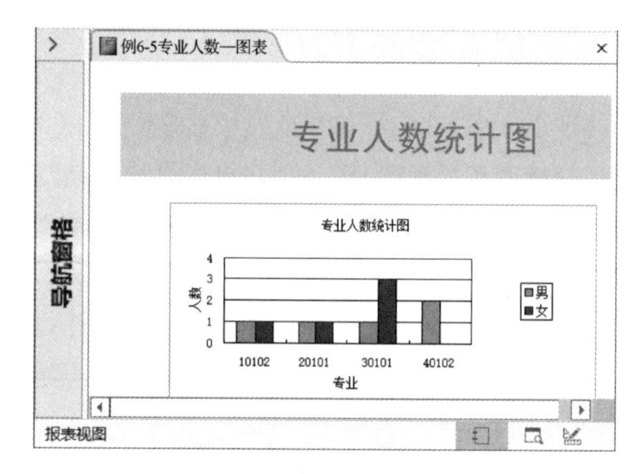

图 6.25 专业人数统计图

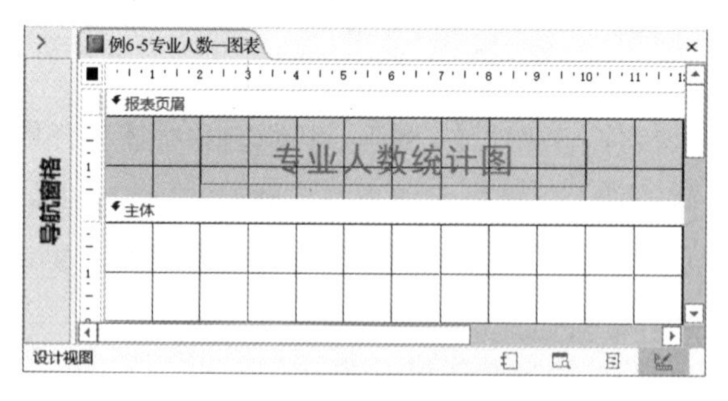

图 6.26 报表设计视图—标签

(6)单击“报表设计工具”的“设计”上下文命令选项卡,单击“控件”组的“图表”,在“主体”节中,单击指定位置,则弹出的对话框如图 6.27 所示。

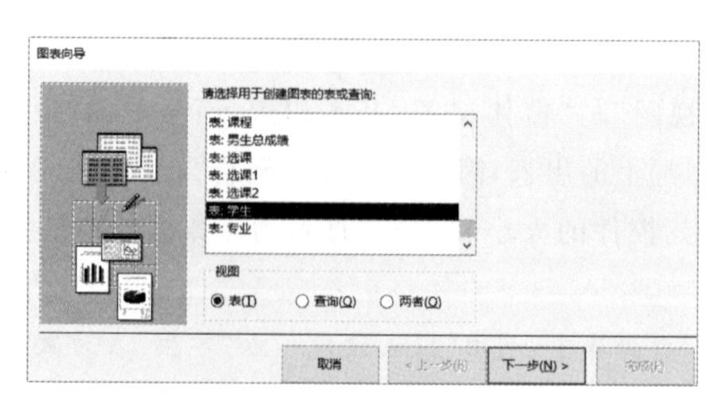

图 6.27 图表报表之一

(7)在“列表框”中，选择“表：学生”，单击“下一步”按钮，则弹出的对话框如图 6.28 所示。

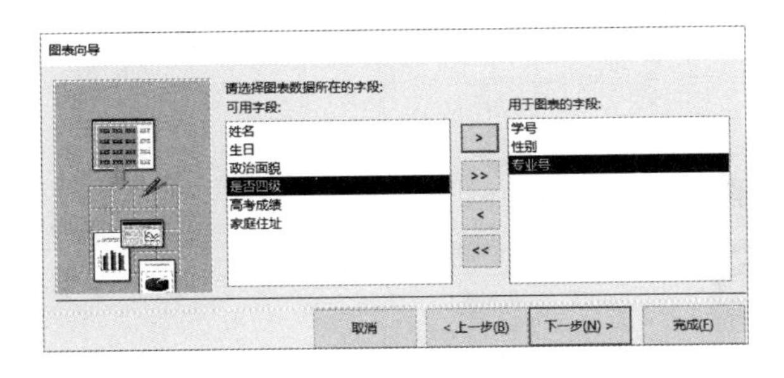

图 6.28　图表报表之二

(8)在“可用字段：”下方的“列表框”中，依次把“学号”“性别”和“专业号”，通过单击“>”，移到“用于图表的字段：”下方的“列表框”中，单击“下一步”按钮，则弹出的对话框如图 6.29 所示。

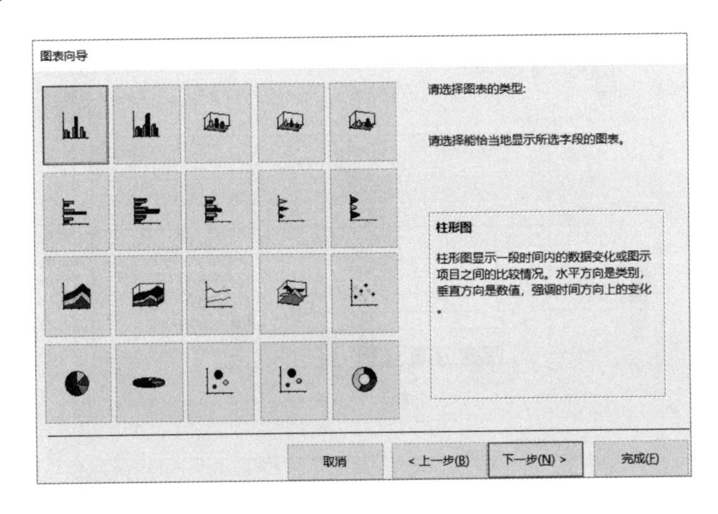

图 6.29　图表报表之三

(9)选择第 1 行第 1 列的“柱状图”，单击“下一步”按钮，则弹出的对话框如图 6.30 所示。

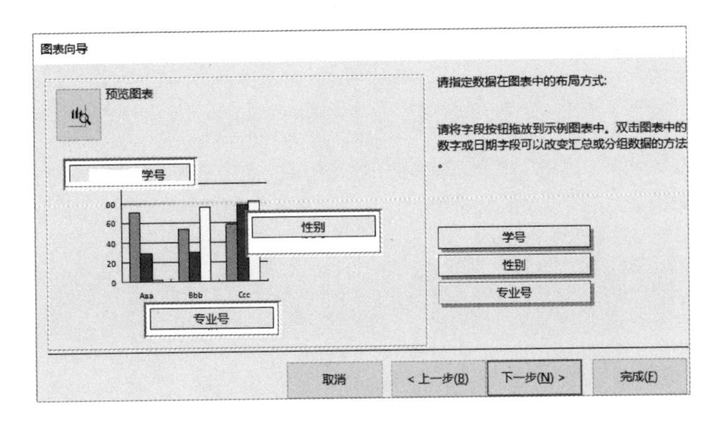

图 6.30　图表报表之四

(10)拖动右侧的“专业号”到左侧图表下方的“矩形框”中,拖动右侧的“性别”到左侧图表右方的“矩形框”中,拖动右侧的“学号”到左侧图表上方的“矩形框”中,单击“下一步”按钮,则弹出的对话框如图 6.31 所示。

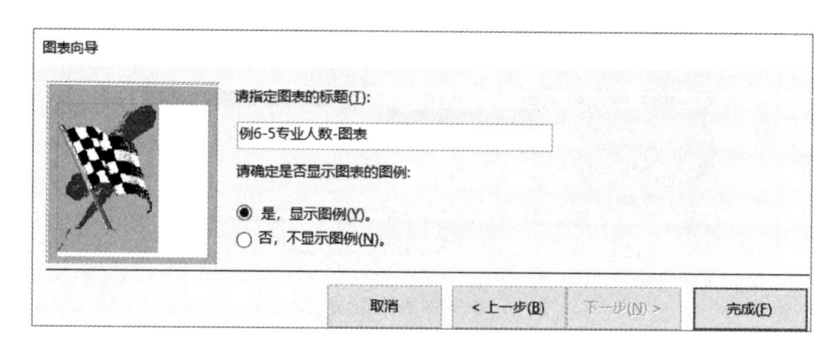

图 6.31　图表报表之五

(11)在“请指定图表的标题:”下方的文本框中,输入“例 6-5 专业人数—图表”;在下方选中“是”,单击“下一步”按钮,则弹出的对话框如图 6.32 所示。

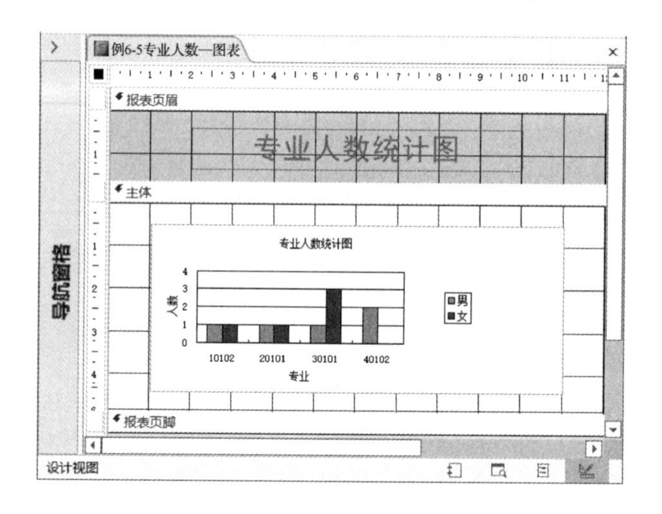

图 6.32　图表报表之五

(12)在“主体”节中,选中“图表”,单击“属性表”的“其他”选项卡,设置“名称”的属性值为“Graph1”。双击当前“图表”,使其处于编辑状态,右击编辑区,在快捷菜单中,选择“图表选项”。如图 6.33 所示。

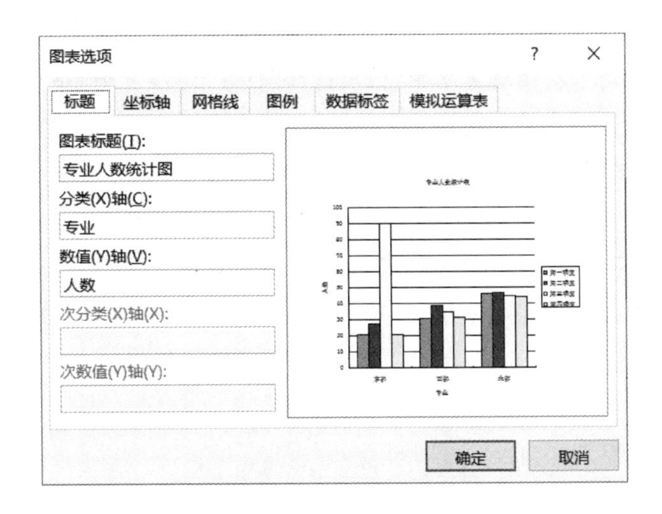

图 6.33 设置图表选项

(13)单击“标题”选项卡，在“图表标题”下方，输入“专业人数统计图”；在“分类(X)轴”下方，输入“专业”；在“数值(Y)轴”下方，输入“人数”。可以通过“其他”选项卡，设置图表的其他属性。单击“确定”按钮，返回“图表报表”的编辑状态；单击空白处，返回报表的“设计视图”。最后单击“快捷访问工具栏”中的“保存”按钮。

【例 6.6】在“学籍”数据库中，利用“报表设计”，创建如图 6.34 所示的学生成绩“主/子报表”。其中，“主报表”以“学生”表和“专业”表为数据源，“子报表”以“例 4-10 总成绩”为数据源；报表中控件的名称，使用默认的名称。操作如下：

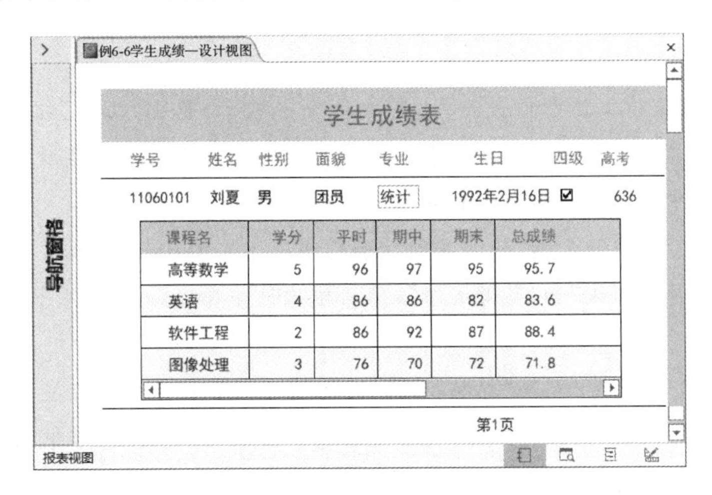

图 6.34 学生成绩“主/子报表”

(1)打开数据库和设计视图。

①打开“学籍”数据库。

②单击“创建”选项卡，单击“报表”组中的“报表设计”。

③单击“快捷访问工具栏”中的“保存”按钮，在“另存为”窗口中的文本框中，输入“例 6-5 专业人数—图表”，单击“确定”按钮。

(2)添加标签。

①右击“设计视图”,在快捷菜单中,依次选择“报表页眉/页脚”和“页面页眉/页脚”。

②单击“报表设计工具”的“设计”上下文命令选项卡,单击“控件”组的“标签”,在“报表页眉”节中,单击指定位置,添加“标签”,并在“标签”内输入“学生成绩表”。单击“属性表”的“格式”选项卡,设置“字号”的属性值为“20”,设置“边框样式”的属性为“透明”。

③在“页面页眉”节中,单击指定位置,依次添加“学号”“姓名”“性别”“面貌”“专业”“生日”“四级”和“高考”等标签,并在“属性表”中,设置“边框样式”的属性为“透明”,同时设置其他的相关属性。如图 6.35 所示。具体操作方法同前述。

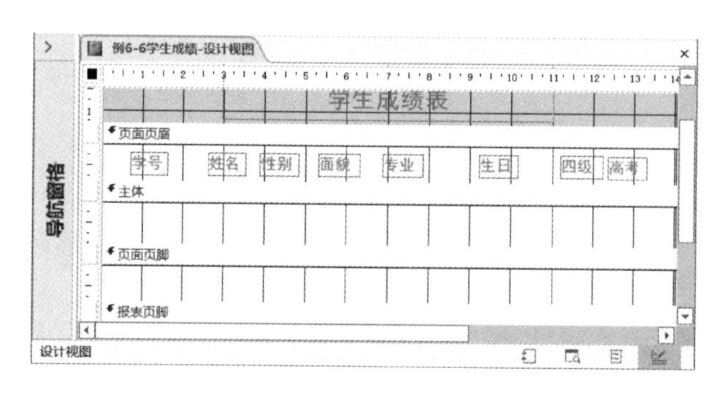

图 6.35 学生成绩—标签

(3)在“主体”节添加控件。

在报表的“设计视图”中,添加控件的方法,与窗体中添加控件的方法基本相同。

“本例”直接使用表中的字段,通过双击(或者拖放)指定字段的方法,添加相应的捆绑控件。

①单击“报表设计工具”的“设计”上下文命令选项卡,单击“工具”组的“添加现有字段”,在“字段列表”中,单击“显示所有表”(如果数据库的表已经全部显示,则可以单击“仅显示当前记录源中的字段”,实现两种状态之间的切换)。

②单击“学生”表前的加号“+”,展开该表的字段。依次双击“学号”“姓名”“性别”“政治面貌”“生日”“是否四级”和“高考成绩”,然后依次选中每个组合控件中的标签部分,并将其删除。

▲技巧:可以通过“剪切”和“粘贴”的方法,把每个组合控件中的标签部分,移动到“页面页眉”节中,作为报表的页面页眉。其可以替代在前述“页面页眉”节中创建的诸标签。

③单击“专业”表前的加号“+”,展开该表的字段。双击“专业名”,选中该组合控件中的标签,并将其删除。然后设置其他相关的属性。如图 6.36 所示。

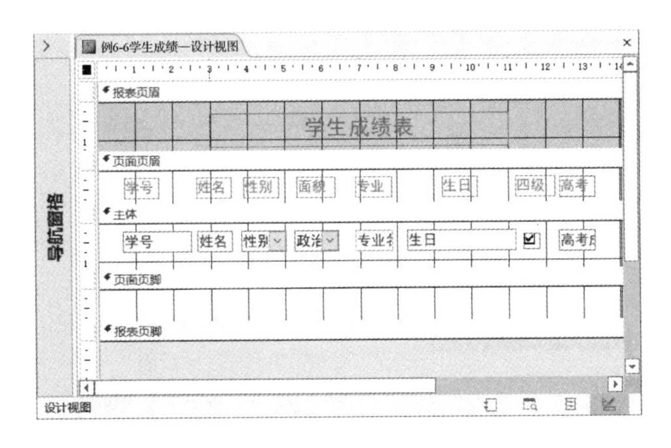

图 6.36 学生成绩—基本控件

(4)添加子报表:选课成绩。

子报表是指在报表(即主报表)中插入的报表(即子报表)。

主报表和子报表的 3 种关系:

同源:主/子报表的记录源相同。结合型报表,主/子报表的同步直接有效组合。

无关:主/子报表的记录源无关。非结合型报表,主/子报表的简单无关组合。

相关:主/子报表的记录源相关。结合型报表,主/子报表的同步间接有效组合。

对于关联的主/子报表,通常在子报表中,只显示与主报表同步的相关记录。即主报表的表(查询)与子报表(查询)之间必须是一对多关系,并且主报表是“一”端,子报表是“多”端。

①对于报表的“设计视图”,单击“报表设计工具”的“设计”上下文命令选项卡;单击“控件”组中的“使用控件向导”,使其处于选中状态。

②单击“控件”组中的“子报表/子报表”,在“设计视图”的“主体”节中,单击指定位置(或拖出一个矩形区域),则弹出的对话框如图 6.37 所示。

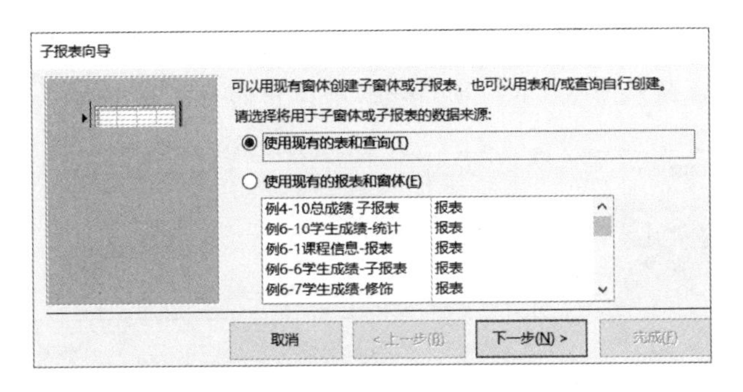

图 6.37 子报表向导之一

③选中“使用现有的表和查询”,单击“下一步”按钮,则弹出的对话框如图 6.38 所示。

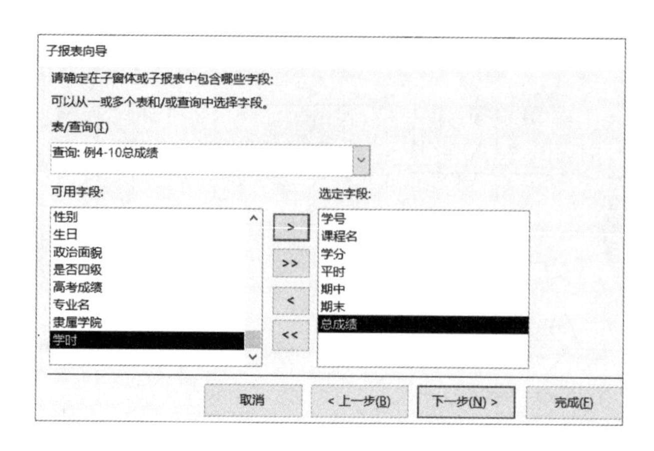

图 6.38　子报表向导之二

④在“表/查询”下方的下拉列表中，选择“查询:例 4-10 总成绩”，在“可用字段:”下方的列表中，依次选择“学号”“课程名”“学分”“平时”“期中”“期末”和“总成绩”，并且移到右侧“选定字段:”下方的列表中。单击“下一步”按钮，则弹出的对话框如图 6.39 所示。

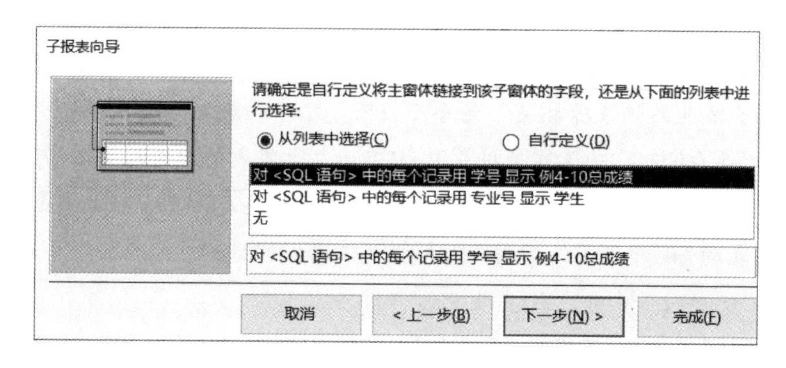

图 6.39　子报表向导之三

⑤选择“从列表中选择”，在其下方的列表中，选择“对＜SQL 语句＞中的每个记录用学号显示例 4-10 总成绩”，单击“下一步”按钮，则弹出的对话框如图 6.40 所示。

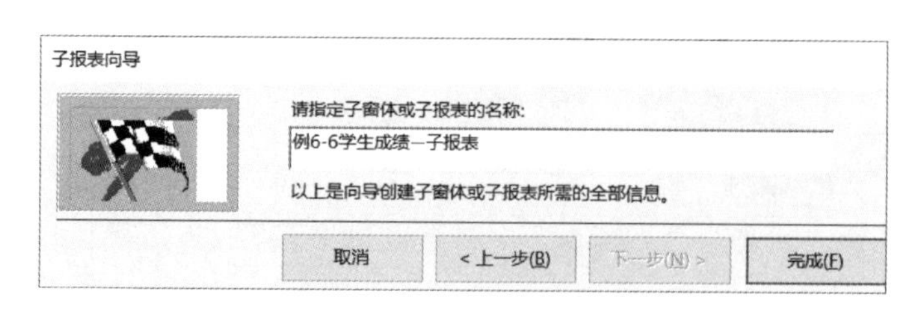

图 6.40　子报表向导之四

⑥在“请指定子报表或子报表的名称:”的下方，输入“例 6-6 学生成绩—子报表”。单击“完成”。如图 6.41 所示。

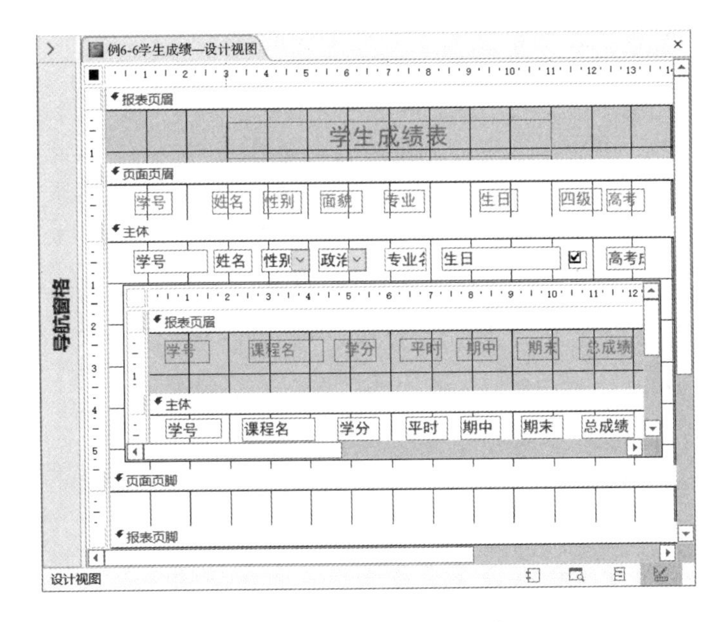

图 6.41 学生信息—子报表

⑦选中标题为“例 6-6 学生成绩—子报表”的标签,按下“Delete”键,将其删除。

⑧选中“子报表”中的“学号”文本框及其标签,按“Delete 键”删除该控件。隐藏“子报表”的“页面页眉”和“页面页脚”。

⑨在“属性表”的“格式”选项卡中,设置相应控件的“边框样式”的属性为“透明”。调整标签和“子报表”的大小和位置等属性。

▲技巧:控制“子报表”的显示方式,可以使用“属性表”中的“默认视图”属性。具体显示方式包括“报表视图”和“打印预览”。

(5)添加直线:修饰直线。

对于报表的“设计视图”,可以添加“直线”“矩形”或者“图像”等,对报表进行进一步的修饰。

①单击“报表设计工具”的“设计”上下文命令选项卡,单击“控件”组中的“直线”。

在“设计视图”的“主体”节的顶部,拖出一条直线,在“属性表”的“格式”选项卡中,设置“宽度”的属性为“14cm”、“高度”的属性为“0cm”、“上边距”的属性为“0cm”、“左”的属性为“0cm”。

在“设计视图”的“页面页脚”节的顶部,拖出一条直线,在“属性表”的“格式”选项卡中,设置“宽度”的属性为“14cm”、“高度”的属性为“0cm”、“上边距”的属性为“0cm”、“左”的属性为“0cm”。

②选中“子报表”。

在子报表的“设计视图”的“主体”节的底部,拖出一条直线;在文本框之间,依次添加“垂直的直线”,在“属性表”中,调整其位置和大小等属性。

在子报表的“设计视图”的“报表页眉”节中,在标签之间,依次添加“垂直的直线”,在“属性表”中,调整其位置和大小等属性。

③调整子报表中其他控件的属性。如图 6.42 所示。

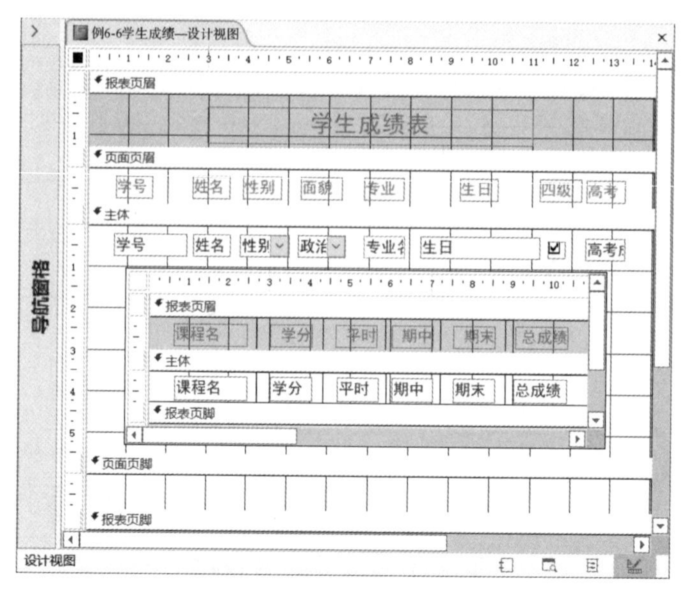

图 6.42 学生信息—修饰直线

(6)添加页码。

对于报表的“设计视图”,可以添加“当前页码”或者“总页码”等,给出报表的页码信息。

单击“报表设计工具”的“设计”上下文命令选项卡,单击“控件”组中的“文本框”。

在“设计视图”的“页面页脚”节中,单击指定位置,创建一个组合的“标签+文本框”,选中文本框,在文本框中输入“="第" & [Page] & "页"”;或者在“属性表”的“数据”选项卡中,设置“控制来源”的属性为“="第" & [Page] & "页"”。选中该组合控件中的标签,并将其删除。如图 6.43 所示。

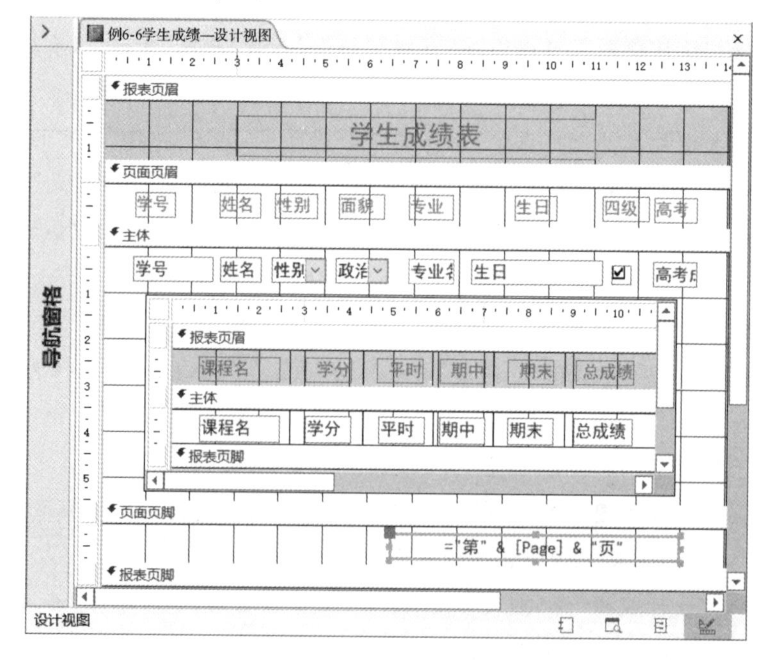

图 6.43 学生信息—页码

▲说明：Page 和 Pages 是两个系统变量，分别给出报表的当前页数和总页数。“&”是字符串连接符，即把两个字符串连接为一个字符串。

▲提示：在使用“表达式”的值作为“文本框”的“控制来源”时，必须在表达式的前面添加一个等号“＝”。

6.3 报表的编辑和调用

对于设计完成的报表，如果存在不太满意的数据输出格式，则可以对其进行进一步的编辑，直到满意为止。

6.3.1 报表的编辑

编辑报表，通常在报表的“设计视图”和“布局视图”中进行，同时需要配合“打印预览”。操作方法与创建报表的方法相同。操作如下：

(1)打开指定数据库。

(2)在“导航窗格”中，展开“报表”对象，选中指定报表。

(3)右击选中的报表，在弹出的快捷菜单中，选择并单击“设计视图”，或者“布局视图”，进入编辑界面。

(4)在“设计视图”中，按照用户需求，编辑报表。

(5)单击“快捷访问工具栏”中的“保存”按钮，保存报表。

(6)单击“状态栏”右侧的“报表视图”，查看设计结果。或者单击“报表设计工具”的“设计”上下文命令选项卡，单击“视图”组的“视图”下拉菜单，选择“报表视图”。或者右击选中的报表，在弹出的快捷菜单中，选择并单击“报表视图”。

编辑报表的主要内容：

(1)利用“属性表”，设置或者更新控件的属性。

(2)使用右击后的快捷菜单或功能热键，进行控件的选择、移动、复制和删除等。

(3)利用控件的控制点，调整控件的大小和位置。特别是组合控件内的每个控件。

(4)控件的排列方式。即“报表设计工具”的“排列”上下文命令选项卡中的功能。

(5)控件的格式。即“报表设计工具”的“格式”上下文命令选项卡中的功能。

(6)报表的页面设置。即“报表设计工具”的“页面设置”上下文命令选项卡的功能。

(7)添加修饰控件。例如：直线、矩形、时间、日期和图像等。

6.3.2 报表的修饰

报表的“设计视图”环境，提供了功能强大的界面风格设计能力，通过控件丰富的属性管理和完善的“报表设计工具”，可以设计各种风格复杂的报表。

6.3.2.1　报表的主题

用户可以快速设置报表的风格,可以使用系统内置的 40 多个“主题”,每个主题都赋予报表一套预设的不同风格。如图 6.44 所示。

操作方法:在报表的“设计视图”下,单击“报表设计工具”的“设计”上下文命令选项卡,单击“主题”组中的“主题”下拉菜单,可以选择内置的多种报表的主题风格(例如,“华”“丽”“活力”和“都市”等),通过单击为当前报表指定相应的主题。

选择“保存当前主题”,可以保存当前主题到指定的主题文件;选择“浏览”,可以装入以前保存的主题。

使用“主题”组中的“颜色”下拉菜单,可以选择内置的多种颜色方案;选择“新建主题颜色”,可以创建一套新的颜色方案,并且可以保存新建的颜色方案。

使用“主题”组中的“字体”下拉菜单,可以选择内置的多种字体方案;选择“新建主题字体”,可以创建一套新的字体方案,并且可以保存新建的字体方案。

6.3.2.2　添加标题、日期时间和页码

用户要快速向报表中添加默认的标题和当前计算机的默认日期和时间,则可以使用“报表设计工具”中的“标题”和“日期和时间”。如图 6.45 所示。

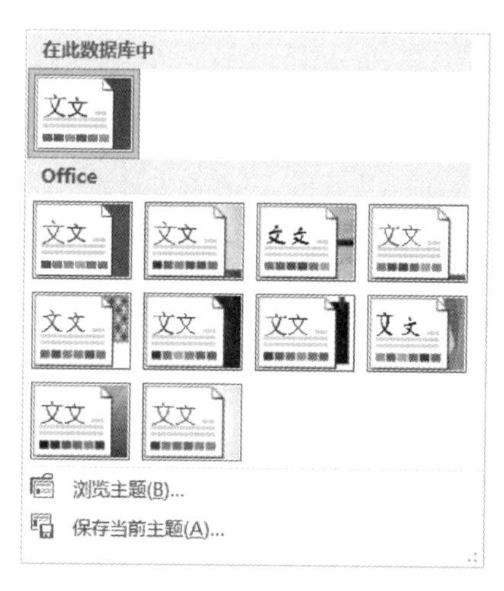

图 6.44　主题

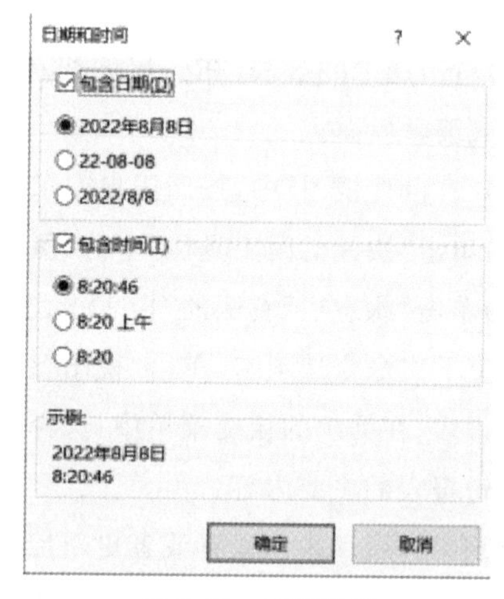

图 6.45　日期时间

添加默认标题的操作方法:在报表的“设计视图”下,单击“报表设计工具”的“设计”上下文命令选项卡,单击“页眉/页脚”组中的“标题”,这时会自动显示“报表页眉”和“报表页脚”节,并且在“报表页眉”节,自动添加一个标题,标题的内容为当前报表的文件名。

添加默认日期和时间的操作方法:在报表的“设计视图”下,单击“报表设计工具”的“设计”上下文命令选项卡,单击“页眉/页脚”组中的“日期和时间”,这时会在“报表页眉”节,自动添加一个日期文本框和一个时间文本框,其内容分别为当前计算机的日期和时间。

添加页码的操作方法:

(1)在报表的“设计视图”下,单击“报表设计工具”的“设计”上下文命令选项卡,单击

“页眉/页脚”组中的“页码”，如图 6.46 所示。

(2)在“格式”下方，选择页码的格式；在“位置”下方，选择页码的放置位置；在“对齐”下方，选择页码的对齐方式；可以选择首页是否显示页码；单击“确定”。在这时会在“页面页眉”节，自动添加一个页码文本框，其内容为“="页" & [Page]”。

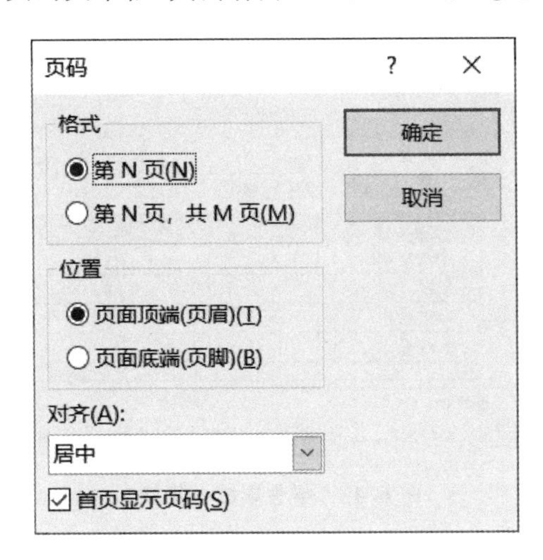

图 6.46 页码

6.3.2.3 添加图像

用户要向报表中添加公司商标和图像，用来装饰和美化报表，则可以使用“报表设计工具”中的“插入图像”和“徽标”。

添加商标的操作方法：在报表的“设计视图”下，单击“报表设计工具”的“设计”上下文命令选项卡，单击“页眉/页脚”组中的“徽标”，在弹出的对话框中，选择指定“商标”的图像(图标)文件。

添加图像的操作方法：在报表的“设计视图”下，单击“报表设计工具”的“设计”上下文命令选项卡，单击“控件”组中的“插入图像”，在弹出的对话框中，选择指定的图像文件。

同时，可以添加直线和矩形等图形控件，进行进一步的修饰。

【例 6.7】在“例 6.6”中，利用“报表设计”，把图像文件“例 5-12.png”添加到当前报表的“报表页眉”节的左侧；在报表的“报表页眉”节的右侧，添加默认日期和时间；在报表的“页面页脚”节的左侧，添加一个文本框，其内容为“报表制作：郭中秋”。如图 6.47 所示。操作如下：

(1)打开学籍数据库。

(2)复制“例 6-6 学生成绩—设计视图”到“例 6-7 学生成绩—修饰”。

(3)使用“设计视图”，打开“例 6-7 学生成绩—修饰”。

(4)单击“报表设计工具”的“设计”上下文选项卡，单击“控件”组中的“徽标”，在弹出的对话框中，选择“例 5-12.png”文件，调整相应的大小和位置。

(5)单击“报表设计工具”的“设计”上下文命令选项卡，单击“页眉/页脚”组中的“日期和时间”在弹出的对话框中，选择日期和时间的格式，单击“确定”按钮。

(6)在“报表页脚”节,添加一个文本框,输入的内容为“="报表制作:郭中秋"”。在“属性表”的“格式”选项卡中,设置“边框样式”的属性为“透明”,然后设置大小和位置等其他相关属性。

(7)完成后的报表如图 6.48 所示。

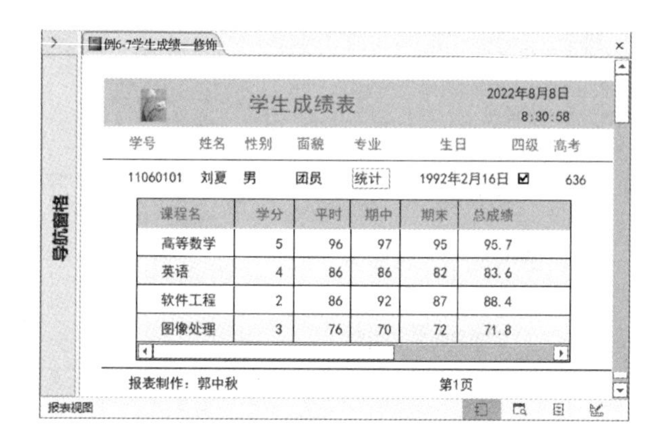

图 6.47　学生成绩—修饰

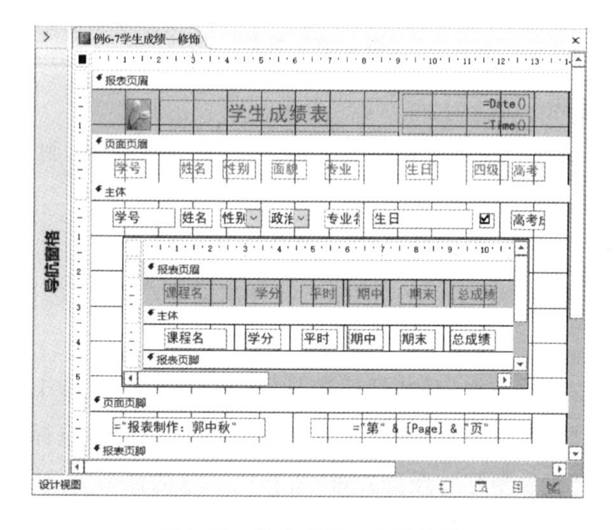

图 6.48　学生成绩—设计结果

6.3.3　报表的调用

对于设计完成的“报表”,可以通过以下方式执行和调用。

(1)利用“导航窗格”显示设计结果。操作方法如下:

在“导航窗格”中,展开“报表”对象,双击指定的报表。

(2)利用“报表视图”显示设计结果。操作方法如下:

单击“报表设计工具”的“设计”上下文命令选项卡,单击“视图”组中的“视图”下拉菜单,选择“报表视图”。

(3)利用快捷菜单显示设计结果。操作方法如下:

右击“设计视图”的选项卡的“标题”，在弹出的快捷菜单中，选择“报表视图”。

(4)利用“状态栏”显示设计结果。操作方法如下：

单击“设计视图”状态栏中右边的“报表视图”图标。

(5)利用“命令按钮”调用报表。操作方法如下：

利用“按钮”，按照向导方式，创建打开指定报表的按钮。方法同前述(参考例 5.13)。

(6)利用“宏”调用报表。操作方法参考第 7 章。

▲思考：在学籍数据库中，利用窗体的“设计视图”，创建与“例 5.13”相同的窗体界面。要求中间创建 6 个按钮，分别打开“例 6.1”到“例 6.6”的报表，其他要求同“例 5.13”。

6.4 报表的统计

设计报表的主要目的是对数据进行归纳、整理、分析和综合，因此通常需要对数据进行排序、分组、计数、寻找最大(最小)值、计算和值和均值等统计运算。

6.4.1 报表的排序

在报表中，数据显示的顺序是数据源中的默认顺序，通常用户需要按照指定的一个或者多个字段进行排序输出。在 Access 2019 的向导中，可以设置四重排序。操作方法如下：

(1)在报表的“设计视图”下，单击“报表设计工具”的“设计”上下文命令选项卡，单击“分组和汇总”组中的“分组与排序”，则在“设计视图”下方，会自动出现“分组、排序和汇总”生成器。如图 6.21 所示。

(2)单击“添加排序”。例如：以“学生”表为数据源报表，选择“高考成绩”。如图 6.49 所示。

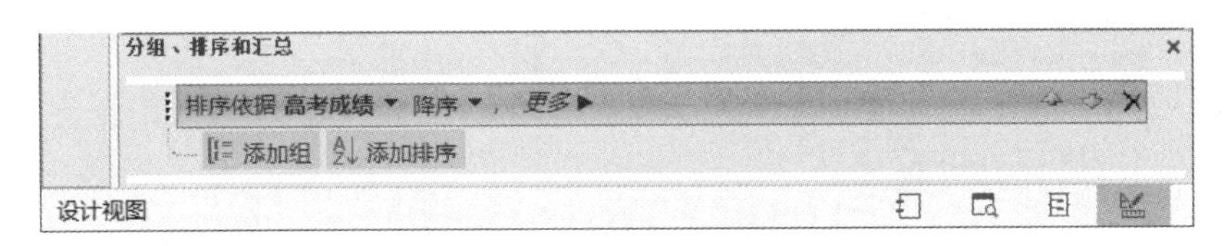

图 6.49　一级高考成绩排序

(3)单击“更多”，如图 6.50 所示。

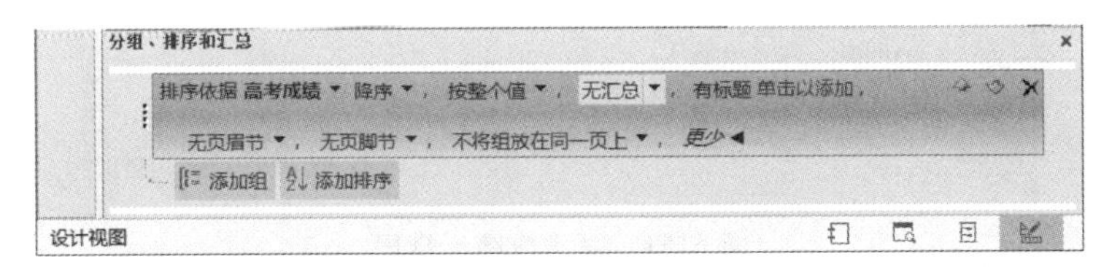

图 6.50　设置排序选项

(4)单击“排序依据”右侧的不同选项,可以设置不同的排序方式。即:

单击“字段下拉列表”,可以选择排序字段;单击最下方的“表达式”,可以在“表达式生成器”中输入一个表达式,并按照表达式的值进行排序。例如:对于“姓名”字段,如果按照“姓”排序,则可以在“表达式生成器”中输入“=Left([姓名],1)”。

单击“升序/降序下拉列表”,可以选择排序的方式(升序或者降序)。

单击“内容下拉列表”,可以选择排序的内容(按整个值、按 5 条、……、自定义等);

单击“汇总下拉列表”,可以选择排序的汇总情况(汇总方式、类型、显示总计、显示组小计占总计的百分比、……、在组页脚中显示小计等)。

单击“有标题”右侧的“单击添加”,可以添加排序标题。

单击“有/无页眉节下拉列表”,可以显示/隐藏“组页眉”节。

单击“有/无页脚节下拉列表”,可以显示/隐藏“组页脚”节。

单击“放置方式下拉列表”,可以设置排序组的放置方式(不将组放在同一页上或者将整个组放在同一页上等)。

(5)单击“上移”和“下移”按钮,可以移动多重排序的顺序。

(6)单击“删除”按钮,可以删除排序的字段。

【例 6.8】在“学籍”数据库中,利用“报表设计”,以“学生”表为数据源,创建如图 6.51 所示的学生高考成绩排序报表。报表中控件的其他属性,使用默认值。操作如下:

(1)打开“学籍”数据库。

(2)单击“创建”选项卡,单击“报表”组的“报表设计”,设置报表的数据源为“学生”表。

(3)调出“报表页眉/页脚”和“页面页眉/页脚”。

(4)单击“快捷访问工具栏”的“保存”按钮,在弹出的对话框中,输入“例 6-8 高考成绩—排序”,单击“确定”按钮。

(5)在“报表页眉”节,添加标题为“学生高考成绩排序表”的标签。

(6)单击“报表设计工具”的“设计”上下文命令选项卡,单击“工具”组中的“添加现有字段”。

(7)选中“主体”节,在“字段列表”中,依次双击“学号”“姓名”“性别”“生日”“面貌”和“高考成绩”,在“主体”节中,添加相应的组合控件。

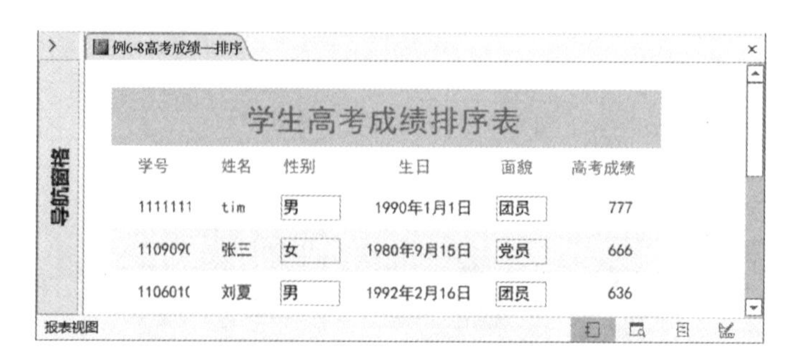

图 6.51　高考成绩—排序

(8)通过“剪切”和“粘贴”,把“主体”节中组合控件的“标签部分”移到“页面页眉”中,同时设置位置和大小等属性。

(9)在报表的“设计视图”下,单击“报表设计工具”的“设计”上下文命令选项卡,单击“分组和汇总”组中的“分组与排序”,则在“设计视图”下方,会自动出现“分组、排序和汇总”生成器。

(10)单击“添加排序”,选择“高考成绩”,单击“升序/降序下拉列表”,选择降序。如图6.52所示。

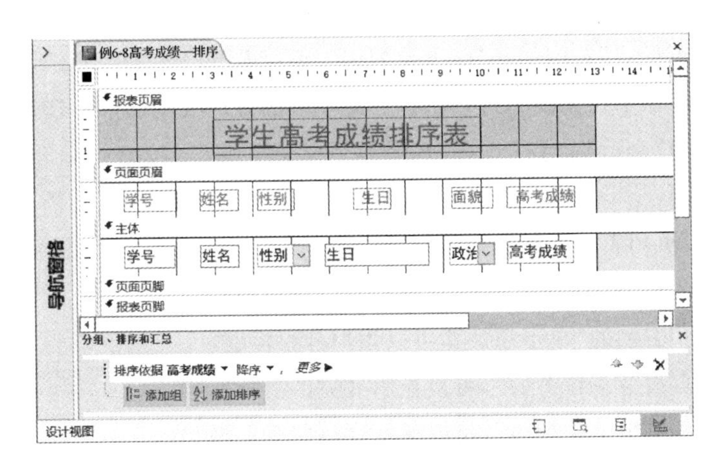

图 6.52 高考成绩排序—设计结果

6.4.2 报表的分组

在报表中,为了体现报表数据的分类特征,通常需要按照指定的字段对记录进行分组。分组是指根据用户需要,按照一个或者多个字段的值是否相等,把记录分为不同分组的过程。在 Access 2019 的向导中,可以设置四重分组。操作方法如下:

(1)在报表的“设计视图”下,单击“报表设计工具”的“设计”上下文命令选项卡,单击“分组和汇总”组中的“分组与排序”,则在“设计视图”下方,会自动出现“分组、排序和汇总”生成器。如图6.21所示。

(2)单击“添加组”。例如:以“学生”表为数据源报表,选择“性别”。如图6.53所示。

图 6.53 一级性别分组

(3)单击“更多”,如图 6.54 所示。

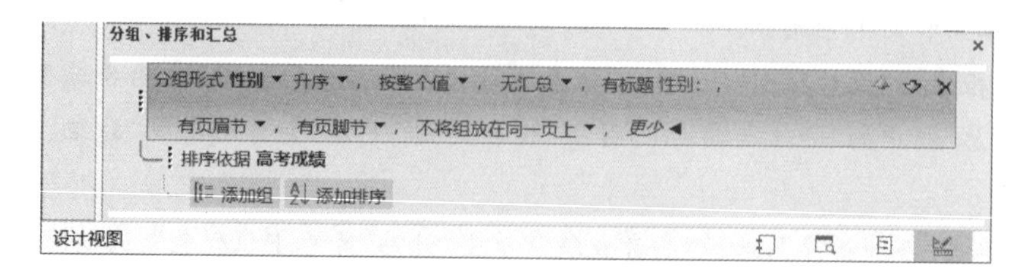

图 6.54　设置分组选项

(4)单击“分组形式”右侧的“字段下拉列表”,可以选择分组的字段。

单击“升序/降序下拉列表”,可以选择分组字段的排序方式(升序或者降序)。

单击“内容下拉列表”,可以选择分组字段的排序内容(按整个值、按第 1 个字符、……、自定义等)。

单击“汇总下拉列表”,可以选择分组字段的汇总情况(汇总方式、类型、显示总计、显示组小计占总计的百分比、……、在组页脚中显示小计等)。

单击“有标题”右侧的“单击添加”,可以添加分组标题。

单击“有/无页眉节下拉列表”,可以显示/隐藏“组页眉”节。

单击“有/无页脚节下拉列表”,可以显示/隐藏“组页脚”节。

单击“放置方式下拉列表”,可以设置排序组的放置方式(不将组放在同一页上或者将整个组放在同一页上等)。

(5)单击“上移”和“下移”按钮,可以移动多重分组的顺序。

(6)单击“删除”按钮,可以删除分组的字段。

【例 6.9】在“学籍”数据库中,利用“报表设计”,以“学生”表为数据源,创建如图 6.55 所示的学生高考成绩分组排序报表。报表中控件的其他属性,使用默认值。操作如下:

(1)打开“学籍”数据库。

(2)复制“例 6-8 高考成绩—排序”到“例 6-9 高考成绩—分组”。

(3)使用“设计视图”,打开“例 6-9 高考成绩—分组”。

(4)在报表的“设计视图”下,单击“报表设计工具”的“设计”上下文命令选项卡,单击“分组和汇总”组中的“分组与排序”,则在“设计视图”下方,会自动出现“分组、排序和汇总”生成器。

(5)单击“添加分组”,选择“性别”,单击“升序/降序下拉列表”,选择升序。单击“上移”按钮,把“性别”分组移到“高考成绩”排序的上方。

(6)单击“无汇总”下拉列表,选择汇总方式为“学号”,选择“类型”为“记录计数”,勾选“显示总计”和“在组页脚中显示小计”。

(7)在“性别页脚”节中,修改文本框的“控制来源”的值为“="人数小计:" & Count([学号])”。

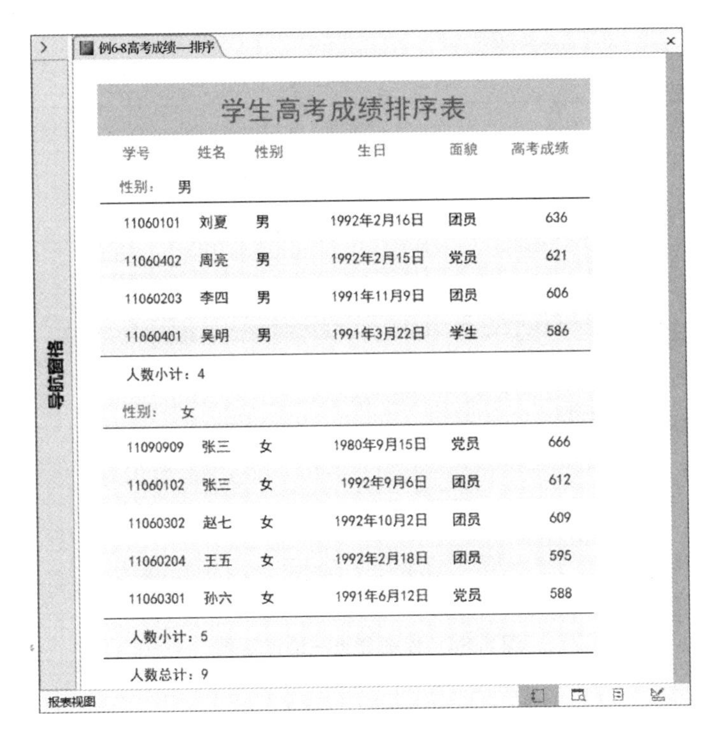

图 6.55　高考成绩—分组

(8)在“报表页脚”节中，修改文本框的“控制来源”的值为“="人数总计:" & Count([学号])”。

(9)单击“有标题”右侧的“单击添加”，在弹出的对话框中，输入“性别:”，单击“确定”按钮，并在“性别页眉”节中，设置该标签的位置和大小等属性。

(10)在“性别页眉”节中，添加一个文本框(删除该组合控件中的标签)，在其“属性表”中，设置“控制来源”的值为“性别”。

(11)在“性别页眉”节的顶部、“性别页脚”节的底部和“报表页脚”节的顶部，分别添加一条直线，设置其位置和大小等属性，保存结果。如图 6.56 所示。

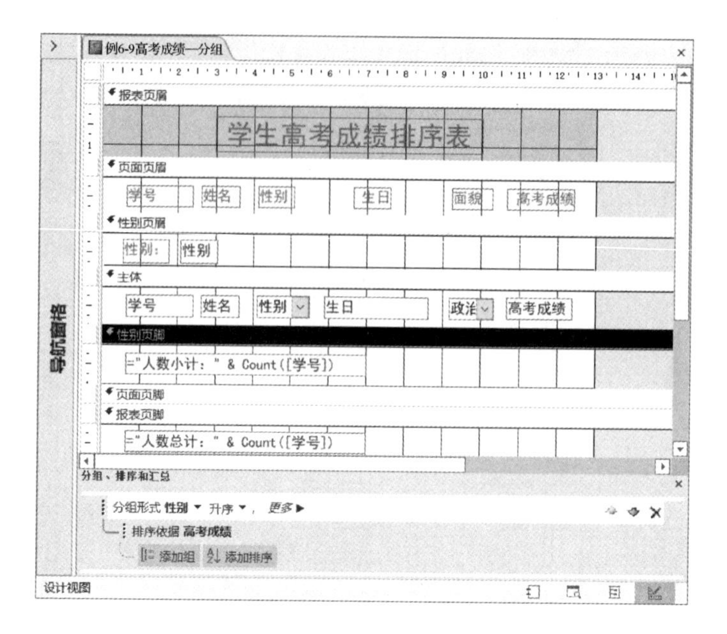

图 6.56 性别分组—设计结果

6.4.3 报表的统计计算

在报表中,不但可以对记录数据进行排序和分组,而且可以找出最大值和最小值,进行计数、计算和值和均值等统计运算。

操作方法如下:

(1)在报表的“设计视图”下,单击“报表设计工具”的“设计”上下文命令选项卡,单击“控件”组中的“文本框”,在“设计视图”的指定“节”中,添加“文本框”。

(2)选中“文本框”,在“属性表”的“数据”选项卡中,设置“控制来源”的属性值为指定的“=表达式”。

▲提示:统计运算的常用函数包括 Count()、Max()、Min()、Sum()、Avg()等。

▲技巧:把“文本框”的“控制来源”的属性值,设置为指定的表达式,并且在表达式的前面必须添加一个等号“=”。

【例 6.10】在“学籍”数据库中,利用“报表设计”,以“例 4-10 总成绩”为数据源,创建如图 6.57 所示的学生成绩统计报表。报表中控件的其他属性,使用默认值。操作如下:

(1)打开“学籍”数据库。

(2)单击“创建”选项卡,单击“报表”组中的“报表设计”,设置报表的数据源为“例 4-10 总成绩”。

(3)调出“报表页眉/页脚”和“页面页眉/页脚”。

(4)单击“快捷访问工具栏”的“保存”按钮,在弹出的对话框中,输入“例 6-10 学生成绩—统计”,单击“确定”按钮。

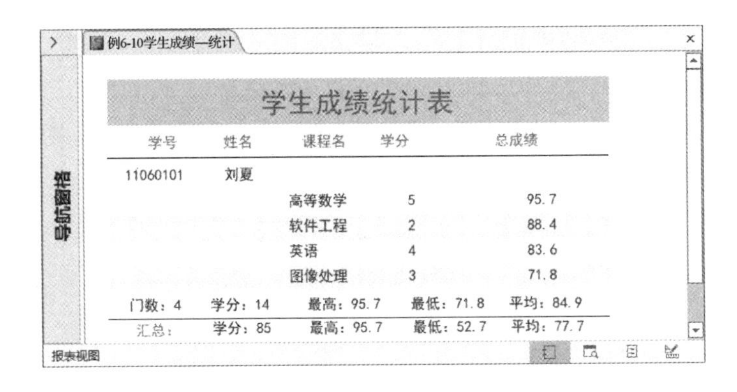

图 6.57　学生成绩—统计

(5)在“报表页眉”节，添加标题为“学生成绩统计表”的标签。

(6)单击“报表设计工具”的“设计”上下文命令选项卡，单击“工具”组中的“添加现有段字”。

(7)选中“主体”节，在“字段列表”中，依次双击“学号”“姓名”“课程名”“学分”和“总成绩”，在“主体”节中，添加相应的组合控件。

(8)通过“剪切”和“粘贴”，把“主体”节中组合控件的“标签部分”，移到“页面页眉”中，同时设置位置和大小等属性。

(9)在报表的“设计视图”下，单击“报表设计工具”的“设计”上下文命令选项卡，单击“分组和汇总”组中的“分组与排序”，则在“设计视图”下方，会自动出现“分组、排序和汇总”生成器。

(10)单击“添加组”，选择“学号”，单击“升序/降序下拉列表”，选择升序。

(11)单击“无汇总”下拉列表，选择汇总方式为“学号”，选择“类型”为“记录计数”，勾选“显示总计”和“在组页脚中显示小计”。

(12)在“学号页脚”节中，修改文本框的“控制来源”的值为“="门数:" & Count([课程名])”。复制 4 份该控件，依次修改每个文本框的“控制来源”的值：

“="学分:" & Sum([学分])”；

“="最高:" & Max([总成绩])”；

“="最低:" & Min([总成绩])”；

“="平均:" & Round(Avg([总成绩]),1)”。

(13)复制该 4 份控件到“报表页脚”中。

(14)在“学号页眉”节的顶部、“报表页脚”节的顶部，分别添加一条直线，设置其位置和大小等属性，再保存结果。如图 6.58 所示。

▲思考 1:如果“总成绩”不使用“例 4-10 总成绩”中的“总成绩”，而是使用“平时”“期中”和“期末”，按照 10%、30%和 60%的比例计算，如何处理？

▲思考 2:如果“门数”的格式显示为“占总计的百分比”，如何处理？

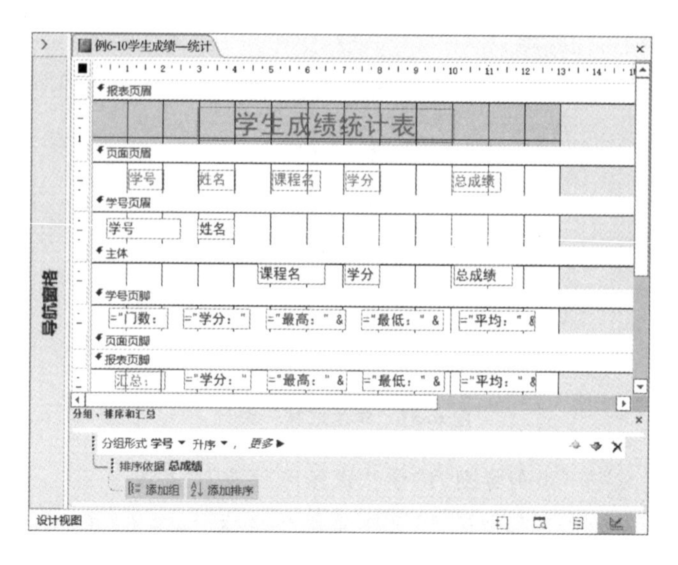

图 6.58　学生成绩统计—设计结果

6.5　报表的预览与打印

对于设计完成的报表,用户可以通过“打印预览”,浏览所建报表,如果对数据的输出格式不满意,则可以对其进行进一步的编辑;对于满意的报表,则可以将其送往打印机打印输出。

6.5.1　报表的预览

在把设计完成的报表送往打印机之前,用户通常希望先预览报表的打印效果,而“打印预览”,则是预览报表的最佳环境。

(1)利用“导航窗格”预览报表。操作方法如下:

在“导航窗格”中,展开“报表”对象,右击指定的报表,在快捷菜单中,选择“打印预览”。

(2)利用“报表设计工具”预览报表。操作方法如下:

单击“报表设计工具”的“设计”上下文命令选项卡,单击“视图”组中的“视图”下拉菜单,选择“打印预览”。

(3)利用快捷菜单预览报表。操作方法如下:

右击“设计视图”的选项卡的“标题”,在弹出的快捷菜单中,选择“打印预览”。

(4)利用“状态栏”预览报表。操作方法如下:

单击“设计视图”状态栏中右边的“打印预览”图标。

“打印预览”的选项卡如图 6.59 所示。

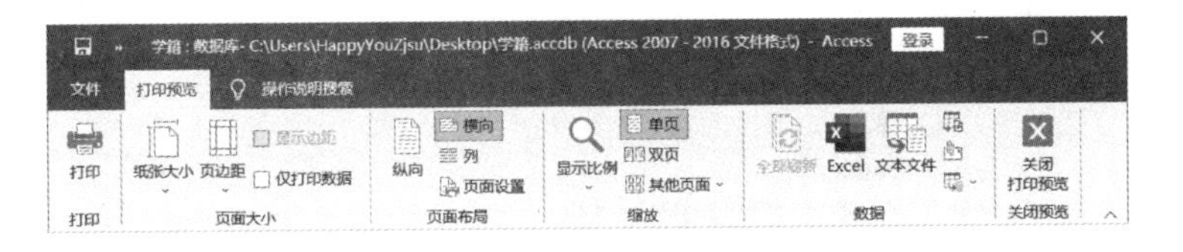

图 6.59 打印预览选项卡

利用“打印预览”,不但可以通过“显示比例”预览报表的打印效果,而且可以通过“页面大小”和“页面布局”设置打印参数,同时还可以通过“数据”,将报表的数据导出到Excel、Text、Pdf 或者 Xps 等文件中。

6.5.2 报表的打印

对于最终的报表,就可以将其发送到打印机打印输出了。操作方法如下:

(1)单击“文件”选项卡,单击“打印”。在如图 6.60 所示的界面中,提供了“快速打印”“打印”和“打印预览”3 种打印模式。

(2)单击“快速打印”,把报表直接发送到默认的打印机,打印输出。

(3)单击“打印”,如图 6.61 所示,可以定制打印报表。单击“属性”按钮,可以设置打印机的属性及其打印参数(例如:效果、纸张类型和打印份数等);单击“设置”按钮,可以进行“页面设置”;然后单击“确定”按钮,就把报表发送至选定的打印机,打印输出。

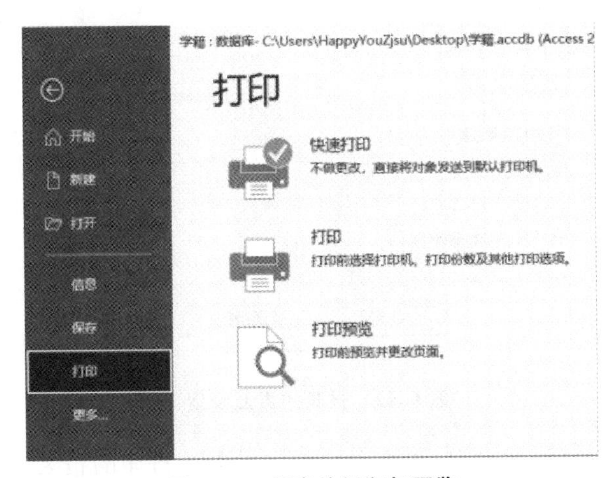

图 6.60 报表的打印与预览

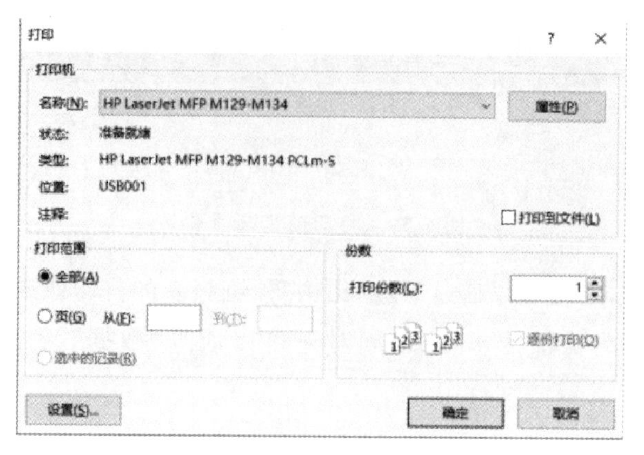

图 6.61　定制打印

(4)单击"打印预览",切换到"打印预览"视图,进行报表预览,导出报表数据。单击"页面设置",如图 6.62 所示,进行页面布局及其参数设置。最后单击"打印"组的"打印"按钮,进行打印。

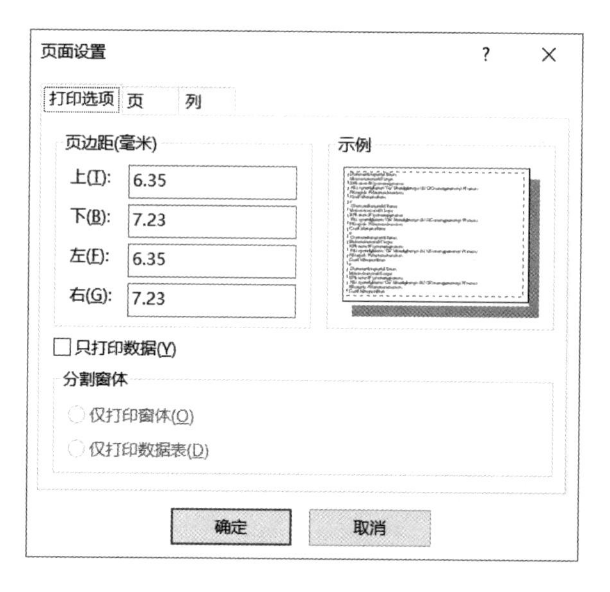

图 6.62　报表的页面设置

报表的理想打印模式:先预览,再打印。首先对需要打印的报表进行预览,如果存在不足,可以对其进行进一步的修改,确定准确无误后,再发送至打印机打印输出。

6.6 报表实验

通过理解报表及其相关内容,在 Access 2019 的环境下,熟练掌握利用"报表""报表设计""空报表""报表向导"和"标签"等创建、编辑和调用报表的方法。

实验 6.1 向导创建报表

(1)利用“报表”,创建“职工”表的表格式报表。

(2)利用“报表设计”,创建“商品”表的纵栏式报表。如图 6.63 所示。

(3)利用“空报表”,创建“商品”表的报表。如图 6.64 所示。

(4)利用“报表向导”,创建如图 6.65 所示的“职工销售”报表,统计每个职工的销售业绩。数据源是“海贝超市”数据库中的相关表。要求:报表的字段为工号、姓名、性别、部门、单号、品名、单价、销售数量和日期;不添加分组字段;销售数量降序排序;销售数量的汇总方式为“明细和汇总”,并勾选“计算汇总百分比”;布局采用“递阶”,方向使用“纵向”。

▲思考:如果在向导中,未勾选“计算汇总百分比”,结果如何?

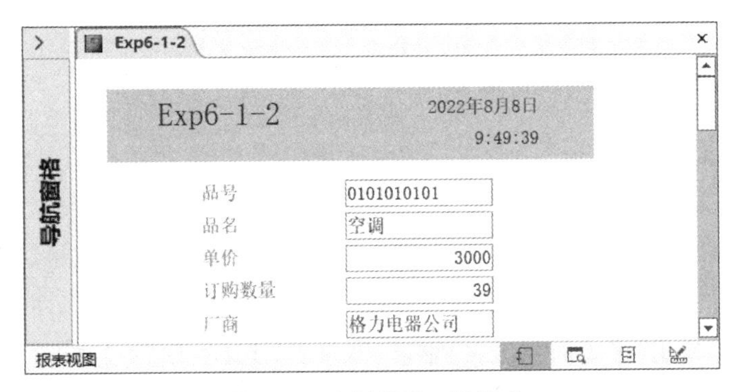

图 6.63 商品报表—纵栏式

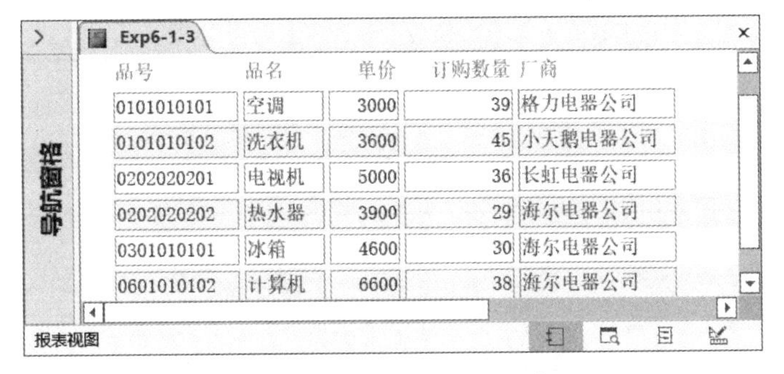

品号	品名	单价	订购数量	厂商
0101010101	空调	3000	39	格力电器公司
0101010102	洗衣机	3600	45	小天鹅电器公司
0202020201	电视机	5000	36	长虹电器公司
0202020202	热水器	3900	29	海尔电器公司
0301010101	冰箱	4600	30	海尔电器公司
0601010102	计算机	6600	38	海尔电器公司

图 6.64 商品报表—空报表

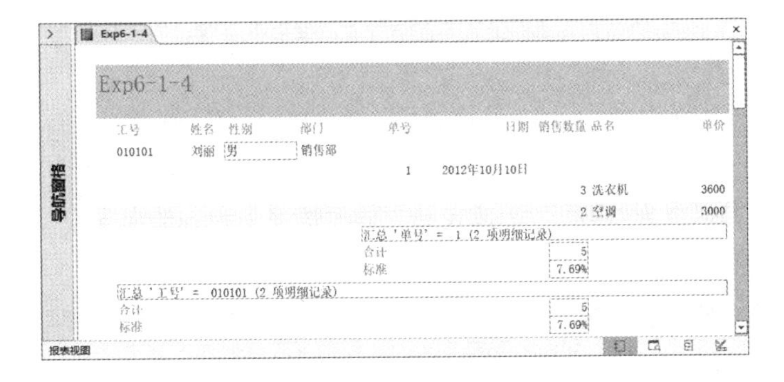

图 6.65 职工销售—报表向导

(5)利用“标签”，创建如图 6.66 所示的“商品信息”标签格式报表。

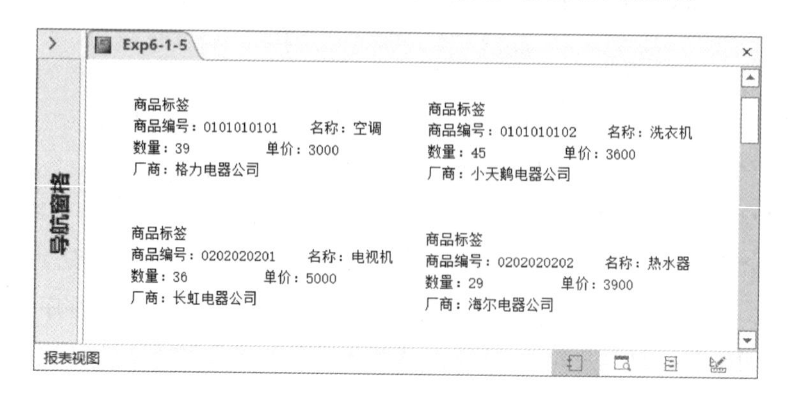

图 6.66 商品信息—标签

实验 6.2 设计视图创建报表

(1)利用“海贝超市”数据库中的 4 张表，创建如图 6.67 所示的商品订单的详细信息报表。要求：

①报表的字段为工号、姓名、性别、部门、单号、品名、单价、销售数量和日期。

②按照“单号”分组，按照销售数量降序排序，按照订购数量升序排序。

▲提示：首先使用“报表向导”创建雏形，再使用“设计视图”进行修改。

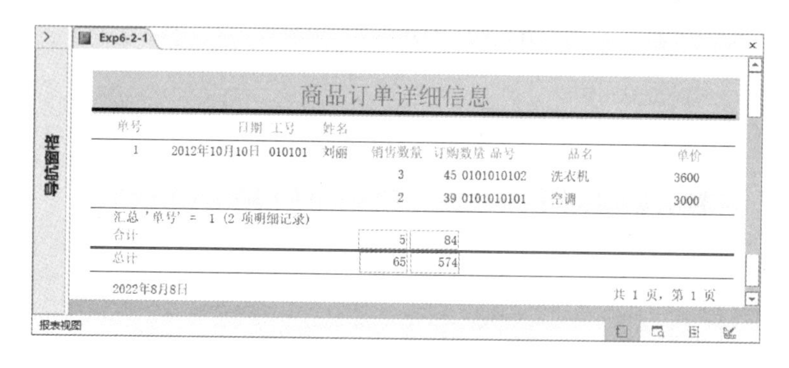

图 6.67 商品订单的详细信息

(2)利用“海贝超市”数据库中的 4 张表，创建如图 6.68 所示的商品销售的详细信息的主/子报表。要求：

①主报表的字段为品号、品名、单价、订购数量、厂商；子报表的字段为销售数量、工号、姓名和性别。注意标题的修改。

②主报表的数据源为“商品”，子报表的数据源按照子报表的向导自动生成。

③添加相应的水平线，进行装饰。

④基于子报表的销售数量，统计每个商品销售数量的“最高”“最低”“均值”和“和值”。

⑤给出报表的时间和页码。

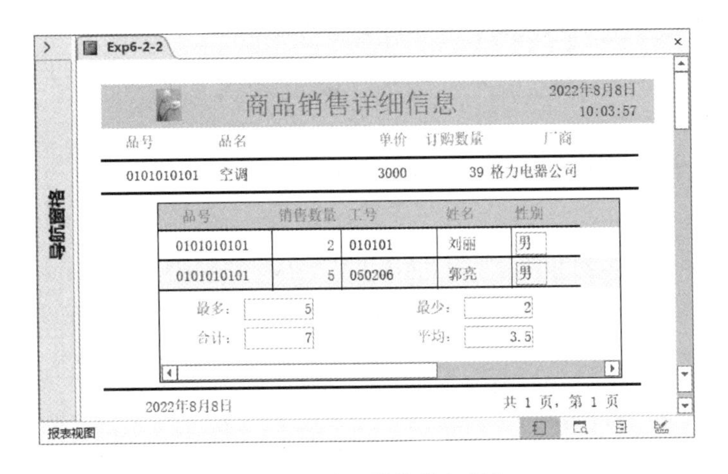

图 6.68　商品销售信息报表

▲提示：首先使用“报表向导”，以“商品”表为数据源，创建商品基本信息的表格式报表雏形，再使用“设计视图”添加“子报表”，并进行进一步的相关修改。

▲思考：如何统计每个商品的库存数量？

习　　题

1. 简答题

(1)简述报表的分类和作用。

(2)简述在 Access 2019 中，报表共有几种视图，如何切换。

(3)简述创建报表的两种常用方式，创建报表的理想方式。

(4)简述报表的“设计视图”的组成，报表中有多少个“节”，各节内容如何显示。

(5)简述文本框的作用与分类。

(6)简述利用报表的“设计视图”，设置数据源的方法。

(7)简述如何实现报表的排序、分组和计算。

(8)简述报表的主要功能。

(9)简述标签报表的作用，以及如何创建标签式报表。

2. 填空题

(1)如果显示的记录和字段较多，希望同时浏览多条记录，而且方便比较相同字段，则应创建(　　　)类型的报表。

(2)主报表和子报表通常用于显示多个表或者查询中的数据，而这些表或者查询中的数据一般应该具有(　　　)关系。

(3)Access 2019 中，报表支持的常用视图是(　　　)、(　　　)、(　　　)和(　　　)。

(4)在报表中，计算控件的数据来源通常是(　　　)。

(5)使用“报表”创建的报表是(　　　)类型的报表。

(6)在报表的“设计视图”中，报表由上而下默认的5个节，分别是(　　　)、页面页眉、(　　　)、页面页脚和(　　　)。

(7)报表的“属性表”所包含的5个选项卡是(　　　)、(　　　)、(　　　)、(　　　)和全部。

(8)常用的报表类型分别是(　　　)、(　　　)、(　　　)、(　　　)、(　　　)。

(9)在报表的“设计视图”中，为了实现报表的分组输出和统计，可以使用“排序与分组”设置(　　　)节和(　　　)节区域。在此区域中，主要设置文本框或其他类型的控件用以显示类别及汇总计算信息。

(10)在打印输出报表时，报表页脚的内容只在报表的(　　　)打印输出，而页面页脚的内容只在报表的(　　　)打印输出。

(11)使用报表向导最多可以按照(　　　)个字段对记录进行排序，(　　　)(可以/不可以)对表达式排序。使用报表设计视图中的“排序与分组”按钮可以对(　　　)个字段排序。

(12)在报表中，如果不需要页眉和页脚，可以将不要的节的(　　　)属性设置为“否”，或者直接删除页眉和页脚，但如果直接删除，在 Access 2019 环境下将同时删除(　　　)。

(13)如果在页面页脚中显示“第 X 页，共 Y 页”，则页脚中的页码控件来源应设置为(　　　)。

(14)每个报表最多包含(　　　)种节。

(15)如果要使打印的报表每页显示3列记录，应该在(　　　)中设置。

3. 判断题

(1)使用报表向导可以对表达式排序。(　　)

(2)在报表中，对计算型控件来说，当表达式的值发生变化时，在打印预览中也随之发生变化。

(3)在 Access 2019 中，使用报表的“设计视图”创建的空白报表，默认包含“报表页眉”“主体”和“报表页脚”3个节。

(4)“版面视图”是 Access 2019 支持的报表的视图。(　　)

(5)在利用“报表向导”创建报表时，向导参数中的“可用字段”与“选定字段”的含义不同。(　　)

(6)设置报表的背景图片时，其缩放模式可用的选项只有“拉伸”和“缩放”。(　　)

(7)在报表中，插入图像时，其缩放模式可用的选项包括“剪裁”“拉伸”和“缩放”。(　　)

(8)在对报表分组和汇总时，如果汇总字段是数字型，则汇总方式不但可以进行求和，而且可以计数、求最大(小)值和计算平均值等。(　　)

(9)在“字段列表”中,双击指定字段,或者直接把指定字段拖放到报表中,是创建绑定型控件的快捷方法。 (　)

(10)报表的每个节的背景色是相互独立的。 (　)

(11)在创建“主/子报表”之前,必须正确设置表间的“一对多”关系,“一”方是主报表,“多”方是子报表。 (　)

(12)一个报表可以有多个页,也可以有多个报表页眉和报表页脚。 (　)

(13)在表格式报表中,每条记录以行的方式自左向右依次显示排列。 (　)

(14)在报表中,可以交互接收用户输入的数据。 (　)

(15)在报表中,插入页码的对齐方式只有左、中、右3种。 (　)

(16)在报表中,显示格式为“页码/总页码”的页码,则文本框控件来源属性为“=[Page]/[Pages]”。 (　)

(17)整个报表的计算汇总一般放在报表的报表页脚节。 (　)

(18)报表的数据源包括窗体。 (　)

(19)标签控件通常通过属性表向报表中添加。 (　)

(20)如果制作公司员工的名片,通常使用“标签”创建报表。 (　)

7 宏

Access 2019 的最大优点是不需要编写程序就可以开发数据库应用系统。利用 Access 2019,不但可以创建表、查询、窗体和报表等数据库对象,而且可以非常方便快捷地实现各个数据库对象之间的相互调用,从而灵活地设计和实现一个功能完善的数据库应用系统。而实现数据库对象之间相互调用的核心技术是利用 Access 2019 提供的功能强大的"宏"及其"设计视图"。利用"宏",用户不用编写程序代码就可以自动完成大量复杂的数据处理工作,缩短执行任务的时间,提高工作效率。

7.1 宏的设计视图

宏是组织 Access 数据库对象的工具。尽管表、查询、窗体和报表等数据库对象,均具有强大的数据处理功能,能够独立完成数据处理的特定任务,但是它们相互独立,无法相互调用。利用"宏"可以方便灵活地把这些对象有机地整合起来,协调一致地自动完成指定的任务。不难看出,宏是 Access 的灵魂。

宏是一组有序的操作命令的集合。每个操作命令可以完成指定的数据管理任务,而且每个操作均由 Access 提供,不需要用户编写。因此可以把宏看作是一种简化的编程语言。

例如:由 OpenForm、MessageBox 和 CloseWindow 3 个操作组成的宏,可以自动完成"打开窗体""弹出提示信息"和"关闭窗体"3 个数据管理任务。

利用"宏",不但可以自定义工作环境,而且可以连接多个窗体/报表、设置窗体/报表属性、自动查找/筛选记录、自动数据校验等。具体功能如下:

(1)显示和隐藏工具栏。

(2)打开和关闭表、查询、窗体与报表。

(3)执行报表的预览和打印,报表中数据的发送等操作。

(4)设置窗体或报表中控件的值。

(5)设置工作区中任意窗口的大小,执行窗口移动、缩小、放大和保存等操作。

(6)执行查询操作,以及数据的过滤和查找。

(7)设置数据库的一系列操作,简化工作。

7.1.1 宏的设计视图

创建宏的最佳环境是宏的“设计视图”。启动方法：单击“创建”选项卡，在“宏与代码”组中，单击“宏”按钮。

宏的“设计视图”如图 7.1 所示。

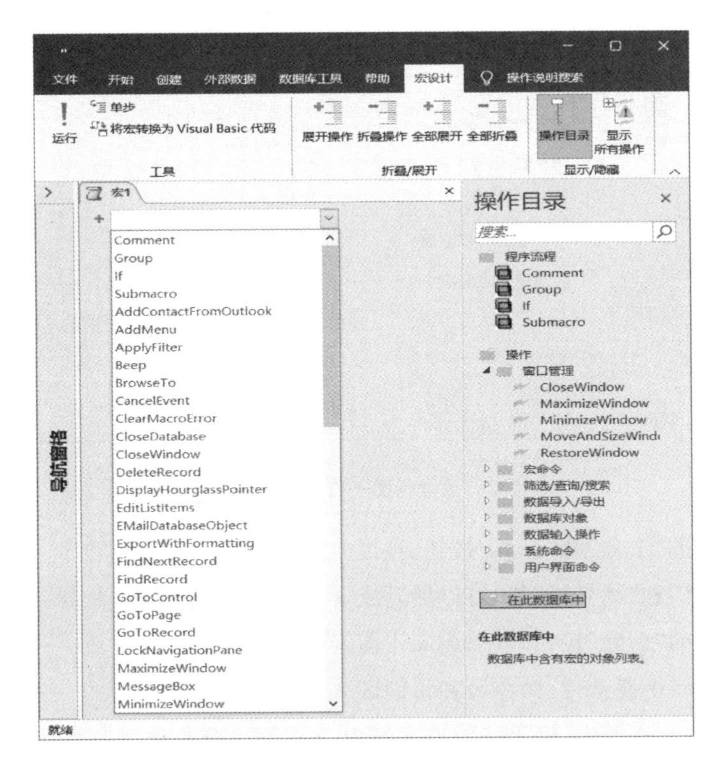

图 7.1 宏的“设计视图”

宏的设计环境包括“宏工具”“设计视图”(即宏生成器)和“操作目录”等部分。

(1)宏工具：在“宏工具”中，提供了“设计”上下文选项卡，以及“工具”“折叠/展开”和“显示/隐藏”等 3 个组。操作方法：单击“宏工具”的“设计”上下文选项卡。

①“工具”组的“运行”按钮，可以运行当前“宏”。

②“折叠/展开”组的“展开操作”和“折叠操作”等按钮，可以展开和折叠当前宏。

③“显示/隐藏”组的“操作目录”，可以显示和隐藏宏命令的“操作目录”。

(2)设计视图：在“设计视图”(宏生成器)中，显示带有“添加新操作”的下拉组合框，其左侧显示一个绿色的加号“＋”。操作方法如下：

首先，单击“下拉组合框”，会弹出一个包含所有宏操作命令的列表，在列表中，单击指定的操作命令(或者双击“操作目录”中的指定操作命令)，可以添加一个宏操作，如图 7.2 所示；然后，通过该操作提供的多个选项，再进一步设置相关的参数。

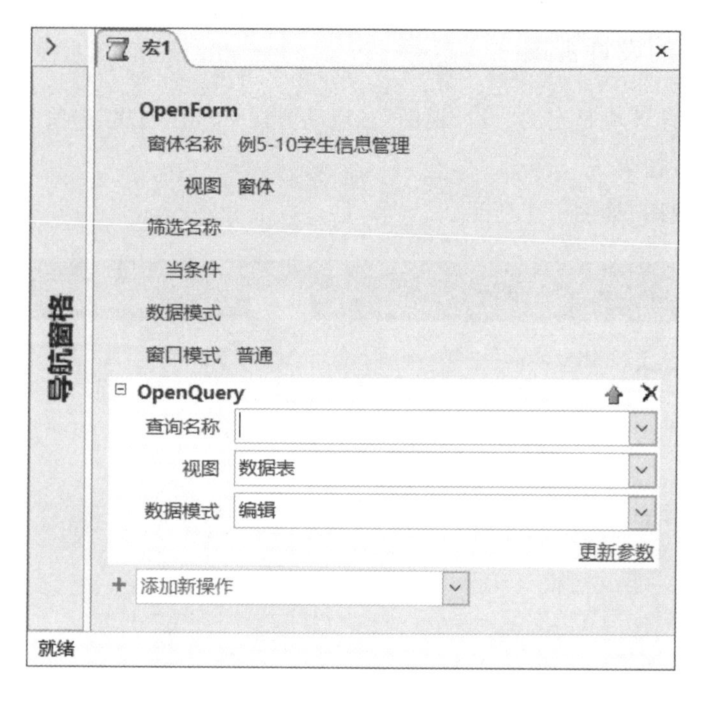

图 7.2 设计视图—打开窗体和查询

①单击绿色的“上移”和“下移”按钮,可以改变操作命令的执行顺序。

②单击“加号”和“减号”按钮,可以展开或者折叠当前宏的操作命令。

③单击黑色的“删除”按钮,可以删除当前宏命令。

(3)操作目录:由搜索栏、命令区和帮助区 3 部分组成。

①搜索栏:在文本框中,输入需要搜索的命令的部分或者全部名称,则在命令区会快速显示相应的宏操作命令。

②命令区:按照“程序流程”“操作”和“在此数据库中”3 个大类,给出了所有的宏操作命令。

“程序流程”:给出了用于控制程序流程的 4 个控制命令。

“操作”:按照 8 个子类,给出了 66 个功能丰富的操作命令。

“在此数据库中”:按照“窗体”和“宏”2 个子类,给出了当前数据库中用户创建的可以调用的所有窗体和宏。

▲技巧:在“命令区”中,双击“操作目录”中的指定操作命令,可以向“设计视图”中快速添加一个宏操作命令。

③帮助区:当用户在“命令区”选择了指定的操作命令时(例如,CloseWindow),如图 7.1 所示,则在帮助区会自动显示相关命令的帮助信息。通过“帮助区”可以快速了解和掌握宏命令的使用方法。

7.1.2 常用宏操作

在 Access 2019 的宏的“操作目录”中,按照“窗口管理”“宏命令”“筛选/查询/搜索”

“数据导入/导出”“数据库对象”“数据输入操作”“系统命令”“用户界面命令”和“程序流程”9个分类，共提供了66个功能丰富的操作命令和4个程序流程控制命令。常用的宏操作及其功能如下。

7.1.2.1 窗口管理

(1)CloseWindow：关闭指定的窗口。如果没有指定窗口，则关闭当前激活的窗口。

(2)MaximizeWindow：最大化当前窗口。放大当前窗口，以填满 Access 窗口。

(3)MinimizeWindow：最小化当前窗口。缩小当前窗口为 Access 窗口底部的标题栏。

(4)MoveAndSizeWindow：移动当前窗口，或者调整当前窗口的大小。

(5)RestoreWindow：还原当前窗口。把最大(小)化窗口，还原为原来的大小。

7.1.2.2 宏命令

(1)RunDataMacro：运行指定的数据宏。

(2)RunMacro：根据预定的条件，按照指定的次数，重复运行指定的宏。

(3)RunMenuCommand：运行 Access 内置的菜单命令。

(4)RunCode：调用 Visual Basic for Applications(VBA)的 Function 过程。

(5)StopAllMacros：停止当前正在运行的所有宏。

(6)StopMacro：停止当前正在运行的宏。

7.1.2.3 筛选/查询/搜索

(1)FindNextRecord：查找符合条件的最近的 FindRecord 操作指定的，或者与“查找”对话框(在“开始”选项卡上单击“查找”)中的值匹配的下一个记录。可以查找重复记录。

(2)FindRecord：在当前激活的窗体或者表中，查找符合条件的首(下一个)记录。

(3)OpenQuery：打开指定的查询。

(4)Requery：重新查询。刷新当前查询窗口的记录数据。

(5)RefreshRecord：刷新当前窗体(表)的当前记录。

(6)SearchForRecord：在表、查询、窗体或报表中搜索特定的记录。

(7)ShowAllRecords：显示当前表(查询/窗体)中的所有记录。

7.1.2.4 数据导入/导出

(1)ExportWithFormatting：把指定的数据库对象(表/窗体/报表)中的数据输出为 Excel 和文本等多种格式的数据。

(2)SaveAsOutlookContact：把当前记录另存为 Outlook 联系人。

(3)WordMailMerge：执行“邮件合并”操作。

7.1.2.5 数据库对象

(1)GoToControl：把焦点移至当前表(窗体)中指定的字段(控件)。

(2)GoToPage：把焦点移至当前窗体指定页的第1个控件。

(3)GoToRecord：把表(窗体/查询)中的指定记录设置为当前记录。

(4)OpenForm：打开指定窗体。

(5)OpenReport:打开指定报表。

(6)OpenTable:打开指定表。

(7)PrintObject:打印当前对象。

(8)PrintPreview:当前对象的“打印预览”。

(9)SelectObject:选择指定的数据库对象。

(10)SetProperty:设置控件的属性。

7.1.2.6 数据输入操作

(1)DeleteRecord:删除当前记录。

(2)EditListItems:编辑查阅列表中的项。

(3)SaveRecord:保存当前记录。

7.1.2.7 系统命令

(1)Beep:使计算机发出嘟嘟声。一般用于警告声。

(2)CloseDatabase:关闭当前数据库。

(3)DisplayHourglassPointer:执行宏时,把光标变为沙漏。执行结束自动恢复。

(4)QuitAccess:退出 Access 系统。

7.1.2.8 用户界面命令

(1)AddMenu:为窗体(报表/Access 窗口)添加自定义菜单或者快捷菜单。

(2)MessageBox:显示含有警告或提示信息的消息框。

(3)Redo:重复最近的用户操作。

(4)UndoRecord:撤销最近的用户操作。

7.1.2.9 程序流程

(1)Comment(注释):为宏操作添加注释信息。在宏中,不执行注释语句。

操作方法:在“单击此处以键入注释”的文本框中,输入注释信息,如图 7.3 所示。完成的注释操作,以“/ * ”开始,以“ * /”结束,中间是注释信息,颜色为绿色。

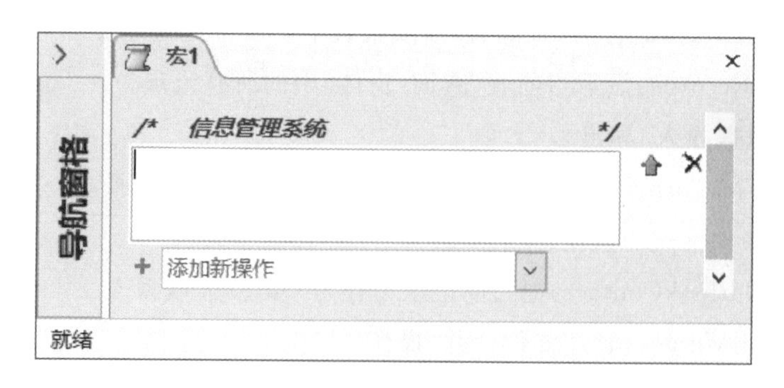

图 7.3 宏的注释

(2)组:为了使宏的结构更加清晰整洁,通常把有一定关系(或者完成指定功能)的若干个操作命令划分为一组,并为每个组单独命名。组可以折叠或展开,从而增加了宏的可读性。

组的结构:以“Group:组名”开始(独占一行),以“End Group”结束(独占一行),两者之间是宏操作序列。如图 7.4 所示。

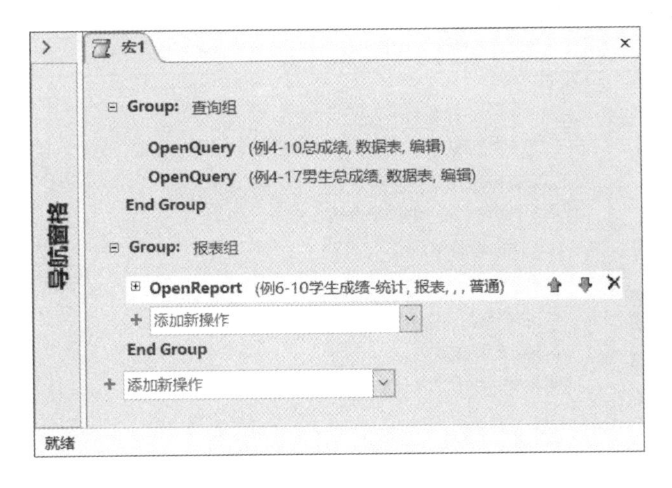

图 7.4 宏中组的结构

(3)选择操作:在宏中,宏操作命令的执行顺序,通常是按照操作命令的先后顺序自动执行的。如果若干个操作命令需要根据指定的条件来决定是否被执行,则需要使用具有选择结构的条件宏操作。

条件宏的结构:以“If 条件表达式 Then”开始(独占一行),以“Else”中间分隔(独占一行),以“End If”结束(独占一行),三者之间是宏操作序列。如图 7.5 所示。

条件宏的执行:首先判断“条件表达式”是否成立,如果条件成立(真),则执行“If 条件表达式 Then”和“Else”之间的操作命令,否则执行“Else”和“End If” 之间的操作命令。“Else”是可选项。对于省略“Else”的情况,如果条件成立(真),则执行“If 条件表达式 Then”和“End If”之间的操作命令,否则不执行操作。

▲注意:对于“If…Else…End If”结构,在“If…Else”和 “Else…End If”中,只能二选一,执行一个操作序列,即选择结构。

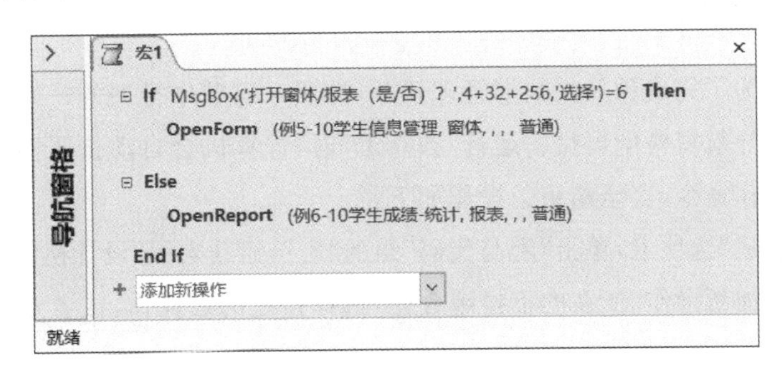

图 7.5 条件宏的结构

(4)子宏:包含在宏中的宏。一个宏可以包含一个或多个子宏。每个子宏均有单独的名称,并且可以单独运行。使用子宏可以更方便地进行数据管理。

例如:在使用“宏”,创建“自定义菜单”时,则可以在一个宏中,创建多个子宏,每个子宏对应一个菜单项。

子宏的结构:以“子宏:宏名”开始(独占一行),以“End Submacro”结束(独占一行),两者之间是宏操作序列。如图 7.6 所示。

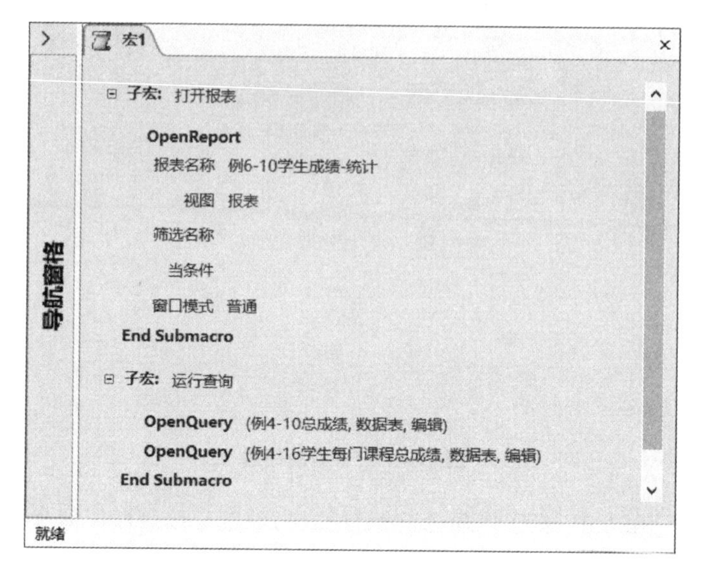

图 7.6 子宏的结构

7.2 创建宏

尽管宏是一种简化的编程语言,但是宏与传统意义上的程序设计有很大区别。利用宏的设计视图创建宏时,无须编写程序代码,只需选择相应的操作,设置相应的参数。

在 Access 2019 中,可以创建“独立宏”“嵌入宏”和“数据宏”等 3 类宏。

7.2.1 创建独立宏

独立宏是指为了完成预设的数据管理任务,按照一定顺序排列的一组操作命令的集合。“独立宏”在导航窗格中可见。运行“独立宏”时,计算机会自动按照操作命令的顺序逐条执行每个操作命令,直至结束。操作如下:

(1)单击“创建”选项卡,单击“宏与代码”组的“宏”,启动宏的“设计视图”。

(2)单击“添加新操作”所在的下拉组合框,选择指定的宏操作,或者双击“操作目录”中的宏操作。

(3)设置宏操作的参数。

7.2.1.1 顺序宏

顺序宏是所有宏的基本结构,其执行过程是按照宏中操作命令的先后顺序,依次自动执行每个操作命令。

【例 7.1】在"学籍"数据库中,创建打开和关闭指定窗体的顺序宏。要求如下:

(1)使用注释命令,说明宏的功能是"打开和关闭一个指定窗体"。

(2)打开窗体"例 5-11 学生信息管理"。

(3)弹出提示信息窗口,提示信息是"单击确定关闭窗体!"。

(4)关闭窗体"例 5-11 学生信息管理"。

操作如下:

(1)打开"学籍"数据库。

(2)单击"创建"选项卡,单击"宏与代码"组的"宏",启动宏的"设计视图"。

(3)单击"添加新操作"所在的下拉组合框,选择"Comment",或者双击"操作目录"中的"Comment";在"文本框"中,输入"打开和关闭窗体"。

(4)同理,添加"OpenForm""MessageBox"和"CloseWindow"。

在"OpenForm"下方,"窗体名称"的右侧,选择"例 5-11 学生信息管理"。

在"MessageBox"下方,"消息"的右侧,输入"单击确定关闭窗体!";"发嘟嘟声"右侧,选择"是";"类型"右侧,选择"信息";"标题"右侧,输入"关闭窗体"。

在"CloseWindow"下方,"对象类型"的右侧,选择"窗体";"对象名称"右侧,选择"例 5-11 学生信息管理";"保存"右侧,选择"提示"。

设计结果如图 7.7 所示。

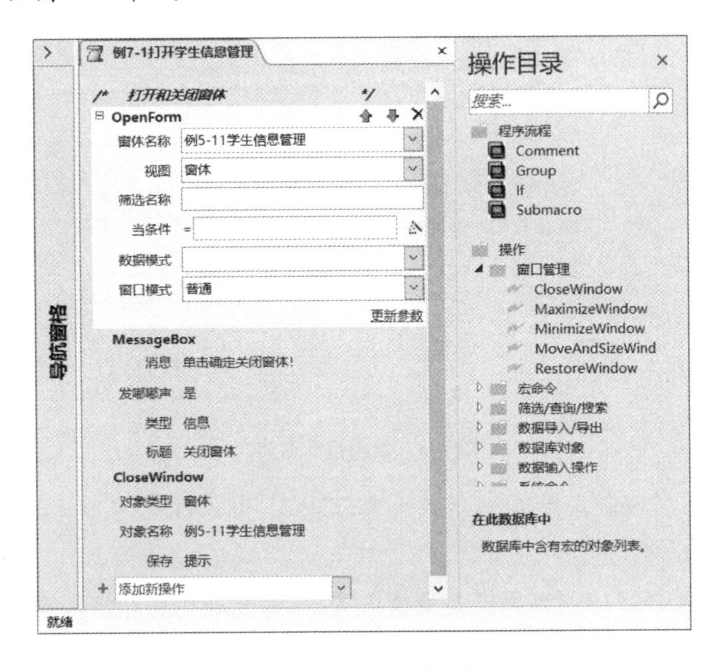

图 7.7 打开和关闭窗体

7.2.1.2 条件宏

条件宏是指具有"If…Else…End If"结构的宏。其执行过程是根据"If"之后的条件,选择执行"If…Else"或者"Else…End If"中的操作序列。如果条件成立,则执行"If…Else"之间的操作序列,否则执行"Else…End If"之间的操作序列,而且两者只能选择一个执行。

对于省略“Else”的“If…End If”结构，如果条件成立，则执行“If…End If”之间的操作序列，否则不执行任何操作。即条件宏是满足条件才执行的宏。

【例 7.2】在“学籍”数据库中，创建根据条件打开指定窗体的宏。要求如下：

(1)使用函数“MsgBox”，让用户选择是否确定打开窗体。

(2)若选择“确定”，则打开窗体“例 5-10 学生信息管理”，否则不执行操作。

操作如下：

(1)打开“学籍”数据库。

(2)单击“创建”选项卡，单击“宏与代码”组的“宏”，启动宏的“设计视图”。

(3)单击“添加新操作”所在的下拉组合框，选择“If”，在“If”右侧的“文本框”中，输入“MsgBox('单击确定，打开学生信息管理？ ',1+32,'选择')=1”。

(4)在“If…End If”内部，添加“OpenForm”和“Beep”。

在“OpenForm”下方，“窗体名称”的右侧，选择“例 5-10 学生信息管理”。其他参数默认。设计结果如图 7.8 所示。

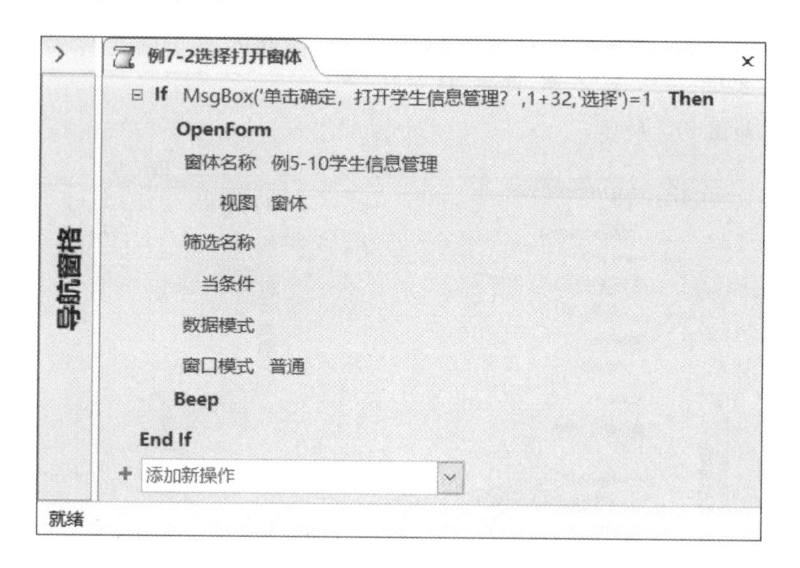

图 7.8 选择打开窗体

▲提示：单击“Then”左侧的“表达式生成器”按钮，可以启动“表达式生成器”，进行复杂条件表达式的编辑。

MsgBox 函数：用于在对话框中显示提示信息，等待用户单击相应的按钮，然后返回所选按钮的代码值。用法如下：

(1)格式：MsgBox(信息 [，按钮] [，标题])。

(2)参数说明：

①信息：必选。字符表达式，显示在对话框中的消息。最大长度约为 1024 个字符，具体长度取决于所用字符的宽度。如果包含多行，则可以在各行之间使用回车符[Chr(13)]、换行符[Chr(10)]或回车符与换行符的组合[Chr(13) & Chr(10)]分隔各行。

②按钮：可选。数值表达式，指定若干整数的总和，用于指定按钮的个数及其格式、图标样式和默认按钮等。若省略，则默认值为 0。

对话框中按钮的类型和个数：0—确定（默认）；1—确定和取消；2—终止、重试和忽略；3—是、否和取消；4—是和否；5—重试和取消。

对话框中的图标：16—“错误”图标；32—“询问”图标；48—“警告”图标；64—“信息”图标。

对话框中的默认按钮：0—第 1 个按钮（默认）；256—第 2 个按钮；512—第 3 个按钮。

例如：如果在对话框中，要求有“是”“否”和“取消”3 个按钮，显示图标为“询问”图标，默认按钮为“第 3 个按钮”，则“按钮特征”的组合为“3＋32＋512”，或者直接给出它们的和值“547”。

③标题：可选。字符串表达式，对话框标题栏显示的内容。若省略，则将应用程序名放入标题栏。

（3）函数的返回值：当用户选择不同的按钮时，则会返回一个特定的值。具体如下：

确定—1；取消—2；终止—3；重试—4；忽略—5；是—6；否—7。

【例 7.3】在“学籍”数据库中，创建根据条件确定打开窗体或者打开报表的宏。要求如下：

（1）使用函数“MsgBox”，让用户选择是打开窗体还是打开报表。

（2）若选择“是”，则打开窗体“例 5-10 学生信息管理”；若选择“否”，则打开“例 6-10 学生成绩—统计”。

操作如下：

（1）打开“学籍”数据库。

（2）单击“创建”选项卡，单击“宏与代码”组的“宏”，启动宏的“设计视图”。

（3）单击“添加新操作”所在的下拉组合框，选择“If”，在“If”右侧的“文本框”中，输入“MsgBox('打开窗体/报表(是/否)？',4＋32＋256,'选择')＝6”。

（4）在“If…End If”内部，添加“OpenForm”。在“OpenForm”下方，“窗体名称”的右侧，选择“例 5-10 学生信息管理”。其他参数默认。

（5）在“If…End If”内部的“添加新操作”右侧，单击“添加 Else”，如图 7.9 所示。

图 7.9　添加 Else 和 Else If

（6）在“Else…End If”内部，添加“OpenReport”。在“OpcnReport ”下方，“报表名称”的右侧，选择“例 6-10 学生成绩—统计”。其他参数默认。

设计结果如图 7.10 所示。

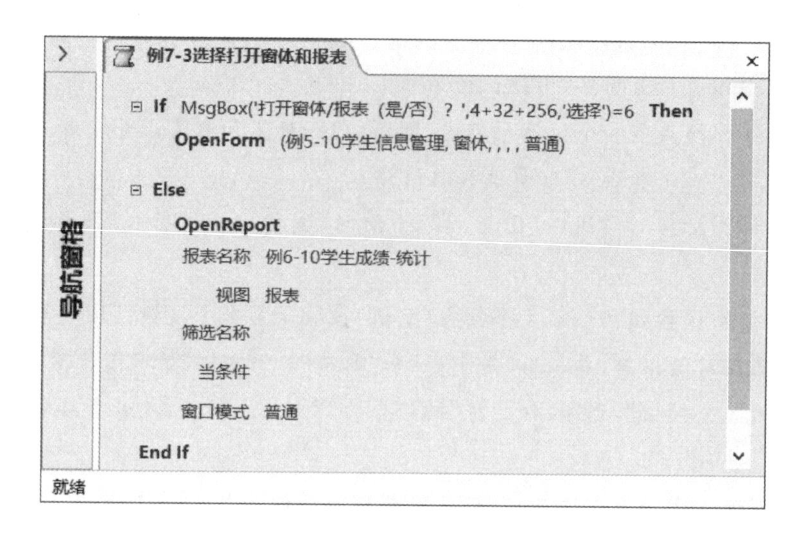

图 7.10 选择打开窗体和报表

7.2.1.3 密码宏

密码宏是指在窗体中,创建用于接收密码的文本框,然后在条件宏中,利用 If 的条件表达式,判断文本框中输入的密码是否正确。密码宏通常用于密码验证。

【例 7.4】在“学籍”数据库中,创建带有密码文本框和用于打开密码宏的按钮的窗体,同时创建用于验证密码的宏,预设密码为“666”。要求如下:

(1)创建包含一个标签、一个文本框和一个按钮的窗体“例 7-4 系统密码”。标签的标题为“请输入密码:”,名称为“Label1”;文本框的名称为“Text1”,“输入掩码”为“密码”;按钮的标题为“确定”,名称为“Button1”。在窗体中,去掉滚动条、记录选定器、导航按钮和分隔线。其他自定。

(2)创建条件宏“例 7-4 密码”。利用“If”的条件表达式,判断文本框中输入的密码是否正确。如果密码正确,则打开“例 5-13 窗体调用”,否则利用“MessageBox”显示出错信息“密码错误!请重新输入!”。

操作如下:

(1)打开“学籍”数据库。

(2)单击“创建”选项卡,单击“窗体”组的“窗体设计”,启动窗体“设计视图”。

(3)在窗体的“设计视图”中,依次添加一个标签、一个文本框和一个按钮。设置标签的标题为“请输入密码:”,名称为“Label1”;文本框的名称为“Text1”,“输入掩码”为“密码”;设置按钮的标题为“确定”,名称为“Button1”;设置窗体的“滚动条”为“两者均无”“记录选定器”“导航按钮”和“分隔线”均为“否”;其他根据需要自定。保存窗体为“例 7-4 系统密码”,如图 7.11 所示。

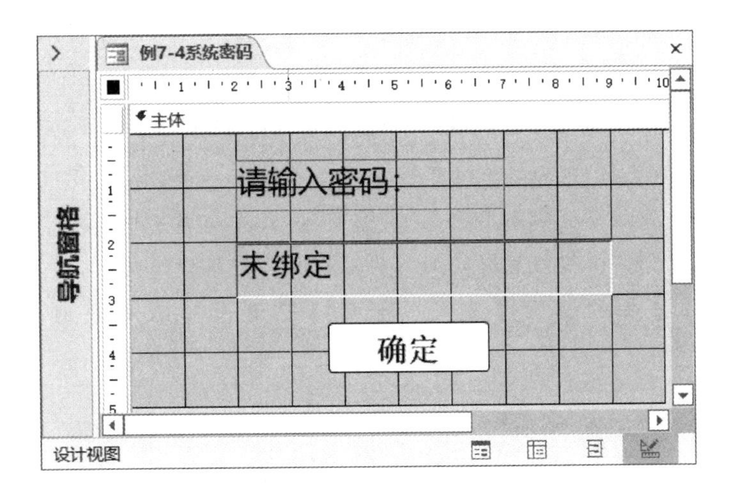

图 7.11　密码窗体

(4)单击“创建”选项卡,单击“宏与代码”组的“宏”,启动宏的“设计视图”。

(5)单击“添加新操作”所在的下拉组合框,选择“If”,在“If”右侧的“文本框”中,输入“[Forms].[例 7-4 系统密码].[Text1]='666'”。

(6)在“If…End If”内部,添加“CloseWindow”。在“CloseWindow”下方,“对象类型”的右侧,选择“窗体”;“对象名称”的右侧,选择“例 7-4 系统密码”;“保存”的右侧,选择“否”。

(7)在“If…End If”内部,添加“OpenForm”。在“OpenForm”下方,“窗体名称”的右侧,选择“例 5-13 窗体调用”,其他参数默认。

(8)在“If…End If”内部的“添加新操作”右侧,单击“添加 Else”。在“Else…End If”内部,添加“MessageBox”。在其下方,“消息”的右侧,输入“密码错误! 请重新输入!”;“发嘟嘟声”的右侧,选择“是”;“类型”的右侧,选择“警告!”;“标题”的右侧,输入“错误”。如图 7.12 所示。

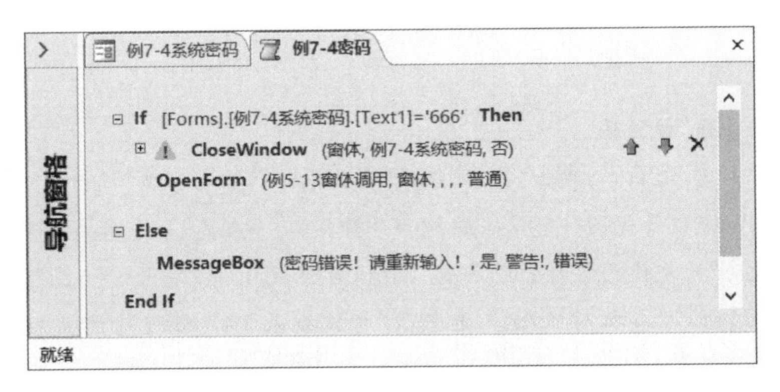

图 7.12　验证密码的密码宏

(9)单击“快速访问工具栏”的“保存”按钮,把当前宏保存为“例 7-4 密码”。

(10)在窗体“例 7-4 系统密码”的“设计视图”中,单击“属性表”的“事件”选项卡,设置“单击”的属性值为“例 7-4 密码”。

【例 7.5】在“学籍”数据库中，创建如图 7.13 所示的窗体，预设密码为“666”。要求如下：

(1)窗体包含一个标签、一个矩形、一条直线和两个按钮，窗体的名称为“例 7-5 系统窗体”。标签的标题为“欢迎使用学籍管理系统”，名称为“Label1”，“字号”为“22”，“前景色”为“＃FF0000”(红色)，“文本对齐”为“居中”，“特殊效果”为“凹陷”；矩形的名称为“Box1”，“特殊效果”为“凸起”；直线的名称为“Line1”，边界宽度为“3pt”，边界颜色为“＃0000FF”(蓝色)；按钮的标题分别为“进入”和“退出”，名称分别为“Button1”和“Button2”。

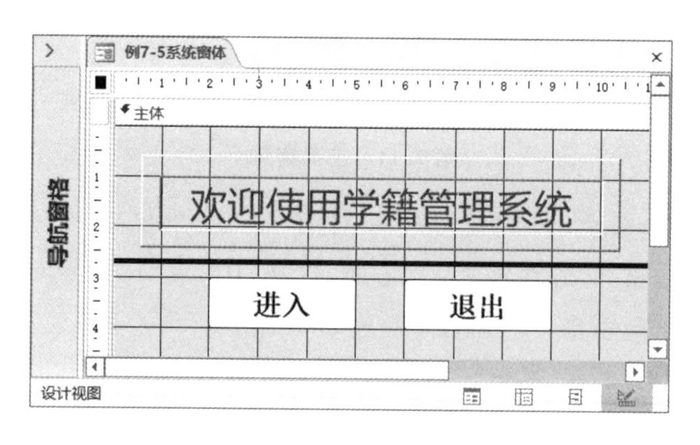

图 7.13　系统窗体

(2)单击“进入”，调用条件宏“例 7-5InputBox 密码”；单击“退出”，调用退出宏“例 7-5 退出”。

(3)创建条件宏“例 7-5InputBox 密码”。利用“If”的条件表达式，通过调用“InputBox”函数，判断文本框中输入的密码是否正确。如果密码正确，则打开“例 5-13 窗体调用”，否则利用“MessageBox”，显示出错信息“密码错误！请重新输入!”。

(4)创建退出宏“例 7-5 退出”。通过调用“CloseWindow”操作，关闭窗体“例 7-5 系统窗体”。

操作如下：

(1)打开“学籍”数据库。

(2)单击“创建”选项卡，单击“窗体”组的“窗体设计”，启动窗体“设计视图”。

(3)在窗体的“设计视图”中，依次添加一个标签、一个矩形、一条直线和两个按钮。设置标签的标题为“欢迎使用学籍管理系统”，名称为“Label1”，“字号”为“22”，“前景色”为“＃FF0000”(红色)，“文本对齐”为“居中”，“特殊效果”为“凹陷”；设置矩形的名称为“Box1”，“特殊效果”为“凸起”；直线的名称为“Line1”，边界宽度为“3pt”，边界颜色为“＃0000FF”(蓝色)；设置按钮的标题分别为“进入”和“退出”，名称分别为“Button1”和“Button2”；其他自定。

(4)保存窗体为“例 7-5 系统窗体”。

(5)单击“创建”选项卡，单击“宏与代码”组的“宏”，启动宏的“设计视图”。

(6)单击“添加新操作”所在的下拉组合框，选择“If”，在“If”右侧的“文本框”中，输入“InputBox('请输入密码:','密码')='666'”。

(7)在“If…End If”内部，添加“CloseWindow”。在“CloseWindow”下方，“对象类型”的右侧，选择“窗体”；“对象名称”的右侧，选择“例7-5系统窗体”；“保存”的右侧，选择“否”。

(8)在“If…End If”内部，添加“OpenForm”。在“OpenForm”下方，“窗体名称”的右侧，选择“例5-13窗体调用”，其他参数默认。

(9)在“If…End If”内部的“添加新操作”右侧，单击“添加Else”。在“Else…End If”内部，添加“MessageBox”。在其下方，“消息”的右侧，输入“密码错误！请重新输入！”；“发嘟嘟声”的右侧，选择“是”；“类型”的右侧，选择“警告！”；“标题”的右侧，输入“错误”。如图7.14所示。

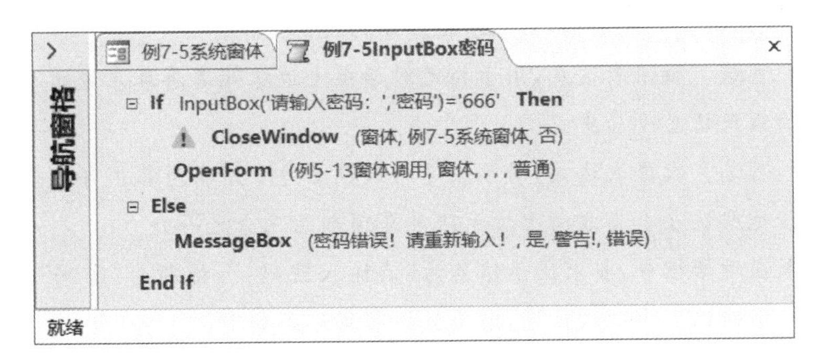

图7.14 InputBox密码宏

(10)单击“快速访问工具栏”的“保存”按钮，把当前宏保存为“例7-5InputBox密码”。

(11)同理，创建退出宏“例7-5退出”。在“宏设计器”中，添加“CloseWindow”，在其下方，“对象类型”的右侧，选择“窗体”；“对象名称”的右侧，选择“例7-5系统窗体”；“保存”的右侧，选择“提示”。如图7.15所示。

(12)单击“快速访问工具栏”的“保存”按钮，把当前宏保存为“例7-5退出”。

(13)激活窗体“例7-5系统窗体”的“设计视图”。

选中“进入”按钮，单击“属性表”的“事件”选项卡，设置“单击”的属性值为“例7-5InputBox密码”。

选中“退出”按钮，单击“属性表”的“事件”选项卡，设置“单击”的属性值为“例7-5退出”。

图7.15 退出宏

InputBox 函数:用于在对话框中显示提示信息,等待用户输入文本或单击按钮,然后返回包含文本框内容的文本类型的字符串。用法如下:

(1)格式:InputBox(信息 [,标题] [, 默认值] [, 左边距] [, 上边距])。

(2)参数说明:

①信息:必选。字符表达式,显示在对话框中的消息。最大长度约为 1024 个字符,具体长度取决于所用字符的宽度。如果包含多行,则可以在各行之间使用回车符 Chr(13)、换行符 Chr(10)或回车符与换行符的组合 Chr(13) & Chr(10)来分隔各行。

②标题:可选。字符串表达式,对话框标题栏显示的内容。若省略,则将应用程序名放入标题栏。

③默认值:可选。字符串表达式,显示在文本框中。如果未提供其他任何输入,则此表达式将作为默认值。如果省略,则文本框显示为空。

④左边距:可选。数值表达式,用于指定对话框左边缘距离屏幕左边的水平距离。如果省略,则对话框默认水平居中。

⑤上边距:可选。数值表达式,用于指定对话框上边缘距离屏幕顶部的垂直距离。如果省略,则对话框默认在垂直方向上位于距屏幕顶部约三分之一处。

例如:如果在对话框中,要求提示信息为“请输入密码:”,标题为“密码”,文本框的默认值为空,对话框的位置为默认位置,则函数的书写形式如下:

InputBox('请输入密码:','密码')。

7.2.1.4 条件查询宏

条件查询宏是指在窗体中创建用于接收查询条件的文本框,然后通过独立宏,把窗体的查询条件,传递给指定的参数查询,并按照查询条件执行查询。条件查询宏通常用于交互方式的动态条件查询。即在窗体中,通过宏,按照查询条件调用参数查询。

【例 7.6】在“学籍”数据库中,创建如图 7.16 所示的按照学号交互查询的窗体。要求如下:

(1)创建包含一个标签、一个文本框和两个按钮的窗体“例 7-6 条件查询”。标签的标题为“请输入学号:”,名称为“Label1”;文本框的名称为“Text1”;按钮的标题分别为“查询”和“退出”,名称分别为“Command1”和“Command2”。在窗体中,去掉滚动条、记录选定器、导航按钮和分隔线。其他自定。

(2)利用查询“例 4-10 总成绩”,创建针对学号的参数查询“例 7-6 参数查询总成绩”,查询参数是“例 7-6 条件查询”中文本框 Text1 的值。

(3)创建条件查询宏“例 7-6 条件查询”。通过“查询”按钮,打开“例 7-6 参数查询总成绩”。

(4)创建退出宏“例 7-6 退出”。通过“退出”按钮,关闭“例 7-6 条件查询”。

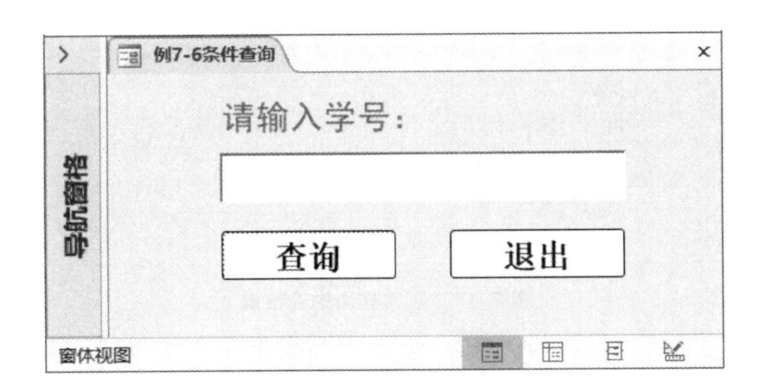

图 7.16 交互查询窗体

操作如下：

(1)打开“学籍”数据库。

(2)单击“创建”选项卡，单击“窗体”组的“窗体设计”，启动窗体“设计视图”。

(3)在窗体的“设计视图”中，依次添加一个标签、一个文本框和两个按钮。设置标签的标题为“请输入学号：”，名称为“Label1”；设置文本框的名称为“Text1”；设置按钮的标题分别为“查询”和“退出”，名称分别为“Command1”和“Command2”；设置窗体的“滚动条”为“两者均无”；“记录选定器”“导航按钮”和“分隔线”均为“否”；其他根据需要自定。保存窗体为“例 7-6 条件查询”。

(4)在“导航窗格”中，展开“查询”对象，复制“例 4-10 总成绩”到“例 7-6 参数查询总成绩”；利用“设计视图”打开“例 7-6 参数查询总成绩”，在“学号”列的“条件”行，输入“[Forms].[例 7-6 条件查询].[Text1]”，保存该查询。

(5)单击“创建”选项卡，单击“宏与代码”组的“宏”，启动宏的“设计视图”。

(6)单击“添加新操作”所在的下拉组合框，选择“OpenQuery”，在其下方，“查询名称”的右侧，选择“例 7-6 参数查询总成绩”；“视图”的右侧，选择“数据表”；“数据模式”的右侧，选择“只读”。如图 7.17 所示。

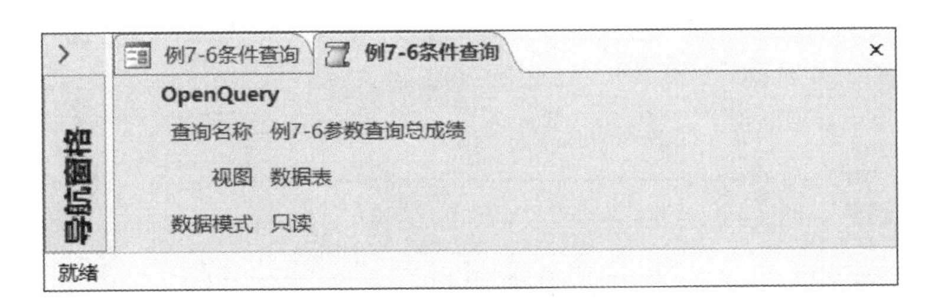

图 7.17 打开参数查询宏

(7)单击“快速访问工具栏”的“保存”按钮，把当前宏保存为“例 7-6 条件查询”。

(8)同理，创建退出宏“例 7-6 退出”。在“宏设计器”中，添加“CloseWindow”，在其下方，“对象类型”的右侧，选择“窗体”；“对象名称”的右侧，选择“例 7-6 条件查询”；“保存”的右侧，选择“提示”。如图 7.18 所示。

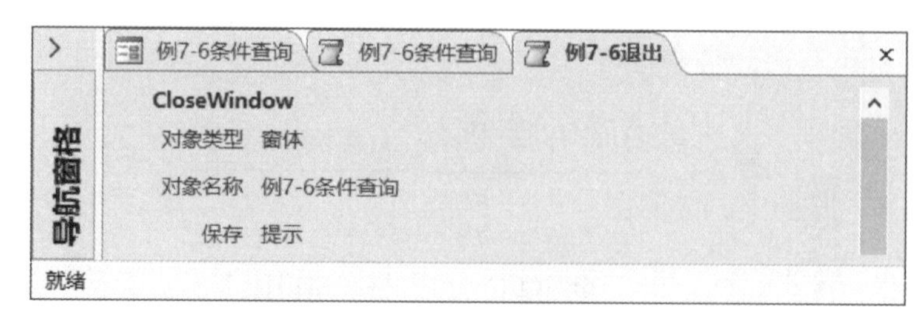

图 7.18 条件查询的退出宏

(9)单击“快速访问工具栏”的“保存”按钮,把当前宏保存为“例 7-6 退出”。

(10)激活窗体“例 7-6 条件查询”的“设计视图”。

选中“查询”按钮,单击“属性表”的“事件”选项卡,设置“单击”的属性值为“例 7-6 条件查询”。

选中“退出”按钮,单击“属性表”的“事件”选项卡,设置“单击”的属性值为“例 7-6 退出”。保存该窗体。

7.2.1.5 条件窗体宏

条件窗体宏是指在窗体中创建用于接收查询条件的文本框,然后通过独立宏,把窗体的查询条件,传递给指定的窗体,并按照查询条件执行窗体。条件窗体宏通常用于交互方式的动态条件的窗体格式的查询。即在窗体中,通过宏,按照查询条件调用窗体。

【例 7.7】在“学籍”数据库中,创建如图 7.19 所示的按照姓名交互查询的窗体。要求如下:

(1)创建包含一个标签、一个文本框和两个按钮的窗体“例 7-7 条件窗体”。标签的标题为“请输入学号:”,名称为“Label1”;文本框的名称为“Text1”;按钮的标题分别为“查询”和“退出”,名称分别为“Command1”和“Command2”。在窗体中,去掉滚动条、记录选定器、导航按钮和分隔线。其他自定。

(2)创建条件查询宏“例 7-7 条件窗体”。通过“查询”按钮,打开“例 5-1 学生信息-窗体”。

(3)创建退出宏“例 7-7 退出”。通过“退出”按钮,关闭“例 7-7 条件窗体”。

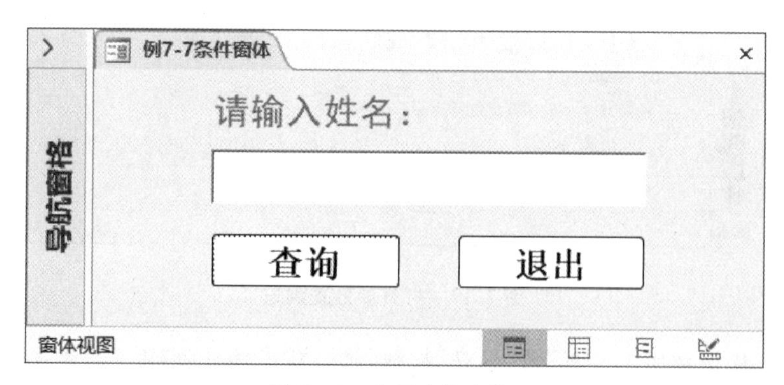

图 7.19 交互查询窗体

操作如下:

(1)打开“学籍”数据库。

(2)单击“创建”选项卡,单击“窗体”组的“窗体设计”,启动窗体“设计视图”。

(3)在窗体的“设计视图”中,依次添加一个标签、一个文本框和两个按钮。设置标签的标题为“请输入学号:”,名称为“Label1”;设置文本框的名称为“Text1”;设置按钮的标题分别为“查询”和“退出”,名称分别为“Command1”和“Command2”;设置窗体的“滚动条”为“两者均无”;“记录选定器”“导航按钮”和“分隔线”均为“否”;其他根据需要自定。保存窗体为“例 7-7 条件窗体”。

(4)单击“创建”选项卡,单击“宏与代码”组的“宏”,启动宏的“设计视图”。

(5)单击“添加新操作”所在的下拉组合框,选择“OpenForm”,在其下方,“窗体名称”的右侧,选择“例 5-1 学生信息—窗体”;“视图”的右侧,选择“窗体”;“当条件”的右侧,输入“[Forms].[例 7-7 条件窗体].[Text1]=[学生].[姓名]”;“数据模式”的右侧,选择“编辑”;“窗口模式”的右侧,选择“普通”。如图 7.20 所示。

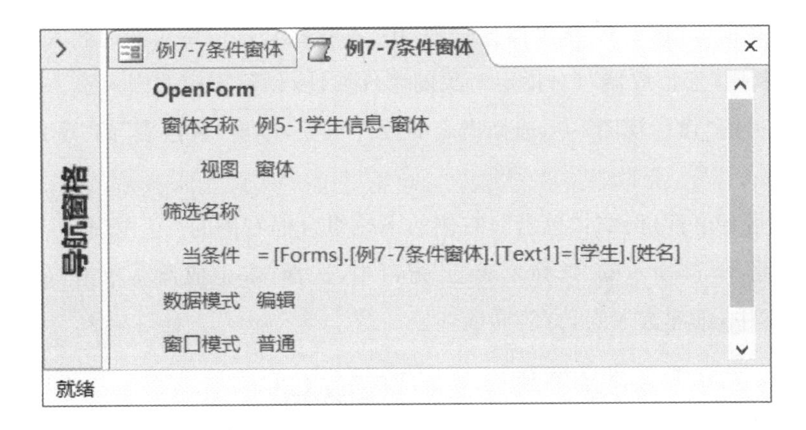

图 7.20 按照条件打开窗体宏

(6)单击“快速访问工具栏”的“保存”按钮,把当前宏保存为“例 7-7 条件窗体”。

(7)同理,创建退出宏“例 7-7 退出”。在“宏设计器”中,添加“CloseWindow”,在其下方,“对象类型”的右侧,选择“窗体”;“对象名称”的右侧,选择“例 7-7 条件窗体”;“保存”的右侧,选择“提示”。如图 7.21 所示。

图 7.21 条件窗体的退出宏

(8)单击“快速访问工具栏”的“保存”按钮,把当前宏保存为“例 7-7 退出”。

(9)激活窗体“例 7-7 条件窗体”的“设计视图”。

选中“查询”按钮,单击“属性表”的“事件”选项卡,设置“单击”的属性值为“例 7-7 条件窗体”。

选中“退出”按钮，单击“属性表”的“事件”选项卡，设置“单击”的属性值为“例 7-7 退出”。保存该窗体。

7.2.2 创建嵌入宏

嵌入宏是指嵌入到窗体、报表或者控件对象的事件中的操作序列。嵌入宏是其所嵌入对象的组成部分。嵌入宏在“导航窗格”中不可见。嵌入宏使得宏的功能更加强大、更加安全。创建方法如下：

方法 1：利用控件向导，创建控件时，为了执行指定操作，系统自动创建的嵌入到默认事件中的宏。例如，在窗体“例 5-10 学生信息管理”中，利用向导创建的多个按钮的单击事件，均对应相应的嵌入宏。

▲思考：在窗体“例 5-10 学生信息管理”中，查看每个按钮所对应的嵌入宏的内容。

方法 2：利用“宏生成器”，对指定对象的事件属性，创建相应的嵌入宏。

(1)在窗体的“设计视图”中，选择指定的控件对象，单击“属性表”的“事件”选项卡，如图 7.22 所示。

(2)单击指定事件(例如：“单击”)右侧的下拉组合框右侧的“…”按钮。

(3)在如图 7.23 所示的“选择生成器”窗口中，选择“宏生成器”，单击“确定”，在启动的“宏生成器”中，创建嵌入宏，方法同前述。

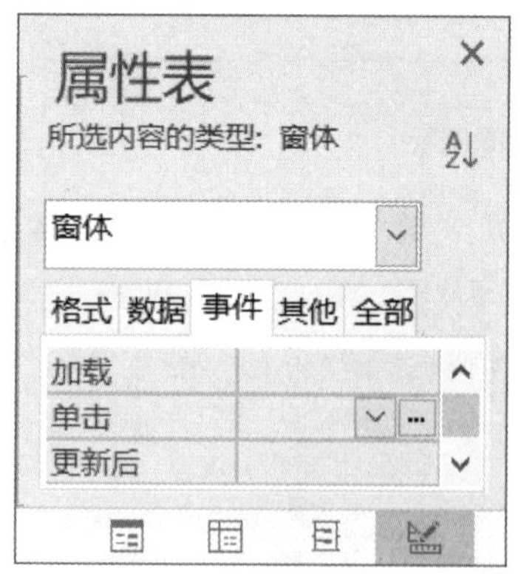

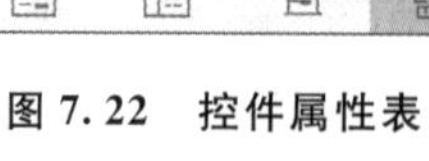
图 7.22 控件属性表

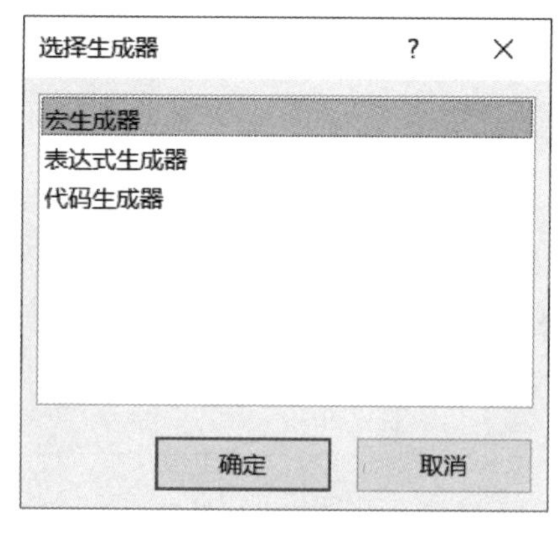

图 7.23 选择生成器

【例 7.8】在“学籍”数据库中，创建如图 7.24 所示的问候窗体。要求如下：

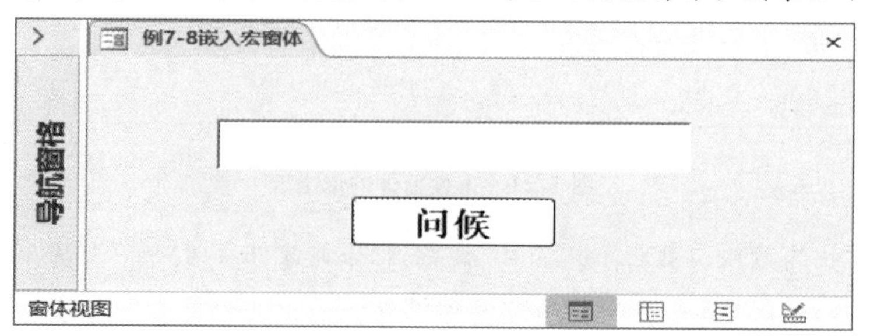

图 7.24 问候窗体

(1)创建包含一个文本框和一个按钮的窗体“例7-8嵌入宏窗体”。文本框的名称为“Text1”;按钮的标题为“问候”,名称为“Command1”。在窗体中,去掉滚动条、记录选定器、导航按钮和分隔线。其他自定。

(2)单击“问候”按钮,通过“嵌入宏”,在文本框中显示问候语。如果计算机的当前时间在6点、12点、18点和24点之前,则问候语分别是“早上好! Happy You!”“上午好! Happy You!”“下午好! Happy You!”和“晚上好! Happy You!”。

操作如下:

(1)打开“学籍”数据库。

(2)单击“创建”选项卡,单击“窗体”组的“窗体设计”,启动窗体“设计视图”。

(3)在窗体的“设计视图”中,依次添加一个文本框和一个按钮。设置文本框的名称为“Text1”;设置按钮的标题为“问候”,名称分别为“Command1”;设置窗体的“滚动条”为“两者均无”;“记录选定器”“导航按钮”和“分隔线”均为“否”;其他根据需要自定。保存窗体为“例7-8嵌入宏窗体”。

(4)选中“问候”按钮,在“属性表”中,单击“事件”选项卡,单击“单击”右侧的“…”按钮。

(5)在如图7.23所示的“选择生成器”窗口中,选择“宏生成器”,单击“确定”,启动“宏生成器”。如图7.25所示。

(6)在“宏生成器”中,依次添加“If”“Else If”和“Else”等,并在“If”和“Else If”等右侧的文本框中,依次输入“Hour(Time())<=6”“Hour(Time())<=12”和“Hour(Time())<=18”。

(7)在“If”“Else If”和“Else”等下方,依次添加“SetProperty”,设置“控件名称”的属性值为“Text1”,“属性”的属性值为“值”,“值”的属性值分别为“早上好! Happy You!”“上午好! Happy You!”“下午好! Happy You!”和“晚上好! Happy You!”。

嵌入宏的设计结果如图7.25所示。

(8)单击“快速访问工具”的“保存”按钮,或者单击“宏工具”的“设计”上下文命令选项卡,单击“关闭”组中的“保存”按钮。

(9)关闭“宏设计器”。

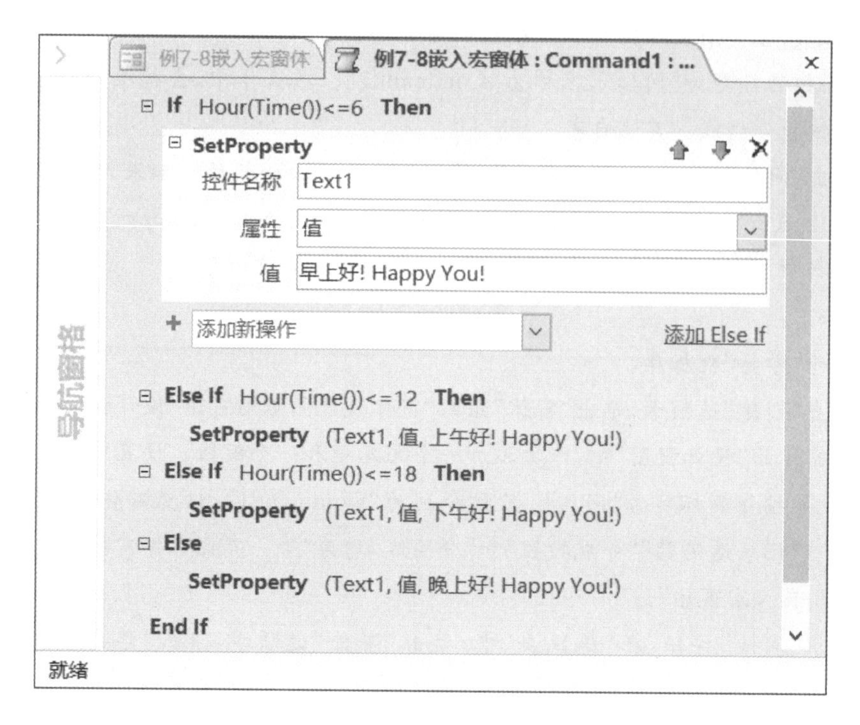

图 7.25 嵌入宏的宏设计器

7.2.3 创建数据宏

数据宏是指在表中添加、更新和删除数据时，所要自动执行的一系列保护数据的操作。数据宏是一种特殊的具有触发功能的宏(即触发器)，可以实现数据完整性控制。

如果表中的数据发生了改变(添加、更新和删除)，则会自动触发相应的数据宏，用来检查改变后的数据是否正确合理，从而确保数据的完整性。例如：检查学生的性别是“男”或是“女”；否则给出相应的提示信息。

利用数据宏，可以实现添加记录、修改记录和删除记录等操作，而且运行速度比“操作查询”速度快。

数据宏的类型：插入后、更新后、删除后、删除前和更改前等 5 种。数据宏在“导航窗格”中不可见。创建方法：

(1)在“导航窗格”中，展开“表”对象，选择指定表，打开表的“设计视图”。

(2)在表的“设计视图”状态下，单击“表格工具”的“设计”上下文选项卡，单击“字段、记录和表格事件”组中的“创建数据宏”下拉列表，选择指定的“数据宏”，启动“宏设计器”，在“宏生成器”中，创建相应的数据宏，方法同前述。

【例 7.9】在“学籍”数据库中，对“选课”表，创建一个“更改前”数据宏，实现“平时”“期中”和“期末”成绩，必须满足大于等于 0 分，而且小于等于 100 分的完整性触发约束。要求：如果在“选课”表的“数据表视图”中，输入“平时”“期中”或者“期末”的成绩小于 0 分，或者大于100分时，需要弹出一个包含“成绩必须大于等于0，小于等于100!”的提示消息框。

操作如下：

(1)打开“学籍”数据库。

(2)在“导航窗格”中，展开“表”对象，选择“选课”表，打开表的“设计视图”。

(3)在表的“设计视图”状态下，单击“表格工具”的“设计”上下文命令选项卡，单击“字段、记录和表格事件”组中的“创建数据宏”下拉列表，选择“更改前”，启动“宏生成器”如图7.26所示。

(4)在“宏生成器”中，添加If操作，并在“If”右侧的文本框中，依次输入“[平时]<0 Or [平时]>100 Or [期中]<0 Or [期中]>100 Or [期末]<0 Or [期末]>100”。

(5)在If的下方，添加“RaiseError”操作，设置“错误号”的属性值为“6666”(代表错误信息的编号)，“错误描述”的属性值为“成绩必须大于等于0，小于等于100!”。

(6)单击“快速访问工具”的“保存”按钮，或者单击“宏工具”的“设计”上下文命令选项卡，单击“关闭”组中的“保存”按钮。

数据宏的设计结果如图7.26所示。

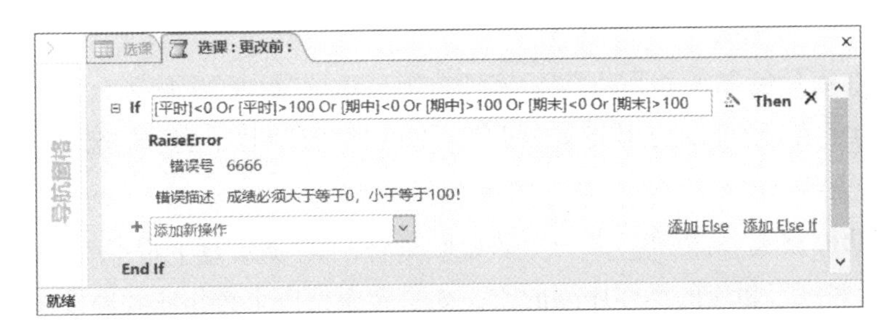

图7.26 数据宏的设计结果

7.2.4 创建自动宏

自动宏是指在打开一个数据库时，会自动执行的宏。如果希望在打开数据库时，自动执行指定的操作序列，则可以使用自动宏。自动宏的名称固定为AutoExec。

创建AutoExec宏的方法同独立宏。不同之处是必须以AutoExec作为宏的名称。

【例7.10】在“学籍”数据库中，建立AutoExec宏，当打开“学籍”数据库时，自动运行窗体“例5-13窗体调用”。

操作如下：

(1)打开“学籍”数据库。

(2)单击“创建”选项卡，单击“宏与代码”组的“宏”，启动宏的“设计视图”。

(3)单击“添加新操作”所在的下拉组合框，选择“Comment”，或者双击“操作目录”中的“Comment”；在“文本框”中，输入“利用自动宏打开窗体”。

(4)同理，添加“OpenForm”，在“OpenForm”下方，“窗体名称”的右侧，选择“例5-13

窗体调用”。其他默认。

(5)单击“快速访问工具”的“保存”按钮,在弹出的窗口中,输入“AutoExec”,单击确定。注意:保存该宏的名称必须是“AutoExec”。

▲思考:建立 AutoExec 宏,当打开“学籍”数据库时,自动出现一个包含“欢迎使用学籍管理系统”的消息框,然后运行“例 5-13 窗体调用”。要求分别使用 MessageBox 和 MsgBox。

▲技巧:如果在打开数据库时,不希望运行 AutoExec 宏,则可以在打开数据库时,按住“Shift”键。

7.2.5 创建子宏和热键宏

对于“宏”比较多的情况,可以把相关的若干个宏放在一个宏(组宏)中,以便用户管理数据库。使用“组宏”可以避免管理多个独立宏的麻烦。

子宏是指包含在宏中的宏。包含一个或者多个子宏的宏称为组宏(或者宏组)。

创建方法:在“组宏”中,利用“Submacro”添加“子宏…End Submacro”结构,然后在子宏的右侧为子宏命名,并在其下方的结构内添加相应的操作序列。具体操作方法与独立宏相同。

▲注意:在运行包含多个子宏的“组宏”时,则只运行“组宏”中的第一个子宏。如果需要运行其他的子宏,则可以使用英文圆点“.”连接“组宏”和“子宏”的格式进行调用。即[组宏].[子宏]。

热键宏(功能键宏)是指在打开一个数据库之后,可以通过按下指定的一个键(或者组合键),来触发并执行相应的操作序列的宏。如果希望把一个操作或者操作序列赋值给某个特定的按键,则可以建立一个热键宏,每当按下特定的按键或者组合键时,系统就会执行相应的操作。热键宏的名称固定为 AutoKeys。

创建热键宏的方法:在热键宏中,添加若干子宏,每一个子宏对应一个功能热键;子宏的名称是一个键或者组合键的名称;每个子宏包含若干操作;其他同独立宏。不同之处是必须以 AutoKeys 作为宏的名称。

在热键宏中,子宏名称可以使用的符号及其含义(^和+分别代表 Ctrl 和 Shift):

{F*}:F1,…,F12。例如:{F6}。

{Insert}/{Ins}:Insert/Ins。

{Delete}/{Del}:Delete/Del。

^{F*}:Ctrl+F1,…,Ctrl+F12。例如:^{F6}。

^{Insert}/^{Ins}:Ctrl+Insert/Ctrl+Ins。

^{Delete}/^{Del}:Ctrl+Delete/Ctrl+Del。

^字母/^数字:Ctrl+字母键,或者 Ctrl+数字键。例如:^A/^6。

+{F*}:Shift+F1,…,Shift+F12。例如:+{F6}。

＋{Insert}/＋{Ins}:Shift＋Insert/Shift＋Ins。

＋{Delete}/＋{Del}:Shift＋Delete/Shift＋Del。

【例 7.11】在“学籍”数据库中，建立 AutoKeys 宏，要求如下：

(1)使用“F1”到“F3”，打开查询“例 4-1”“例 4-2”和“例 4-3”。

(2)使用“Ctrl＋1”到“Ctrl＋3”，打开窗体“例 5-1”“例 5-2”和“例 5-3”。

(3)使用“Shift＋F1”到“Shift＋F3”，打开报表“例 6-1”“例 6-2”和“例 6-3”。

操作如下：

(1)打开“学籍”数据库。

(2)单击“创建”选项卡，单击“宏与代码”组的“宏”，启动宏的“设计视图”。

(3)单击“添加新操作”所在的下拉组合框，选择“Comment”，或者双击“操作目录”中的“Comment”；在“文本框”中，输入“利用热键宏打开查询、窗体和报表”。

(4)单击“添加新操作”所在的下拉组合框，选择“Submacro”，在“子宏”右侧的文本框中，输入“{F1}”，在“子宏”的下方，添加“OpenQuery”操作，在“查询名称”右侧下拉列表中，选择“例 4-1 男女学生高考平均成绩”。其他默认。

同理，添加名称分别为“{F2}”和“{F3}”的子宏，在其内部添加“OpenQuery”操作，分别打开查询“例 4-2”和“例 4-3”。

(5)单击“添加新操作”所在的下拉组合框，选择“Submacro”，在“子宏”右侧的文本框中，输入“^1”，在“子宏”的下方，添加“OpenForm”操作，在“窗体名称”右侧下拉列表中，选择“例 5-1 学生信息—窗体”。其他默认。

同理，添加名称分别为“{^2}”和“{^3}”的子宏，在其内部添加“OpenForm”操作，分别打开窗体“例 5-2”和“例 5-3”。

(6)单击“添加新操作”所在的下拉组合框，选择“Submacro”，在“子宏”右侧的文本框中，输入“＋{F1}”，在“子宏”的下方，添加“OpenReport”操作，在“报表名称”右侧下拉列表中，选择“例 6-1 课程信息—报表”。其他默认。

同理，添加名称分别为“＋{F2}”和“＋{F3}”的子宏，在其内部添加“OpenReport”操作，分别打开报表“例 6-2”和“例 6-3”。

(7)单击“快速访问工具”的“保存”按钮，在弹出的窗口中，输入“AutoKeys”，单击确定。设计结果如图 7.27 所示。

▲注意：保存该宏的名称必须是“AutoKeys”。

▲思考：创建 AutoKeys 宏，分别使用“Insert”“F1”“Ctrl＋1”和“Shift＋Delete”，完成打开窗体“例 5-12”，实现该窗体的最大化、最小化和关闭等功能。

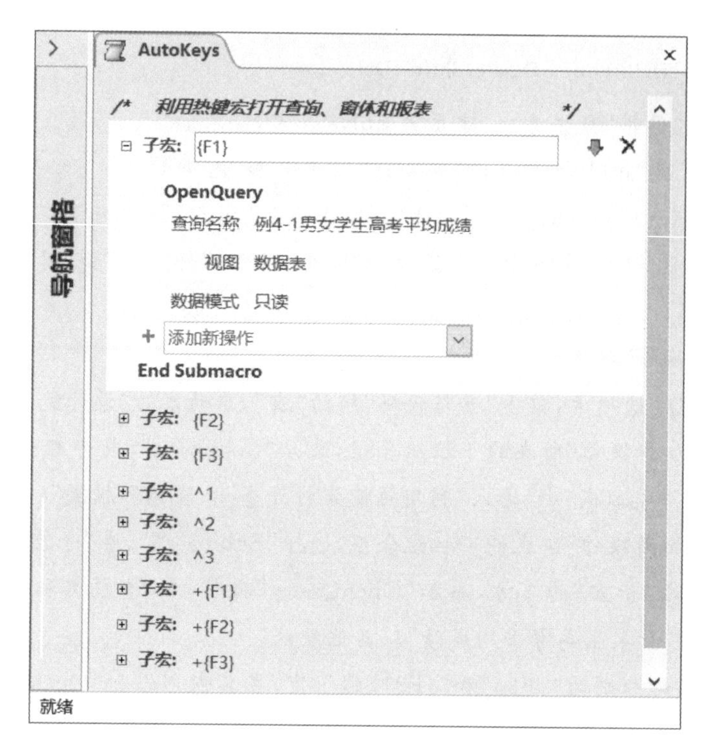

图 7.27 功能热键宏的设计结果

7.3 编辑和运行宏

对于设计完成的宏,如果发现宏中存在不合适或者错误的操作,则需要对"问题宏"进行编辑修改;对于修改好的确实没有问题的宏,则可以运行或者调用。

7.3.1 编辑宏

编辑宏的方法与创建宏的方法基本相同。具体包括独立宏、嵌入宏和数据宏等类型的编辑。

7.3.1.1 编辑独立宏

编辑独立宏的方法是打开指定数据库,在"导航窗格"中展开"宏"对象,右击指定的宏,在弹出的快捷菜单中,选择"设计视图",在"宏设计器"中打开该宏。

(1)利用"添加新操作",添加新的"宏操作"。

(2)利用绿色的"上移"和"下移"按钮,上下移动操作命令的位置。

(3)利用"加号"和"减号"按钮,展开或者折叠当前宏操作。

(4)利用黑色的"删除"按钮,删除当前宏操作。

(5)利用宏操作提供的多个选项,进一步修改相关参数。

7.3.1.2 编辑嵌入宏

编辑嵌入宏的方法是打开指定数据库，在“导航窗格”中展开“窗体”，或者“报表”对象，右击指定的对象，在弹出的快捷菜单中，选择“设计视图”，在窗体或者报表的“设计视图”中打开该对象。

选中“窗体”（“报表”）对象，或者其控件对象，在“属性表”中，单击“事件”选项卡，在含有“[嵌入的宏]”的事件的右侧，单击“…”按钮，打开嵌入宏的“宏生成器”，其后的具体修改方法，同独立宏。

7.3.1.3 编辑数据宏

编辑数据宏的方法是打开指定数据库，在“导航窗格”中展开“表”对象，右击指定的表，在弹出的快捷菜单中，选择“设计视图”，打开表的“设计视图”。

单击“表格工具”的“设计”上下文选项卡，单击“字段、记录和表格事件”组中的“创建数据宏”下拉列表，选择需要修改的“数据宏”，打开数据宏的“宏生成器”，其后的具体修改方法，同独立宏。

7.3.2 运行宏

在 Access 2019 中，提供了多种运行宏的方法。可以直接运行，可以从宏（事件过程）中运行宏，可以按照单步方式调试运行，可以在窗体（报表）的众多事件中调用宏，可以创建自定义菜单命令（工具栏按钮）运行宏，可以使用功能热键运行宏，可以在打开数据库时自动运行宏。

7.3.2.1 导航窗格运行宏

在打开数据库之后，直接运行指定的宏。操作方法如下：

方法 1：打开指定的数据库，在“导航窗格”中，展开“宏对象”，双击指定的“宏”。

方法 2：在“导航窗格”中，展开“宏对象”，右击指定的“宏”，在快捷菜单中，选择“运行”。

7.3.2.2 数据库工具运行宏

在打开数据库之后，利用“数据库工具”直接运行指定的宏。操作如下：

（1）打开指定的数据库，单击“数据库工具”选项卡。

（2）在“宏”组中，单击“运行宏”按钮，启动“执行宏”对话框，如图 7.28 所示。

（3）在“宏名称”下方的下拉组合框中，选择需要运行的宏的名称，或者直接输入需要运行的宏的名称，单击“确定”。

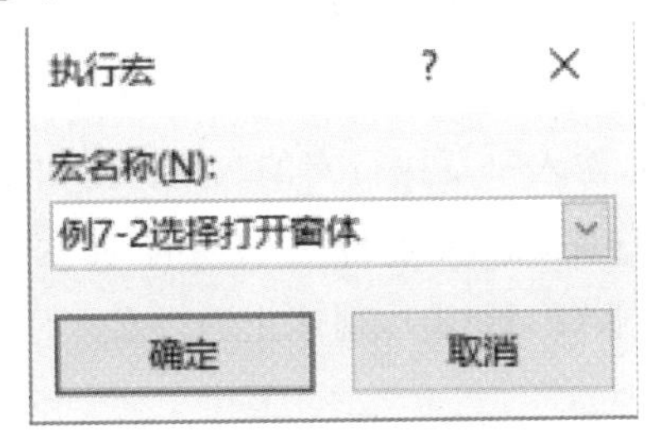

图 7.28 执行宏对话框

7.3.2.3 设计视图运行宏

在宏的"设计视图"状态下,直接运行指定的宏。操作如下:

(1)在"导航窗格"中,展开"宏对象",右击指定的"宏"。

(2)在快捷菜单中,选择"设计视图",启动宏的"设计视图"。

(3)单击"宏工具"的"设计"上下文选项卡,单击"工具"组中的"运行"按钮。

7.3.2.4 单步运行宏

单步运行宏是指逐步运行宏的方式。即每执行一步操作,系统会暂停宏的运行,并弹出如图 7.29 所示的对话窗口,然后单击"单步执行"按钮,执行每一个宏操作,并分析每一步的相关参数和错误信息。操作如下:

(1)通过"导航窗格"的"宏对象",启动指定宏的"设计视图"。

(2)单击"宏工具"的"设计"上下文选项卡,单击"工具"组中的"单步"按钮,使其处于"选中"状态,然后单击"运行"按钮,如图 7.29 所示,开始进入"单步"执行状态。

(3)单击"单步执行",可以执行下一个操作,并通过左侧的"条件""操作名称""参数"和"错误号"等观察分析当前操作的运行情况。

(4)单击"停止所有宏",停止当前执行的所有宏。

(5)单击"继续",继续执行当前宏。

按照单步方式运行"例 7-3 选择打开窗体和报表"的界面如图 7.29 所示。

▲技巧:单步运行宏,通常用于宏的调试。

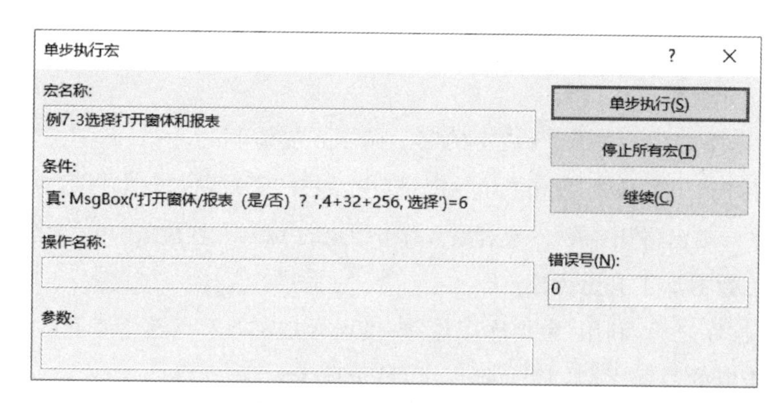

图 7.29 单步执行宏的窗口

7.3.2.5 RunMacro 调用宏

在宏的"设计视图"中,添加"RunMacro"操作,如图 7.30 所示。

(1)在"宏名称"的右侧,选择指定的宏,或者直接输入需要调用的宏的名称。

(2)在"重复次数"的右侧,输入重复执行宏的次数。空白默认执行 1 次。

(3)在"重复表达式"的右侧,输入运行宏的条件表达式。如果表达式的值为真(True,-1)则执行宏,如果为假(False,0),则停止运行宏。

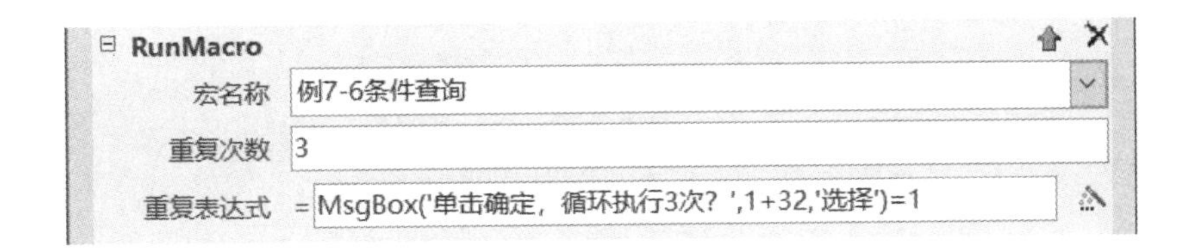

图 7.30 RunMacro 窗口

7.3.2.6 控件调用宏

如果希望从窗体、报表或者控件中运行宏，可任意单击其“设计视图”中的相应控件，在相应“属性表”的对话框中，选择“事件”选项卡的对应事件，然后在下拉列表框中，选择当前数据库中的相应宏，或者直接输入相应的宏。每当该事件发生时，就会自动执行所设定的宏。

在窗体或者报表中，“属性表”的事件属性设置界面如图 7.31 所示。

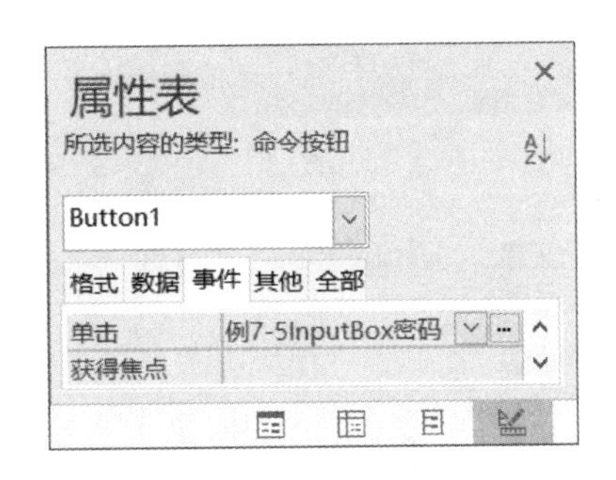

图7.31 属性表的事件属性设置界面

7.3.2.7 运行子宏

对于包含多个“子宏”的“组宏”，在运行“组宏”时，通常只运行“组宏”的第 1 个“子宏”。如果需要运行“组宏”中的其他“子宏”，则需要使用如下格式：

组宏名称.子宏名称

▲注意：“组宏名称”和“子宏名称”之间是英文的圆点，用于连接“组宏名称”和“子宏名称”，同时指明“子宏”和“组宏”的隶属关系。

7.3.2.8 快捷菜单运行宏

快捷菜单是实际操作中使用概率最高的一种操作方式。使用快捷菜单，不但灵活、方便、快捷，而且不影响界面的美观（隐藏在系统的后台）。需要使用时，可以在任何位置，通过“右击”操作快速调出。快捷菜单的创建方法如下：

（1）创建包含下级子菜单的“组宏”。“组宏”中的每个“子宏”，对应一个子菜单项；子宏的名称，对应子菜单项的名称；子宏的操作，对应子菜单的功能。

（2）使用“AddMenu”，创建主菜单。每个“AddMenu”，对应一个主菜单项，并且调用相应的独立宏。

（3）单击“文件”选项卡，单击“选项”，单击“自定义功能区”，在右侧的树状“主选项卡”的列表区，选中并展开“数据库工具”，单击下方的“新建组”，在“数据库工具”下，创建一个“宏建菜单”的自定义组。如图 7.32 所示。

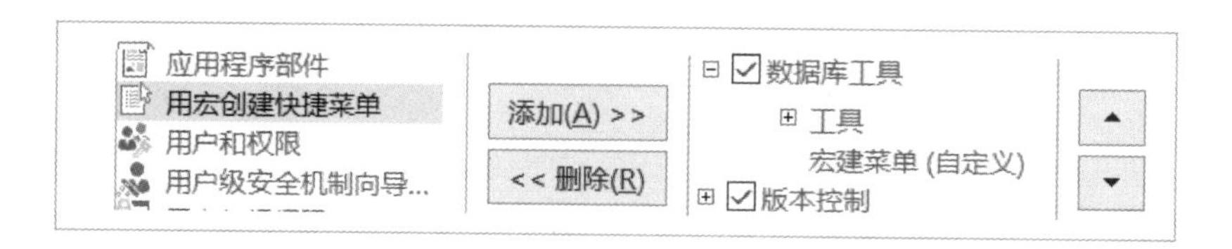

图 7.32　添加“用宏创建快捷菜单”

在左侧“列表框”中，选中“用宏创建快捷菜单”命令项(注意：在“不在功能区中的命令”分类中)，单击“添加”按钮，把“用宏创建快捷菜单”添加到右侧的“宏建菜单(自定义)”组中。

通过上述操作，在“数据库工具”的选项卡中，会增添一个“宏建菜单”组，并且包含一个“用宏创建快捷菜单”的按钮。如图 7.33 所示。

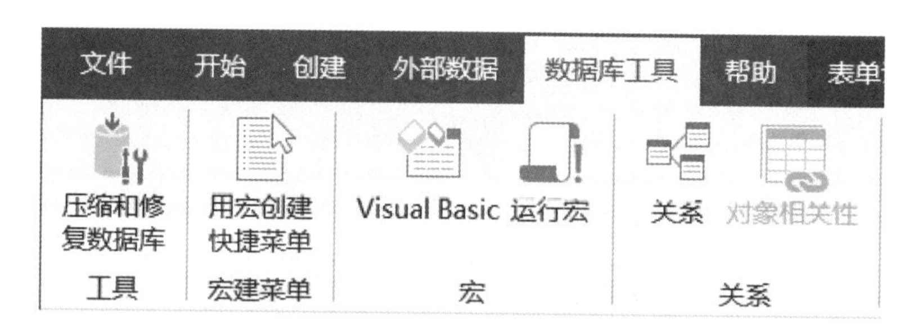

图 7.33　数据库工具的宏建菜单组

(4)选中用于创建快捷菜单的宏，在“数据库工具”的选项卡中，单击“宏建菜单”组中“用宏创建快捷菜单”按钮。

(5)在需要创建快捷菜单的“主控窗体”的“属性表”中，单击“其他”选项卡，在快捷菜单右侧，选择“是”；在“快捷菜单栏”的右侧，选择主菜单对应的独立宏。

【例 7-12】创建快捷菜单。在“学籍”数据库中，给窗体“例 5-13 窗体调用”，创建如图 7.34 所示的快捷菜单。要求如下：

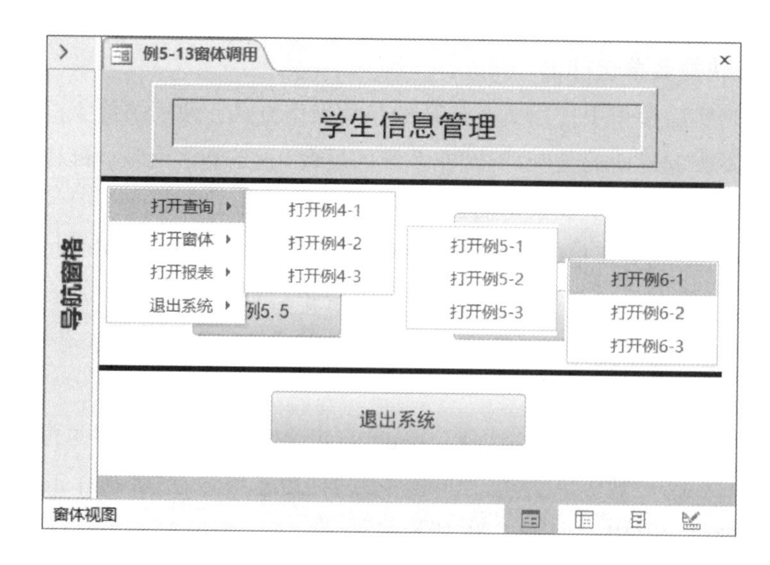

图 7.34　窗体的快捷菜单

(1)快捷菜单的主菜单项包括打开查询、打开窗体、打开报表和退出系统。

(2)打开查询的下拉菜单包括打开例 4-1、打开例 4-2 和打开例 4-3。

(3)打开窗体的下拉菜单包括打开例 5-1、打开例 5-2 和打开例 5-3。

(4)打开报表的下拉菜单包括打开例 6-1、打开例 6-2 和打开例 6-3。

(5)退出系统的下拉菜单包括退出系统。

操作如下:

(1)打开“学籍”数据库。

(2)单击“创建”选项卡,单击“宏与代码”组的“宏”,启动宏的“设计视图”。

(3)创建如图 7.35 所示的名称为“例 7-12 打开查询”的“组宏”。具体包括 3 个子宏,子宏的名称分别为“打开例 4-1”“打开例 4-2”和“打开例 4-3”;每个子宏均添加一个“OpenQuery”操作,分别用于打开“例 4-1”“例 4-2”和“例 4-3”。

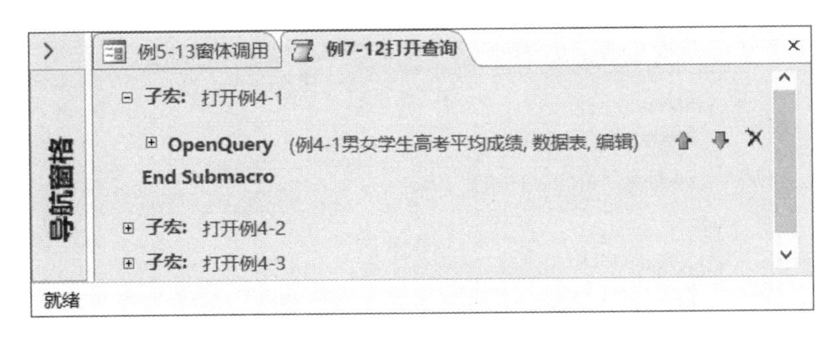

图 7.35 打开查询的组宏

(4)同理,创建如图 7.36—图 7.38 所示的 3 个“组宏”。“组宏”的名称分别为“例 7-12 打开窗体”“例 7-12 打开报表”和“例 7-12 退出系统”。

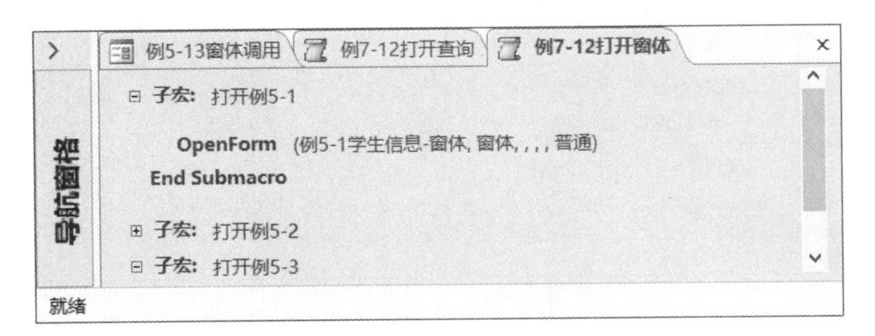

图 7.36 打开窗体的组宏

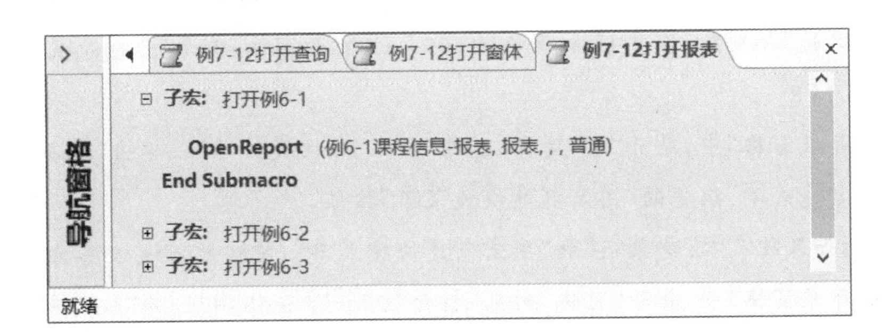

图 7.37 打开报表的组宏

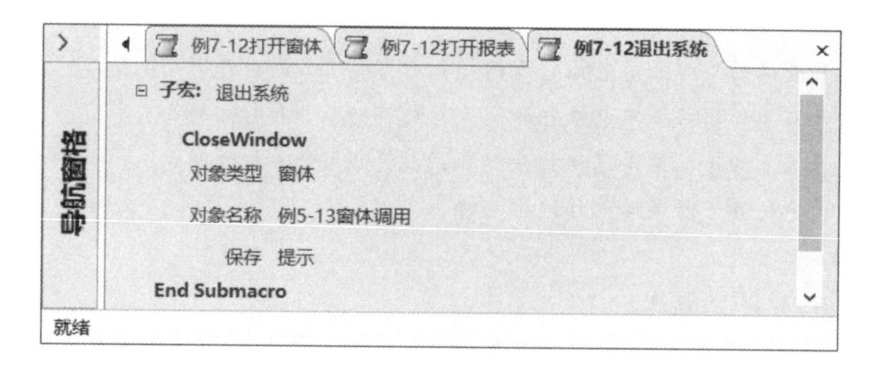

图 7.38 退出系统的组宏

(5)利用宏的“设计视图”,通过添加“AddMenu”操作,创建如图 7.39 所示的主菜单独立宏,其名称为“例 7-12 快捷菜单”。

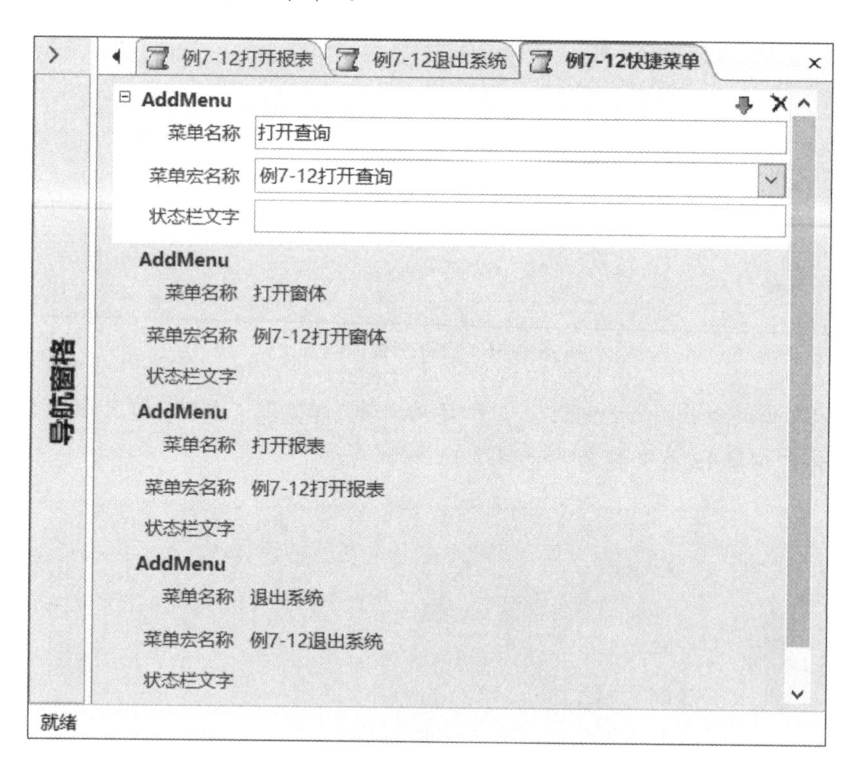

图 7.39 主菜单的独立宏

其中,4 个“AddMenu”的“菜单名称”分别为:打开查询、打开窗体、打开报表和退出系统;“菜单宏名称”分别为:例 7-12 打开查询、例 7-12 打开窗体、例 7-12 打开报表和例 7-12 退出系统。

(6)在“导航窗格”中,展开“宏”对象,选中“例 7-12 快捷菜单”。单击“数据库工具”选项卡,单击“宏建菜单”组中的“用宏创建快捷菜单”按钮。

▲提示:如果没有“宏建菜单”和“用宏创建快捷菜单”,请按照前述方法自行创建。

(7)在“导航窗格”中,展开“窗体”对象,打开“例 5-13 窗体调用”的“设计视图”,在“属性表”中，单击“其他”选项卡，在快捷菜单右侧，选择“是”；在“快捷菜单栏”的右侧，选择“例 7-12 快捷菜单”。

用户不但可以通过“RunMenuCommand”运行 Access 内置的菜单命令，而且可以通过“宏”，自己创建具有个性化的“自定义系统菜单”和“自定义工具栏”，同时将相应的宏添加到“菜单栏”或者“工具栏”，从而在“菜单栏”或者“工具栏”上运行宏。具体创建方法与“快捷方式”相同。

7.3.2.9 快捷键运行宏

利用热键宏 AutoKeys，为每个子宏定义一个快捷键。打开拥有 AutoKeys 热键宏的数据库之后，在 AutoKeys 中设定的快捷键会自动生效。即通过按下相应的快捷键，调用并执行相应的子宏。

7.3.2.10 自动运行宏

通过创建一个名称为“AutoExec”的自动宏，来自动执行 AutoExec 中的相应操作。即打开拥有“AutoExec”自动宏的数据库之后，系统会首先找到名称为“AutoExec”的宏，然后自动执行 AutoExec 中的操作。

7.4 宏实验

通过理解“宏”及其相关内容，在 Access 2019 环境下，熟练掌握利用宏的“设计视图”创建、编辑和调用“独立宏”“嵌入宏”和“数据宏”的方法。

实验 7.1 创建密码宏

在“海贝超市”数据库中，创建如图 7.40 所示的密码验证窗体。要求如下：

(1)如果输入密码正确，则调用并打开窗体“Exp5-2-2”。预设默认密码为“999”。

(2)如果输入密码错误，则弹出如图 7.41 所示的信息窗口。

(3)使用密码宏和 MesssageBox 操作实现。其他自定。

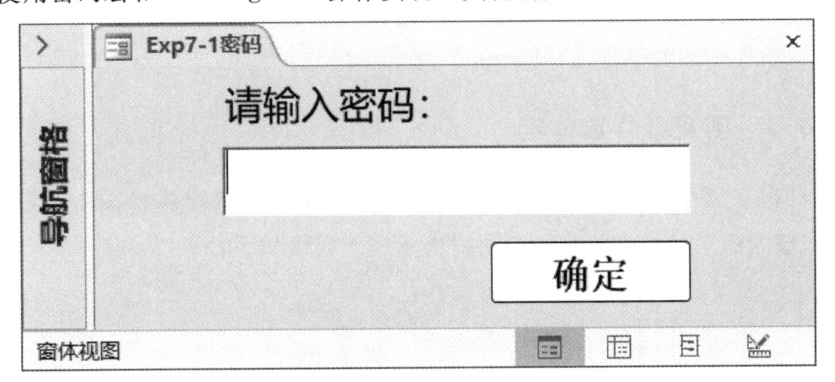

图 7.40 密码验证窗体

图 7.41 错误信息窗口

▲思考：如果使用 InputBox 函数，实现“实验 7.1”的类似功能，如何实现？

实验 7.2 创建条件查询宏

在“海贝超市”数据库中，创建如图 7.42 所示的条件查询窗体“Exp7-2 条件查询”。功能是按照输入的姓名查询指定职工的销售业绩。要求如下：

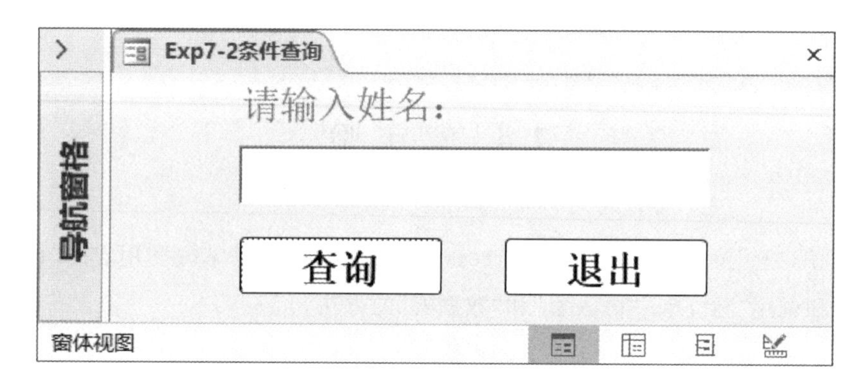

图 7.42 按照条件调用查询

(1)复制查询“Exp4-1-1”到“Exp7-2”，然后修改“Exp7-2”，实现按照姓名进行参数查询，查询参数为如图 7.42 所示窗体的文本框 Text1 的值。

(2)“查询”按钮的功能是通过“条件查询宏”对“Exp7-2”进行参数查询。

(3)“退出”按钮的功能是关闭当前窗体“Exp7-2 条件查询”。

▲提示：条件查询的条件为“[Forms].[Exp7-2 条件查询].[Text1]”。

实验 7.3 创建条件窗体宏

在“海贝超市”数据库中，创建如图 7.43 所示的条件查询窗体“Exp7-3 条件窗体”。功能是按照输入的工号查询指定职工的销售业绩。要求如下：

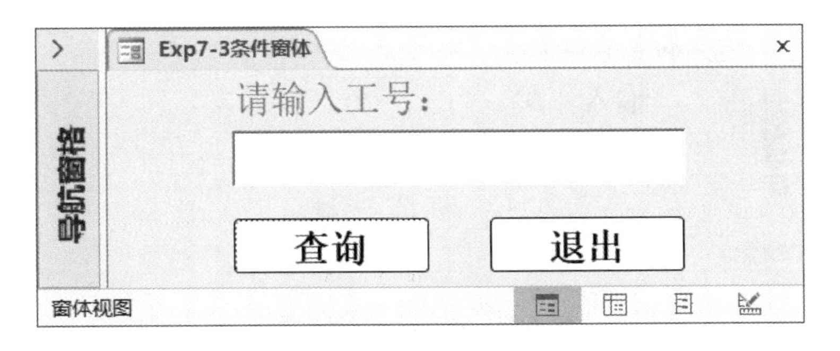

图 7.43 按照条件调用窗体

(1)“查询”按钮的功能是通过“条件查询宏”,对窗体“Exp5-2-3”进行条件查询。调用窗体的条件为如图 7.43 所示窗体的文本框 Text1 的值。

(2)“退出”按钮的功能是关闭当前窗体“Exp7-3 条件窗体”。

(3)使用“条件窗体宏”实现,查询窗体的“数据模式”为“只读”。其他自定。

▲提示:调用窗体的条件为“[Forms].[Exp7-3 条件窗体].[Text1]=[职工].[工号]”。

实验 7.4 创建嵌入宏

在“海贝超市”数据库中,创建“设计界面”如图 7.44 所示,“运行界面”如图 7.45 所示的关于年龄称谓的窗体“Exp7-4 嵌入宏窗体”。要求如下:

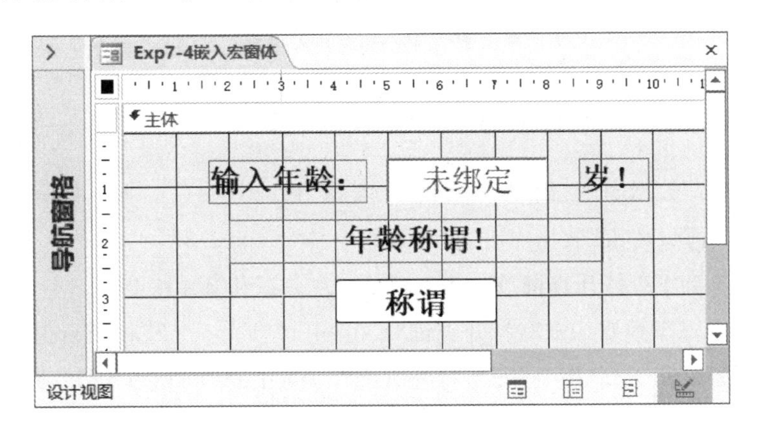

图 7.44 嵌入宏—设计界面

(1)在“未绑定”文本框 Text1 中,输入人的年龄。

(2)单击“称谓”按钮之后,在标签 Label1 中,显示文本框 Text1 中输入的年龄称谓。例如:Text1 中输入“20”,Label1 中显示“属于青年!”。

(3)年龄称谓的规则:儿童(0—6 岁);少年(7—17 岁);青年(18—35 岁);中年(36—59 岁);老年(60 岁及以上)。

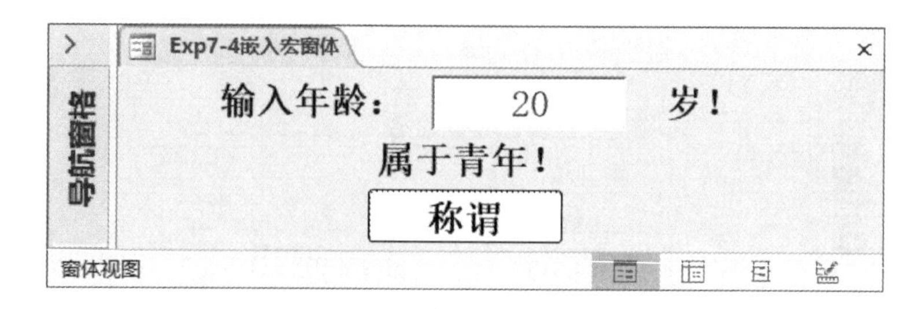

图 7.45 嵌入宏—运行界面

▲提示：嵌入宏的部分设计内容如图 7.46 所示。

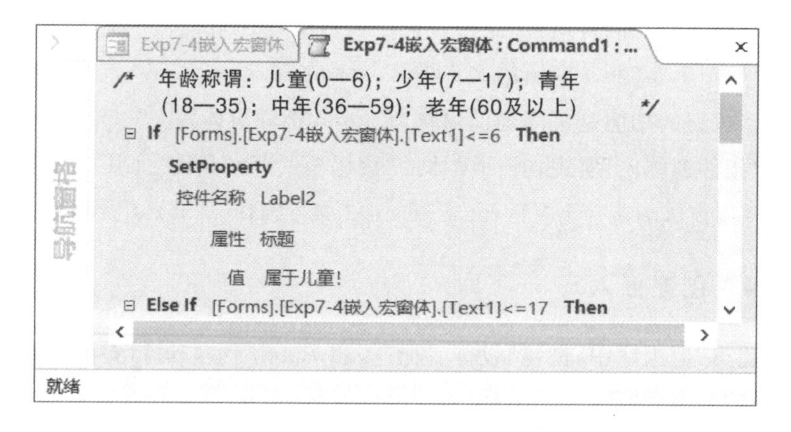

图 7.46 嵌入宏—部分内容

实验 7.5 创建 AutoKeys 宏和 AutoExec 宏

在“海贝超市”数据库中，创建 AutoExec 宏和 AutoKeys 宏。要求如下：

(1)在打开“海贝超市”数据库时，自动运行窗体“Exp5-2-3”。

(2)使用 F1 到 F3，打开查询“Exp4-1-1”“Exp4-1-2”和“Exp4-1-3”。

(3)使用 Ctrl+1 到 Ctrl+3，打开查询“Exp5-1-1”“Exp5-1-2”和“Exp5-1-3”。

(4)使用 Shift+F1 到 Shift+F3，打开查询“Exp6-1-1”“Exp6-1-2”和“Exp6-1-3”。

实验 7.6 创建快捷菜单

在“海贝超市”数据库中，给窗体“Exp5-2-3”，创建如图 7.47 所示的快捷菜单。要求如下：

(1)快捷菜单的主菜单项包括打开查询、打开窗体、打开报表和退出系统。

(2)打开查询的下拉菜单包括打开例 4-1、打开例 4-2 和打开例 4-3。

(3)打开窗体的下拉菜单包括打开例 5-1、打开例 5-2 和打开例 5-3。

(4)打开报表的下拉菜单包括打开例 6-1、打开例 6-2 和打开例 6-3。

(5)退出系统的下拉菜单包括退出系统。

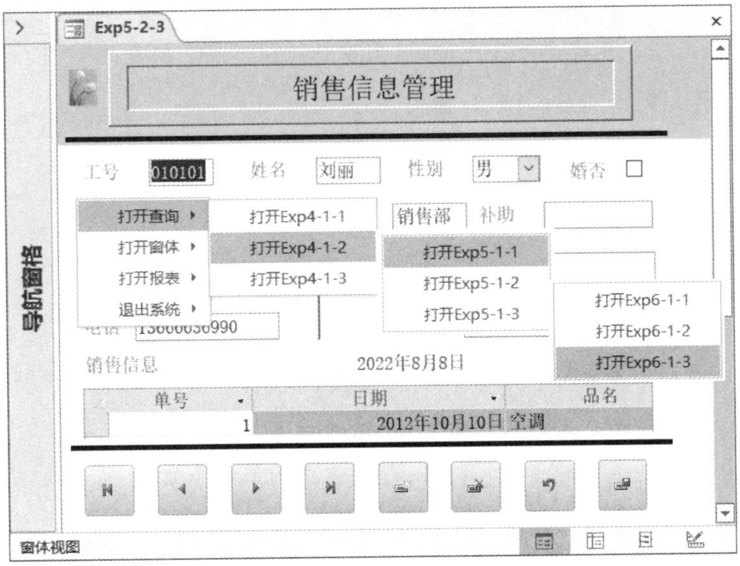

图 7.47 职工销售信息的快捷菜单

习 题

1. 简答题

(1)解释宏、子宏和宏组及其功能。简述宏和宏组创建方法的不同之处。

(2)解释嵌入宏和数据宏。

(3)简述宏的常用运行方法。

(4)简述功能热键的功能及其创建方法。

(5)简述自动宏的功能及其创建方法。

(6)简述快捷菜单的功能及其创建方法。

2. 填空题

(1)在 Access 2019 中,创建宏的过程主要包括添加(　　　)、设置参数和保存宏等。

(2)在"宏"中,用于创建功能热键的特殊宏的名称是(　　　)。

(3)在每次打开指定数据库之后,能够自动运行的特殊宏的名称是(　　　)。

(4)对于"带条件"的条件宏,宏中的操作是否执行取决于(　　　)是否满足。

(5)在 Access 2019 中,打开表的宏操作是(　　　),保存记录数据的宏操作是(　　　),关闭窗体的宏操作是(　　　),停止所有宏的操作是(　　　)。

(6)在 Access 2019 中,宏通常可以分为独立宏、(　　　)和(　　　)三大类。

(7)OpenTable 操作的 3 个操作参数是(　　　)、(　　　)和(　　　)。

(8)引用宏组 MyGpMacro 中的子宏 MySubMacro 的语法是(　　　)。

(9)在打开(　　　)的设计视图的状态下,可以创建数据宏。

(10)在 Access 2019 的宏表达式中,引用窗体 MyForm1 的文本框 Text1 的值,则正确的语法是(　　　)。

3. 判断题

(1)宏是若干操作的集合。(　　)

(2)每个宏操作都有相同的宏操作参数。(　　)

(3)宏操作不能自行定义。(　　)

(4)宏通常与窗体或者报表中的命令按钮配合使用。(　　)

(5)在运行包含多个子宏的宏组时,只能运行该宏组中的第一个宏。(　　)

(6)对于包含多个子宏的宏组,只能运行宏组中的第一个宏。(　　)

(7)不能从一个宏中运行另外一个宏。(　　)

(8)在运行一个包含多个操作的宏时,通常是按照操作的先后顺序来运行这些操作。(　　)

(9)在单步执行宏时,“单步执行宏”对话框中,显示的内容主要包括宏名称、条件、操作名称、参数和错误号等信息。(　　)

(10)对于宏操作 CloseWindow,如果不指定参数,则关闭当前数据库。(　　)

(11)使用宏 OpenTable 打开表的 3 种模式分别是增加、编辑和删除。(　　)

(12)打开指定报表的宏命令是 OpenForm。(　　)

(13)在 Access 2019 中,RunMacro 操作的参数包括宏名称、重复次数和重复表达式等。

(14)宏操作 CloseWindow,不但可以关闭表、查询、窗体、报表和宏等数据库对象,而且可以关闭当前数据库。(　　)

(15)在 Access 2019 中,CloseDatabase 用于关闭当前数据库;QuitAccess 用于关闭 Access 系统。(　　)

8 Access SQL

在 Access 2019 中，不但可以使用系统提供的集成环境进行表的编辑和数据查询，而且可以使用符合国际标准的 Access SQL 语言完成相应的任务。

8.1 结构化查询语言 SQL

结构化查询语言(Structured Query Language，SQL)是关系数据库的国际标准语言。目前流行的 DBMS 基本都支持 SQL。即 SQL 是一个语言标准。

8.1.1 ANSI SQL

SQL 由 Boyce 和 Chamberlin 于 1974 年提出，并在 IBM 公司的关系数据库管理系统原型上实现。SQL 作为功能丰富、简单易学的语言，经过不断完善，最终发展成为关系数据库的标准语言。

1986 年美国国家标准局(American National Standard Institute，ANSI)的数据库委员会公布了 SQL-86 标准，批准 SQL 为关系数据库语言的美国标准。1987 年国际标准化组织(International Organization for Standardization，ISO)通过了 SQL-86 标准。

已经公布的 SQL 标准主要有：SQL-1974 Boyce IBM、SQL-86、SQL-89、SQL-92、SQL-99 和 SQL-2003 等。

SQL 作为国际标准的关系数据库标准语言，主要包括数据定义语言(Data Definition Language，DDL)、数据操纵语言(Data Manipulation Language，DML)和数据控制语言(Data Control Language，DCL)三大子语言系统。

SQL 的特点是综合统一、语法简单、易学易用、面向集合操作、高度非过程化、一语两用和支持 DBS 的三级模式结构等。

SQL 已经成为数据库厂家推出的数据库产品的标准数据存取语言和标准数据库接口，即开放数据库互连(Open Database Connectivity，ODBC)标准。SQL 推动了数据库技术的标准化，并为数据库技术的标准化发展起到了重大作用。

8.1.2 Access SQL

Access 2019 作为流行的 DBMS，提供了与 ANSI SQL 一致的简化的语言系统，即

Access SQL 是 ANSI SQL 的一个子集，同时提供了编辑 SQL 语句的文档编辑器“SQL 视图”。在 SQL 视图中，利用 Access SQL 可以方便地实现数据管理。

Access SQL 主要包括数据定义语言、数据操纵语言和数据查询语言等。

使用 Access SQL 编辑表和进行数据查询的方法，请参考 4.1.2 节中的“使用‘SQL 视图’创建查询”。

8.2 数据定义语言

数据定义语言用于建立、修改和删除表的结构，相对应的 SQL 语句分别是 CREATE TABLE、ALTER TABLE 和 DROP TABLE 等。

创建方法：在查询的“设计视图”下，单击“查询工具”的“设计”上下文选项卡，单击“查询类型”组中“数据定义”按钮；在“SQL 视图”中输入相应的“数据定义语句”，单击“结果”组中的“运行”按钮。

8.2.1 创建表

创建表可以使用 CREATE TABLE 语句。用法如下：

CREATE TABLE ＜表名＞

(＜属性 1＞ ＜数据类型＞[＜长度＞] [PRIMARY KEY] [＜属性约束＞]

[,＜属性 2＞ ＜数据类型＞[＜长度＞] [NOT NULL] [＜属性约束＞] …

[,＜表级约束＞)

＜表名＞：所要定义的表的名称；

＜属性＞：组成表的各个数据项的名称；

＜属性约束＞：针对属性的完整性约束条件；

＜表级约束＞：针对表的完整性约束条件；

＜数据类型＞：属性的数据类型。

Access SQL 支持的常用数据类型如表 8.1 所示。

表 8.1 Access SQL 的常用数据类型

Integer/Long	整型/长整型
Counter(m,n)/Autoincrement(m,n)	自动编号，m：初值，n：步长，默认(1,1)
Single/Double	单精度/双精度
Currency	货币型
Date/Time/DateTime	日期/时间型
Logical	逻辑型
Memo/LongBinary	长文本/OLE 对象型
Text(n)	长度为 n 的短文本

【例 8.1】在"学籍"数据库中，创建与专业、学生、课程和选课具有相同结构的 Zy 表、Xs 表、Kc 表和 Xk 表。SQL 语句如下：

```
CREATE TABLE Zy(
  专业号 TEXT(6) PRIMARY KEY,
  专业名 TEXT(10),
  隶属学院 TEXT(20),
  简介 MEMO)
CREATE TABLE Xs(
  学号 TEXT(8) PRIMARY KEY,
  姓名 TEXT(4) NOT NULL,
  性别 TEXT(1),
  生日 DATETIME,
  政治面貌 TEXT(2),
  专业号 TEXT(6),
  是否四级 LOGICAL,
  高考成绩 INTEGER,
  家庭住址 TEXT(30),
  照片 LONGBINARY,
  简历 MEMO)
CREATE TABLE Kc(
  课程号 TEXT(8) PRIMARY KEY,
  课程名 TEXT(10) NOT NULL,
  学时 INTEGER,
  学分 INTEGER,
  类别 TEXT(4),
  简介 MEMO)
CREATE TABLE Xk(
  学号 TEXT(8),
  课程号 TEXT(4),
  平时 SINGLE,
  期中 SINGLE,
  期末 SINGLE,
  PRIMARY KEY (学号,课程号))
```

8.2.2 修改表

修改表(结构)可以使用 ALTER TABLE 语句。用法如下：

```
ALTER TABLE <表名>
  ADD <属性> <数据类型>[<长度>][<属性约束>]
```

| ALTER <属性> <数据类型>[<长度>] [<属性约束>]

| DROP <属性>

【例 8.2】针对“学籍”数据库，在 Xs 表中，添加一个“日期时间型”属性“入学时间”。SQL 语句如下：

ALTER TABLE Xs ADD 入学时间 DATETIME

【例 8.3】在“学籍”数据库中，修改 Xk 表的“平时”的数据类型为整型。SQL 语句如下：

ALTER TABLE Xk ALTER 平时 INTEGER

【例 8.4】针对“学籍”数据库，在 Xk 表中，删除“入学时间”。SQL 语句如下：

ALTER TABLE Xs DROP 入学时间

8.2.3 删除表

删除表可以使用 DROP TABLE 语句。用法如下：

DROP TABLE <表名>

【例 8.5】删除 Zy 表。

DROP TABLE Zy

8.3 数据操作语言

数据操纵语言用于添加、修改和删除表的记录数据，相对应的 SQL 语句分别是 INSERT INTO、UPDATE SET 和 DELETE FROM 等。

创建方法：在查询的“设计视图”下，单击“查询工具”的“设计”上下文选项卡，单击“查询类型”组中“数据定义”按钮；或者单击“结果”组中“视图”下拉菜单，选择“SQL 视图”；在“SQL 视图”中输入相应的“数据定义语句”，单击“结果”组中的“运行”按钮。

8.3.1 添加记录

添加记录可以使用 INSERT INTO 语句。用法如下：

INSERT

INTO <表名> [(<属性 1>[,<属性 2 > …)]

VALUES (<常量 1> [,<常量 2>] …)

如果常量的类型、个数和顺序与数据表的属性的类型、个数和顺序均相匹配，则表的属性部分可以省略，否则属性和常量必须都写，而且两者的类型、个数和顺序均要匹配。

【例 8.6】在“学籍”数据库中，分别向 Xs 表、Kc 表和 Xk 表中，添加 2 条以下内容的记录。

11060101，刘夏，男，1992/2/16，团员，统计，是，636，浙江杭州亲亲家园 6-1-601；

11060102,张三,女,1992/9/6,团员,612。

0101,高等数学,60,5,A,理工科院校的重要基础学科。作为一门科学,高等数学有其固有的特点,这就是高度的抽象性、严密的逻辑性和广泛的应用性;

0202,英语,56,4。

11060101,0101,96,97,95;

11060101,0202,NULL,NULL,82。

SQL 语句如下:

```
INSERT INTO Xs
  VALUES ('11060101', '刘夏', '男', #1992-2-16#, '团员', '统计',
          True, 636, '浙江杭州亲亲家园 6-1-601', NULL, NULL)
INSERT INTO Xs(学号, 姓名, 性别, 生日, 政治面貌, 高考成绩)
  VALUES ('11060102', '张三', '女', #1992-9-6#, '团员', 612)
INSERT INTO Kc
  VALUES ('0101', '高等数学', 60, 5, 'A', '理工科院校的重要基础学科。
          作为一门科学,高等数学有其固有的特点,这就是高度的抽象性、
          严密的逻辑性和广泛的应用性.')
INSERT INTO Kc(课程号, 课程名, 学时, 学分)
  VALUES ('0102', '英语', 56, 4)
INSERT INTO Xk
  VALUES ('11060101', '0101', 96, 97, 95)
INSERT INTO Xk(学号,课程号,期末)
  VALUES ('11060101', '0102', 82)
```

8.3.2 修改记录

修改记录可以使用 UPDATE SET 语句。用法如下:

```
UPDATE <表名>
  SET <属性 1>=<表达式 1>[,<属性 2>=<表达式 2>,… ]
  [WHERE <条件>]
```

UPDATE 语句可以把满足条件的元组,使用表达式 i 的值,修改属性 i 的值。

【例 8.7】针对"学籍"数据库,在 Xk 表中,把学号为"11060101",课程号为"0102"的平时成绩和期中成绩,分别改为"86""96"。SQL 语句如下:

```
UPDATE Xk
  SET 平时=86,期中=96
  WHERE 学号='11060101' AND 课程号='0102'
```

8.3.3 删除记录

删除记录可以使用 DELETE FROM 语句。用法如下:

```
DELETE FROM ＜表名＞
  [WHERE ＜条件＞]
```

DELETE 语句用于删除满足条件的记录。省略 WHERE 时，则删除表中的所有记录。

【例 8.8】在“学籍”数据库中，删除 Xs 表中学号为“11060102”的记录；删除 Xk 表中的所有记录。SQL 语句如下：

```
DELETE FROM Xs
  WHERE 学号＝'11060102'
DELETE *
  FROM Xs
  WHERE 学号＝'11060102'
DELETE FROM Xk
DELETE *
  FROM Xk
```

8.4 数据查询语言

数据查询语言用于从一个或者多个表中，查询用户所需要的数据相对应的 SQL 语句是 SELECT…FROM…WHERE 和 UNION 等。

创建方法：同前述的“数据操作语言”。对于“联合”查询，可以在查询的“设计视图”下，单击“查询工具”的“设计”上下文选项卡，单击“查询类型”组中“联合”按钮；在“SQL 视图”中输入相应的“Access SQL 语句”，单击“结果”组中的“运行”按钮。

8.4.1 数据查询语法

查询数据通常使用 SELECT…FROM…WHERE，用法如下：

```
SELECT [ALL|DISTINCT][ * ] ＜目标列表达式＞[,＜目标列表达式＞] …
  FROM ＜表名＞[, ＜表名＞,… ] …
  [ WHERE ＜条件表达式＞ ]
  [ GROUP BY ＜字段＞ [ HAVING ＜条件表达式＞ ] ]
  [ ORDER BY ＜字段＞ [ ASC|DESC ] ]
```

SELECT：显示指定字段；All：所有记录；*：所有字段；DISTINCT：去掉重复记录。

FROM：查询对象(表)。

WHERE：查询条件；省略 WHERE，查询所有元组。

GROUP BY：对查询结果按指定字段分组，字段值相等的记录分为一组。通常会在每组中使用集函数，实现分类统计。

HAVING：筛选出满足指定条件的分组。

ORDER BY：对查询结果按照指定字段升序/降序排序（ASC/DESC），默认升序。

SELECT 语句的功能是根据 WHERE 指定的条件，按照 SELECT 指定的目标列表达式，从 FROM 指定的表中，查询出相应的数据集合。

8.4.2 数据查询范例

SELECT 语句作为 SQL 的核心，提供了丰富的功能选项，从而可以非常方便地实现选择、投影和连接及其复杂的嵌套和统计查询等。

查询默认使用“学籍”数据库中的专业、学生、课程和选课 4 张表。

8.4.2.1 选择查询

选择查询的基本格式：

```
SELECT *
  FROM ＜表＞
  WHERE ＜表达式＞
```

＜表达式＞：使用关系运算符（＋，－，*，/，＜，＜＝，＞＝，＞，！＝，＜＞，＝）和逻辑运算符（NOT，AND 和 OR 等），把常量、字段和函数，按照指定的语法规则连接起来的有意义的组合。

【例 8.9】查询学生表中所有男生信息。SQL 语句如下：

```
SELECT * FROM 学生 WHERE 性别＝'男'
```

【例 8.10】查询年龄大于 18 而且小于 22 岁的学生。SQL 语句如下：

```
SELECT *
  FROM 学生
  WHERE (YEAR(DATE())－YEAR([生日]))＞18 AND (YEAR(DATE())－YEAR([生日]))＜22
```

▲思考：查询学生表中通过四级的学生信息。

▲提示：SELECT * FROM 学生 WHERE 是否四级＝True。

8.4.2.2 投影查询

投影查询的基本格式：

```
SELECT ＜目标列表达式＞ [AS 名称][,＜目标列表达式＞ [AS 名称]]…
  FROM ＜表＞
```

＜目标列表达式＞：可以是字段，或者＜表达式＞。

【例 8.11】查询学生的姓名和年龄。SQL 语句如下：

```
SELECT 姓名,YEAR(DATE())－YEAR([生日]) AS 年龄
  FROM 学生
```

【例 8.12】查询通过四级的男生的姓名和年龄。SQL 语句如下：

```
SELECT 姓名, YEAR(DATE())-YEAR([生日]) AS 年龄
  FROM 学生
  WHERE 是否四级=True AND 性别='男'
```

▲提示：如果<目标列表达式>不是表中的字段，则可以使用 AS 为其重新命名。

8.4.2.3 BETWEEN 查询

BETWEEN 查询的基本格式如下：

<字段> BETWEEN <表达式 1> AND <表达式 2>

BETWEEN 表示大于等于<表达式 1>，而且小于等于<表达式 2>的查询。

【例 8.13】查询高考成绩在 600 到 620 之间(包含 600 和 620)的学生的姓名和年龄。SQL 语句如下：

```
SELECT 姓名, YEAR(DATE())-YEAR([生日]) AS 年龄
  FROM 学生
  WHERE 高考成绩 BETWEEN 600 AND 620
```

8.4.2.4 枚举查询

枚举查询可以使用关键词 IN。基本格式如下：

<字段> IN (<表达式 1>,<表达式 2>,…,<表达式 n>)

【例 8.14】查询专业号不是 010102 和 030101 的学生的学号和姓名。SQL 语句如下：

```
SELECT 学号,姓名
  FROM 学生
  WHERE 专业号 NOT IN ('010102','030101')
```

8.4.2.5 模糊查询

模糊查询可以使用关键字 LIKE。基本格式如下：

<字段> LIKE <文本表达式>

<文本表达式>：可以使用通配符“*”和“?”。“*”表示任意多个任意符号，包括长度是 0 的空串。“?”表示任意的单个字符。

例如：x*y 表示以 x 开头，以 y 结尾的任意长度的字符串。x?y 表示以 x 开头，以 y 结尾的长度为 3 的任意字符串。

【例 8.15】查询所有姓李的学生的学号、姓名和高考成绩。SQL 语句如下：

```
SELECT 学号,姓名,高考成绩
  FROM 学生
  WHERE 姓名 LIKE '李*'
```

【例 8.16】查询学号以“110”开头，且倒数第 1 个和第 3 个字符分别为 2 和 4 的学生信息。SQL 语句如下：

```
SELECT *
  FROM 学生
  WHERE 学号 LIKE '110*4?2'
```

8.4.2.6 分类统计

分类统计可以使用关键词 GROUP BY，并且配合 COUNT、SUM、AVG、MAX 和 MIN 等来实现。基本格式：

```
GROUP BY <字段> [ HAVING <条件表达式> ]
```

【例 8.17】查询学生的男女生人数。SQL 语句如下：

```
SELECT 性别,COUNT(*) AS 人数
  FROM 学生
  GROUP BY 性别
```

【例 8.18】查询男女生高考成绩的最高分、最低分和平均分。SQL 语句如下：

```
SELECT 性别,MAX(高考成绩) AS 最高分,MIN(高考成绩) AS 最低分,
     AVG(高考成绩) AS 平均分
  FROM 学生
  GROUP BY 性别
```

▲思考：在课程表，统计所有课程的最高学时和学分、最低学时和学分、平均学时和学分、学时的总合、学分的总和与课程门数。

【例 8.19】查询至少选修了 4 门课程的学生的学号。SQL 语句如下：

```
SELECT 学号
  FROM 选课
  GROUP BY 学号 HAVING COUNT(*)>=4
```

【例 8.20】查询 2 门以上期末成绩大于等于 85 分的学生的学号。SQL 语句如下：

```
SELECT 学号
  FROM 选课
  WHERE 期末>=85
  GROUP BY 学号 HAVING COUNT(*)>=2
```

▲提示：如果 SELECT 语句中使用了 GROUP BY，则统计函数对每个分组有效(即分类统计)。先对满足条件的元组进行分组，然后统计每一个分组的相应数据。COUNT()相当于分类统计元组的个数；AVG()相当于分类求平均值；SUM()相当于分类求和；MAX()相当于分类求最大值；MIN()相当于分类求最小值。

8.4.2.7 排序查询

对查询结果进行排序，可以使用关键词 ORDER BY。基本格式如下：

```
ORDER BY <字段> [ASC|DESC] [TOP <表达式> [PERCENT]]
```

TOP ＜表达式＞:仅显示前若干记录;PERCENT:按照百分比显示前若干记录。

【例 8.21】查询学生的学号、姓名和高考成绩,并且按高考成绩降序排序,仅显示前百分之二十。SQL 语句如下:

```
SELECT TOP 20 PERCENT 学号,姓名,高考成绩
  FROM 学生
  ORDER BY 高考成绩 DESC
```

▲思考:在"例 8.21"中,如何显示前 10 名。

8.4.2.8 连接查询

连接查询是数据查询的灵魂。用户可以通过连接查询,非常方便灵活地从多个表中,获取自己所需要的信息。使用方法如下:

```
SELECT ＜字段列表＞
  FROM ＜表 1＞ [INNER JOIN ＜表 2＞ ON ＜连接条件＞,…]
或者
SELECT ＜字段列表＞
  FROM ＜表 1＞,＜表 2＞
  WHERE ＜选择条件＞ AND ＜连接条件＞
```

＜连接条件＞:通常使用自然连接,即按照两个表的公共字段相等的方式进行连接。如果公共字段是 A,则连接格式为"＜表 1＞. A=＜表 2＞. A"。

【例 8.22】查询学生的姓名、课程名和期末成绩。SQL 语句如下:

```
SELECT 姓名,课程名,期末
  FROM 学生,课程,选课
  WHERE 学生.学号=选课.学号 AND 课程.课程号=选课.课程号
或者
SELECT 姓名,课程名,期末
  FROM 学生 INNER JOIN (课程 INNER JOIN 选课 ON 课程.课程号=选课.课程号)
       ON 学生.学号=选课.学号
```

▲提示:在实际中,进行多表连接时,通常有意义的连接是自然连接,此时一定要注意,不要把默认的自然连接条件忘掉。默认连接条件就是表之间的公共属性相等。如果省略连接条件,则执行结果是多表的笛卡儿积,这在实际中,会产生大量没有意义的数据。

▲思考:执行并分析如下 SQL 查询:

```
SELECT 姓名,课程名,期末
  FROM 学生,课程,选课
```

【例 8.23】查询选修英语且期末成绩大于 85 分的学生学号和姓名。SQL 语句如下:

```
SELECT 学生.学号,姓名
  FROM 学生,课程,选课
```

```
WHERE 课程名='英语' AND 期末>85 AND
     学生.学号=选课.学号 AND 课程.课程号=选课.课程号
```

【例 8.24】查询每门课程的课程号和课程名，期末成绩的最高分、最低分和平均分。SQL 语句如下：

```
SELECT 选课.课程号,课程名,COUNT(选课.课程号) AS 人数,
      MAX(期末) AS 最高,MIN(期末) AS 最低,ROUND(AVG(期末),1) AS 平均
  FROM 课程,选课
  WHERE 课程.课程号=选课.课程号
  GROUP BY 选课.课程号,课程名
```

【例 8.25】查询每个学生的学号、姓名、课程名和成绩，其中总分是平时、期中和期末按照 10%、30%和 60%计算。SQL 语句如下：

```
SELECT 学生.学号, 姓名, 课程名, 平时*0.1+期中*0.3+期末*0.6 AS 总分
  FROM 学生,课程,选课
  WHERE 学生.学号=选课.学号 AND 课程.课程号=选课.课程号
```

8.4.2.9 嵌套查询

查询语句作为一个整体，可以将其嵌套在另一个查询语句的 WHERE 子句的条件中，从而构成嵌套查询。在实际应用中，对于某些特殊查询，嵌套查询会带来一定的方便，但是对有一些查询则不然，因此，需要根据实际情况来选择使用嵌套。IN 之后的选择结果只有一个值时，可以使用等号"="代替。

【例 8.26】查询与"刘夏"同专业的学生的学号、姓名和专业号。SQL 语句如下：

```
SELECT 学号,姓名,专业号
  FROM 学生
  WHERE 专业号 IN
     (SELECT 专业号
         FROM 学生
         WHERE 姓名='刘夏')
```

【例 8.27】查询选修了课程名为"高等数学"的学生学号和姓名。SQL 语句如下：

```
SELECT 学号, 姓名
  FROM 学生
  WHERE 学号 IN
       (SELECT 学号
           FROM 选课
           WHERE 课程号 =
            (SELECT 课程号
                FROM 课程
                WHERE 课程名='高等数学'))
```

8.4.2.10 ANY/ALL 查询

ANY/ALL 通常用于与任意一个值比较，或者与所有的值比较的情况。ANY 表示任意一个值；ALL 表示所有值。常用格式如下：

＞ANY：大于子查询结果中的某个值。

＞ALL：大于子查询结果中的所有值。

＜ANY：小于子查询结果中的某个值。

＜ALL：小于子查询结果中的所有值。

＞＝ANY：大于等于子查询结果中的某个值。

＞＝ALL：大于等于子查询结果中的所有值。

＜＝ANY：小于等于子查询结果中的某个值。

＜＝ALL：小于等于子查询结果中的所有值。

＝ANY：等于子查询结果中的某个值。

＝ALL：等于子查询结果中的所有值(通常没有实际意义)。

＜＞ANY：不等于子查询结果中的某个值。

＜＞ALL：不等于子查询结果中的任何一个值。

【例 8.28】查询其他专业中，比专业“010102”的某一个学生年龄小(含同龄)的学生的学号、姓名和年龄。SQL 语句如下：

```
SELECT 学号,姓名,YEAR(DATE())－YEAR([生日]) AS 年龄
  FROM 学生
  WHERE YEAR(DATE())－YEAR([生日]) <=ANY
      (SELECT YEAR(DATE())－YEAR([生日]) AS 年龄
          FROM 学生
          WHERE 专业号 = '010102')
      AND 专业号 <> '010102'
```

【例 8.29】查询其他专业中，比专业“010102”的所有学生年龄小(含同龄)的学生的学号、姓名和年龄。SQL 语句如下：

```
SELECT 学号, 姓名, YEAR(DATE())－YEAR([生日]) AS 年龄
FROM 学生
WHERE YEAR(DATE())－YEAR([生日]) <=ALL
      (SELECT YEAR(DATE())－YEAR([生日]) AS 年龄
          FROM 学生
          WHERE 专业号 = '010102')
      AND 专业号 <> '010102'
```

8.4.2.11 EXISTS 查询

EXISTS 查询通常不返回数据，仅判断其后的子查询是否存在相应的记录。基本格式如下：

[NOT] EXISTS (<子查询>)

【例 8.30】查询没有选修课程号为“0101”的课程的学生的姓名。SQL 语句如下：

```
SELECT 姓名
  FROM 学生
  WHERE NOT EXISTS
     (SELECT *
         FROM 选课
         WHERE 学号=学生.学号 AND 课程号='0101')
```

【例 8.31】查询选修了全部课程的学生的学号和姓名(即没有一门课是他不选的)。SQL 语句如下：

```
SELECT 学号,姓名
  FROM 学生
  WHERE NOT EXISTS
     (SELECT *
         FROM 课程
         WHERE NOT EXISTS
            (SELECT *
                FROM 选课
                WHERE 学号=学生.学号 AND 课程号=课程.课程号))
```

【例 8.32】查询至少选修了学号为“11060203”的学生选修的全部课程的学生学号、课程号和期末成绩。即不存在这样的课程，学号“11060203”的学生选修了该课程，而查询的学生没选。SQL 语句如下：

```
SELECT 学号,姓名
  FROM 学生
  WHERE NOT EXISTS
     (SELECT *
         FROM 课程
         WHERE NOT EXISTS
            (SELECT *
                FROM 选课
                WHERE 学号=学生.学号 AND 课程号=课程.课程号))
```

8.4.2.12 联合查询

联合查询用于实现关系代数中的并集。联合查询用于合并两个同类的查询，并且去掉重复的记录。基本格式如下：

```
<SELECT 查询 1>
UNION
```

< SELECT 查询 2>

SELECT 查询 1 和 SELECT 查询 2 的字段列表必须个数相等、类型相同、顺序一致。

【例 8.33】对于学生表和教师通信表，查询学生的姓名和教师的姓名。SQL 语句如下：

```
SELECT 姓名
  FROM 学生
UNION
SELECT 姓名
  FROM 教师通信
```

【例 8.34】查询“工商”专业的学生的学号和姓名，以及选修“软件工程”的学生的学号和姓名。SQL 语句如下：

```
SELECT 学生.学号, 姓名
  FROM 学生,专业
  WHERE 专业名='工商' AND 学生.专业号=专业.专业号
UNION
SELECT 学生.学号, 姓名
  FROM 学生,课程,选课
  WHERE 课程名='软件工程' AND
      学生.学号=选课.学号 AND 课程.课程号=选课.课程号
```

8.5 Access SQL 实验

通过 Access SQL 的数据定义语言、数据操作语言和数据查询语言的基本语法，在 Access 2019 环境下，熟练掌握 CREATE TABLE、ALTER TABLE、DROP TABLE、INSERT、UPDATE、DELETE 和 SELECT 语句的使用方法。

实验 8.1 创建表

在“海贝超市”数据库中，使用 Access SQL 创建与职工、商品、售单和售单明细具有相同结构的 4 张表，表名分别为 Zg、Sp、Sd 和 Sdmx。

实验 8.2 编辑记录

在“海贝超市”数据库中，向表 Zg、Sp、Sd 和 Sdmx 中，分别添加相应的记录，记录内容与职工、商品、售单和售单明细的内容相同。

实验 8.3 数据查询

在“海贝超市”数据库中，使用职工、商品、售单和售单明细，利用 Access SQL 完成如

下查询:

(1)查询已婚职工的姓名、性别、生日和电话。

(2)查询单价大于3900元的不同产品的品名、单价、订购数量和厂商。

(3)查询每个产品的销售数量和销售金额,显示字段的标题为“商品名称”“销售总数量”和“销售总金额”。

(4)查询所有职工的详细销售信息,显示字段包括工号、姓名、单号、品号、单价和销售数量,按照工号升序和销售数量降序排序。

(5)统计不同部门的职工人数,显示字段的标题为“部门”和“人数”,并且按照部门人数降序排序。

(6)查询每个产品的库存数量,显示字段的标题为“商品编号”“商品名称”“库存数量”,并按照库存数量降序排序。

▲提示:使用分组统计方法;使用函数First()和Sum()。

习　题

1.简答题

(1)简述SQL的特点。

(2)简述SQL包含的子语言系统。

(3)解释ODBC。

(4)解释SQL。

(5)解释Access SQL。

2.填空题

(1)SQL通常包括(　　)、(　　)、(　　)和数据查询等。

(2)关系代数中选择操作,相当于SELECT语句中的(　　)关键词。

(3)关系代数中投影操作,相当于SELECT语句中的(　　)关键词。

(4)关系代数中连接操作,相当于SELECT语句中的(　　)关键词。

(5)SELECT语句中的GROUP BY短语用于对查询结果进行(　　)。

(6)SELECT语句中的ORDER BY短语用于对查询结果进行(　　)。

(7)SELECT语句中,用于计数的函数是(　　),求和的函数是(　　),求平均值的函数是(　　),求最大值的函数是(　　),求最小值的函数是(　　)。

(8)在UPDATE语句中,没有WHERE子句,则更新(　　)记录。

(9)在INSERT语句中,VALUES子句用于给出(　　)。

(10)在DELETE语句中,省略WHERE子句,则删除(　　)记录。

3.判断题

(1)Access SQL 的数据操纵语言包括 CHANGE 语句。 ( )

(2)在 SELECT 语句中,用于排序的关键词是 ORDER BY。 ( )

(3)在 SELECT 语句中,条件短语的关键词是 WHERE。 ( )

(4)在 SELECT 语句中,用于分组的关键词是 GROUP BY。 ( )

(5)在 Access SQL 的 SELECT 语句中,用于统计的函数包括 AVERAGE()。 ( )

(6)在 SELECT 语句中,必须指定查询的具体字段列表。 ( )

(7)在 SELECT 语句中,HAVING 子句指定的是针对 GROUP BY 的筛选条件。 ( )

(8)INSERT 语句中没有指定字段列表,则 VALUES 子句中的值的个数与顺序必须与表的字段的个数与顺序相同。 ( )

(9)UPDATE 语句可以同时更新多个表的数据。 ( )

(10)在 SELECT 语句中,SELECT * 通常用于查询表中的所有字段。 ( )

(11)无论表间关系是否实施了参照完整性,父表的记录都可以删除。 ( )

(12)在 SELECT 语句中,必选的关键字是 SELECT 和 FROM。 ( )

4.设计题

在“学籍”数据库中,使用 Access SQL 完成如下操作:

(1)在课程表中,统计每类课程的课程数,显示字段为课程类别和课程门数。

(2)查询年龄大于 30 岁的学生姓名和年龄。

(3)统计每个专业的平均年龄,显示字段为专业名和平均年龄(保留 1 位小数)并且按照平均年龄降序排序。

(4)查询课程期末平均成绩的前 3 名,显示字段为课程号、课程名和期末平均成绩(保留 2 位小数)。

(5)统计男女生人数,显示字段为性别和人数,并按人数降序排序。

9 学籍管理

通过学习、理解和掌握 Access 的工作原理和使用方法,用户就可以根据实际需要,设计和实现适合自己的数据管理应用系统。这也是学习 Access 的目的。

用户若要设计一个界面友好、功能齐全、容错能力强、运行安全稳定的高质量的应用系统,并非一件易事。因此需要进一步熟练掌握数据库的新技术和设计技巧。

本章利用 Access,根据数据库系统的设计步骤,从需求分析、概念结构设计、逻辑结构设计、物理结构设计,到系统的实施和运行等,详细介绍了一个完整的"学籍管理"系统的设计和实现的全过程,同时也是对本书内容的巩固和总结。

用户可以根据实际需要,利用"学籍管理"系统的设计思想和实现方法,设计出满足自身需要的应用系统。这不仅是快速掌握数据库技术的好方法,而且可以节省设计时间。希望通过本章的学习,大家能够在系统设计过程中,做到举一反三,设计出高质量的应用系统。

9.1 学籍管理的需求分析

设计应用系统的首要任务是详细分析用户的实际应用需求,然后根据用户的需求,进一步设计系统的功能和数据库的结构。结构设计是基础,功能设计是灵魂。

9.1.1 学籍管理的功能设计

一个完整的应用系统通常包括加密模块、主控模块和若干个主功能模块等,而每一个主功能模块,根据实际需要又可以分为若干个子功能模块。对于每一个功能模块,通常用来实现某个指定的具体任务。用户通过设计一个主控模块,把各个主功能模块按照实际要求连接成一个完整的应用系统。

尽管不同应用系统的功能差别很大,但是应用系统对数据管理的基本功能基本相同。应用系统的基本功能通常包括加密模块、添加模块、修改模块、删除模块、查询模块、报表模块、帮助模块和主控模块等。

针对"学籍管理"应用实例,需要对学生基本信息、课程基本信息和学生选课信息及选课后的成绩,进行统一的综合管理。具体包括以下几点:

(1)学生信息、课程信息和专业信息的添加、修改和删除等编辑功能。

(2)每个学生的选课管理。

(3)每门课程的成绩管理。

(4)学生信息、课程信息、专业信息、选课信息和成绩信息的查询管理。

(5)学生信息、课程信息、专业信息、选课信息和成绩信息的统计管理及其报表打印。

综上所述,设计“学籍管理”应用系统的功能如图 9.1 所示。

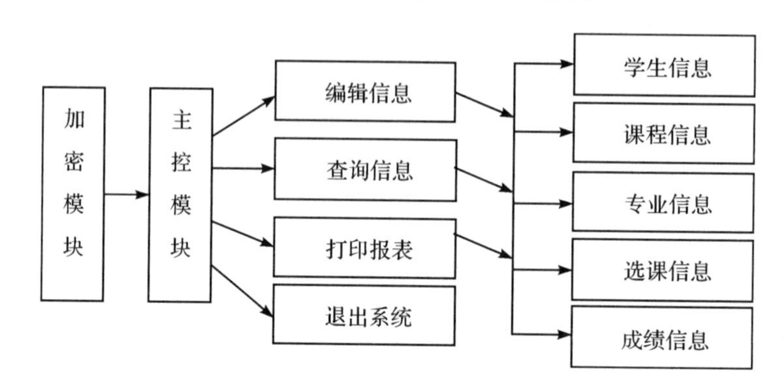

图 9.1 学籍管理的功能图

9.1.2 学籍管理的数据字典

根据“学籍管理”的功能,在管理学生的学籍信息时,所涉及的数据通常包括学生、专业和课程的基本信息、每个学生的选课信息及每门课程的成绩信息等。

通过对“学籍管理”功能的详细分析,可以建立包括如下字段的“数据字典”。

学号:短文本,宽度 8,主键,非空;

姓名:短文本,宽度 4,非空;

性别:短文本(查阅向导型),宽度 1,只能男或女;

生日:日期/时间型;

政治面貌:短文本(查阅向导型),宽度 2,非空,只能党员、团员和学生;

是否四级:是/否型;

高考成绩:整型,只能 0 到 800;

家庭住址:短文本,宽度 30;

照片:OLE 对象型;

个人简历:长文本;

专业号:短文本,宽度 6,主键,非空;

专业名:短文本,宽度 10,非空;

隶属学院:短文本,宽度 20;

专业简介:长文本;

课程号:短文本,宽度 4,主键,非空;

课程名:短文本,宽度 10,非空;

学时:整型,只能 0 到 90;

学分：整型，只能 0 到 8；

课程类别：短文本，宽度 4；

课程简介：长文本；

平时：单精度型，1 位小数，只能 0 到 100；或者整型；

期中：单精度型，1 位小数，只能 0 到 100；或者整型；

期末：单精度型，1 位小数，只能 0 到 100；或者整型。

9.2 学籍管理的结构和保护设计

针对学籍管理的需求分析，需要对其数据字典进行综合、归纳和抽象，进而设计出符合实际需要概念的结构设计、逻辑结构设计和物理结构设计。

9.2.1 学籍管理的概念结构

根据概念结构的三要素（属性、实体和联系），通过对数据字典中数据的综合、归纳、抽象和分类，可以把“数据字典”的数据分为如下 3 个实体：

(1)学生实体：学号、姓名、性别、生日、政治面貌、是否四级、高考成绩、家庭住址、照片和简历等。

(2)课程实体：课程号、课程名、学时、学分、类别和简介等。

(3)专业实体：专业号、专业名、隶属学院和专业简介等。

不难看出，3 个实体之间存在如下联系：

(1)学生和课程之间是多对多联系；学生选课后，需要登记平时、期中和期末成绩。

(2)专业和学生之间是一对多联系。

可以设计“学籍管理”的概念结构(E-R 图)如图 9.2 所示。

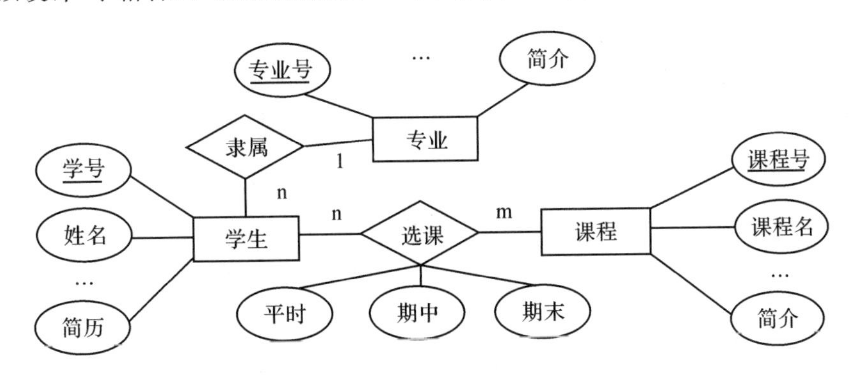

图 9.2 学籍管理 E-R 图

9.2.2 学籍管理的逻辑结构

根据 E-R 图向关系模式的转换方法，可以把“学籍管理 E-R 图”，转换成如下关系模式。

(1)学生模式。

学生(学号,姓名,性别,生日,政治面貌,专业号,是否四级,高考成绩,家庭住址,照片,简历)

主键:学号;

外键:专业号,主键表是专业,参照主键是专业号。

(2)课程模式。

课程(课程号,课程名,学时,学分,类别,简介)

主键:课程号;

外键:无。

(3)选课模式。

选课(学号,课程号,性别,年龄,职称,婚否,工资)

组合主键:学号,课程号。

外键:学号,主键表是学生,参照主键是学号。

外键:课程号,主键表是课程,参照主键是课程号。

(4)专业模式。

专业(专业号,专业名,隶属学院,简介)

主键:专业号;

外键:无。

根据 3NF 的规范规则,不难证明,学籍管理的关系模式满足 3NF 和 BCNF。

关系模式(表结构)的实例(表),可以参考表 3.2 到表 3.5。

9.2.3 学籍管理的物理结构

由于“学籍管理”是一个微型的仿真系统,针对物理结构的存取方法、存储结构、存放位置和存储介质等,可采用如下存储模式。

存取方法:采用 Windows 10 和 Access 2019 下的默认文件存取模式及其索引机制。

存储结构:采用 Access 2019 下的关系数据库及其二维表的结构模式,并且把表、查询、窗体、报表和宏等数据对象,均存入同一个数据库中,进行统一管理。

存储介质:采用目前流行的标准配置的硬盘(磁介质)。

存放位置:在硬盘的指定分区中,建立“学籍管理”文件夹,存储文件是“学籍管理.accdb”。

目前标准配置的计算机,完全可以提供 Access 2019 数据库所需要的运行环境。

9.2.4 学籍管理的保护设计

数据库保护设计通常考虑数据完整性、并发控制、数据恢复和数据安全等方面。鉴于 Access 2019 是一种适用于开发中小型数据库系统的工具,所以其数据保护的重点是数据的完整性和数据安全等。“学籍管理”的数据保护方案如下：

(1)数据完整性。

实体完整性：设置学生、课程、选课和专业表的主键分别为“学号”“课程号”“(学号，课程号)”和“专业号”，而且规定其取值不能为空值。

参照完整性：学生表中专业号的取值，必须是专业表中专业号的值；选课表中课程号的取值，必须是课程表中课程号的值；选课表中学号的取值，必须是学生表中学号的值。

用户定义完整性：使用数据字典中，对属性的各种约束。

(2)数据安全性。

采用双重密码保护措施。首先，为打开数据库设置权限加密；然后，为数据库设计一个密码窗体；最后，通过密码宏和自动宏 AutoExec，启动密码窗体。

(3)数据并发性。

使用服务器及其操作系统的并发控制机制；解决多个用户，对数据库的并发共享。

(4)数据恢复性。

定期定时地使用静态海量方式，直接备份学籍管理数据库“学籍管理.accdb”。如果数据库遭到破坏，则可以使用备份数据库进行恢复。

总之，设计合理规范的数据库，可以让用户快速、高效、准确地访问数据库信息。

9.3 学籍管理的实施

在完成数据库的结构及其保护设计之后，设计人员就可以使用 Access 2019，具体实现“学籍管理”应用系统。

根据学籍管理的功能，如图 9.1 所示，不难看出，学籍管理的主要功能模块包括以下几点：

(1)加密窗体。

(2)主控窗体。

(3)编辑信息窗体＋查询信息窗体＋打印报表窗体＋退出系统窗体。

(4)编辑学生窗体＋编辑课程窗体＋编辑专业窗体＋编辑选课窗体＋编辑成绩窗体。

(5)查询学生窗体＋查询课程窗体＋查询专业窗体＋查询选课窗体＋查询成绩窗体。

(6)学生报表＋课程报表＋专业报表＋选课报表＋成绩报表。

系统首先通过 AutoExec 宏，自动启动“密码窗体”；然后通过其他相关的宏，依次调用“主控窗体”及其下级相关的窗体。

系统通过 AutoKeys 宏，利用“功能热键”，直接调用相应的功能模块。

系统通过快捷菜单宏，利用快捷菜单，直接调用相应的功能模块。

所以，系统通过“加密窗体”“主控窗体”“功能热键”和快捷菜单等多种方式，把“学籍管理”的各个功能模块，按照实际要求集成为一个完整的应用系统。

9.3.1 用户界面设计

图形用户界面(Graphical User Interface,GUI)是结合计算机科学、美学、心理学、行为学及其应用领域的人机交互系统,强调人、机、环境三者作为一个系统进行总体设计。GUI 是用户与计算机进行信息交流的基本方式,也是功能模块集成的接口。但是设计满足用户要求、布局合理、界面美观、操作简单的 GUI,并非易事。

GUI 设计的主要内容包括 GUI 类型、GUI 风格、GUI 结构与布局和 GUI 接口等。

(1)GUI 类型。系统的界面结构类型。常用类型:显式 GUI 和隐式 GUI(快捷菜单)。

(2)GUI 风格。界面视觉效果及其风格类型。常用风格:标准 GUI(Windows、Unix、Linux、Java 的系列 GUI)和用户定义 GUI。

(3)GUI 结构与布局。由标签、文本框、按钮、列表框、组合框、滑动条等 GUI 组件构成,并且能够实现指定功能控制的界面整体结构。

(4)GUI 接口:实现功能之间相互调用的接口。

在设计 GUI 时,应该注意用户是上帝,不要忽略了用户,所有设计都应该从用户角度给予充分的考虑,同时顶层不要有太多的功能特性,尽量简化操作流程和操作步骤,尽量提供可视反馈信息,适当地提供声音反馈信息,尽量支持键盘操作,最后一定要保持 GUI 清晰、简洁、美观。经典 GUI 的产生,需要一定时间的经验积累。

因此,在设计 GUI 时,根据 GUI 设计的基本规则,确定 GUI 的类型和风格,合理安排结构和布局,设计界面接口,从而设计出满足实际应用的 GUI。

9.3.2 建立学籍管理数据库

根据学籍管理的需求分析和数据库设计的结果,就可以使用 Access 2019 建立“学籍管理”数据库及其相关表。

在 Windows 10 环境下,创建“学籍管理”文件夹,再利用下述方法建立数据库。

(1)启动 Access 2019,单击“文件”,单击“新建”,单击“空数据库”,单击“文件名”右下侧的“打开”按钮,选择“学籍管理”文件夹;在“文件名”下方的文本框中,输入“学籍管理”,单击下方的“创建”按钮。

(2)根据“学籍管理”的数据字典,利用表的“设计视图”,创建“学生”“课程”“专业”和“选课”4 张表,并且设置表的相应主键、外键及其约束。

(3)单击“数据库工具”选项卡,在“关系”组中单击“关系”按钮。在关系编辑器中,创建 4 个表之间的关联关系如图 9.3 所示。

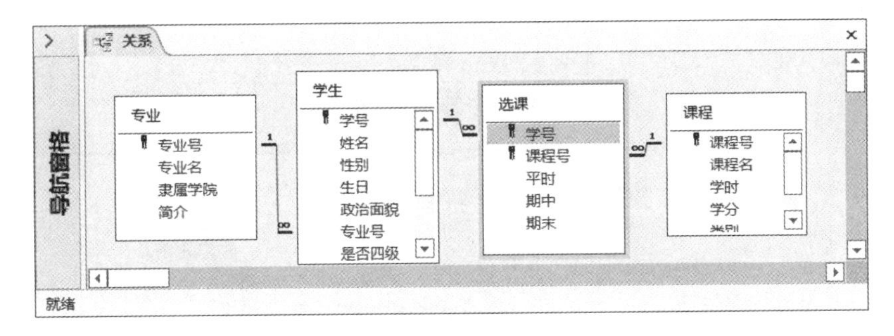

图 9.3 学籍管理数据库的表间关系

9.3.3 编辑信息窗体设计

编辑信息窗体用来向数据库增添新记录、修改记录和删除记录等，这是一个应用系统应具有的基本功能。

在编辑表的数据时，一定考虑数据的实体完整性约束、参照完整性约束和用户定义完整性约束等数据正确性、一致性和相容性的容错处理（例如：学号不能相同，不能为空；姓名不能为空；性别只能是“男”或者“女”；年龄只能在 6 岁到 96 岁之间；等等），以避免非法数据进入表中。

“学籍管理”的编辑信息窗体包括编辑学生信息窗体、编辑课程信息窗体、编辑专业信息窗体（留作实验）、编辑选课信息窗体和编辑成绩信息窗体等。

9.3.3.1 编辑学生信息窗体设计

“编辑学生”窗体，用于完成学生信息的添加、修改和删除等编辑任务。功能设计应该满足如图 9.4 所示的运行界面。

在窗体的“设计视图”中，创建一个名称为“编辑学生”的窗体。

(1)在“属性表”中，设置数据源为“学生”。

(2)在“字段列表”中，通过双击“学生”表的每个字段，依次添加与字段相对应的默认控件。

(3)按照如图 9.5 所示的界面，依次添加两个矩形、一个标签和两条直线条。

(4)选中“使用控件向导”，依次添加“首记录”“上一记录”“下一记录”“末记录”“查找记录”“添加记录”“删除记录”“撤销记录”和“保存记录”等图像风格的按钮。

(5)在“属性表”中，设置控件的位置和大小等其他相关属性。

编辑学生信息窗体的设计结果如图 9.5 所示。

9.3.3.2 编辑课程信息窗体设计

“编辑课程”窗体，用于完成课程信息的添加、修改和删除等编辑任务。功能设计应该满足如图 9.6 所示的运行界面。

在窗体的“设计视图”中，创建一个名称为“编辑课程”的窗体。

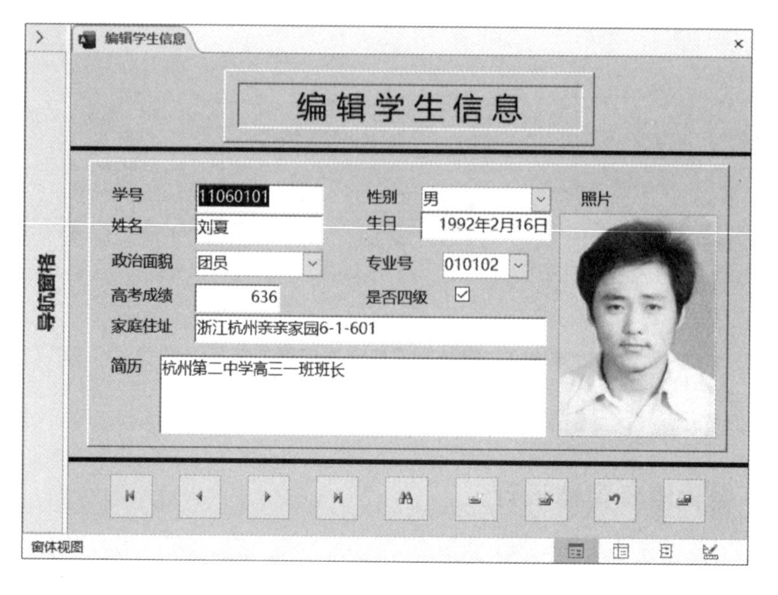

图 9.4 “编辑学生”的窗体视图

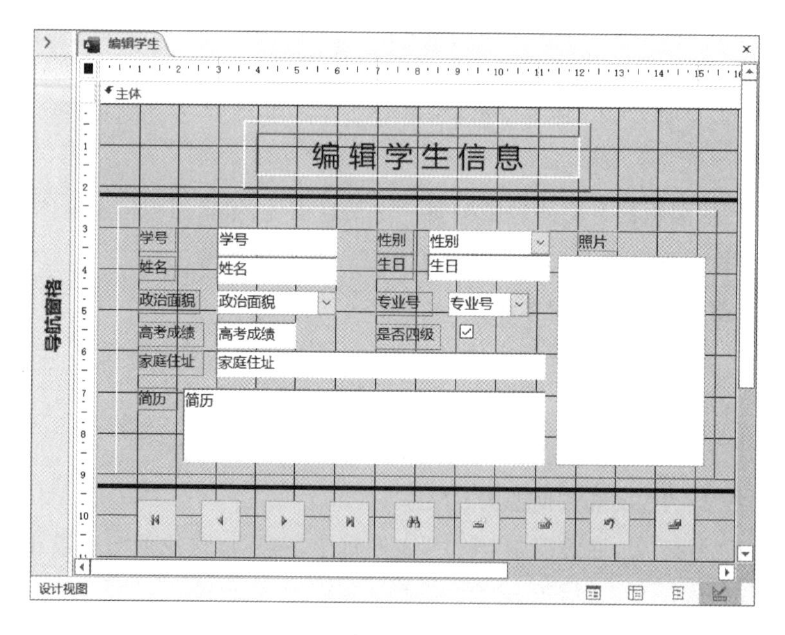

图 9.5 “编辑学生”的设计视图

(1)在“属性表”中,设置数据源为“课程”。

(2)在“字段列表”中,通过双击“课程”表的每个字段,依次添加与字段相对应的默认控件。

(3)按照如图 9.7 所示的界面,依次添加两个矩形、一个标签和两条直线条。

(4)选中“使用控件向导”,依次添加“首记录”“上一记录”“下一记录”“末记录”“查找记录”“添加记录”“删除记录”“撤销记录”和“保存记录”等图像风格的按钮。

(5)在“属性表”中,设置控件的位置和大小等其他相关属性。

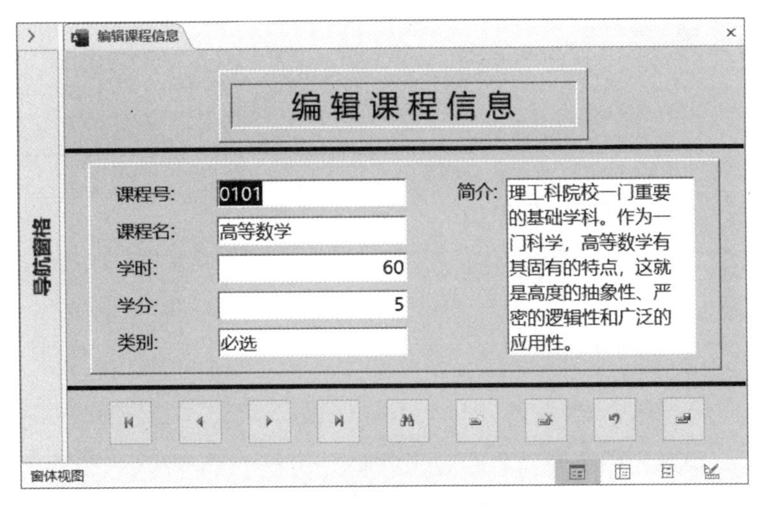

图 9.6 “编辑课程”的窗体视图

编辑课程信息窗体的设计结果如图 9.7 所示。

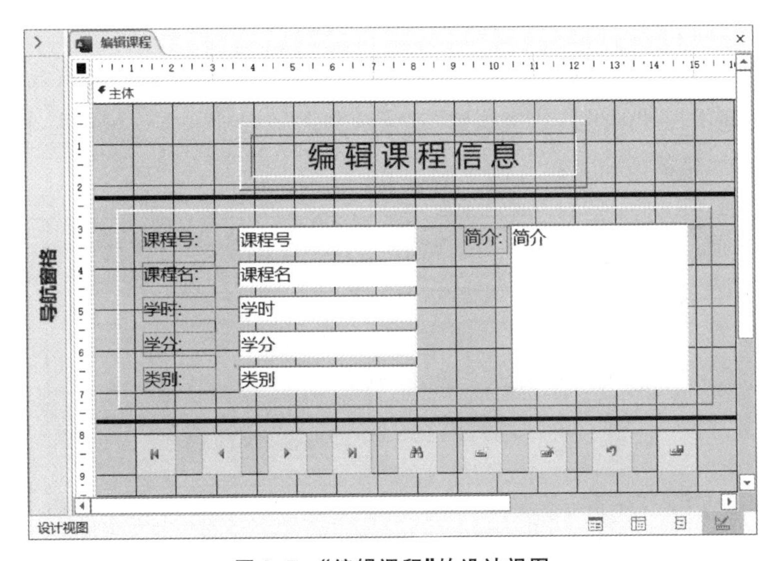

图 9.7 “编辑课程”的设计视图

9.3.3.3 编辑选课信息窗体设计

“编辑选课”窗体，用于完成对指定学生的课程的选择与编辑。同时，要求学生的“学号”和“姓名”信息，不能修改，只能是“只读”状态；课程的选择，可以对“课程”表中的信息，按照交互方式选取。功能设计应该满足如图 9.8 所示的运行界面。

在窗体的“设计视图”中，创建一个名称为“编辑选课”的包含子窗体的窗体。子窗体的名称为“编辑选课子窗体”。

(1)在“属性表”中，设置数据源为“学生”。

(2)在“字段列表”中，通过双击“学生”表的“学号”和“姓名”字段，依次添加与字段相对应的默认控件；设置“可用”属性为“否”(即只读)。

图 9.8 “编辑选课”的窗体视图

(3)按照如图 9.9 所示的界面,依次添加两个矩形、一个标签和两条直线条。

(4)选中“使用控件向导”,依次添加“首记录”“上一记录”“下一记录”“末记录”和“保存记录”等图像风格的按钮。

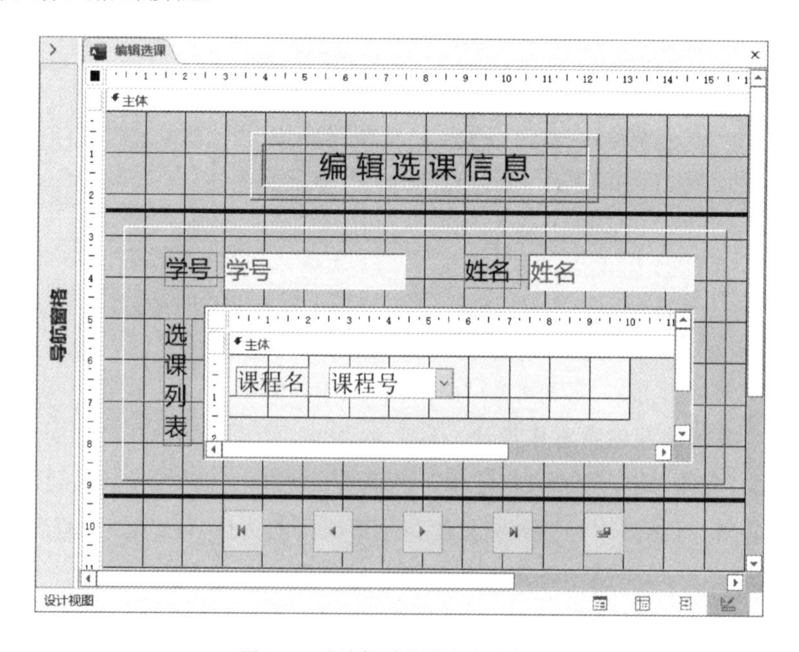

图 9.9 “编辑选课”的设计视图

(5)创建子窗体。

①选中“使用控件向导”,单击“窗体设计工具”的“设计”上下文选项卡,单击“子窗体/子报表”按钮,在“主体”中,拖出一个矩形区域,如图 9.10 所示。

子窗体向导
可以用现有窗体创建子窗体或子报表，也可以用表和/或查询自行创建。
请选择将用于子窗体或子报表的数据来源:
使用现有的表和查询(T)
使用现有的窗体(F)
编辑成绩
编辑成绩子窗体
编辑课程
编辑信息
编辑选课 的副本
编辑选课子窗体
编辑选课子窗体sub
编辑学生
查询成绩
取消
< 上一步(B)
下一步(N) >
完成(F)

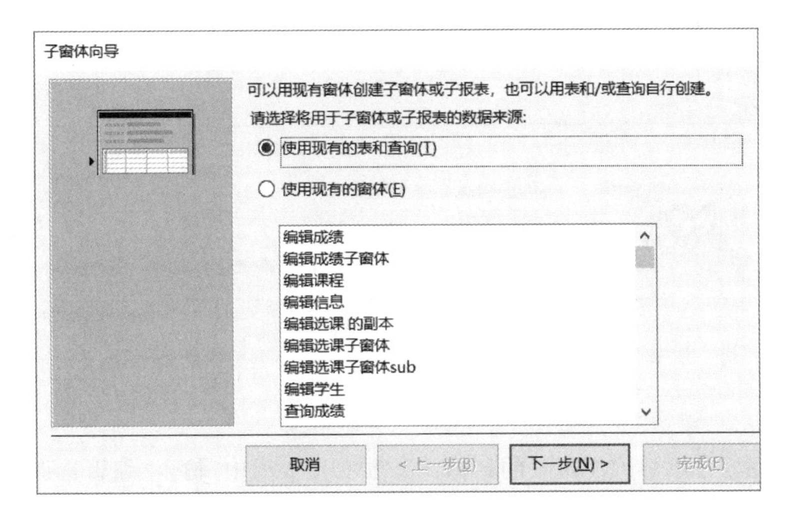

图 9.10　子窗体向导之一

②选择“使用现有的表和查询”,单击“下一步”,如图 9.11 所示。

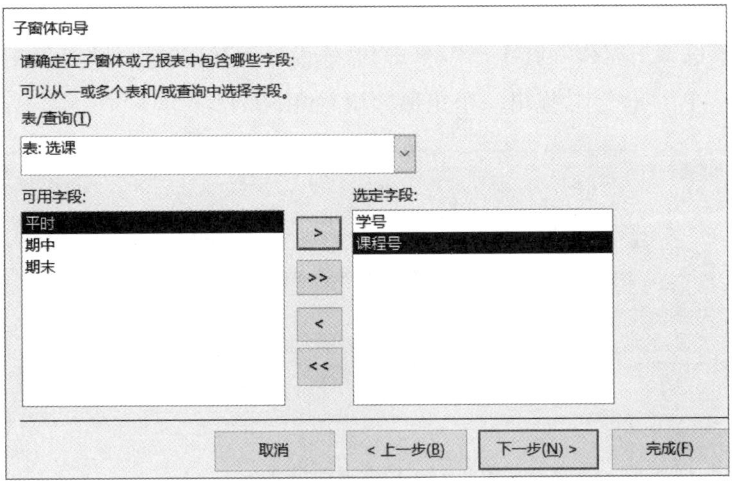

子窗体向导
请确定在子窗体或子报表中包含哪些字段:
可以从一或多个表和/或查询中选择字段。
表/查询(T)
表: 选课
可用字段:
平时
期中
期末
选定字段:
学号
课程号
取消
< 上一步(B)
下一步(N) >
完成(F)

图 9.11　子窗体向导之二

③在“表/查询”的下方,选择“表:选课”;把“可用字段:”下方的“学号”和“课程号”,移到“选定字段:”下方的列表中,单击“下一步”,如图 9.12 所示。

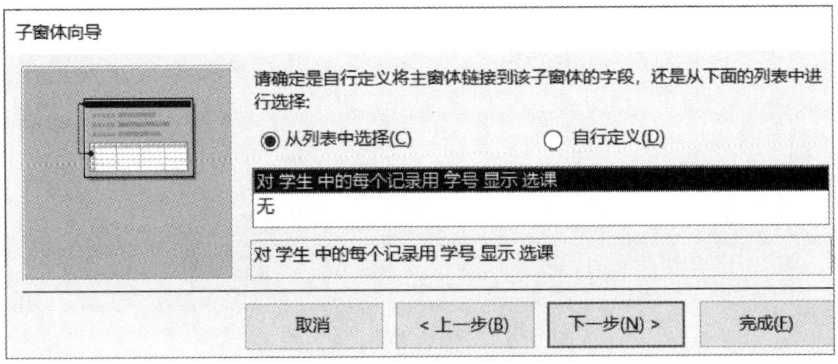

子窗体向导
请确定是自行定义将主窗体链接到该子窗体的字段，还是从下面的列表中进行选择:
从列表中选择(C)
自行定义(D)
对 学生 中的每个记录用 学号 显示 选课
无
对 学生 中的每个记录用 学号 显示 选课
取消
< 上一步(B)
下一步(N) >
完成(F)

图 9.12 子窗体向导之三

④选择“从列表中选择”,并在下方选择“对学生中的每个记录用学号显示选课”,单击“下一步”,如图 9.13 所示。

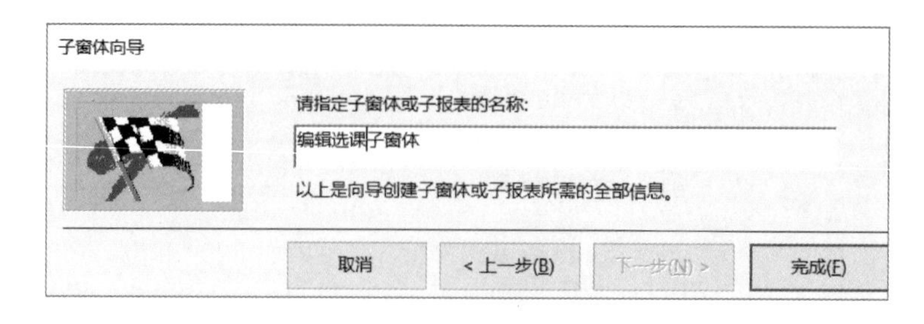

图 9.13 子窗体向导之四

⑤在“请指定子窗体或子报表的名称:”下方的文本框中,输入“编辑选课子窗体”,单击“完成”。

⑥选中“编辑选课子窗体”标签,在“属性表”中,设置“标题”的属性值为“选课列表”。

⑦在“编辑选课子窗体”的“主体”中,删除“学号”和“课程号”的标签和文本框。

⑧在“编辑选课子窗体”中,创建一个组合框。

选中“编辑选课子窗体”的“主体”,单击“窗体设计工具”的“设计”上下文选项卡,单击“组合框”按钮,在“主体”中,拖出一个矩形区域,如图 9.14 所示。

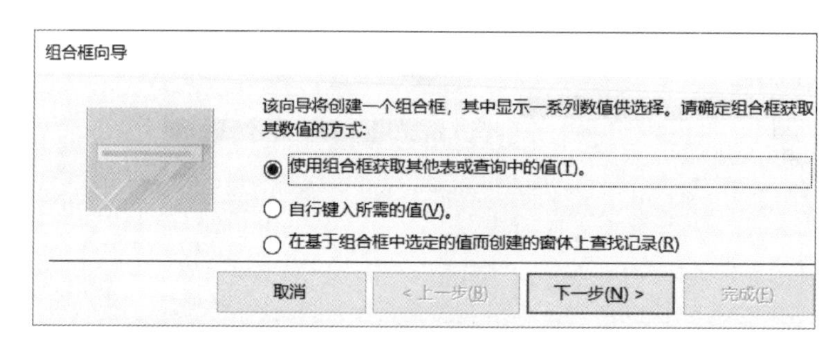

图 9.14　组合框向导之一

选择“使用组合框获取其他表或查询中的值”,单击“下一步”,如图 9.15 所示。

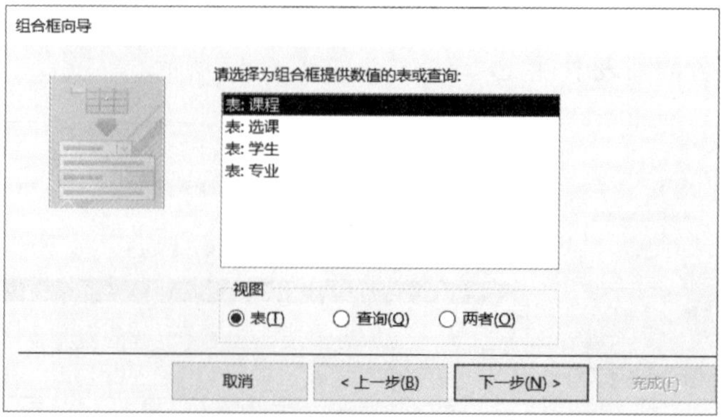

图 9.15　组合框向导之二

在列表中，选择“表：选课”，单击“下一步”，如图 9.16 所示。

把“可用字段：”下方列表中的所有字段，移到“选定字段：”下方的列表，单击“下一步”，如图 9.17 所示。

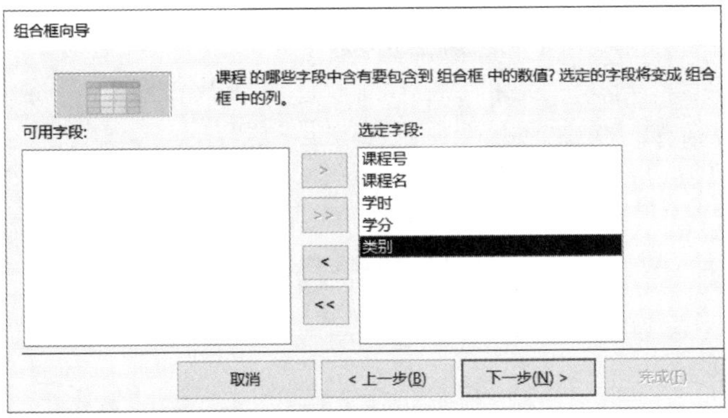

图 9.16 组合框向导之三

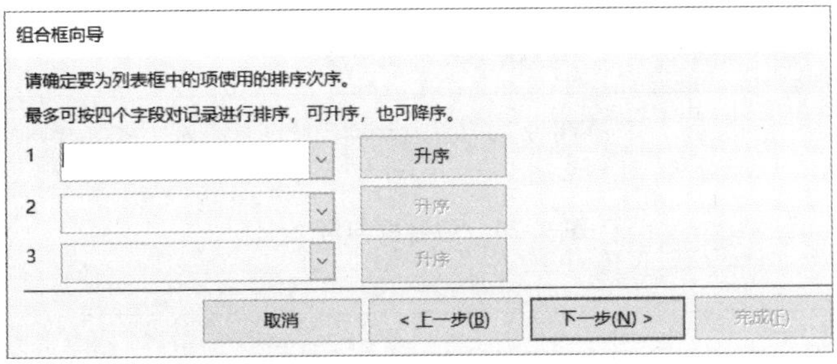

图 9.17 组合框向导之四

单击“下一步”，如图 9.18 所示。

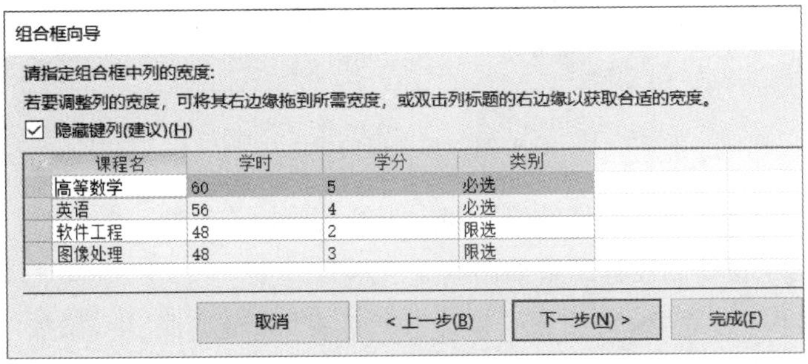

图 9.18 组合框向导之五

勾选“隐藏键列（建议）”，单击“下一步”，如图 9.19 所示。

在“可用字段：”下方的列表中，选择“课程名”，单击“下一步”，如图 9.20 所示。

选择“记忆该数值供以后使用。”，单击“下一步”，如图 9.21 所示。

在“请为组合框指定标签：”下方的文本框中，输入“课程名”，单击“完成”。

在“编辑选课子窗体”的“主体”中，选中新建的“未绑定”组合框，在“属性表”中，设置“数据源”的属性值为“课程号”。

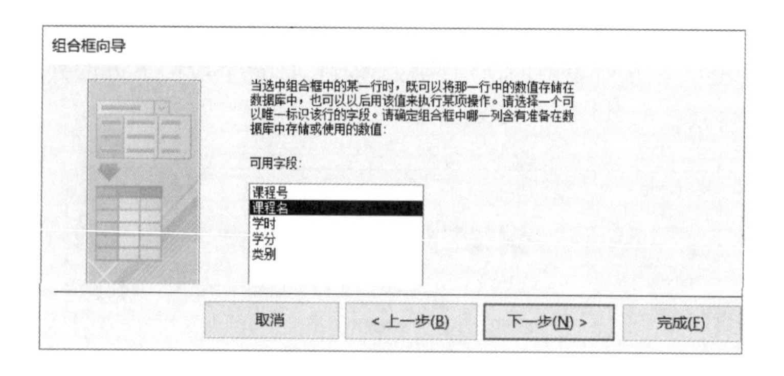

图 9.19　组合框向导之六

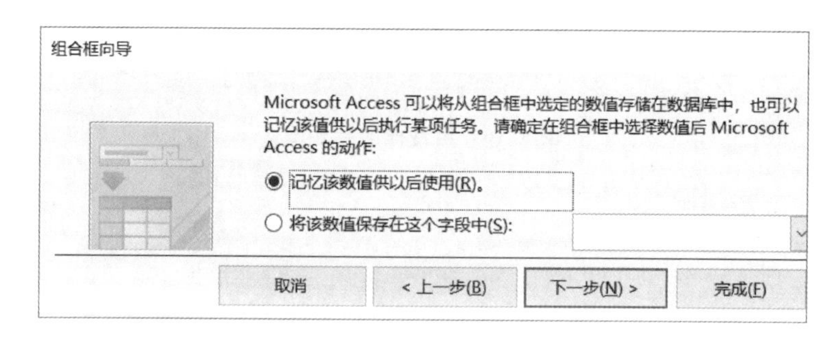

图 9.20　组合框向导之七

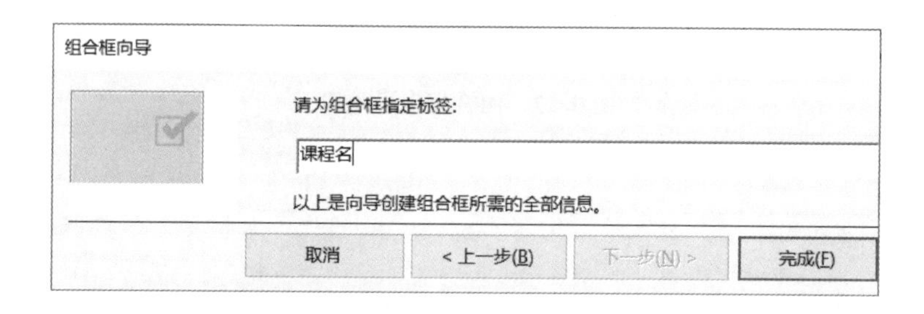

图 9.21　组合框向导之八

(6)在“属性表”中，设置控件的位置和大小等其他相关属性。

编辑选课信息窗体的设计结果如图 9.9 所示。

▲思考：如果先建立“编辑选课子窗体”，然后在“编辑选课”中，添加“编辑选课子窗体”，如何实现？

9.3.3.4　编辑成绩信息窗体设计

“编辑成绩”窗体，用于完成对指定课程的平时、期中和期末成绩的输入与修改。同时，要求课程的“课程号”和“课程名”信息，不能修改，只能是“只读”状态。而且子窗体中，要求“学号”“姓名”和“总分”的信息，不能修改，只能是“只读”状态。功能设计应该满足如图 9.22 所示的运行界面。

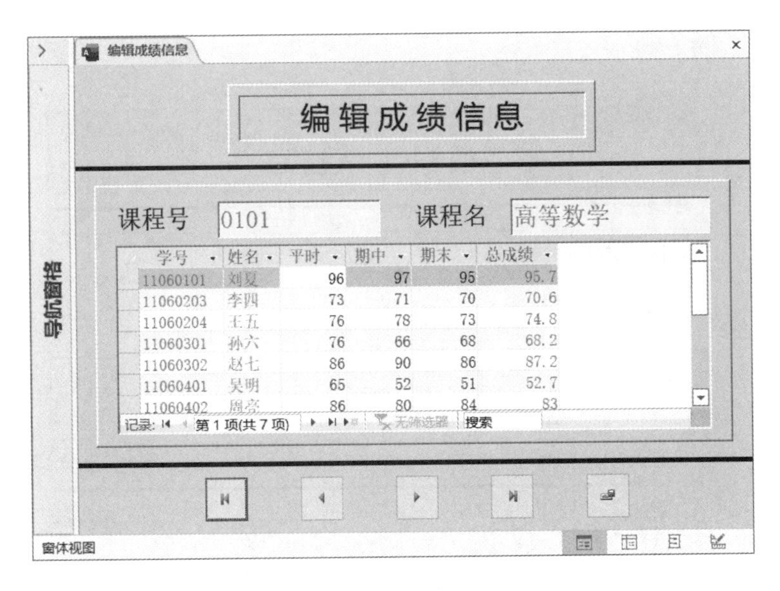

图 9.22 "编辑成绩"的窗体视图

在窗体的"设计视图"中,创建一个名称为"编辑成绩"的包含子窗体的窗体。子窗体的名称为"编辑成绩子窗体"。

(1)在"属性表"中,设置数据源为"课程"。

(2)在"字段列表"中,通过双击"课程"表的"课程号"和"课程名"字段,依次添加与字段相对应的默认控件;设置"可用"属性为"否"(即只读)。

(3)按照如图 9.23 所示的界面,依次添加两个矩形、一个标签和两条直线条。

(4)选中"使用控件向导",依次添加"首记录""上一记录""下一记录""末记录"和"保存记录"等图像风格的按钮。

(5)创建子窗体。

①选中"使用控件向导",单击"窗体设计工具"的"设计"上下文选项卡,单击"子窗体/子报表"按钮,在"主体"中,拖出一个矩形区域,如图 9.24 所示。

②选择"使用现有的表和查询",单击"下一步",如图 9.25 所示。

③在"表/查询"的下方,选择"查询:学生总成绩:";把"可用字段"下方的"学号""姓名""课程号""平时""期中""期末"和"总成绩",移到"选定字段:"下方的列表中,单击"下一步",如图 9.26 所示。

▲说明:"学生总成绩"表是包含"学生""课程""选课"和"专业"的所有字段的一个自然连接查询;总成绩是"平时""期中"和"期末",按照 10%、30%和 60%的比例,计算结果。

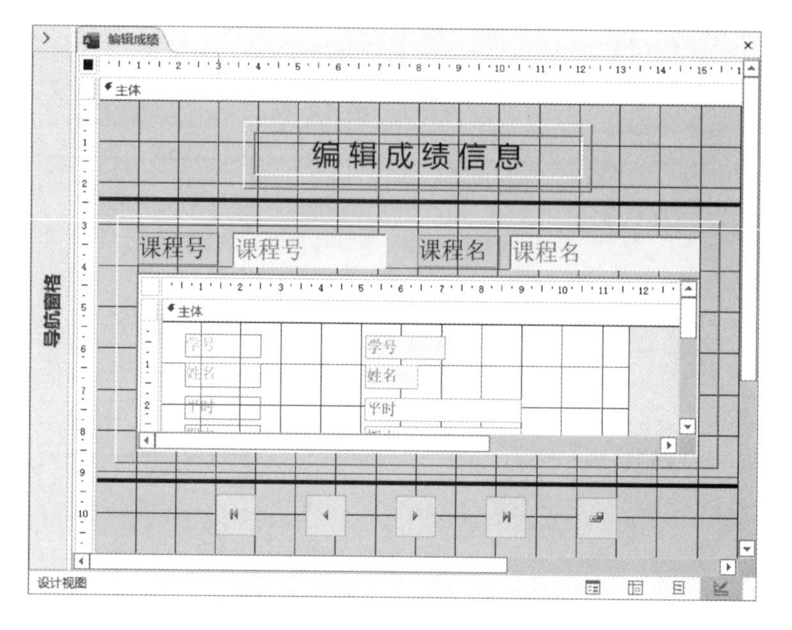

编辑成绩
主体
编辑成绩信息
课程号
课程号
课程名
课程名
主体
学号
姓名
平时
学号
姓名
平时
导航窗格
设计视图

图 9.23 “编辑成绩”的设计视图

子窗体向导
可以用现有窗体创建子窗体或子报表，也可以用表和/或查询自行创建。
请选择将用于子窗体或子报表的数据来源:
使用现有的表和查询(I)
使用现有的窗体(F)
编辑成绩子窗体
编辑课程
编辑信息
查询成绩
取消
< 上一步(B)
下一步(N) >
完成(F)

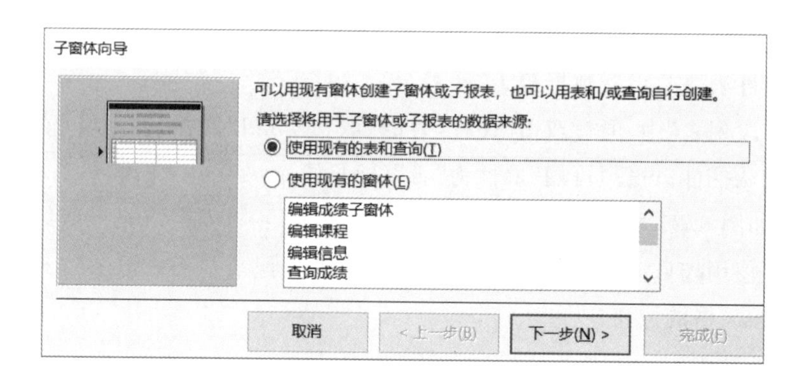

图 9.24 子窗体向导之一

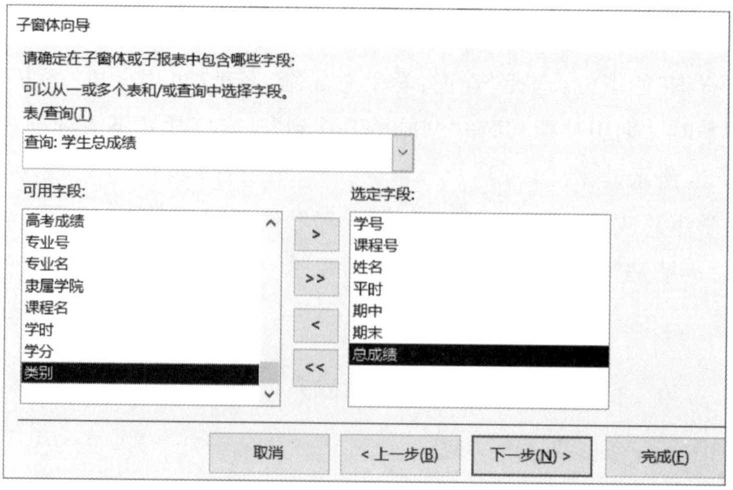

子窗体向导
请确定在子窗体或子报表中包含哪些字段:
可以从一或多个表和/或查询中选择字段。
表/查询(T)
查询: 学生总成绩
可用字段:
高考成绩
专业号
专业名
隶属学院
课程名
学时
学分
类别
选定字段:
学号
课程号
姓名
平时
期中
期末
总成绩
取消
< 上一步(B)
下一步(N) >
完成(F)

图 9.25 子窗体向导之二

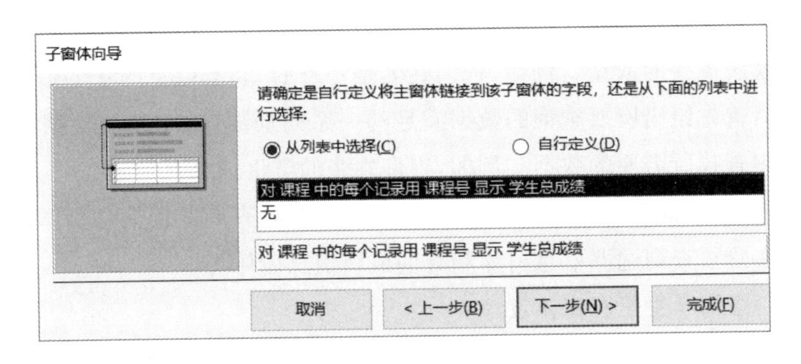

图 9.26 子窗体向导之三

④选择“从列表中选择”，并在下方选择“对课程中的每个记录用课程号显示学生总成绩”，单击“下一步”，如图 9.27 所示。

⑤在“请指定子窗体或子报表的名称:”下方的文本框中，输入“编辑成绩子窗体”，单击“完成”。

⑥选中“编辑成绩子窗体”标签，按下“Delete”键，删除该标签。

⑦在“编辑成绩子窗体”的“主体”中，删除“课程号”的标签和文本框。选中“学号”“姓名”和“总成绩”的文本框，在“属性表”中，单击“数据”选项卡，设置“可用”的属性值为“否”。

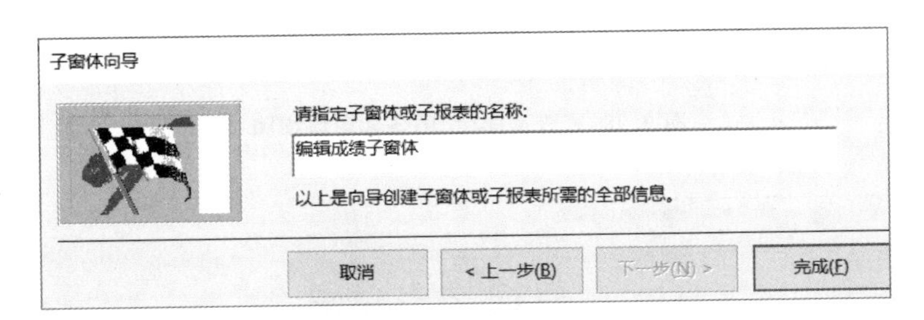

图 9.27 子窗体向导之四

(6)在“属性表”中，设置控件的位置和大小等其他相关属性。

编辑成绩信息窗体的设计结果如图 9.23 所示。

▲思考:如果先建立“编辑成绩子窗体”，然后在“编辑成绩”中，添加“编辑成绩子窗体”，如何实现?

9.3.4 查询信息窗体设计

查询信息窗体是按照指定的条件在数据库中查找到用户所需要的数据。这是一个应用系统应具有的核心功能，也是利用率最高的功能。因此查询模块设计的质量，会直接影响系统的运行质量。

查询通常可以分为简单查询、组合查询和模糊查询。

简单查询:直接给出要查询的编号或者名称等具体的值，然后利用查询功能，从表中查找所需要的数据。例如，查询学号是 11060606 的学生的信息。

组合查询:首先给出所要查询的数据满足的一系列条件,然后根据条件,利用查询功能,在表中查找所需要的数据。例如,查询姓名是张三的 19 岁以上的女生信息。

模糊查询:首先给出所要查询的数据满足的一系列局部条件,然后根据条件,利用查询功能,在表中查找所需要的数据。例如,查询姓张的学生信息。

“学籍管理”的查询信息窗体包括查询学生信息窗体、查询课程信息窗体、查询专业信息窗体(留作实验)、查询选课信息窗体和查询成绩信息窗体等。

9.3.4.1 查询学生信息窗体设计

“查询学生”窗体,用于完成按照指定的学号,查询学生及其相关信息的任务。具体包括用于输入查询条件的“查询学生”窗体和用于显示查询结果的“查询学生主窗体”。功能设计应满足如图 9.28 和图 9.29 所示的查询条件和查询学生信息的运行界面。

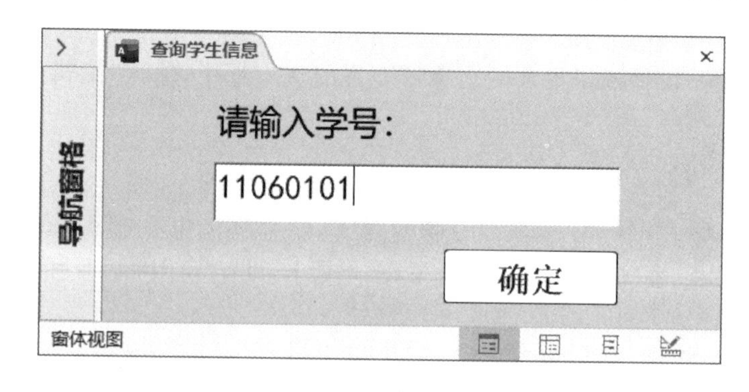

图 9.28 “查询学生”的条件窗体视图

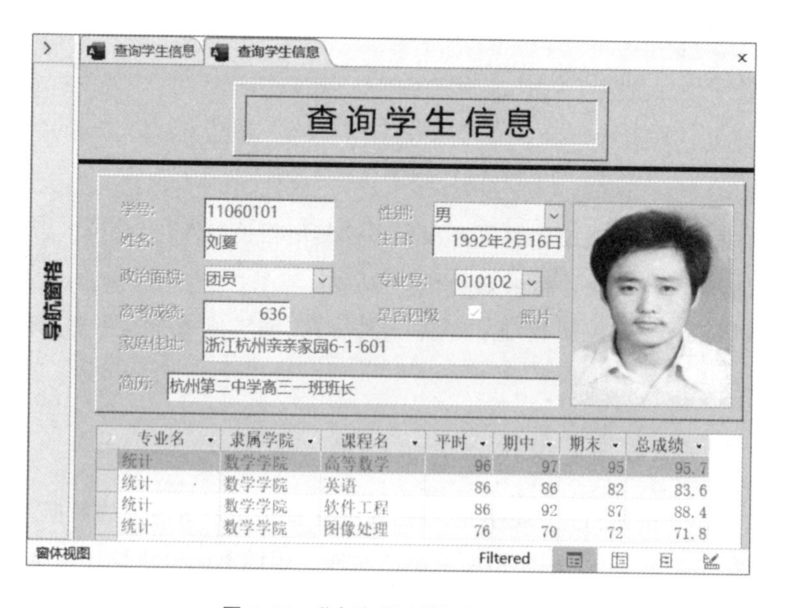

图 9.29 “查询学生”的窗体视图

(1)在窗体的“设计视图”中,创建一个名称为“查询学生主窗体”的包含子窗体的窗体,子窗体的名称为“查询学生子窗体”。

①在“属性表”中,设置数据源为“学生”。

②在“字段列表”中，通过双击“学生”表的每个字段，依次添加与字段相对应的默认控件。

③按照如图 9.30 所示的界面，依次添加两个矩形、一个标签和一条直线条。

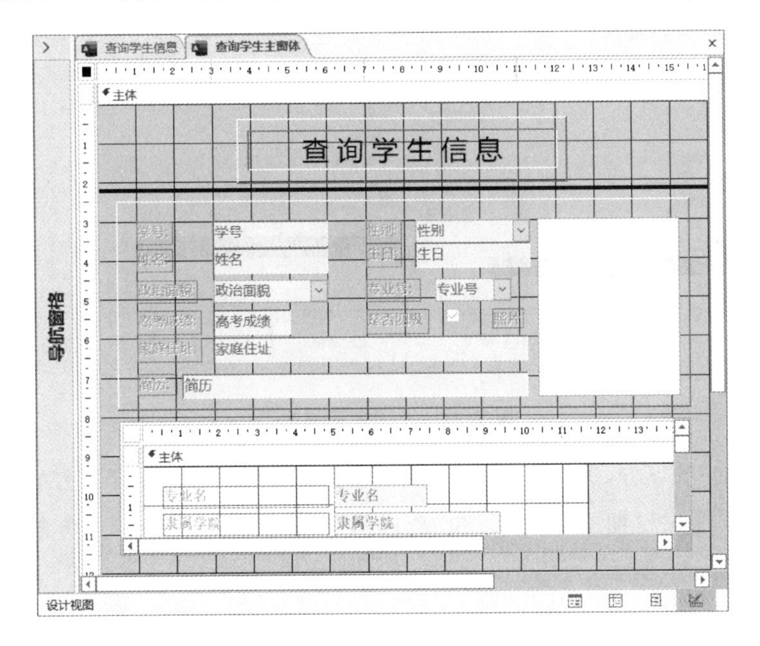

图 9.30 查询学生主窗体的设计视图

④创建“查询学生子窗体”。

选中“使用控件向导”，单击“窗体设计工具”的“设计”上下文选项卡，单击“子窗体/子报表”按钮，在“主体”中，拖出一个矩形区域，如图 9.31 所示。

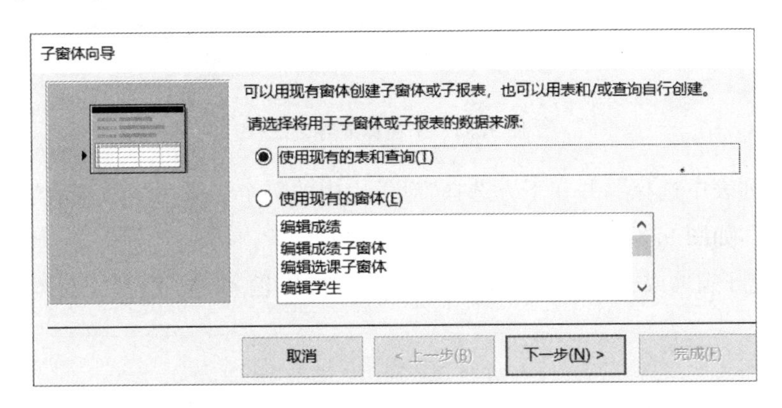

图 9.31 子窗体向导之一

选择“使用现有的表和查询”，单击“下一步”，如图 9.32 所示。

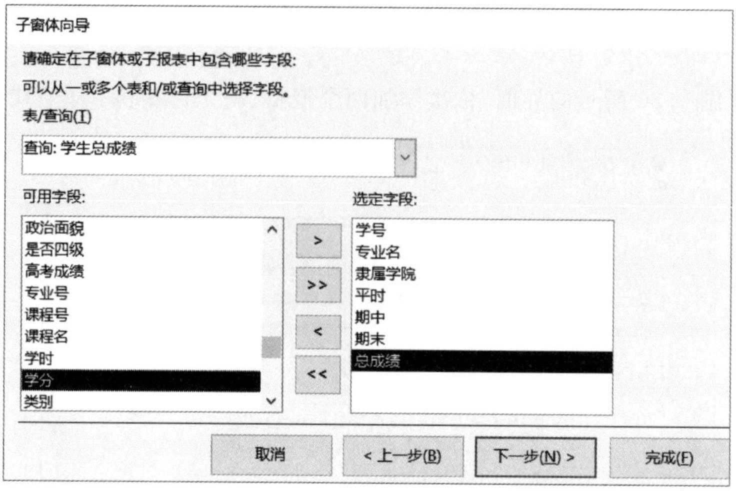

图 9.32 子窗体向导之二

在“表/查询”的下方,选择“查询:学生总成绩:”;把“可用字段:”下方的“学号”“专业名”“隶属学院”“平时”“期中”“期末”和“总成绩”,移到“选定字段:”下方的列表中,单击“下一步”,如图 9.33 所示。

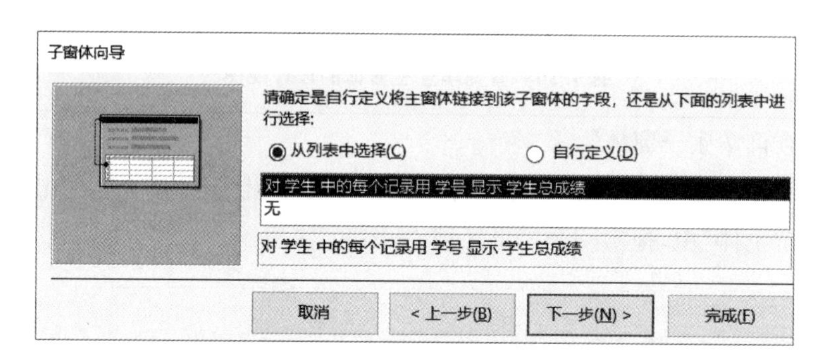

图 9.33 子窗体向导之三

选择“从列表中选择”,并在下方选择“对学生中的每个记录用学号显示学生总成绩”,单击“下一步”,如图 9.34 所示。

在“请指定子窗体或子报表的名称:”下方的文本框中,输入“查询学生子窗体”,单击“完成”。

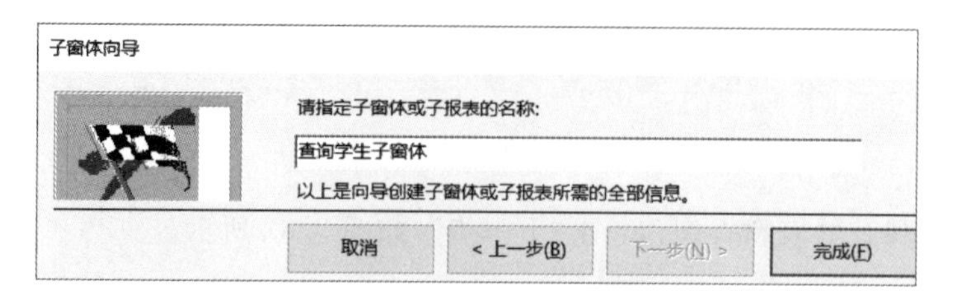

图 9.34 子窗体向导之四

选中“编辑选课子窗体”标签,按下“Delete”键,删除该标签。

在“查询学生子窗体”的“主体”中,删除“学号”的标签和文本框。

⑤在“属性表”中，设置控件的位置和大小等其他相关属性。

查询学生主窗体的设计结果如图 9.30 所示。

(2)创建一个名称为“查询条件窗体”的包含子宏“查询学生主窗体”的组宏。

①在“宏设计器”中，添加名称为“查询学生主窗体”的子宏，如图 9.35 所示。

②在子宏中，添加“OpenForm”操作，在“窗体名称”右侧，选择“查询学生主窗体”；在“当条件:”的右侧，输入“[Forms].[查询学生].[Text1]=[学生].[学号]”。

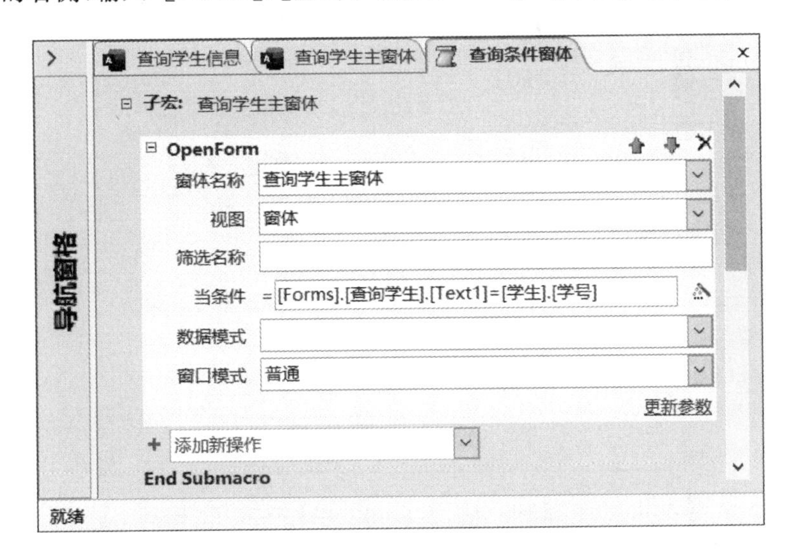

图 9.35 查询条件窗体—学生—设计视图

(3)创建一个名称为“查询学生”的用于输入查询条件的窗体。

①按照如图 9.36 所示的界面，依次添加一个文本框、一个标签和一条按钮。

②选中“文本框”，设置“名称”的属性值为“Text1”。

③选中“按钮”，选择“单击”的属性值为“查询条件窗体.查询学生主窗体”。

④在“属性表”中，设置位置和大小等其他属性。

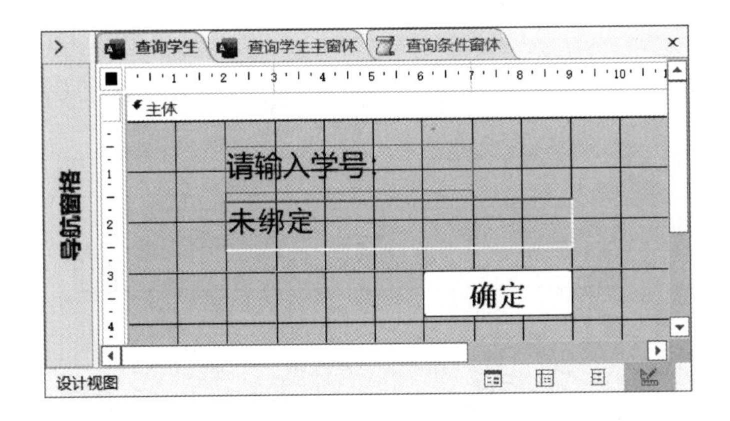

图 9.36 查询学生的设计视图

9.3.4.2 查询课程信息窗体设计

“查询课程”窗体,用于完成按照指定的课程,查询课程及其相关信息的任务。具体包括用于输入查询条件的“查询课程”窗体和用于显示查询结果的“查询课程主窗体”。功能设计应该满足如图 9.37 和图 9.38 所示的查询条件和查询课程信息的运行界面。

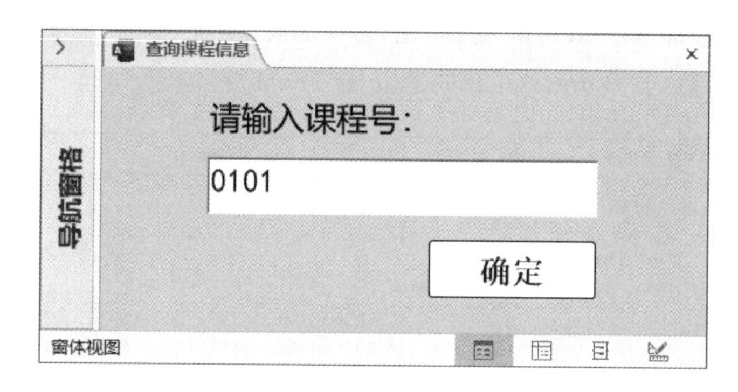

图 9.37 “查询课程”的条件窗体视图

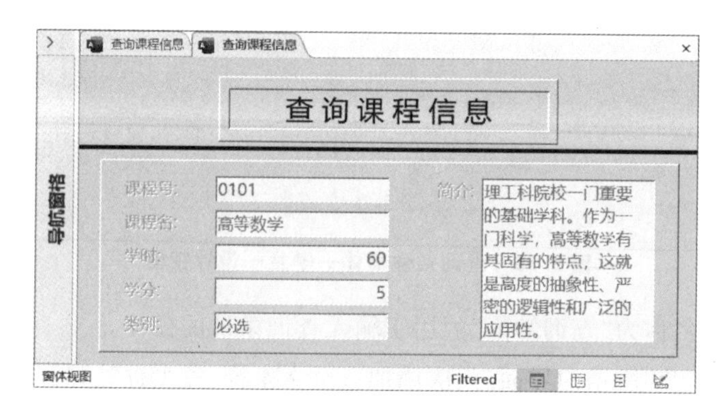

图 9.38 “查询课程”主窗体的窗体视图

(1)在窗体的“设计视图”中,创建一个名称为“查询课程主窗体”的窗体。

①在“属性表”中,设置数据源为“课程”。

②在“字段列表”中,通过双击“课程”表的每个字段,依次添加与字段相对应的默认控件。

③按照如图 9.39 所示的界面,依次添加两个矩形、一个标签和一条直线条。

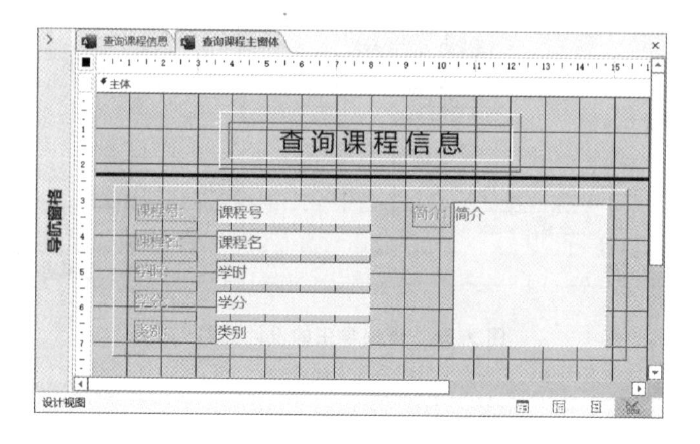

图 9.39 查询课程主窗体的设计视图

④在“属性表”中，设置控件的位置和大小等其他相关属性。

查询课程主窗体的设计结果如图 9.39 所示。

(2)在名称为“查询条件窗体”的“组宏”中，添加子宏“查询课程主窗体”。

①在“宏设计器”中，打开“查询条件窗体”，添加名称为“查询课程主窗体”的子宏，如图 9.40 所示。

②在子宏中，添加“OpenForm”操作，在“窗体名称”右侧，选择“查询课程主窗体”；在“当条件:”的右侧，输入“[Forms].[查询课程].[Text1]=[课程].[课程号]”。

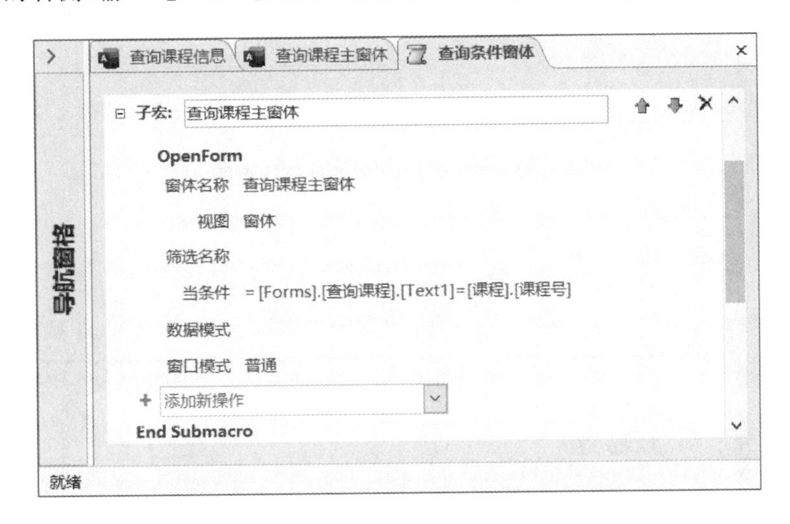

图 9.40 查询条件窗体—课程—设计视图

(3)创建一个名称为“查询课程”的用于输入查询条件的窗体。

①按照如图 9.41 所示的界面，依次添加一个文本框、一个标签和一条按钮。

②选中“文本框”，设置“名称”的属性值为“Text1”。

③选中“按钮”，选择“单击”的属性值为“查询条件窗体.查询课程主窗体”。

④在“属性表”中，设置位置和大小等其他属性。

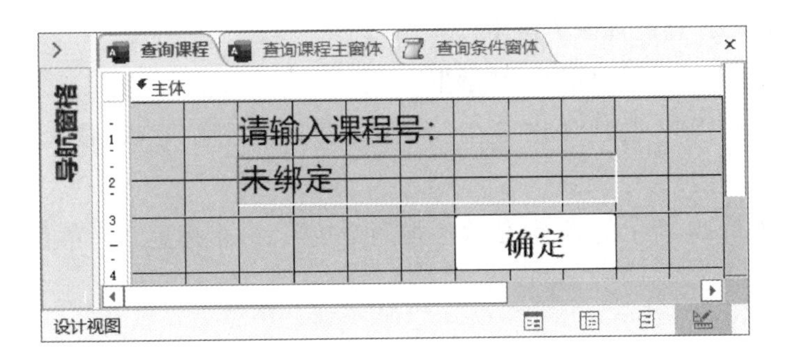

图 9.41 “查询课程”的设计视图

9.3.4.3 查询选课信息窗体设计

“查询选课”窗体，用于完成按照指定的学号，查询学生的选课及其相关信息的任务。具体包括用于输入查询条件的“查询选课”窗体和用于显示查询结果的“查询选课主窗体”。功能设计应该满足如图 9.42 和图 9.43 所示的查询条件和查询选课信息的运行界面。

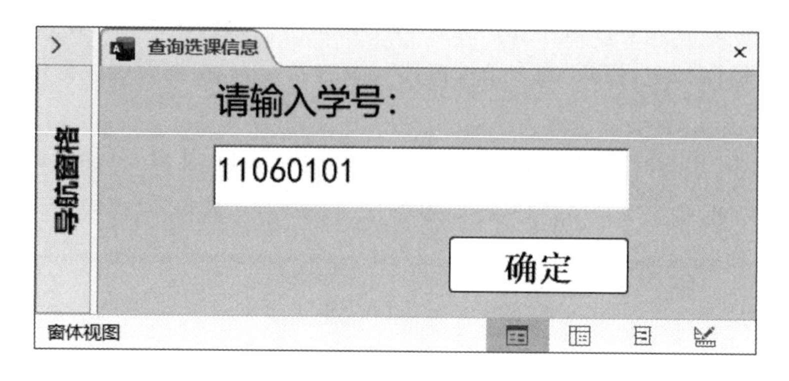

图 9.42 “查询选课”的条件窗体视图

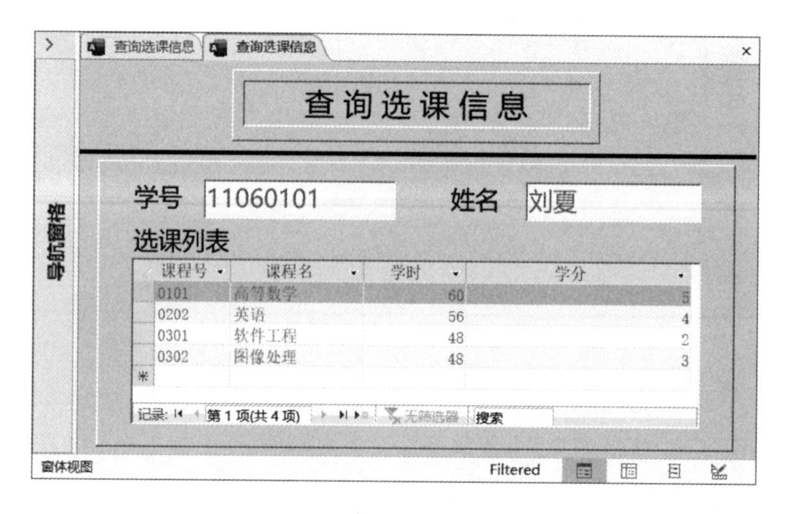

图 9.43 “查询选课”的窗体视图

(1)在窗体的“设计视图”中,创建一个名称为“查询选课主窗体”的包含子窗体的窗体,子窗体的名称为“查询选课子窗体”。

①在“属性表”中,设置数据源为“学生”。

②在“字段列表”中,通过双击“学生”表的“学号”和“姓名”字段,依次添加与字段相对应的默认控件。

③按照如图 9.44 所示的界面,依次添加两个矩形、一个标签和一条直线条。

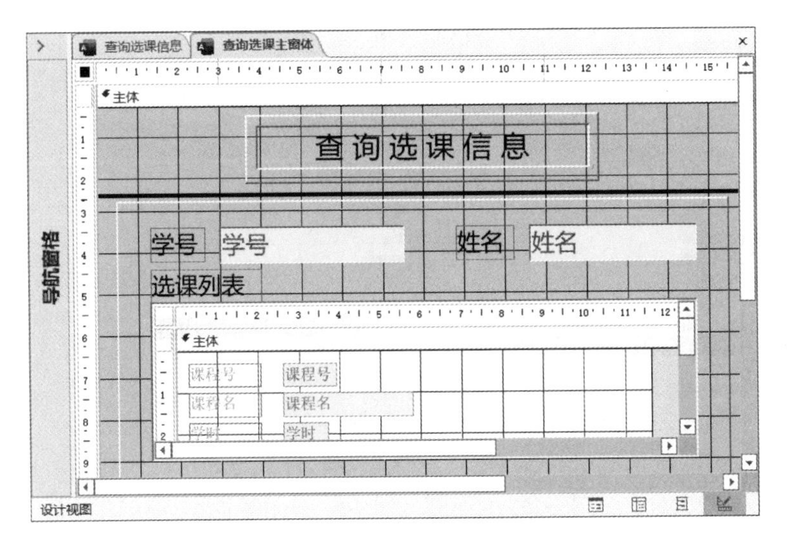

图 9.44 查询选课主窗体的设计视图

④创建“查询选课子窗体”。

选中“使用控件向导”，单击“窗体设计工具”的“设计”上下文选项卡，单击“子窗体/子报表”按钮，在“主体”中，拖出一个矩形区域，如图 9.45 所示。

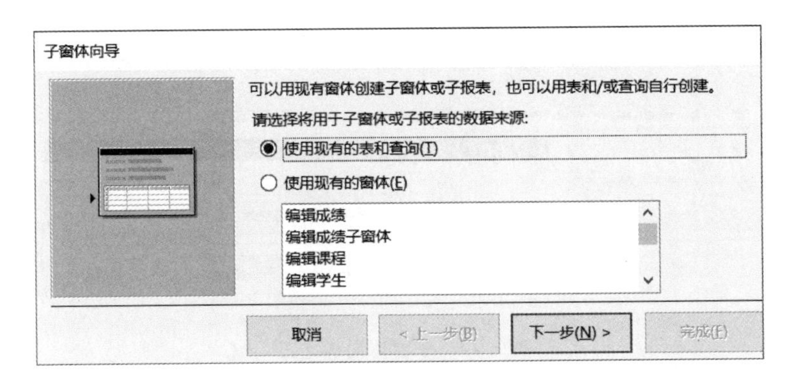

图 9.45 子窗体向导之一

选择“使用现有的表和查询”，单击“下一步”，如图 9.46 所示。

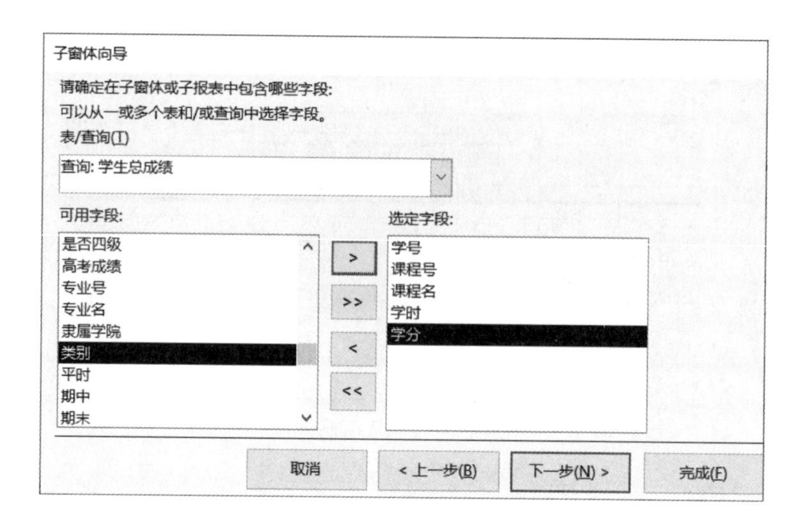

图 9.46　子窗体向导之二

在“表/查询”的下方,选择“查询:学生总成绩”;把“可用字段:”下方的“学号”“课程号”“课程名”“学时”和“学分”,移到“选定字段:”下方的列表中,单击“下一步”,如图 9.47 所示。

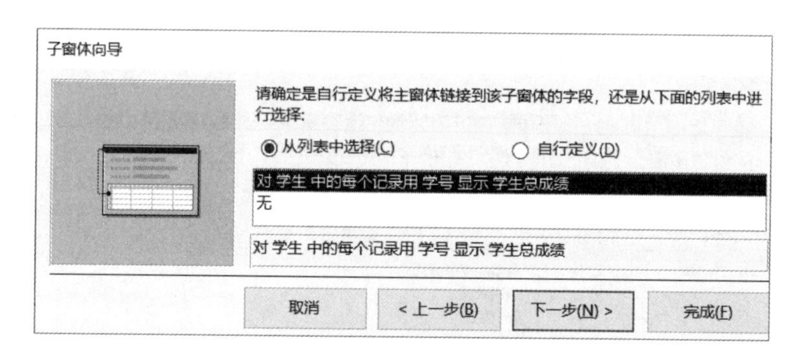

图 9.47　子窗体向导之三

选择“从列表中选择”,并在下方选择“对学生中的每个记录用学号显示学生总成绩”,单击“下一步”,如图 9.48 所示。

在“请指定子窗体或子报表的名称:”下方的文本框中,输入“查询选课子窗体”,单击“完成”。

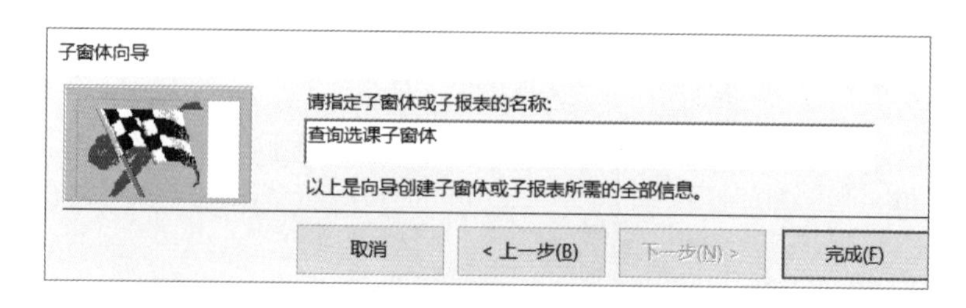

图 9.48　子窗体向导之四

选中“编辑选课子窗体”标签，在“属性表”中，设置“标题”的属性值为“选课列表”。

在“查询学生子窗体”子窗体的“主体”中，删除“学号”的标签和文本框。

⑤在“属性表”中，设置控件的位置和大小等其他相关属性。

查询选课主窗体的设计结果如图 9.44 所示。

(2)在名称为“查询条件窗体”的“组宏”中，添加子宏“查询选课主窗体”。

①在“宏设计器”中，打开“查询条件窗体”，添加名称为“查询选课主窗体”的子宏，如图 9.49 所示。

②在子宏中，添加“OpenForm”操作，在“窗体名称”右侧，选择“查询选课主窗体”；在“当条件:”的右侧，输入“[Forms].[查询选课].[Text1]=[学生].[学号]”。

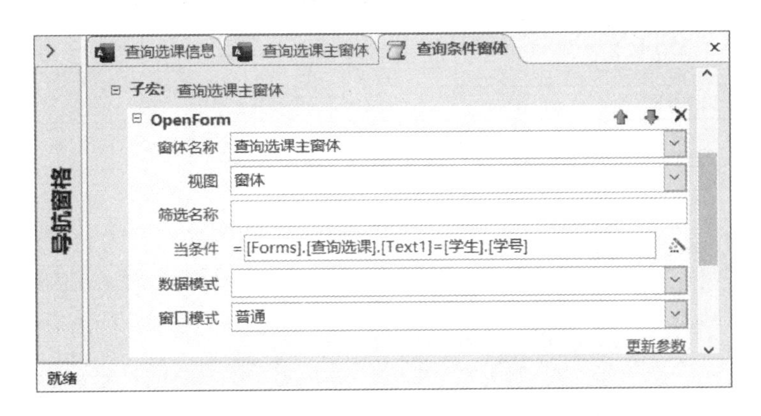

图 9.49 查询条件窗体—选课—设计视图

(3)创建一个名称为“查询学生”的用于输入查询条件的窗体。

①按照如图 9.50 所示的界面，依次添加一个文本框、一个标签和一条按钮。

②选中“文本框”，设置“名称”的属性值为“Text1”。

③选中“按钮”，选择“单击”的属性值为“查询条件窗体.查询选课主窗体”。

④在“属性表”中，设置位置和大小等其他属性。

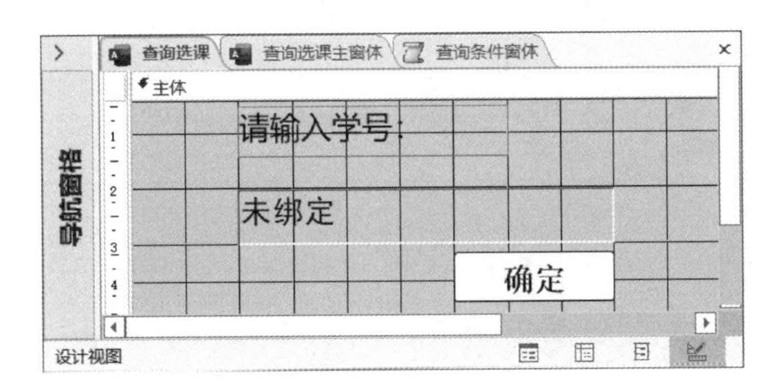

图 9.50 “查询选课”的设计视图

9.3.4.4 查询成绩信息窗体设计

“查询成绩”窗体，用于完成按照指定的课程，查询课程的成绩及其相关信息的任务。具体包括用于输入查询条件的“查询成绩”窗体和用于显示查询结果的“查询成绩主窗体”。功能设计应该满足如图 9.51 和图 9.52 所示的查询条件和查询成绩信息的运行界面。

“查询成绩”窗体的设计视图如图 9.53 所示。

“查询成绩主窗体”的设计视图如图 9.54 所示。

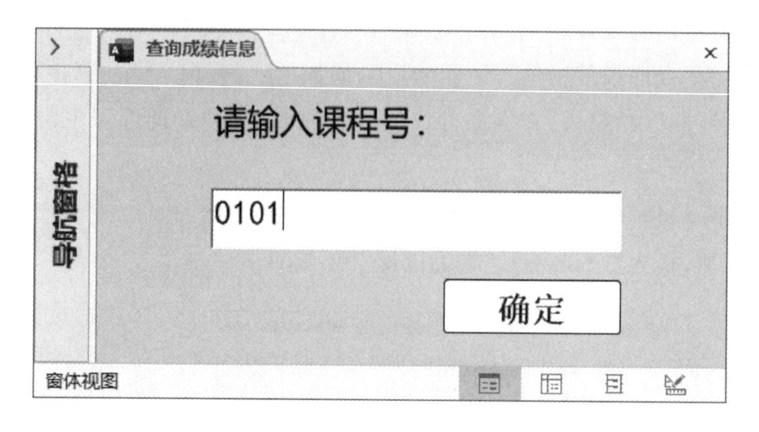

图 9.51　查询成绩—窗体视图

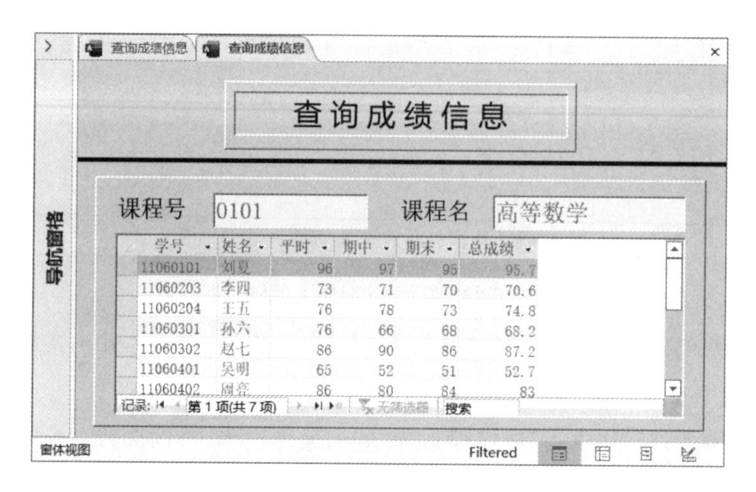

图 9.52　查询成绩主窗体—窗体视图

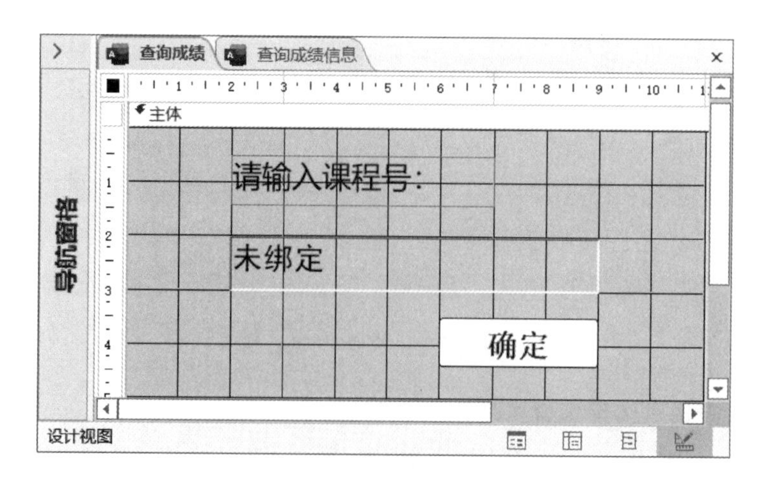

图 9.53　查询成绩—设计视图

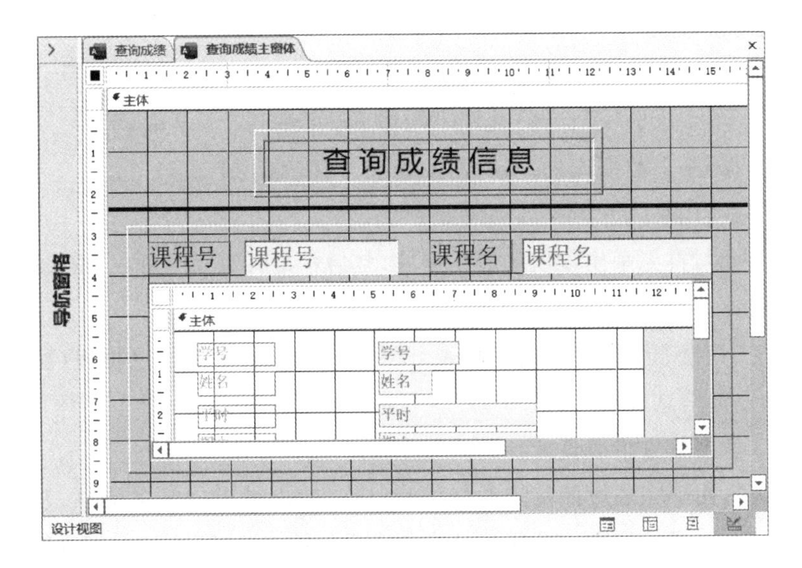

图 9.54 查询成绩主窗体—设计视图

"查询条件窗体"组宏中,添加的"查询成绩主窗体"子宏,如图 9.55 所示。

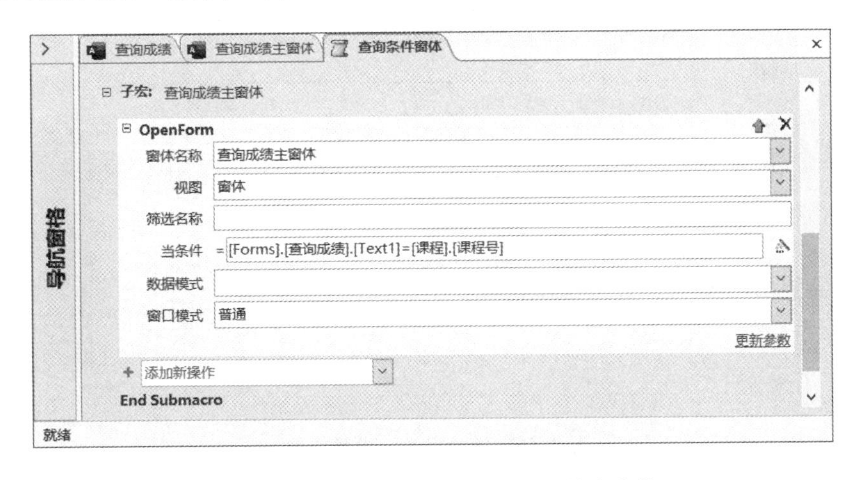

图 9.55 查询条件窗体宏—查询成绩主窗体

不难看出,该功能模块的设计方法和实现过程与前述方法相同,留作实验。

9.3.5 学籍管理报表设计

用户使用应用系统的主要目的是获取系统提供的有用的统计信息。打印报表是输出数据及其各类统计信息的有效方法。

尽管 Access 2019 提供了多种内定格式的报表,但是这些格式都是固定格式,通常满足不了用户的自定义格式的需要,所以需要设计满足用户要求的输出格式。

报表模块的功能就是用来设计满足用户个性要求的输出格式。因此在设计报表模块时,一般采用报表向导和自主设计相结合的方式。即首先利用报表向导,建立报表的雏形;然后在"设计视图"中,对"雏形报表"进行个性化设计,最终设计出满足要求的任意的个性化格式的复杂报表。

设计一张表格通常包括 3 个组成部分。

(1)表头表尾:主标题、子标题、日期时间和页数页码等。

(2)表内数据:来自数据库的记录数据、总和、均值和小计等。

(3)表间隔线:用来隔开数据的间隔线。

在设计报表时,首先画出输出的表格格式,然后精确计算每个数据和制表符的具体位置,最后整合设计。

“学籍管理”的报表包括学生信息报表、课程信息报表、专业信息报表(留作实验)、选课信息报表和成绩信息报表等。

9.3.5.1 学生信息报表设计

“学生报表”,用于完成按照指定的格式和风格,输出学生的基本信息,及其相关的专业信息、选课信息和成绩信息。功能设计产应满足如图 9.56 所示的运行界面。

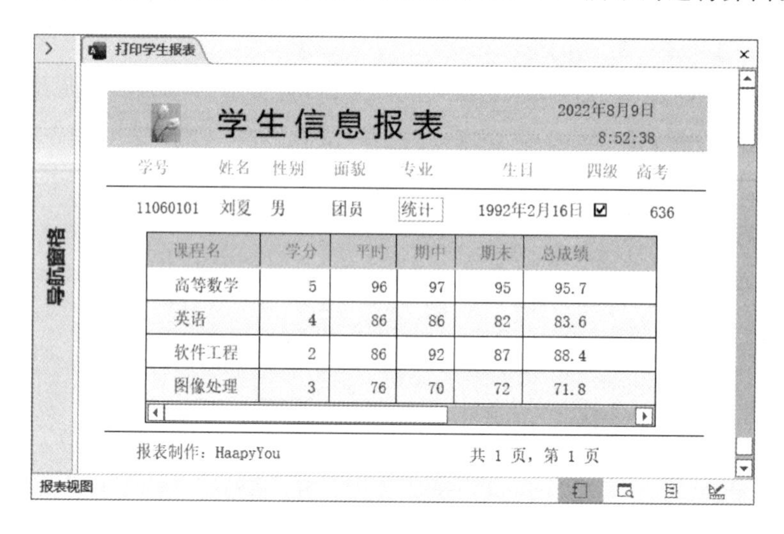

图 9.56 学生报表—报表视图

(1)利用“报表向导”,创建一个名称为“学生报表”的报表。

启动“报表向导”,选择“学生”表的学号、姓名、性别、生日、政治面貌、是否四级、高考成绩;选择“专业”表的专业名;“通过学生”查看数据;不分组;不排序;按照“表格”布局方式;输入报表的名称“学生报表”;完成“学生报表”的雏形。

(2)利用报表的“设计视图”,编辑“学生报表”。

①在报表的“设计视图”中,打开“学生报表”,如图 9.57 所示。

②在“报表页眉”区,添加日期、插入图像(图像自定)、设置标签的标题为“学生信息报表”等。

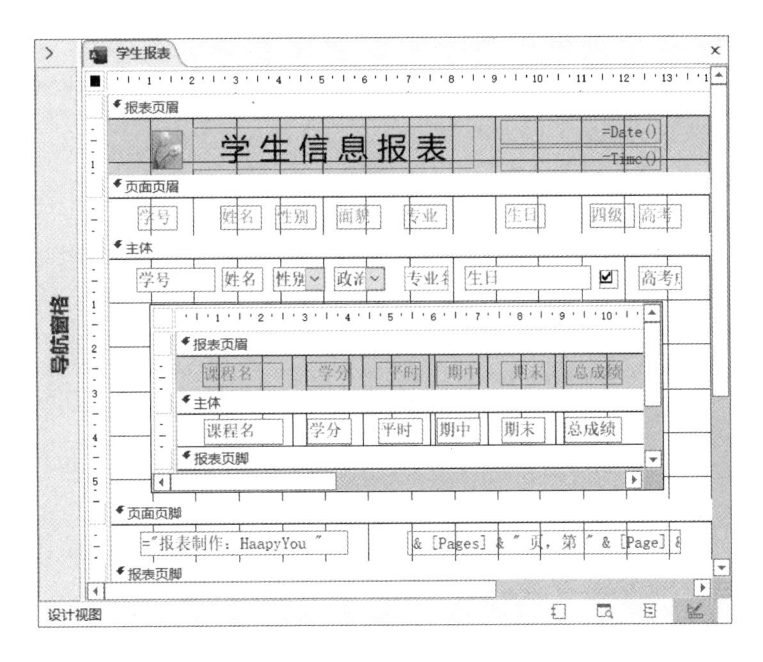

图 9.57 学生报表—设计视图

③在“主体”区，启动向导模式，利用“子窗体/子报表”，创建名称为“学生报表子报表”的子报表。子报表的数据源为“学生总成绩”；选择的字段为“学号”“课程名”“学分”“平时”“期中”“期末”和“总成绩”；通过“学号”显示“学生总成绩”的记录。最后，在完成的“子报表”中，删除“学号”的标签和文本框。

④在“页脚页眉”区，添加并编辑两个文本框，其内容分别为“="报表制作：HappyYou "”和“="共" & [Pages] & "页，第" & [Page] & "页"”。

⑤在“属性表”中，设置控件的位置和大小等其他相关属性。

“学生报表”的设计结果如图 9.57 所示。

9.3.5.2 课程信息报表设计

“课程报表”，用于完成按照指定的格式和风格，输出课程及其相关信息。功能设计应满足如图 9.58 所示的运行界面。

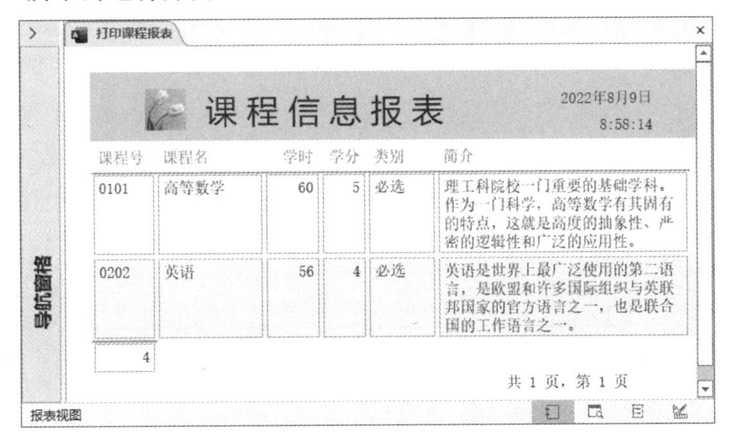

图 9.58 课程报表—报表视图

(1)利用“报表”,自动创建一个名称为“课程报表”的报表。

在“导航窗格”中,选中“课程”表;单击“创建”选项卡,单击“报表”组中的“报表”按钮。完成“课程报表”的雏形。

(2)利用报表的“设计视图”,编辑“课程报表”。

①在报表的“设计视图”中,打开“课程报表”,如图 9.59 所示。

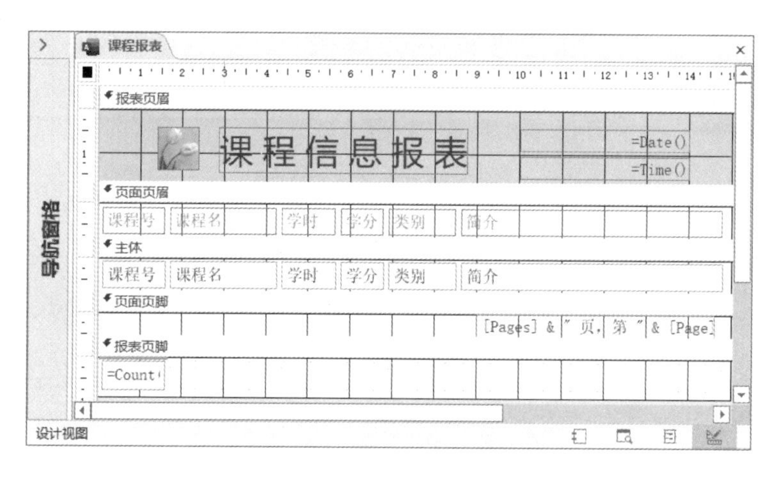

图 9.59 课程报表—设计视图

②在“报表页眉”区,编辑日期、插入图像(图像自定)、设置标签的标题为“课程信息报表”等。

③在“属性表”中,设置控件的位置和大小等其他相关的属性。

“课程报表”的设计结果如图 9.59 所示。

9.3.5.3 选课信息报表设计

“选课信息报表”,用于完成按照指定的格式和风格,输出不同专业、不同学生的选课及其相关统计信息等。功能设计应满足如图 9.60 所示的运行界面。

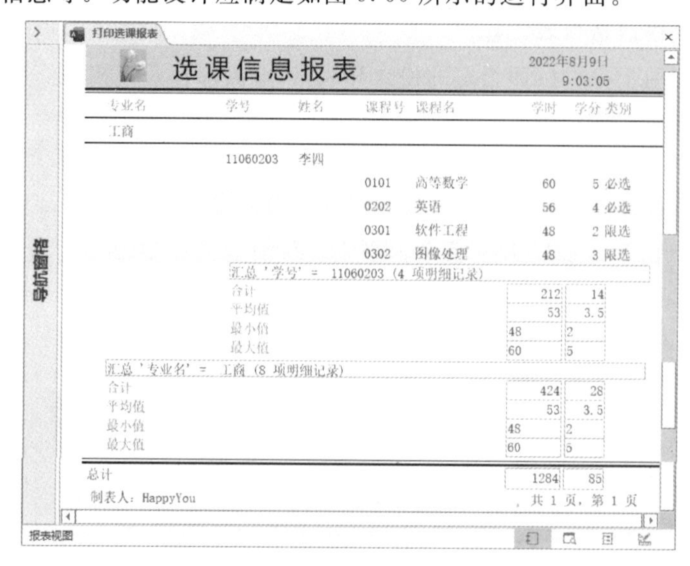

图 9.60 选课报表—报表视图

(1)利用“报表向导”,创建一个名称为“选课报表”的报表。

启动“报表向导”,选择“学生总成绩”表的专业名、学号、姓名、课程号、课程名、学时、学分和分类;通过“专业”查看数据;不分组;不排序;“汇总选项”中,勾选学时和学分的“汇总”“平均”“最小”和“最大”,“显示”中,选择“明细和汇总”(可以勾选“计算汇总百分比”);按照“递阶”布局方式;输入报表的名称“选课报表”;完成“选课报表”的雏形。

(2)利用报表的“设计视图”,编辑“选课报表”。

①在报表的“设计视图”中,打开“选课报表”,如图 9.61 所示。

②在“报表页眉”区,添加和编辑直线(2pt)、日期,插入图像(图像自定),设置标签的标题为“选课信息报表”等。

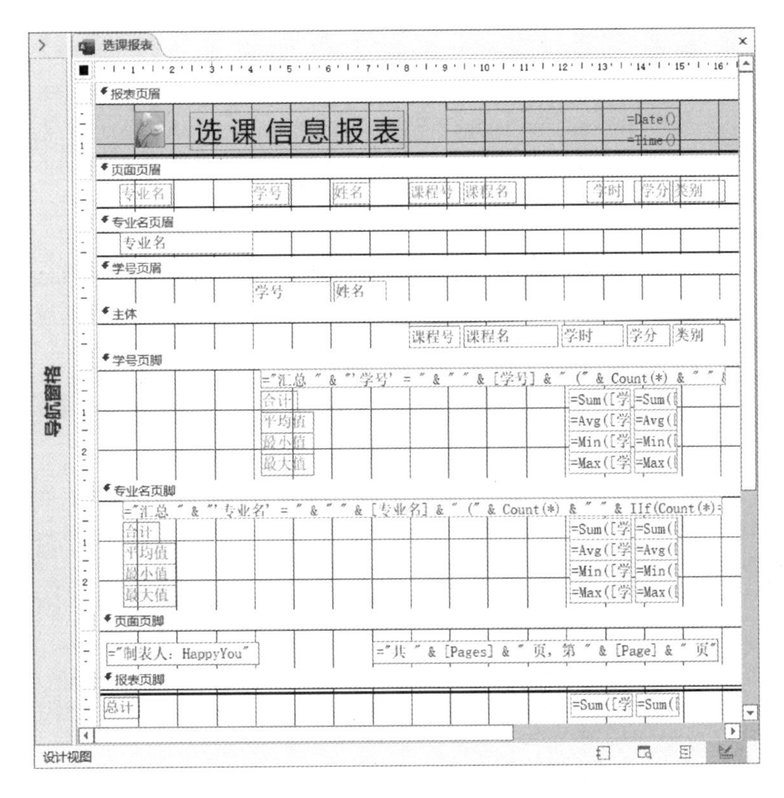

图 9.61 选课报表—设计视图

③在“页面页眉”区上下方,各添加一条直线(1pt),编辑其他标签。

④在“专业名页眉”区下方,添加一条直线(1pt),编辑其他标签。

⑤在“页脚页眉”区,添加并编辑两个文本框,其内容分别为“="报表制作:HappyYou "”和“="共" & [Pages] & "页,第" & [Page] & "页"”。

⑥在“报表页脚”区上方,添加两条直线(1pt+2pt),编辑其他标签。

⑦在“属性表”中,设置控件的位置和大小等其他相关属性。

“选课报表”的设计结果如图 9.61 所示。

9.3.5.4 成绩信息报表设计

“成绩报表”,用于完成按照指定的格式和风格,输出每门课程的所有学生的成绩及其相关统计信息等。功能设计应满足如图 9.62 所示的运行界面。

打印成绩报表

成绩信息报表　　2022年8月9日 9:14:10

课程号：0101　　课程名：高等数学

学号	姓名	平时	期中	期末	总成绩
11060101	刘夏	96	97	95	95.7
11060203	李四	73	71	70	70.6
11060204	王五	76	78	73	74.8
11060301	孙六	76	66	68	68.2
11060302	赵七	86	90	86	87.2
11060401	吴明	65	52	51	52.7
11060402	周亮	86	80	84	83
	平均	79.7	76.3	75.3	76

课程号：0202　　课程名：英语

学号	姓名	平时	期中	期末	总成绩
11060101	刘夏	86	86	82	83.6
11060203	李四	76	70	70	70.6
11060204	王五	65	57	53	55.4
11060301	孙六	65	50	52	52.7
11060401	吴明	65	70	63	65.3
11060402	周亮	95	93	91	92
	平均	75.3	71	68.5	69.9

制表人：HappyYou　　共 1 页，第 1 页

导航窗格　报表视图

图 9.62　成绩报表—报表视图

利用“报表视图”，创建如图 9.63 所示的“成绩报表”。操作步骤如下：

(1)单击“创建”，单击“报表”组中的“报表设计”；设置当前报表的数据源为“学生总成绩”。

(2)在“报表页眉”区，添加和编辑直线(3pt)、日期，插入图像(图像自定)，设置标签的标题为“成绩信息报表”等。

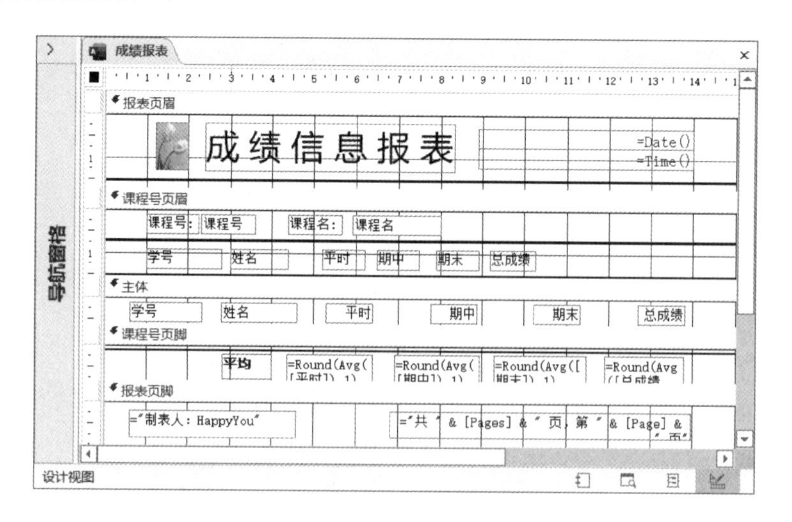

图 9.63　成绩报表—设计视图

(3)单击“报表设计工具”的“设计”上下文命令选项卡，单击“工具”组中的“添加现有字段”；在“字段列表”中，依次双击“课程号”“课程名”“学号”“姓名”“平时”“期中”“期末”和“总成绩”，向“主体”区依次添加相应的控件。

(4)单击“报表设计工具”的“设计”上下文命令选项卡，单击“分组和汇总”组中的“分组和排序”。

(5)在下方的“分组、排序和汇总”的窗口中,添加分组和排序字段。即:

单击“添加分组”,在“选择字段”的下拉列表中,选择“课程号”;

单击“添加排序”,在“选择字段”的下拉列表中,选择“学号”。

(6)在“课程号页眉”区,把“主体”区中的“课程号”和“课程名”的标签和文本框移到“课程号页眉”区中;再把“学号”“姓名”“平时”“期中”“期末”和“总成绩”的标签移到“课程号页眉”区中;然后编辑控件的其他相关属性。

(7)在“课程号页脚”区,添加一个“标题”为“平均”的标签和4个文本框,设置文本框的“控制来源”的属性值分别为“=Round(Avg([平时]),1)”“=Round(Avg([期中]),1)”“=Round(Avg([期末]),1)”和“=Round(Avg([总成绩]),1)”。

(8)在“报表页脚”区,添加并编辑两个文本框,其“控制来源”的属性值分别为“="报表制作:HappyYou "”和“="共" & [Pages] & "页,第" & [Page] & "页"”。

(9)在“属性表”中,设置控件的位置和大小等其他相关属性。

(10)保存当前报表为“成绩报表”。

“成绩报表”的设计结果如图9.63所示。

9.3.6 学籍管理帮助窗体设计

帮助模块用于详细介绍软件系统的软件和硬件运行环境、功能、性能指标与使用方法,以多种不同的方式提供功能完善的帮助系统,可以使用户更好地使用软件系统。所以,帮助模块是一个软件系统必不可少的功能模块。设计帮助模块主要包括以下几点:

(1)帮助功能菜单。在系统的主菜单中,提供帮助模块接口,这是目前用户使用最多、最习惯、最流行的获取帮助信息的方式。使用菜单设计技术实现。

(2)帮助工具栏。在系统的工具栏中,提供帮助模块接口,这是用户更快捷的获取帮助信息的方式,也是用户最容易接受的方式。使用工具栏设计技术实现。

(3)状态栏提示功能。在主界面的状态栏中,提供帮助提示信息,用于提供关于当前操作的功能信息和使用方法。在创建功能菜单和工具栏时,提供相应的接口。

(4)模块帮助功能。系统运行时,在不同的功能界面中,提供帮助模块接口,用于提供关于当前模块的功能信息和使用方法。使用自行设计的窗体。

(5)容错提示功能。系统运行时,如果出现操作错误或者输入数据不符合要求,则弹出错误、提示或者警告窗口,提醒用户。该功能可以提高软件的可用性。使用简单的对话窗口实现。例如:MsgBox()函数。

(6)帮助内容的撰写。帮助内容的撰写风格、方式和内容,会直接影响系统的使用,应简洁、明了、清晰,并且提供足够的说明用例。

设计“学籍管理”的“系统帮助”窗体,只需使用“矩形”“直线”和“标签”等最基本的控件,其窗体视图和设计视图如图9.64和图9.65所示。

▲技巧:对于“标签”控件,如果设置“标题”的属性值为多行文本信息,则在输入内容时,可以使用“Shift+Enter”组合键,进行换行输入。

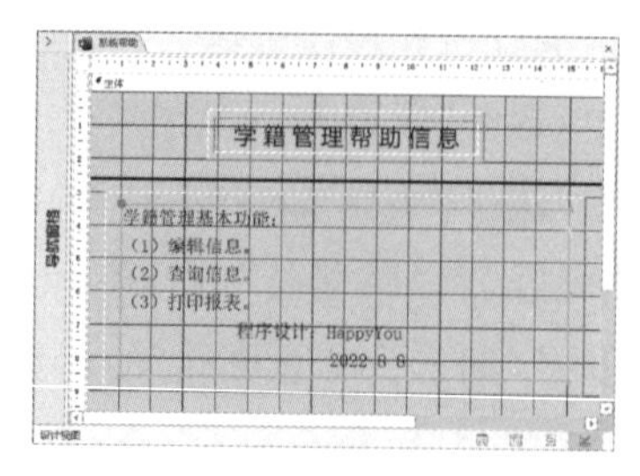

图 9.64　系统帮助—窗体视图

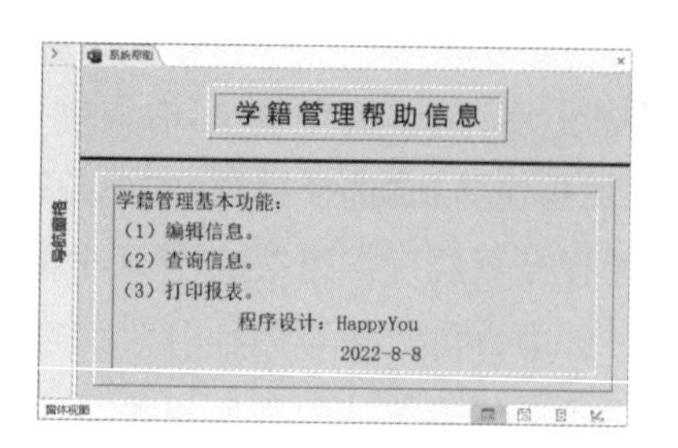

图 9.65　系统帮助—设计视图

9.3.7　学籍管理控制模块设计

在完成应用系统的各个功能模块的设计之后，就可以根据系统的功能结构，利用“主控模块”，把各个功能模块集成起来，并通过调试，集成为一个完整的应用系统。

▲特别提醒：在利用主控模块，实现主控模块与下级功能模块之间的相互调用时，如果发现了错误和缺陷，一定要及时加以修改和完善。

“学籍管理”的控制模块包括主控窗体、编辑信息、查询信息和打印报表等。

9.3.7.1　“编辑信息”控制窗体设计

“编辑信息”窗体，用于调用下级的“编辑学生”“编辑课程”“编辑选课”和“编辑成绩”等窗体。功能设计应该满足如图 9.66 所示的运行界面。设计方法如下：

(1)创建如图 9.66 所示的“编辑信息”窗体(背景图像：背景—下级窗体.jpg)。

启动窗体的“设计视图”，添加 1 个图像(图像自定)、2 个凸起的矩形、1 个凹陷的标签(标题：编辑信息)、4 个图像按钮(图标—学生.bmp，图标—课程.bmp，图标—选课.bmp，图标—成绩.bmp)、4 个凸起的标签(标题：编辑学生，编辑课程，编辑选课，编辑成绩)。

4 个按钮和 4 个标签的“单击”事件，分别依次设置为“编辑信息.编辑学生”“编辑信息.编辑课程”“编辑信息.编辑选课”和“编辑信息.编辑成绩”。

(2)创建如图 9.67 所示的“编辑信息”宏。

图 9.66　编辑信息—窗体视图

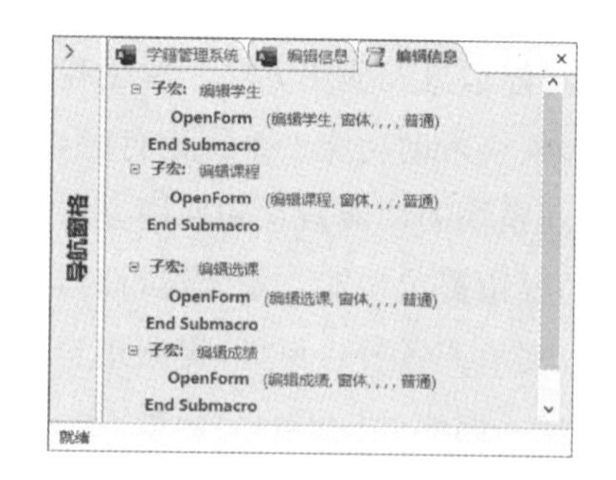

图 9.67　编辑信息—宏设计器

启动“宏设计器”，创建包含 4 个子宏的“编辑信息”宏，子宏的名称分别为“编辑学生”“编辑课程”“编辑选课”和“编辑成绩”，均包含 1 个“OpenForm”操作，分别用于打开“编辑学生”“编辑课程”“编辑选课”和“编辑成绩”窗体。

9.3.7.2　“查询信息”控制窗体设计

“查询信息”窗体，用于调用下级的“查询学生”“查询课程”“查询选课”和“查询成绩”

等窗体。功能设计应该满足如图 9.68 所示的运行界面。设计方法如下：

(1)创建如图 9.68 所示的“查询信息”窗体(背景图像：背景—下级窗体.jpg)。

启动窗体的“设计视图”，添加 1 个图像(图像自定)、2 个凸起的矩形、1 个凹陷的标签(标题：查询信息)、4 个图像按钮(图标—学生.bmp，图标—课程.bmp，图标—选课.bmp，图标—成绩.bmp)、4 个凸起的标签(标题：查询学生，查询课程，查询选课，查询成绩)。

4 个按钮和 4 个标签的“单击”事件，分别依次设置为“查询信息.查询学生”“查询信息.查询课程”“查询信息.查询选课”和“查询信息.查询成绩”。

(2)创建如图 9.69 所示的“查询信息”宏。

图 9.68 查询信息—窗体视图

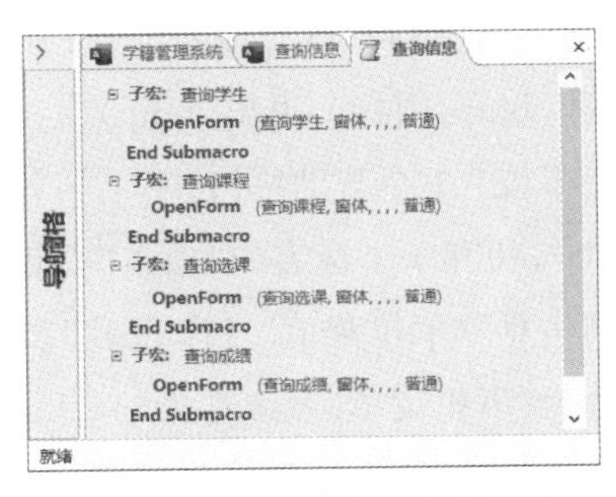

图 9.69 查询信息—宏设计器

启动“宏设计器”，创建包含 4 个子宏的“查询信息”宏，子宏的名称分别为“查询学生”“查询课程”“查询选课”和“查询成绩”，均包含 1 个“OpenForm”操作，分别用于打开“查询学生”“查询课程”“查询选课”和“查询成绩”窗体。

9.3.7.3 “打印报表”控制窗体设计

“打印报表”窗体，用于调用下级的“学生报表”“课程报表”“选课报表”和“成绩报表”等报表。功能设计应该满足如图 9.70 所示的运行界面。设计方法如下：

(1)创建如图 9.70 所示的“打印报表”窗体(背景图像：背景—下级窗体.jpg)。

启动窗体的“设计视图”，添加 1 个图像(图像自定)、2 个凸起的矩形、1 个凹陷的标签(标题：打印报表)、4 个图像按钮(图标—学生.bmp，图标—课程.bmp，图标—选课.bmp，图标—成绩.bmp)、4 个凸起的标签(标题：学生报表，课程报表，选课报表，成绩报表)。

4 个按钮和 4 个标签的“单击”事件，分别依次设置为“打印报表.学生报表”“打印报表.课程报表”“打印报表.选课报表”和“打印报表.成绩报表”。

(2)创建如图 9.71 所示的“打印报表”宏。

图 9.70 打印报表—窗体视图

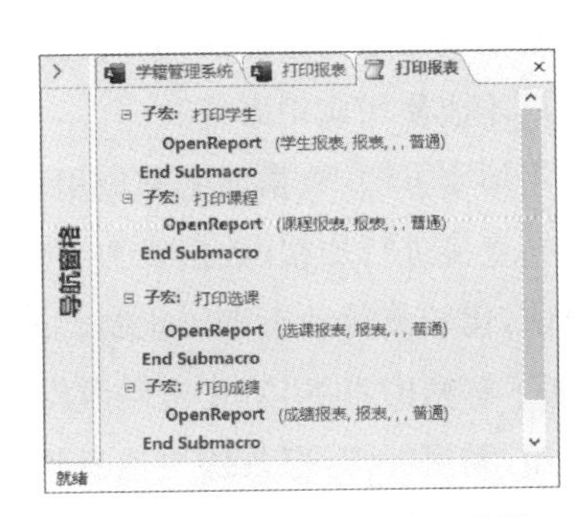

图 9.71 打印报表—宏设计器

启动“宏设计器”,创建包含 4 个子宏的“打印报表”宏,子宏的名称分别为“学生报表”“课程报表”“选课报表”和“成绩报表”,均包含 1 个“OpenReport”操作,分别用于打开“学生报表”“课程报表”“选课报表”和“成绩报表”窗体。

9.3.7.4 “主控窗体”控制窗体设计

“主控窗体”窗体,用于调用下级的“编辑信息”“查询信息”“打印报表”和“系统帮助”等窗体。功能设计应该满足如图 9.72 所示的运行界面。设计方法如下:

(1)创建如图 9.72 所示的主控窗体。

启动窗体的“设计视图”,设置背景图像(背景—主控窗体.jpg)、2 个凸起的矩形、1 个凹陷的标签(标题:学籍管理系统)、4 个图像按钮(图标—编辑.bmp,图标—查询.bmp,图标—打印.bmp,图标—退出.bmp)、4 个凸起的标签(标题:编辑信息,查询信息,打印报表,退出系统)、1 个帮助按钮。

4 个按钮和 4 个标签的“单击”事件,分别依次设置为“下拉菜单.编辑信息”“下拉菜单.查询信息”“下拉菜单.打印报表”和“下拉菜单.退出系统”;1 个帮助按钮的“单击”事件,设置为“下拉菜单.系统帮助”。

(2)创建如图 9.73 所示的“下拉菜单”宏。

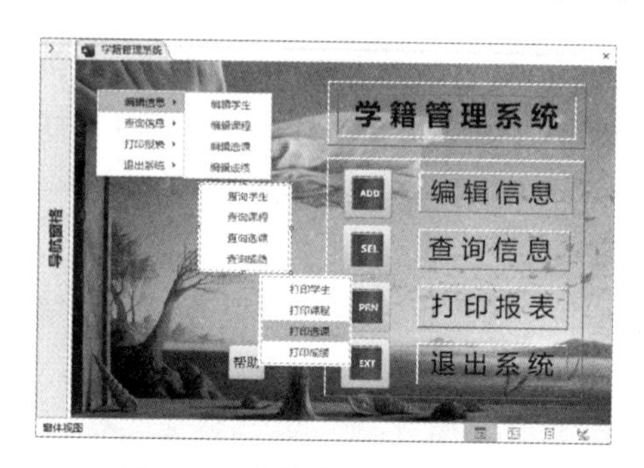

图 9.72 主控窗体—窗体视图

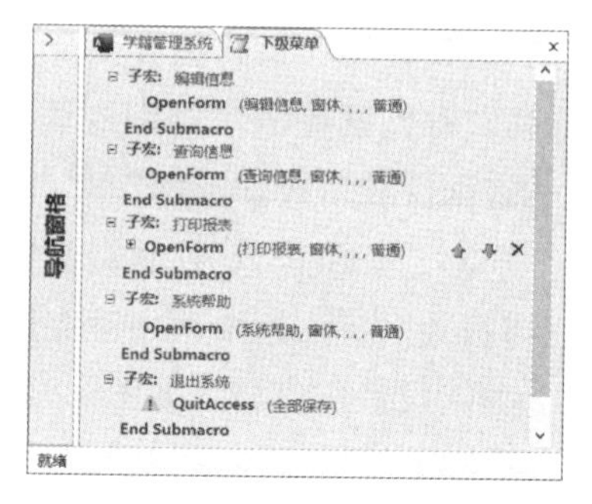

图 9.73 下拉菜单—宏设计器

启动“宏设计器”,创建包含 5 个子宏的“下拉菜单”宏,子宏的名称分别为“编辑信息”“查询信息”“打印报表”“系统帮助”和“退出系统”,前 4 个均包含 1 个“OpenForm”操作,分别用于打开“编辑信息”“查询信息”“打印报表”和“系统帮助”窗体。

9.3.8 学籍管理密码模块设计

密码模块用于防止非法用户使用应用系统,从而保护软件开发人员的研究成果,只有合法用户才能使用应用系统。

常用加密方法:数据加密和应用程序加密等。数据加密是指设计加密程序对数据库中的数据直接进行加密(数据级加密)。应用程序加密是指对应用程序编写的模块加密。

目前,比较流行动态密码机制。即密码随着系统的运行,按照预定的算法自动发生改变,增加了解密的难度,防止密码泄露。验证码登录方式就是一种动态密码机制。

例如,利用“*”,把系统当前日期的年月日和“HappyYou”连接起来作为动态密码。即 2013*Nov*16*HappyYou(年 4 位、月英文前 3 位、日 2 位密码串)。

“学籍管理”的密码模块设计,应满足如图 9.74 和图 9.75 所示的运行界面。

(1)创建如图 9.75 所示的“系统密码”窗体。

启动窗体的“设计视图”,添加 1 个凸起的矩形;1 个凹陷的标签(标题:欢迎使用学籍管理系统);2 个按钮(标题:进入和退出)。

“进入”和“退出”按钮的“单击”事件,分别依次设置为“系统密码”和“下拉菜单.退出系统”。

(2)创建如图 9.76 所示的“系统密码”宏。

图 9.74 InputBox 密码窗口

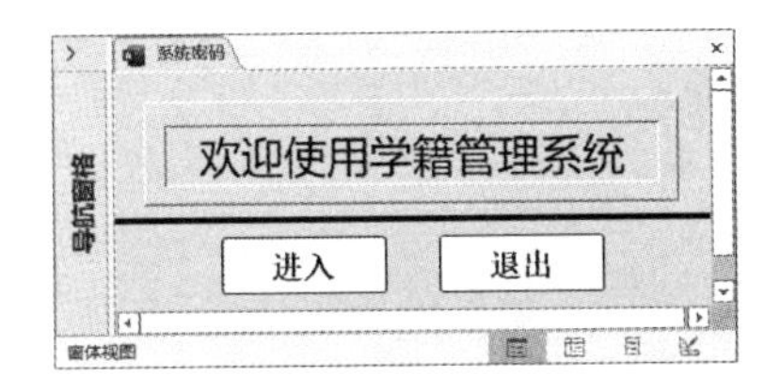

图 9.75 系统密码—窗体视图

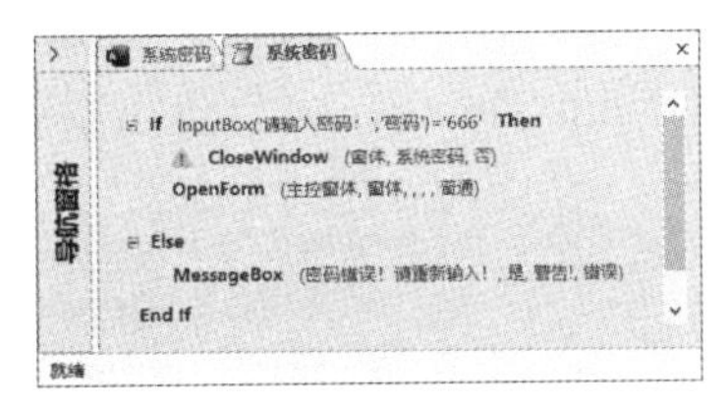

图 9.76 系统密码—宏设计器

启动“宏设计器”,创建包含“If…Else…End If”操作的“系统密码”宏,条件是“InputBox('请输入密码:','密码')='666'”;在“If…Else”中,包含“CloseWindow”操作(关闭“系统密码”窗体),“OpenForm”(打开“主控窗体”窗体);在“Else…End If”中,包含“MessageBox”操作(提示“密码错误,重新输入”)。

9.3.9 学籍管理快捷菜单设计

快捷菜单是目前非常流行的用于快速调用系统模块的操作方式,而且已经被绝大部分用户所接受。

“学籍管理”的快捷菜单设计,应满足如图 9.72 的运行界面。设计方法如下:

(1)在“宏设计器”中,利用“AddMenu”,创建包含 4 个“AddMenu”的快捷菜单宏;菜单名称分别为“编辑信息”“查询信息”“打印报表”和“退出系统”;菜单宏名称分别为“编辑信息”“查询信息”“打印报表”和“退出系统”。

▲提示:“退出系统”宏,包含“RunMenuCommand”(CloseDatabase,关闭当前数据库)和“QuitAccess”(退出系统)2 个操作。

(2)在“导航窗格”中,展开“宏”对象,选中快捷菜单宏;单击“数据库工具”选项卡,单击“MyTool”组的“用宏创建快捷菜单”(如果没有该功能,请使用前述方法自行创建)。

(3)在窗体的“设计视图”中,打开“主控窗体”;选中“窗体”控件,单击“属性表”的“其他”选项卡;设置快捷菜单的属性值为“是”,设置“快捷菜单栏”的属性值为快捷菜单。

9.3.10 学籍管理功能热键和自动运行

功能热键(快捷键)是目前相当流行的用于快速调用系统模块的操作方式,而且已经被大多数用户所接受,尽管需要记忆若干功能热键。

“学籍管理”的功能热键设计,应满足如图 9.77 所示的运行界面。设计方法如下:

在“宏设计器”中,创建包含 13 个子宏的“AutoKeys”宏。

(1)前 4 个子宏的名称分别为“{F1}”到“{F4}”,均包含 1 个“OpenForm”操作,分别打开“编辑学生”“编辑课程”“编辑选课”和“编辑成绩”。

(2)中 4 个子宏的名称分别为“^1”到“^4”,均包含 1 个“OpenForm”操作,分别打开“查询学生”“查询课程”“查询选课”和“查询成绩”。

(3)后 4 个子宏的名称分别为“+{F1}”到“+{F4}”,均包含 1 个“OpenReport”操作,分别打开“学生报表”“课程报表”“选课报表”和“成绩报表”。

(4)末 1 个子宏的名称为“^{Delete”,包含“RunMenuCommand”(CloseDatabase,关闭当前数据库)和“QuitAccess”(退出系统)2 个操作。

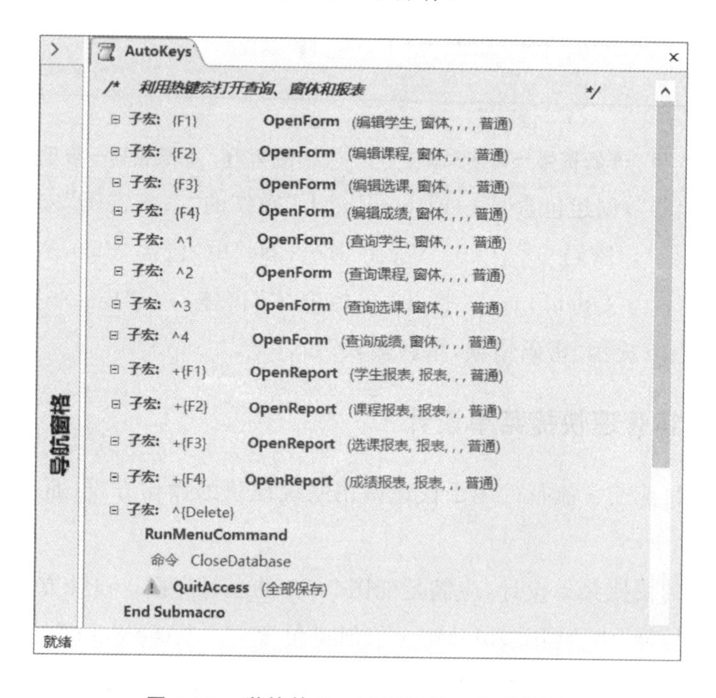

图 9.77 学籍管理—功能热键—宏设计器

“学籍管理”的自动运行设计,只需在“宏设计器”中,创建仅包含 1 个“OpenForm”操作的“AutoExec”宏,用于打开“系统密码”窗体。

9.4 学籍管理的运行与维护

在整个应用系统完成之后，最后一道工序是对其进行加密和打包，然后就可以投入使用了。在应用系统运行期间，还需要对系统继续进行运行管理和维护。

9.4.1 学籍管理的加密和打包

为了确保数据库的安全，防止非法用户使用或者破坏数据库，通常需要对数据库进行加密和打包。这样不但可以确保合法用户的正常使用，而且可以保护设计者的合法权益。

“学籍管理”的加密方法如下：

(1)启动“Access 2019”，单击“文件”选项卡，单击“打开”；在“打开”窗口中，选中“学籍管理.accdb”数据库，单击“打开”右侧的下拉按钮，选择“以独占方式打开”。

(2)单击“文件”选项卡，单击“信息”，单击“用密码进行加密”；在弹出的“设置数据库密码”窗口中，两次输入指定的密码(例如：happyyou666)，单击“确定”。

“学籍管理”的打包方法如下：

(1)启动“Access 2019”，单击“文件”选项卡，单击“打开”；在“打开”窗口中，选中“学籍管理.accdb”数据库，单击“打开”右侧的下拉按钮，选择“以独占方式打开”。

(2)单击“文件”选项卡，单击“选项”；在“Access 选项”窗口中，单击左侧列表中的“当前数据库”，在右侧“应用程序选项”的下方区域中和“应用程序标题”右侧的文本框中，输入“学籍管理”；在“应用程序图标”右侧的文本框中，选择输入指定的图标文件(本例选择“D:\ MyAccess\ 系统—图标.bmp”)；勾选“用作窗体和报表图标”；在“显示窗体”右侧的组合框中，选择“系统密码”。

(3)单击“文件”选项卡，单击“保存并发布”；在“文件类型”下方，单击“数据库另存为”，在“数据库另存为”下方，单击“生成 ACCDE”，在最下方，单击“另存为”；在弹出的“另存为”窗口中，输入文件名，选择“保存类型”为“ACCDE 文件(*.accde)”，单击“保存”。

9.4.2 学籍管理的运行和维护

在应用系统运行期间，不仅需要对系统进行运行管理，而且需要不断地对系统进行分析、评价和修整。系统运行和维护主要包括运行管理、系统评价和系统维护。

运行管理：购置软件和硬件，安装与调试；整理数据；日常维护和运行情况记录等。

系统评价：功能评价、性能评价和撰写评价报告。

系统维护：硬件设备维护、应用软件维护和数据库维护等。数据库维护是核心。

综上所述，尽管设计并实现一个界面美观、操作方便、功能完善、安全性好、完整性强和容错能力强的应用系统是一个对综合设计能力要求较高的事情，但是只要掌握数据库系统的基本理论、设计技术和实现方法，按照应用系统的设计步骤和技巧，设计出满足实际需要的应用系统,应该是一件难度不大、轻松愉快的事情。

9.5 综合实验

通过理解数据库技术的基本理论,熟练掌握利用 Access 2019 设计和实现一个功能完善、运行稳定的应用系统的方法和技术。

实验 9.1 学籍管理的查询成绩信息窗体设计

在"学籍管理"系统中,设计并实现"查询成绩信息"功能。要求如下:

(1)创建如图 9.51 和图 9.53 所示的"查询成绩主窗体"。

(2)在"查询条件窗体"组宏中,添加"查询成绩主窗体"子宏,如图 9.55 所示。

(3)创建如图 9.52 和图 9.54 所示的"查询成绩"窗体。

实验 9.2 完善学籍管理

在"学籍管理"系统中,添加"专业"表的管理功能。要求如下:

(1)在"编辑信息"的菜单中,添加"编辑专业"。

(2)在"查询信息"的菜单中,添加"查询专业"。

(3)在"打印信息"的菜单中,添加"打印专业"。

(4)在快捷菜单中,添加"编辑专业""查询专业"和"打印专业"等功能。

实验 9.3 海贝超市管理

在"海贝超市"数据库中,设计并实现具有如下功能的应用系统:

(1)能够编辑商品信息、职工信息和销售信息等。

(2)能够查询商品信息、职工信息和销售信息等。

(3)能够打印商品信息、职工信息和销售信息等,及其相应的统计报表。

(4)提供系统加密模块和系统的帮助信息功能等。

(5)其他功能,可以根据实际需要自定。

习 题

1. 简答题

(1)简述应用系统的基本功能。

(2)简述 GUI 设计的主要内容。

(3)简述系统运行和维护主要内容。

(4)简述 Access 数据库保护的常用方法。

(5)简述 accdb 文件与 accde 文件的主要区别。

2. 填空题

(1)使用“压缩和修复数据库”功能,不但可以完成对数据库的(　　　)任务,而且可以(　　　)数据库的常规错误。

(2)accde 文件中的数据库对象可以(　　　),但是不能(　　　),数据库可以(　　　)。

(3)对数据库的压缩,会重新组织数据库文件,释放由于(　　　)记录,所造成的空白的磁盘空间,并减少数据库文件的(　　　)占用空间。

(4)在数据库打开时,压缩的是(　　　)。如果压缩和修复未打开的 Access 数据库,可将压缩以后的数据库生成(　　　),而原来的数据库(　　　)。

3. 判断题

(1)数据库修复可以修复数据库的所有错误。　(　　)

(2)数据库经过压缩后,数据库的性能更加优化。　(　　)

(3)数据库文件的 accdb 格式编译成 accde 格式后,还可以再转换回来。　(　　)

(4)Access 2019 不但提供了数据库备份工具,而且提供了数据库还原工具。　(　　)

(5)Access 2019 可以导入任意格式的数据文件。　(　　)

(6)一个用户可以修改自己的数据库密码。　(　　)